KB238229

해군 부사관

시험문제 한권으로 합격하기

대한민국 대표브랜드

군간부선발 시험문제 전문출판

에듀크라운
취업 · 학습 · 간부선발서적사업부
www.educrown.co.kr

최고의 적중률!! 최고의 합격률!!

크라운출판사
국가자격시험문제전문출판
http://www.crownbook.com

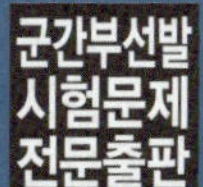

이 책을 펴내며....

최근 금융위기와 경기침체 여파로 고용시장이 급속하게 어려워지고 있어 군대를 전역한 사람들이 다시 부사관으로 재입대하는 사례가 늘고 있다. 이는 부사관으로 임관될 경우 각종 복무 혜택이 주어지고 20년 이상 복무할 경우 군인연금이 지급되는 등 부사관이 평생직장으로 자리매김하고 있기 때문이다.

국방부 발표를 보더라도 '국방 2020제도'를 도입하여 부사관 인력을 대폭 늘려 현재 27%인 간부비율을 2020년까지 각 군별로 40%까지 확대하고, 입대 전 기술특기병 양성체계를 구축할 예정이라고 발표했다. 여군부사관 역시 대폭 확대될 전망으로 남자부사관과 동등하게 대우를 받으며 계급에 상응하는 임무를 부여받게 된다.

부사관은 군대에서 장교와 사병 사이에 있는 하사·중사·상사·원사의 계급을 가진 군인으로 전문적 지식과 기술을 가지고 있고 군 고유의 전통을 유지하고 명예를 지키는 간부이다. 부사관의 임무는 맡은 바 직무에 정통하고 모든 일에 솔선수범하여, 사병의 법규 준수와 명령 이행을 감독하고, 교육훈련과 내무생활을 지도하게 된다. 또한 각급 부대의 지휘관을 보좌하여 후배 부사관 및 사병을 관리하는 역할도 수행하게 된다.

해군부사관 시험은 일반상식 과목을 폐지하고 지적능력평가와 자질 및 상황판단능력평가(직무성격평가/상황판단평가)로 변경하여 시행되고 있으며 2014년부터는 국사 과목이 다시 추가되었다.

지적능력평가/상황판단능력평가는 남녀 해군부사관 모집에 있어서 제2차 선발단계로 면접시험으로 갈 수 있느냐를 판가름하는 시험단계로서, 이 과정은 응시자의 군 지휘관 자질과 능력을 파악하고 군에 맞는 인재를 선별하게 된다. 따라서, 지적능력평가는 적극 활용될 뿐 아니라 임관 시 부대 배치와 진급심사의 판단자료 등으로도 활용되고 있다.

부사관 시험문제의 난이도는 고등학교 졸업 이상이면 누구나 쉽게 풀 수 있도록 출제되었다. 그러나 실제 시험을 접했을 경우 미리 문제 유형을 익히지 않으면 시험을 볼 때에 정답을 맞추기가 그렇게 쉽지 않을 뿐만 아니라, 시험문제를 다 풀 시간이 부족할 수 있으므로 많은 연습이 필요하다. 이에 크라운출판사에서는 그동안 수험서 명가로서 쌓아온 노하우를 아낌없이 반영하여 이 책을 출간하게 되었다.

이 책의 특징

1. 부사관 선발을 위한 가이드를 한눈에 파악할 수 있도록 구성하였다.
2. 각 분야 저자진들이 철저하게 분석한 문제유형별 핵심예제와 적중예상문제를 수록함으로써 수험생이 문제유형을 보다 빠르게 익힐 수 있도록 하였다.
3. 각 문항별로 해설을 달아 수험생이 문제를 보다 쉽게 이해할 수 있도록 하였다.
4. 실제 시험장과 같이 시간배분을 하면서 모의고사를 풀어볼 수 있도록 하였다.

끝으로 이 책을 통해 모든 수험생들에게 합격의 영광이 있기를 기대해 보며 이 책이 나오기까지 함께 고생해주신 크라운출판사 임직원 여러분과 자료도움과 출제문제 협조에 도움을 주신 연구위원님 등 관계자분들에게 감사의 말씀을 드린다.

저자 드림

이렇게 구성되었습니다

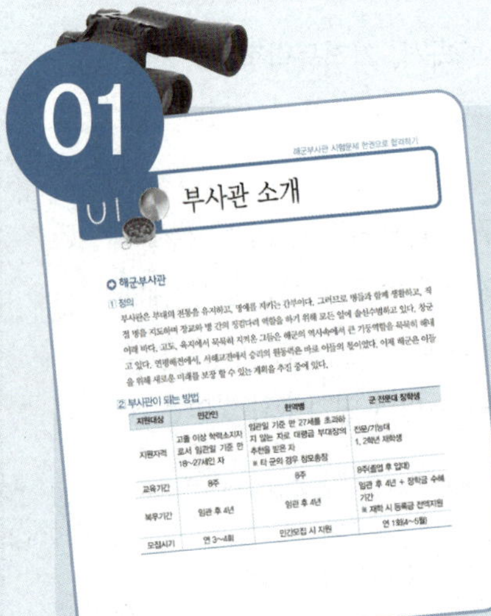

➡ 해군부사관 가이드

부사관을 희망하는 수험생들이 해군부사관의 정보를 한눈에 볼 수 있게 정리하였으며, 해군에 대한 기본적인 상식도 넣어 면접에 대비할 수 있도록 구성하였다.

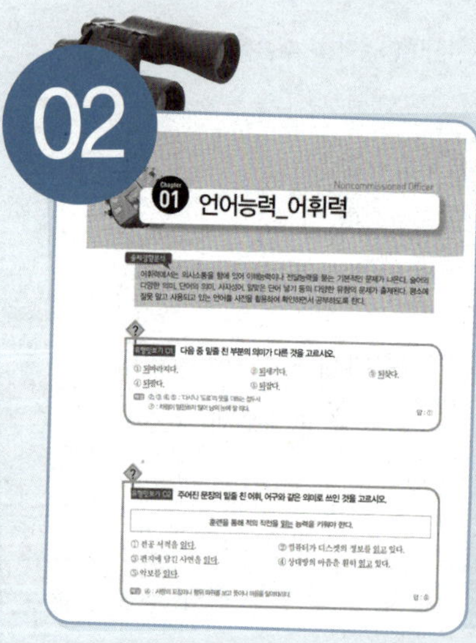

➡ 필기평가 영역별 유형 익히기

새롭게 바뀐 필기시험의 과목인 언어능력(어휘력, 언어논리력), 자료해석, 공간능력, 지각속도, 국사, 영어를 유형별 핵심예제와 적중예상문제로 구성하여 문제 유형을 보다 빨리 익힐 수 있도록 하였다.

03

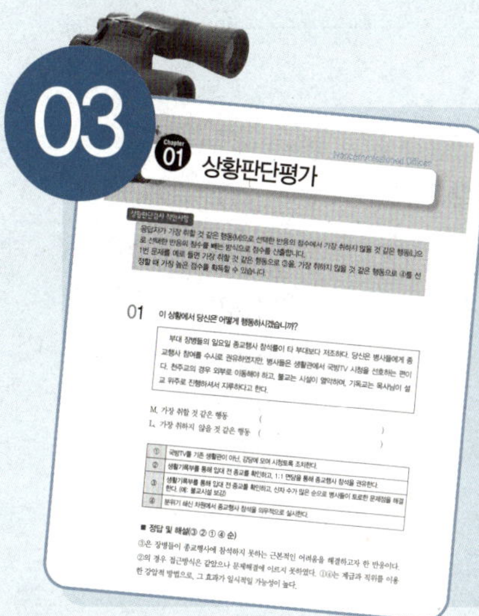

➡ 상황판단평가와 직무성격평가

상황판단평가와 직무성격평가는 실제 분석과 적용방법을 모의로 구성하여 수험생 스스로가 자신의 성격유형을 파악하여 이를 바탕으로 효과적으로 면접에 대비할 수 있도록 하였다.

04

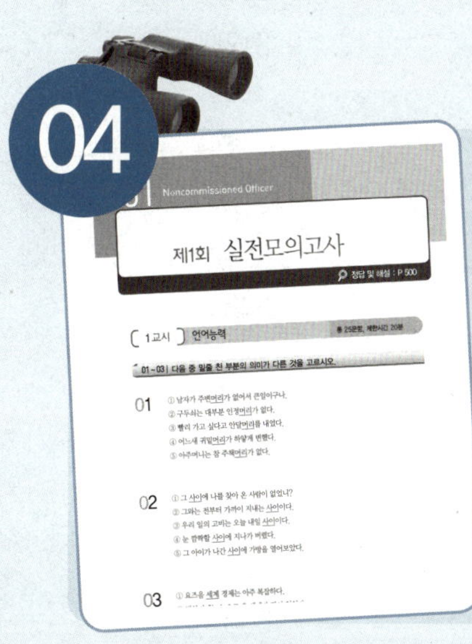

➡ 실전모의고사

실제 시험을 가상으로 테스트해 볼 수 있는 실전모의고사 2회를 수록하여 자신의 실력을 미리 체크하여 시험 대비에 만전을 기하도록 하였다.

contents

해군부사관 시험문제
한권으로 합격하기
Noncommissioned Officer

해군부사관 가이드   9

PART 01

필기평가 출제유형 익히기

Chapter 01 언어능력_어휘력   22
Chapter 02 언어능력_언어논리력   40
Chapter 03 자료해석   84
Chapter 04 공간능력   112
Chapter 05 지각속도   124
Chapter 06 국사   173
Chapter 07 영어   205

PART 02

상황판단평가 & 직무성격평가

Chapter 01 상황판단평가   292
Chapter 02 직무성격평가   312

PART 03

인성검사   340

PART 04

면접대응 전략   348

PART 05

실전모의고사

• 제1회 실전모의고사   354
• 제2회 실전모의고사   427
• 정답 및 해설   500

01 부사관 소개

◐ 해군부사관

1 정의

부사관은 부대의 전통을 유지하고, 명예를 지키는 간부이다. 그러므로 병들과 함께 생활하고, 직접 병을 지도하며 장교와 병 간의 징검다리 역할을 하기 위해 모든 일에 솔선수범하고 있다. 창군 이래 바다, 고도, 육지에서 묵묵히 지켜온 그들은 해군의 역사 속에서 큰 기둥 역할을 묵묵히 해내고 있다. 연평해전에서, 서해교전에서 승리의 원동력은 바로 이들 덕분이었다. 이제 해군은 이들을 위해 새로운 미래를 보장할 수 있는 계획을 추진 중에 있다.

2 부사관이 되는 방법

지원대상	민간인	현역병	군 전문대 장학생
지원자격	고졸 이상 학력소지자로서 임관일 기준 만 18~27세인 자	임관일 기준 만 27세를 초과하지 않는 자로 대령급 부대장의 추천을 받은 자 ※ 타 군의 경우 참모총장	전문/기능대 1, 2학년 재학생
교육기간	8주	8주	8주(졸업 후 입대)
복무기간	임관 후 4년	임관 후 4년	임관 후 4년 + 장학금 수혜기간 ※ 재학 시 등록금 전액지원
모집시기	연 3~4회	민간모집 시 지원	연 1회(4~5월)

02 해군부사관 시험 안내

1. 복무기간

복무기간 : 임관 후 남 4년, 여 4년

2. 지원자격

① 사상이 건전하고 품행이 단정하며 체력이 건강한 자

② 「해군모병규정 제51조」에 해당하는 자

㉠ 연령 : 임관일 기준 만 18~27세의 대한민국 남자 및 여자(단, 임신 중인 자 제외)

※ 단, 군복무를 필한 자는 「제대군인지원에 관한 법률 시행령 제19조」에 따라 지원 상한 연령 연장

복무 기간	1년 미만	1년 이상~2년 미만	2년 이상
지원 상한 연령	만 28세까지	만 29세까지	만 30세까지

㉡ 학력 : 고등학교 졸업 또는 동등 이상의 학력 소지자

※ 중학교 졸업자 중 지원계열 관련 「국가기술자격법」에 의한 자격증 소지자 지원 가능

㉢ 신체 : 해군건강관리규정 의거 최종 종합 판정결과 3급 이상

㉣ 현역병 : 5개월 이상 군 복무 중인 일병, 상병, 병장으로 소속 부대장의 추천을 받은 자(개인 신상관리등급이 양호한 자)

※ 해군/해병대 : 영관급 이상 부대장

※ 육/공군 및 전/의경 : 해당 군 참모총장, 경찰청장

3. 모집시기

기 수	지원서 접수	필기시험	1차 합격자 발표	면접/ 신체검사	2차 합격자 발표	입영	최종 합격자 발표
259기 (남, 여)	'17.10.10.(화) ~ 11.8.(수)	'17.11.25(토)	'17.12.13.(수)	'18.1. 22.(월) ~ 1.31.(수)	'18.3.12.(월)	'18.4.2.(월)	'18.4.6.(금)
260기 (남)	'18.1.8.(월) ~ 2.7.(수)	'18.2.24.(토)	'18.3.14.(수)	'18.4.23.(월) ~ 5.2.(수)	'18.6.11.(월)	'18.6.25.(월)	'18.6.29.(금)
261기 (남, 여)	'18.4.16.(월) ~ 5.16.(수)	'18.6.2.(토)	'18.6.20.(수)	'18.8.1.(월) ~ 8.10.(금)	'18.9.17.(월)	'18.10.1.(월)	'18.10.5.(금)
262기 (남, 여)	'18.7.23.(월) ~ 8.16.(목)	'18.9.8.(토)	'18.9.28.(금)	'18.11.5.(월) ~ 11.24.(수)	'18.12.24.(월)	'18.12.31.(월)	'19.1.4.(금)

※ 상기일정은 변동될 수 있으므로 지원서 접수기간 중에 공지되는 매 기수별 모집요강을 꼭 참고해야 함

4. 결격사유

① 「군인사법 제10조 2항」에 해당하는 자

　㉠ 대한민국의 국적을 가지지 아니한 사람 및 대한민국 국적과 외국 국적을 함께 가지고 있는 사람

　㉡ 피성년후견인 및 피한정후견인

　㉢ 파산선고를 받은 사람으로서 복권되지 아니한 사람

　㉣ 금고 이상의 형을 선고받고 그 집행이 종료되거나 집행을 받지 아니하기로 확정된 후 5년이 지나지 아니한 사람

　㉤ 금고 이상의 형의 집행유예를 선고받고 그 유예기간 중에 있거나 그 유예기간이 종료된 날부터 2년이 지나지 아니한 사람

　㉥ 자격정지 이상의 형의 선고유예를 받고 그 유예기간 중에 있는 사람

　㉦ 탄핵이나 징계에 의하여 파면되거나 해임처분을 받은 날부터 5년이 지나지 아니한 사람

　㉧ 법률에 따라 자격이 정지되거나 상실된 사람

② 이중국적자

③ 지원서류에 거짓된 정보가 있거나, 제출하지 않은 사람

5. 지원절차

① 인터넷 접수

　㉠ 해군 홈페이지 접속 : www.navy.mil.kr (검색어 : 해군모집, 해군모병센터)

　㉡ 해군모집 → 지원하기 → 지원서 작성 → 부사관후보생(지원서 작성, 해당 모병관 서류 확인 후 승인, 수험번호 부여) → 지원서, 수험표 출력

　㉢ 사진 업로드 유의사항

　　• 사진등록은 jpg 파일(50KB 이하)만 가능

　　• 권장 사이즈는 3cm×4cm 또는 124×163 Pixel

　　• 본인 여부를 확인할 수 있도록 최근 6개월 이내 촬영한 반명함(탈모, 무배경) 사진만 가능 (배경이 있는 사진이나 스냅사진은 사용 불가)

　　　※ 잘못된 사진을 입력하여 발생하는 불이익은 본인의 귀책사유

② 지원서류 제출(받는 이 : 접수 지역 모병관)

　㉠ 최종학력(대학 재학/휴학/졸업, 고교/중학교 졸업 등) 증명서 1부

　　　※ 중졸 지원자 : 「국가기술자격법」에 의한 자격증 1부/검정고시 : 합격증 1부

　㉡ 소속부대장(영관급 이상, 타군은 참모총장) 추천서 1부/현역병지원자

　㉢ 제출방법 : 지원서류는 우편발송용 표지를 출력하여 서류봉투에 부착한 뒤 등기우편으로 발송

③ **수험표** : 출력 → 필기 · 실기시험 / 면접 · 신체검사 시 반드시 본인 지참

02 해군부사관 시험 안내 

6. 세부 평가기준

① 필기시험

ㄱ 과목 : KIDA 간부선발도구, 영어, 국사

ㄴ 장소 : 서울 등 9개 지역(추후 인터넷 공지)

※ 지원서 접수 지역 인근 고사장에서 전국 동시 실시

ㄷ 평가요소 및 배점

구분	계	KIDA 간부선발도구							영어	국사
		소계	언어 논리	자료 해석	인지 속도	공간 지각	상황 판단 검사	직무 성격 검사		
배점	160	100	35	35	10	10	10	면접 참고	30	30

※ 국사시험 참고자료는 인터넷 해군 홈페이지 "해군모집" 공지사항에 게시 중

ㄹ 언어논리, 자료해석, 영어 과목 중 1개 과목 이상 성적이 30% 미만인 자는 불합격 처리

ㅁ 필기고사 실격사례

• 휴대폰을 소지하거나, 시험 중 휴대폰이 울리는 경우

• 다른 사람의 문제지/답안지를 훔쳐보거나, 참고자료를 보는 행위

• 과목별 시험시간 종료 후 시험을 멈추라는 공지에도 불구하고 계속 시험을 치는 행위

• 해당 과목 시험시간에 다른 과목 시험을 치는 행위

• 대리시험 의뢰 또는 대리로 시험에 응시한 경우

• 문제의 일부 또는 전부를 유출(메모/녹음)하거나 인쇄/배포하는 행위

• KIDA 간부선발도구 공간능력평가 시 문제지 내 모든 표시행위 및 상하/좌우로 돌려보는 행위(문제지 내 예비마킹 불가)

※ 상기 내용으로 실격 처리 시 어떠한 이의도 제기 불가

② 신체검사

ㄱ 대상 : 1차 합격자 전원

ㄴ 일정/장소 : 1차 합격자 발표 시 해군 홈페이지 공지

ㄷ 합격기준 : 종합판정 결과 1, 2, 3급

ㄹ 재검 대상자는 군 병원이 요구하는 일자에 재검을 실시해야 하며, 재검 미실시자는 신체검사 불합격 처리됨

※ 재검 대상자일 경우 군 병원 신체검사 담당자 및 모병관 안내를 반드시 확인

※ 현역병 지원자는 부대사정에 의해 연락불가 시를 대비하여 재검 통보 연락이 가능하도록 연락망 유지 철저(소속부대장에게 반드시 보고)

    ⑪ 신체검사 시 유의사항

- 검사 전일 22:00시 이후 공복상태 유지
- 수험표 및 신분증을 지참하여 지정된 시간에 도착
- 수험표 및 신분증 미지참자, 지연도착자는 신체검사 응시 불가
- 신체검사 설문 시 본인의 과거 병력, 질환, 문신 등의 항목에 대해 허위로 기술하였거나 은폐하였을 경우 선발/입영 취소 등의 모든 불이익은 본인 책임
  ※ 문신의 경우 신체의 한 군데에 지름 7cm 초과, 합계면적이 30cm^2 이상인 경우 불합격
- 세부 선발기준은 해군건강관리규정 제3장 신체검사 참고

③ **면접/실기평가**

    ㉠ 대상 : 1차 합격자 전원

    ㉡ 일정/장소 : 1차 합격자 발표 시 해군모집 홈페이지 공지

    ㉢ 면접관별 평가를 종합한 결과 1개 분야 이상 "가"로 평가되었거나, 평균 "미" 미만인 자는 불합격 처리

④ **신원조사**

    ㉠ 신원조사는「군인사법 10조」의 임관결격사유를 중점으로 실시

    ㉡ 신원조사 결과 부적합자는 선발에서 제외됨

7. 선발기준

① **1차 선발** : 모집계획 인원의 2배수 내외 선발

② **최종선발**

    ㉠ 1차 합격자를 대상으로 면접평가/신체검사/인성검사/신원조사 후 1차 평가 성적과 합산하여 종합성적 산출

    ㉡ 계열별, 성별별 종합성적 서열 순으로 선발

    ※ 단, 실기시험 실시 계열은 실기시험 성적으로 우선 선발 가능

    ㉢ 종합성적이 동점일 경우 다음과 같이 우선순위를 적용하여 선발

- 취업지원대상자(국가/독립유공자) – 필기시험 – 면접평가 순

    ㉣ 미달계열 발생 시 기술·행정계열에서 성적순 추가 선발 가능

8. 최종합격자 발표

① **합격자 발표** : 인터넷 해군 홈페이지 공지, 지원자 개인 확인(주민번호, 성명 입력)

② **현역선발통지서, 입영안내문** : 개인별 인터넷 출력

02 해군부사관 시험 안내 

9. 선발취소

① 「군인사법 제10조 제2항 」각 호의 어느 하나에 해당하는 경우

② 음주운전, 상습도박, 성범죄 행위 등 품행이 불량한 경우

③ 지원서류에 거짓된 정보가 있거나 제출하지 않은 경우

10. 행정사항

① 문의사항은 인터넷 해군 홈페이지 "해군모집" 창에 탑재된 "모병게시판/질의응답" 코너를 적극 활용

② 시험 응시자는 신분증(주민등록증, 분실자는 주민등록증 발급 신청 증명서, 여권, 운전면허증), 수험표, 필기구(컴퓨터용 수성펜)를 지참하여 지정된 각 평가장소에 도착하여 등록

　※ 신분증/수험표 미지참자와 지연도착자는 시험에 응시할 수 없음

③ 개인신상정보 변경 시 즉각 지원서를 제출한 모병관실로 연락

　　㉠ 개명, 주민등록번호/주소지/연락처 변경 등 개인 신상정보사항 변경 시

　　㉡ 법률적인 사항, 신체적인 결함사항 발생 시

　　　※ 개인신상정보 변동 관련 사항을 통보하지 않아 발생하는 불이익(문제)에 대해서는 본인 책임임

11. 부사관의 좋은 점

① 국가공무원에 준하는 급여 및 근무여건에 상응하는 각종 수당 지급

② 장기복무 선발 시 직업성 보장(원사 정년 : 55세)

③ 복무 중 대학(교) 또는 대학원 국비 위탁교육 및 외국 유학의 기회 부여(선발 시)

④ 학점 인증제 시행으로 부사관 기본교육(기초/초급반) 수료 시 14~31학점 취득 가능

　※ 장기 복무자의 경우 추가로 중급반 + 개인취득(자격증, 사이버 수업 등) 학점으로 군 복무만으로도 전문 학사 학위 취득 가능

⑤ 복무 중 전문 기술 습득 및 다양한 국가기술자격증 취득 가능

⑥ 복무 중 순항훈련, 연합훈련 등 외국 방문 기회 부여(해당 함정 승조 시)

⑦ 대부분 중·소도시 근무로 문화생활 및 학원수강 등 자기계발 가능

⑧ 장교 지원 기회 부여(학사 학위 취득 시 만 30세까지)

⑨ 중·장기 복무 후 전역 시 민간 학원 위탁교육 및 취업 알선

⑩ 각종 복지 혜택

　　㉠ 의료 보험 및 군 의료시설 이용 가능(가족 포함)

　　㉡ 휴가 및 출장 시 군 콘도 및 휴양시설 이용 가능

　　㉢ 영외 거주 시 독신자 숙소, 군 관사(기혼자) 제공

　　㉣ 장기복무자 주택 특별분양권 부여(군인공제회, 국민주택 등)

03 필기시험 예시문

지적능력평가

1. 언어능력

① 정의

풍부한 어휘를 활용하여 문장 내에서의 적절한 쓰임에 대한 지식과 이해를 바탕으로 단어의 정확한 의미를 추론해내는 능력과 문장을 구성하는 능력

② 어휘력 문제 : 다음 중 아래의 밑줄 친 ㉠과 같은 의미로 사용된 것은?

우리는 매일 밤 잠자리에 들 때, 피부를 감싸고 있는 옷들을 모두 벗을 뿐 아니라, 이와 비슷하게 자신의 의식도 벗어서 한쪽 구석에 치워 둔다고 할 수 있다.

신체적인 측면에서 보면 잠든다는 것은 평온하고 안락한 자궁 안의 시절로 되돌아가는 것이나 다름없다. 마찬가지로 잠자는 사람들의 정신 상태를 ㉠ 보면 의식의 세계에서 거의 완전히 물러나 있으며, 외부에 대한 관심도 정지되는 것으로 보인다.

① 한 사람이 이득을 보면 손해를 보는 사람도 반드시 생기게 마련이다.

② 지금 창밖을 보면 빨갛게 하늘을 물들이며 산 뒤로 넘어가는 해를 볼 수 있다.

③ 현재 우리나라의 현실을 보면 예전에 비해서 비약적 발전을 했다는 것을 알게 된다.

④ 남편이 시앗을 보면 돌부처 같은 마나님도 돌아앉게 마련이다.

⑤ 일요일에 장을 보면 일주일 동안 걱정 없이 끼니를 마련할 수 있다.

③ 언어논리력 문제 : 다음 글에서 추론할 수 있는 진술로 가장 옳은 것은?

문화 원형 콘텐츠이면서 관광 콘텐츠로서 박물관은 소장품의 전시를 통해 박물관의 재정과 자생력을 확보할 수 있다. 동시에 박물관은 지역 공동체나 국가의 홍보 및 경제 활성화의 원동력이며, 더 나아가 직업을 창출하고 고용을 증대시킨다.

이러한 맥락에서 프레이(Bruno Frey)는 메트로폴리탄 박물관, 보스턴 순수 미술관, 워싱턴의 국립 박물관, 시카고 미술관, 구겐하임 미술관, 프라도 박물관, 대영 박물관, 루브르 박물관, 에르미타주 박물관, 우피치 박물관, 스미소니언 박물관 등을 '슈퍼스타 박물관'이란 용어로 표현했으며, 이들 박물관의 문화 관광 효과가 지역뿐만 아니라 국가 경제에 미치는 파급 효과를 강조했다.

03 필기시험 예시문

① 박물관은 그 나라의 미래의 모습을 보여주는 타임머신이다.

② 박물관은 우리가 살아왔던 발자취이자 우리의 정신문화의 현현(顯現)이다.

③ 박물관은 그 자체로 거대한 학교이면서 훌륭한 스승이다.

④ 박물관은 이 세상에서 가장 청정한 공장이다.

⑤ 박물관은 가장 오래된 공간이면서 가장 최신의 공간이다.

2. 자료해석

① 정의

업무를 수행하는 데 필수적인 기초적 산술지식과 통계적 지식을 이해하는 능력

② 문제 : 다음은 A공기업에 근무하는 여성 수와 여성 비율에 따른 동향을 나타낸 표이다. 이 통계자료로부터 얻을 수 있는 정보 중 옳은 것을 모두 고르시오.

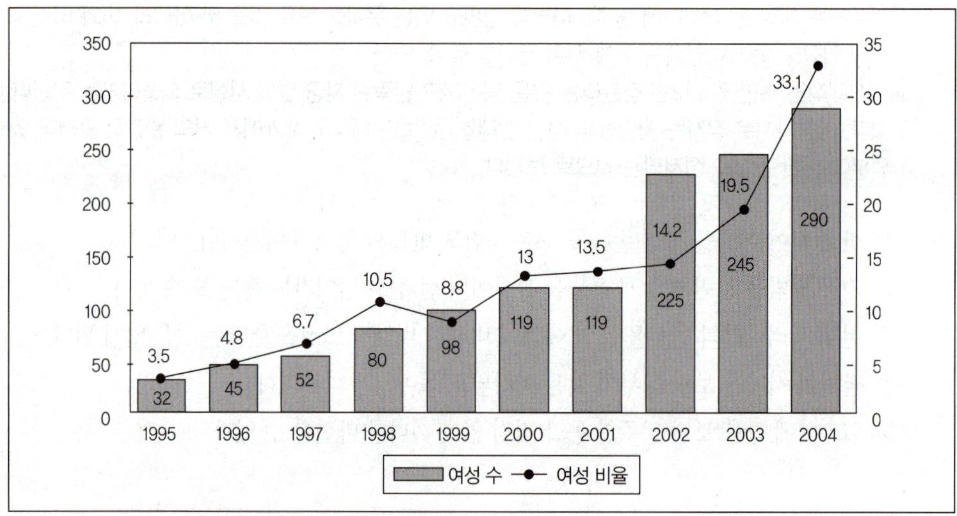

㉠ A공기업은 2001년에는 여성을 뽑지 않았다.
㉡ 1999년에는 여성에 비해 남성을 많이 뽑은 것으로 예측해 볼 수 있다
㉢ 전년대비 여성 수에서 2004년에 여성근무자가 가장 많이 늘어났다.
㉣ 전년대비 A공기업 총 종사자가 가장 많이 늘어난 해는 2002년도이다.
㉤ A공기업의 총 근무자 수는 지속적으로 증가하고 있다.

① ㉠, ㉡   ② ㉡, ㉣, ㉤

③ ㉠, ㉢, ㉣   ④ ㉡, ㉣

3. 공간능력

① 정의

주어진 지도를 보고 목표지점의 위치와 방향을 정확히 찾아낼 수 있는 능력

② 문제

[01~03] 다음 지도를 보고 물음에 답하시오.

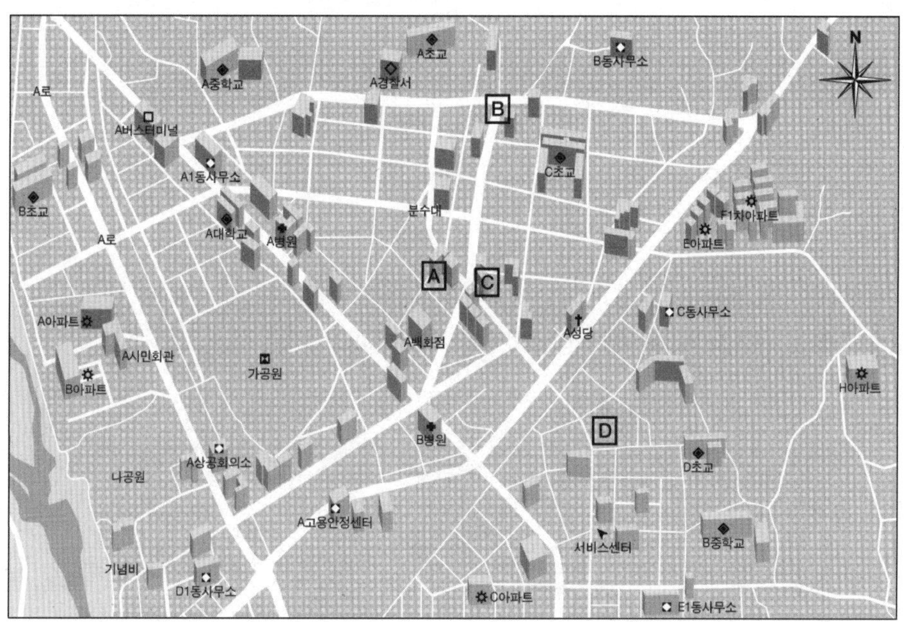

01 위 지도의 A, B, C, D 중 당신이 서 있는 곳은 어디인가?

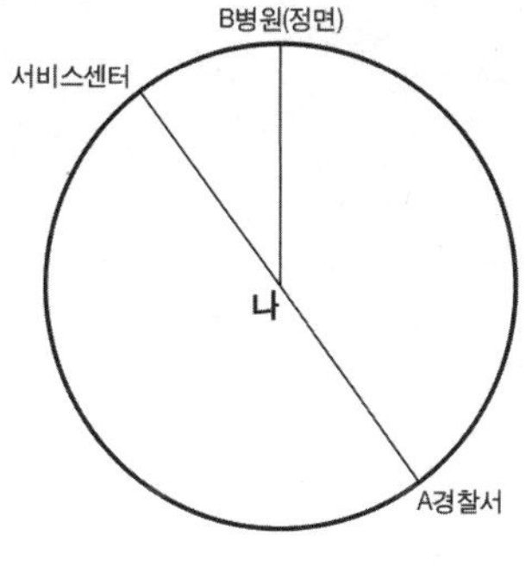

① A   ② B   ③ C   ④ D

03 필기시험 예시문

02 당신이 A백화점에서 가공원을 정면으로 바라볼 때 서비스센터는 ㄱ, ㄴ, ㄷ, ㄹ 중 어디에 있는가?

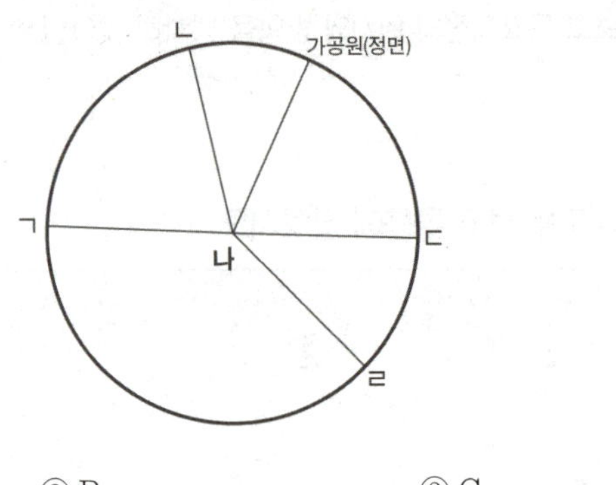

① A   ② B   ③ C   ④ D

03 다음은 위 지도의 일부를 나타낸 것이다. 위의 지도와 다른 것을 고르시오.

①
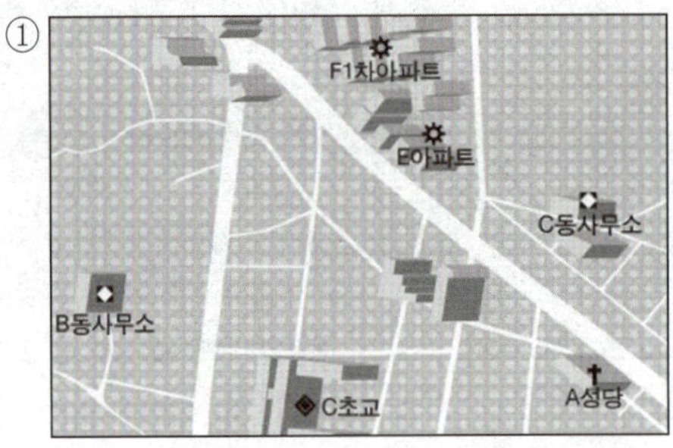

②

③

④

4. 지각속도

① 정의

> 시각적인 형태의 세부 항목을 정확하고 신속하게 파악하여 비교 및 대조 등의 처리 과제를 수행하는 능력

② 문제

유형 1 아래의 문제 유형은 일련의 문자, 숫자, 기호의 짝을 제시한 후 특정한 문자에 해당되는 코드를 빠르게 선택하는 문제입니다.

〈예제〉 아래 〈보기〉의 왼쪽과 오른쪽 기호의 대응을 참고하여 각 문제의 대응이 같으면 답안지에 '① 맞음'을, 틀리면 '② 틀림'을 선택하시오.

〈보기〉

a = 강	b = 응	c = 산	d = 전
e = 남	f = 도	g = 길	h = 아

1) 강 응 산 전 남　　－　a b c d e　　　　①맞음　　②틀림

유형 2 아래의 문제 유형은 제시된 문자, 문장, 숫자 중 특정한 문자 혹은 숫자의 개수를 빠르게 세어 표시하는 문제입니다.

〈예제〉 다음의 〈보기〉에서 각 문제의 왼쪽에 표시된 굵은 글씨체의 기호, 문자, 숫자의 개수를 모두 세어 오른쪽 개수에서 찾으시오.

〈보기〉	개수
1) **3** 783020642068204872038730796205040673 21	① 2개 ②4개 ③ 6개 ④ 8개
2) **ㄴ** 나의 살던 고향은 꽃피는 산골	① 2개 ② 4개 ③6개 ④ 8개

Memo

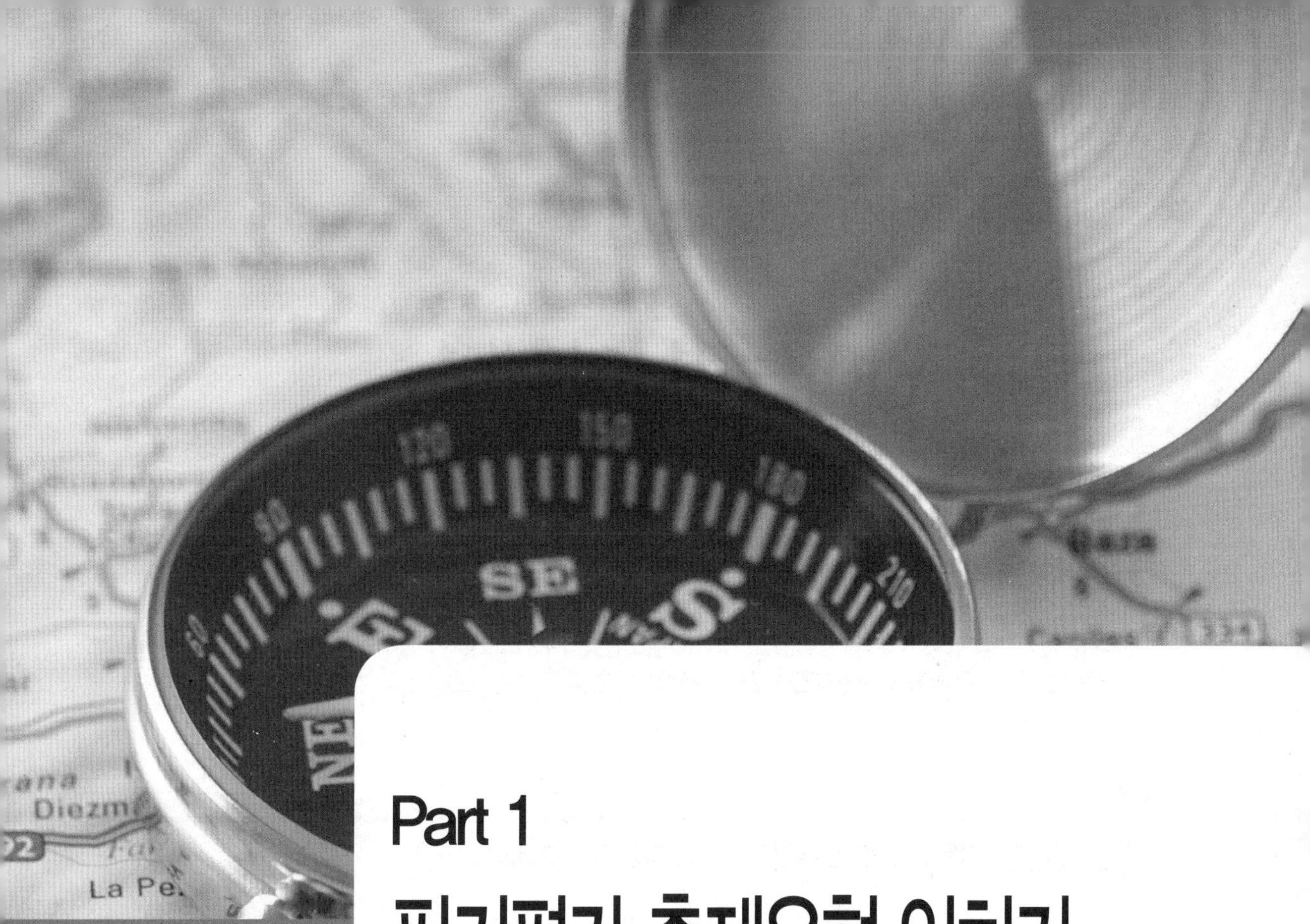

Part 1
필기평가 출제유형 익히기

Chapter 01   언어능력_어휘력

Chapter 02   언어능력_언어논리력

Chapter 03   자료해석

Chapter 04   공간능력

Chapter 05   지각속도

Chapter 06   국사

Chapter 07   영어

Chapter 01 언어능력_어휘력

어휘력에서는 의사소통을 함에 있어 이해능력이나 전달능력을 묻는 기본적인 문제가 나온다. 술어의 의미, 단어의 의미, 사자성어, 알맞은 단어 넣기 등 다양한 유형의 문제가 출제된다. 평소에 잘못 사용하는 언어는 사전을 활용하여 확인하면서 공부하도록 한다.

유형맛보기 01 다음 중 밑줄 친 부분의 의미가 다른 것을 고르시오.

① <u>되</u>바라지다. ② <u>되</u>새기다. ③ <u>되</u>찾다.

④ <u>되</u>팔다. ⑤ <u>되</u>잡다.

해설 ① 차림이 얌전하지 않아 남의 눈에 잘 띄다.
② · ③ · ④ · ⑤ : '다시'나 '도로'의 뜻을 더하는 접두사

답 : ①

유형맛보기 02 주어진 문장의 밑줄 친 어휘, 어구와 같은 의미로 쓰인 것을 고르시오.

> 훈련을 통해 적의 작전을 <u>읽는</u> 능력을 키워야 한다.

① 전공 서적을 <u>읽다</u>. ② 컴퓨터가 디스켓의 정보를 <u>읽고</u> 있다.

③ 편지에 담긴 사연을 <u>읽다</u>. ④ 상대방의 마음을 훤히 <u>읽고</u> 있다.

⑤ 악보를 <u>읽다</u>.

해설 ④ 사람의 표정이나 행위 따위를 보고 뜻이나 마음을 알아차리다.

답 : ④

유형맛보기 03 다음 밑줄 친 부분과 가장 가까운 의미를 지닌 것을 고르시오.

> 회식 자리에서 <u>호색한</u> 상사가 희롱을 걸었다.

① 성도착증이 있는 자

② 여색을 몹시 좋아하는 자

③ 신경질적인 자

④ 알게 모르게 호감이 가는 자

⑤ 색다른 것을 좋아하는 자

답 : ②

유형맛보기 04 다음 중 아래의 밑줄 친 ㉠과 같은 의미로 사용된 것은?

> 우리는 매일 밤 잠자리에 들 때, 피부를 감싸고 있는 옷들을 모두 벗을 뿐 아니라, 이와 비슷하게 자신의 의식도 벗어서 한쪽 구석에 치워 둔다고 할 수 있다.
>
> 신체적인 측면에서 보면 잠든다는 것은 평온하고 안락한 자궁 안의 시절로 되돌아가는 것이나 다름없다. 마찬가지로 잠자는 사람들의 정신 상태를 ㉠ <u>보면</u> 의식의 세계에서 거의 완전히 물러나 있으며, 외부에 대한 관심도 정지되는 것으로 보인다.

① 한 사람이 이득을 <u>보면</u> 손해를 보는 사람도 반드시 생기게 마련이다.

② 지금 창밖을 <u>보면</u> 빨갛게 하늘을 물들이며 산 뒤로 넘어가는 해를 볼 수 있다.

③ 현재 우리나라의 현실을 <u>보면</u> 예전에 비해서 비약적 발전을 했다는 것을 알게 된다.

④ 남편이 시앗을 <u>보면</u> 돌부처 같은 마나님도 돌아앉게 마련이다.

⑤ 일요일에 장을 <u>보면</u> 일주일 동안 걱정 없이 끼니를 마련할 수 있다.

해설 ③ 앞말을 고려의 대상이나 판단의 기초로 삼는다는 뜻으로 사용되었다.

　① 어떤 일을 당하거나 겪거나 얻어 가지다.

　② 눈으로 직접 보다.

　④ 부도덕한 이성 관계를 갖다.

　⑤ 물건을 팔거나 사다.

답 : ③

적 중 예 상 문 제

01~07 | 다음 중 밑줄 친 부분의 의미가 다른 것을 고르시오.

01

① 문제집　　② 문화재　　③ 문방구　　④ 문고판　　⑤ 문학가

해설　① 문(問) : 시험 출제나 설문 조사 따위에서, '문제'를 이르는 말
② · ③ · ④ · ⑤ 문(文) : 학문, 문학, 예술 따위를 무(武)에 상대하여 이르는 말

02

① 건설　　② 건강　　③ 건투　　④ 건실　　⑤ 건용

해설　① 건(建) : 세우다.
② · ③ · ④ · ⑤ 건(健) : 튼튼하다.

03

① 투쟁　　② 투시　　③ 투구　　④ 투견　　⑤ 투계

해설　② 투(透) : 통하다, 뛰어넘다, 지나가다.
① · ③ · ④ · ⑤ 투(鬪) : 싸우다.

04

① 손을 늦추다.　　　　　② 손을 놓다.
③ 손이 부족하다.　　　　④ 손이 많다.
⑤ 손에 넣다.

해설　⑤ 어떤 사람의 영향력이나 권한이 미치는 범위
① · ② · ③ · ④ 일손

05
① 그 개울은 물살이 <u>급하다</u>.　② 지금 사정이 <u>급하다</u>.
③ 아버지 병세가 <u>급하다</u>.　④ 마음만 몹시 <u>급하다</u>.
⑤ 한시가 <u>급하다</u>.

[해설] ① 물결 따위의 흐름이나 진행 속도가 매우 빠르다.
②·③·④·⑤ 사정이나 형편이 조금도 지체할 겨를이 없이 빨리 처리해야 할 상태에 있다.

06
① <u>바닥</u>을 긁을 정도로 어렵다.　② 영수의 성적은 <u>바닥</u>을 긁는다.
③ 마침내 주가가 <u>바닥</u>을 쳤다.　④ 지금은 집값이 <u>바닥</u>이다.
⑤ <u>바닥</u>에 윤이 나도록 잘 닦았다.

[해설] ⑤ 평평하게 넓이를 이룬 부분
①·②·③·④ 지위, 수준, 값 따위가 매우 낮음을 가리킴

07
① 아이들이 하도 떠드는 <u>바람</u>에 정신이 없다.
② 이제는 만족스러워 더 이상 <u>바람</u>이 없다.
③ 약속 시간이 어긋나는 <u>바람</u>에 그 일은 포기했다.
④ 너무 노는 <u>바람</u>에 시험을 망쳤다.
⑤ 어제는 눈이 오는 <u>바람</u>에 길이 미끄러웠다.

[해설] ② 희망, 기대, 원하는 바
①·③·④·⑤ 뒷말에 대한 원인을 뜻하는 말

08~17 | 주어진 문장의 밑줄 친 어휘, 어구와 같은 의미로 쓰인 것을 고르시오.

08
> <u>노는</u> 시간에 잠 좀 그만 자고 소설책이라도 읽어라.

① 우리 가게는 매주 월요일에 <u>논다</u>.　② 앞니가 흔들흔들 <u>논다</u>.
③ 뱃속에서 아기가 <u>논다</u>.　④ 동생이 공놀이를 하며 <u>논다</u>.
⑤ 날 아주 가지고 <u>놀아라</u>.

해설 ① 어떤 일을 하다가 일정한 기간 동안을 쉬다.
② 고정되어 있던 것이 헐거워 이리저리 움직이다.
③ 태아가 꿈틀거리다.
④ 놀이나 재미있는 일을 하며 즐겁게 지내다.
⑤ 남을 조롱하거나 자기 뜻대로 좌지우지하다.

09

아이는 <u>손</u>을 흔들며 친구에게 작별 인사를 했다.

① <u>손</u>에 반지를 끼다.
② 장사꾼의 <u>손</u>에 놀아나다.
③ 그 일은 선배의 <u>손</u>에 떨어졌다.
④ 두 <u>손</u> 모아 기도하다.
⑤ <u>손</u>이 부족하다.

해설 ④ 사람의 팔목 끝에 달린 부분. 손등, 손바닥, 손목으로 나뉘며 그 끝에 다섯 개의 손가락이 있어, 무엇을 만지거나
　　 잡거나 한다.
① 손가락
② 사람의 수완이나 꾀
③ 어떤 사람의 영향력이나 권한이 미치는 범위
⑤ 일손. 노동력

10

신이 <u>발</u>에 꼭 맞다.

① <u>발</u>이 재다.　　　　　　　② 가던 <u>발</u>을 멈추다.
③ 한 <u>발</u> 뒤로 물러서다.　　　④ 축구공을 <u>발</u>로 차다.
⑤ <u>발</u>이 빠른 선수

해설 ④ 사람이나 동물의 다리 맨 끝 부분. 신체의 발
① · ② · ⑤ 걸음을 비유적으로 이르는 말
③ (수량을 나타내는 말 뒤에 쓰여) 걸음을 세는 단위

11
> 만행을 <u>그대로</u> 보고만 있을 수는 없다.

① 말한 <u>그대로</u> 하면 모든 것이 다 잘 된다.

② <u>그대로</u> 되풀이하시오.

③ 현장에서 본 것 <u>그대로</u> 만들면 된다.

④ 생김새가 자기 아버지를 <u>그대로</u> 닮았다.

⑤ <u>그대로</u> 꼼짝 말고 있어라.

> **해설** ⑤ 변함없이 그 모양으로
> ① · ② · ③ · ④ 그것과 똑같이

12
> 그는 가방 끈이 <u>짧은</u> 것에 부끄러움을 느끼고 있다.

① 이 건전지는 수명이 <u>짧아</u> 자주 갈아 주어야 한다.

② 그는 혀가 <u>짧아</u> 발음이 부정확하다.

③ 시는 보통 산문보다 길이가 <u>짧다</u>.

④ 우리는 사업 자본이 <u>짧아</u> 은행에서 융자를 받아야 한다.

⑤ 이곳 여름은 밤이 <u>짧고</u> 낮이 길다.

> **해설** ④ 자본이나 생각, 실력 따위가 어느 정도나 수준에 미치지 못하여 모자라다.
> ① · ⑤ 이어지는 시간상의 한 때에서 다른 때까지의 기간이 오래 걸리지 않다.
> ② 잇닿아 있는 공간이나 물체의 두 끝의 사이가 가깝다.
> ③ 글이나 말 따위의 길이가 얼마 안 되다.

13
> 분위기가 너무 <u>무거워</u> 아무도 입을 열지 못했다.

① 쌓인 피로로 몸이 <u>무겁다</u>.

② 괜히 쓸데없는 소리 해서 분위기를 <u>무겁게</u> 만들지 마라.

③ 맡은 책임이 너무 <u>무겁다</u>.

④ 병이 너무 <u>무거워</u> 완쾌하시기 힘들 것 같다.

⑤ 가방이 <u>무거워서</u> 들 수가 없다.

해설 ② 분위기 따위가 어둡고 답답하다.
① 힘이 빠져서 움직이기 힘들다.
③ 비중이나 책임 따위가 크거나 중대하다.
④ 병이나 죄가 심하거나 크다.
⑤ 무게가 많이 나가다.

14

> 그녀는 <u>얼굴</u>을 붉히며 그 남자에게 인사를 했다.

① 햇빛에 눈이 부셔 <u>얼굴</u>을 찡그리다.

② 엄마 <u>얼굴</u>을 봐서라도 열심히 해야 한다.

③ 영화계에 새 <u>얼굴</u>이 등장하였다.

④ 내가 제안을 거절하자 그녀는 실망한 <u>얼굴</u>이 되었다.

⑤ 돌 · 바람 · 여자는 제주도의 <u>얼굴</u>이다.

해설 ④ 어떤 심리 상태가 나타난 형색(形色)
① 눈, 코, 입이 있는 머리의 앞면
② 주위에 잘 알려져서 얻은 평판이나 명예 또는 체면
③ 어떤 분야에서 활동하는 사람
⑤ 어떤 사물의 진면목을 단적으로 보여 주는 대표적 표상

15

> 사고는 부주의에서 <u>오게</u> 마련이다.

① 눈이 <u>와서</u> 길이 미끄럽다.

② 성공은 부단한 노력으로부터 <u>온다</u>.

③ 수영장 물이 목까지 <u>온다</u>.

④ 집에 편지가 <u>왔다</u>.

⑤ 도서관에 <u>왔지만</u> 공부하지 못했다.

해설 ② 어떤 현상이 어떤 원인에서 비롯하여 생겨나다.
① 비, 눈, 서리나 추위 따위가 내리거나 닥치다.
③ 길이나 깊이를 가진 물체가 어떤 정도에 이르거나 닿다.
④ 소식이나 연락 따위가 말하는 사람이 있는 곳으로 전해지다.
⑤ 어떤 사람이 말하는 사람 혹은 기준이 되는 사람이 있는 쪽으로 움직여 위치를 옮기다.

16 | 금메달을 딴 그는 기쁨에 <u>찬</u> 얼굴로 눈물을 흘렸다.

① 호기심에 <u>찬</u> 눈으로 바라보고 있다.
② 버스에 사람이 가득 <u>차다</u>.
③ 선을 본 사람이 마음에 <u>차지</u> 않다.
④ 그 강좌는 정원이 다 <u>차서</u> 신청이 마감되었다.
⑤ 말이 목구멍까지 <u>차</u> 올랐다.

> **해설** ① 감정이나 기운 따위가 가득하게 되다.
> ② 일정한 공간에 사람, 사물, 냄새 따위가 더 들어갈 수 없이 가득하게 되다.
> ③ 어떤 대상이 마음에 흡족하다.
> ④ 정한 수량, 나이, 기간 따위가 다 되다.
> ⑤ 어떤 높이나 한도에 이르는 상태가 되다.

17 | 그는 한여름인데도 때가 까맣게 낀 장옷을 입었다.

① 옷에 묻은 <u>때</u>를 말끔히 씻었다.
② 오랜 소송 끝에 <u>때</u>를 씻게 되었다.
③ 순박했던 그도 이제는 <u>때</u>가 많이 묻었다.
④ 서울에 올라와 촌 <u>때</u>를 벗었다.
⑤ 방학 <u>때</u> 아르바이트를 하다.

> **해설** ① 옷이나 몸 따위에 묻은 더러운 먼지 따위의 물질
> ② 까닭 없이 뒤집어쓴 더러운 이름
> ③ 불순하고 속된 것
> ④ 어린 티나 시골티
> ⑤ 일정한 시기 동안

18

> 그는 장사꾼처럼 <u>이악</u>하지도 간사하지도 못했다.

① 정직하지 못한　　　　　② 이익을 위하여 아득바득한
③ 못된 짓만 골라 하는　　④ 교활하게 남을 속이는
⑤ 의지가 굳센

해설 이악하다 : 이익을 위하여 지나치게 아득바득하는 태도가 있다.

19

> 마을 사람들 모두 <u>코가 빠져</u> 아무 일도 하지 못했다.

① 근심　　　　　② 고집
③ 거만　　　　　④ 무안
⑤ 자랑

해설 코가 빠지다 : 근심에 싸여 기가 죽고 맥이 빠지다.

20

> 그는 사업에서 <u>손을 뗀</u> 지 오래이다.

① 힘이나 능력이 미치다.　　② 하던 일을 중단하다.
③ 손아귀에 잡혀 들다.　　　④ 일하는 동작이 매우 굼뜨다.
⑤ 일솜씨가 날쌔거나 좋다.

해설 손을 떼다 : 하던 일을 그만두다.

21

> 인류의 기원은 200만 년 전으로 <u>소급</u>해 올라간다.

① 거듭되는 횟수가 매우 잦다. ② 서약을 하다.
③ 그대로 남다. ④ 거슬러 올라가다.
⑤ 상위 학년이나 직책으로 진급하지 못하다.

해설 소급 : 과거에까지 거슬러 올라가서 미치게 함

22~25 | 주어진 지문의 밑줄 친 ㉠과 같은 의미로 사용된 것을 고르시오.

22

> 정보사회는 정보기술의 발달에 힘입어 후기 자본주의의 구조적 모순을 봉합하기 위해 등장한 사회이므로 자본주의 사회와 다를 것이 없으며, 자본주의적 사회구성이 안고 있는 구조적 모순을 그대로 안고 있다는 것이다. 이들은 정보사회가 자본주의사회의 연장에 불과한 만큼 자본주의적 모순과 병폐를 그대로 ㉠ 안고 있으며 경우에 따라서는 더욱 악화될 수 있다고 경고한다. 따라서 자본주의와 마찬가지로 극복해야 할 대상이라는 것이다. 이들은 계급 간 불평등이나 권력의 독점과 같은 현상이 정보사회라고 해서 결코 수그러들지 않는다고 강변하고 있다.

① 큰 포부를 <u>안고</u> 사업을 시작하다.
② 바위 위에 무릎을 세워 <u>안고</u> 앉았다.
③ 아기를 품에 <u>안고</u> 발걸음을 옮겼다.
④ 큰 빚을 <u>안고</u> 이 집을 산 까닭에 부담이 크다.
⑤ 햇빛을 <u>안고</u> 운전을 하려니 눈이 시리다.

해설 밑줄 친 ㉠은 '(자본주의적 모순과 병폐를) 안고'이므로 '책임지고 맡다'라는 뜻으로 ④와 같은 의미로 쓰였다.
　　① 생각이나 감정 따위를 마음속에 가지다.
　　② · ③ 두 팔로 가슴에 붙이다.
　　⑤ 안으로 들어오는 것을 몸으로 받다.

23

"대장장이가 힘으로만 된다면 얼마나 좋겠어요. 하지만 그렇지 않아요. 잘못 내리쳐 쇠가 부러지면 조각이 튀어 몸을 다칠 수도 있기 때문이죠. 누구에게 맡길 수도, 사람을 사서 쓸 수도 없으니 참 걱정입니다." 대장장이의 ⊙ 길을 가지 않으려는 젊은이들에게 섭섭하면서도 그렇다고 이 배고픈 일을 강요할 수도 없다는 것이 그의 고민이다.

① 일을 마치고 돌아오는 길이다.

② 열 길 물 속은 알아도 한 길 사람 속은 모른다.

③ 남편과 자녀를 위하는 것이 아내의 길이다.

④ 고향으로 내려가는 길이 꽉 막혔다.

⑤ 인류 문명이 발전해 온 길을 돌아본다.

> **해설** 밑줄 친 ⊙은 '대장장이의 길'로 '어떤 자격이나 신분으로서 주어진 도리나 임무'를 뜻하므로 ③과 같은 의미로 쓰였다.
> ① 어떤 일을 하던 도중이나 기회
> ② 길이의 한 단위
> ④ 걷거나 탈것을 타고 어느 곳으로 가는 노정(路程)
> ⑤ 시간의 흐름에 따라 개인의 삶이나 사회적 · 역사적 발전 따위가 전개되는 과정

24

　정치적 공중이란 정치 문제에 관심을 갖고 정치 분야에서 이해관계를 ⊙ 같이 하는 집단이라고 정의할 수 있다. 그러나 정치 문제라는 것은 따로 독립되어 존재하는 것이 아니라 사회의 여러 현상을 복합적으로 포함하고 있다. 정치는 인간이 어울려서 국가를 만들고 이를 통해 서로 조화를 이루어 살려고 애쓰는 모든 과정을 말하기 때문이다. 따라서 대부분의 중요한 조직으로부터 일시적으로 모인 군중에 이르기까지 여러 모양의 집단이 모두 정치적 공중이 될 수 있다.

① 사람은 처음과 끝이 항상 같아야 한다.

② 어제 그 사람과 같이 극장에 갔다.

③ 예상한 바와 같이 주가가 크게 떨어졌다.

④ 장대 같은 소나기가 퍼붓기 시작했다.

⑤ 연락이 없는 걸 보니 무슨 사고가 난 것 같다.

해설 ② 둘 이상의 사람이나 사물이 함께
① 동일함을 나타내는 말
③ 어떤 상황이나 행동 따위와 다름이 없이
④ 그런 부류에 속한다는 뜻을 나타내는 말
⑤ 추측, 불확실한 단정을 나타내는 말

25

옛날에는 개인이 중심이고 사회가 그 부수적인 현상같이 느껴졌으나, 오늘에 이르러서는 사회가 중심이 되고 개인은 그 사회의 부분들인 것으로 생각되기에 이르렀다. 특히, 사회가 그 시대의 사람들을 만든다는 주장이 대두되면서부터 그 성격이 점차 ㉠ 굳어졌다.

① 숙희는 이번에 꼭 합격해야 한다는 생각이 굳어졌다.

② 바닥에 시멘트가 굳어졌다.

③ 그의 얼굴은 금세 딱딱하게 굳어졌다.

④ 철호는 밥 먹을 때 왼손을 사용하는 것에 굳어졌다.

⑤ 두려움에 그의 몸이 돌같이 굳어졌다.

해설 ① 심증(心證)이나 생각이 굳어지다.
② 누르는 자국이 나지 아니할 만큼 단단하게 되다.
③ 표정이나 태도 따위가 긴장으로 딱딱하게 되다.
④ 습관으로 점점 몸에 배어 아주 자리를 잡게 되다.
⑤ 근육이나 뼈마디가 점점 뻣뻣하게 되다.

26~28 | 다음 ( ) 안에 들어갈 알맞은 단어를 고르시오.

26

(   )은/는 무조건 남의 흉내를 내어 웃음거리가 됨을 비유적으로 이르는 말이다.

① 서시빈목　　　　　　② 양약고구
③ 목불식정　　　　　　④ 오비이락
⑤ 우후죽순

해설 ① 서시빈목(西施矉目) : 분수를 생각하지 않고 무조건 남을 따라하는 것을 비유하는 말
② 양약고구(良藥苦口) : '좋은 약은 입에 쓰나 병에 이롭다'는 뜻으로, 충언(忠言)은 귀에 거슬리나 자신에게 이로움을 이르는 말
③ 목불식정(目不識丁) : 아주 간단한 글자인 '丁'자를 보고도 그것이 '고무래'인 줄을 알지 못한다는 뜻으로, 아주 까막눈임을 이르는 말
④ 오비이락(烏飛梨落) : '까마귀 날자 배 떨어진다'는 뜻으로, 아무 관계도 없이 한 일이 공교롭게도 때가 같아 억울하게 의심을 받거나 난처한 위치에 서게 됨을 이르는 말
⑤ 우후죽순(雨後竹筍) : 비가 온 뒤에 여기저기 솟는 죽순이라는 뜻으로, 어떤 일이 한때에 많이 생겨남을 비유적으로 이르는 말

27

( )은/는 공간적으로 현재의 위치에서 뒤로 물러가거나 시간적으로 현재보다 앞선 시기의 과거로 감

① 퇴보　　　　　　　　② 퇴행
③ 진퇴　　　　　　　　④ 치환
⑤ 전시

해설 ② 정도나 수준이 이제까지의 상태보다 뒤떨어지거나 못하게 됨
① 뒤로 물러감
③ 앞으로 나아가고 뒤로 물러남
④ 바꾸어 놓음
⑤ 전쟁이 벌어진 때

28

( )은/는 융통성 없이 현실에 맞지 않는 낡은 생각을 고집하는 어리석음을 이르는 말이다.

① 간담상조　　　　　　② 간뇌도지
③ 견벽청야　　　　　　④ 각주구검
⑤ 고진감래

해설 ④ 각주구검(刻舟求劍) : '칼을 강물에 떨어뜨리자 뱃전에 그 자리를 표시했다가 나중에 그 칼을 찾으려 한다'는 뜻으로, 판단력이 둔하여 융통성이 없고 세상일에 어둡고 어리석다는 뜻
① 간담상조(肝膽相照) : 서로 속마음을 털어놓고 친하게 사귐
② 간뇌도지(肝腦塗地) : '참혹한 죽음을 당하여 간장(肝腸)과 뇌수(腦髓)가 땅에 널려 있다'는 뜻으로, 나라를 위하여 목숨을 돌보지 않고 애를 씀을 이르는 말
③ 견벽청야(堅壁淸野) : 성에 들어가 지키며 적에게 먹을 것을 주지 않기 위해 들판을 비움
⑤ 고진감래(苦盡甘來) : '쓴 것이 다하면 단 것이 온다'는 뜻으로, 고생 끝에 즐거움이 옴을 이르는 말

29~38 | 다음 지문의 (　　) 안에 알맞은 말을 순서대로 나열한 것을 고르시오.

29

호남고속철도 오송~광주 구간은 2010년 (　　)해 2015년 (　　)된다. 광주~목포 구간은 오송~익산 구간 완공 전에 공사에 들어가 2017년까지 (　　)할 (　　)이다. 호남고속철도 정차역은 오송, 남공주, 익산, 정읍, 광주, 목포 등 6곳이며, 사업비는 10조 5,417억 원이 (　　)된다.

① 준공-착공-개통-예정-유입　　② 착공-완공-마감-계획-투자

③ 착공-완공-개통-예정-투입　　④ 준공-완공-마감-계획-투입

⑤ 시공-기공-개통-예정-사용

해설 호남고속철도 오송~광주 구간은 2010년 공사를 시작한다는 의미로 '착공', '시공' 모두 맞다. 2015년까지 공사가 마무리되어야 하므로 '완공'이 맞다. 광주~목포 구간은 2017년까지 이어져 통하기 시작해야 하므로 '개통'이 맞다. 또한 문맥상 개통을 미리 정하거나 예상함의 의미인 '예정'이 들어가야 한다. 또 10조 5,417억 원이 들어간 것이므로 사람이나 물자, 자본 따위를 필요한 곳에 넣음의 의미를 가진 '투입'이 맞다.

30

9월 학기제로 바꿀 경우 커다란 사회적 (　　)이 드는 만큼 굳이 비용을 (　　)하면서 바꿀 필요가 있느냐는 반론도 만만찮아 도입이 순탄치만은 않을 (　　)이다. 9월 학기제가 도입되더라도 연차적으로 4월 → 5월 → 6월에 첫 학기를 시작하는 단계적 과정을 밟게 돼 완전 (　　)까지는 방안에 따라 3~6년이 걸린다. 이 과정에서 전해 2학기 종료시기와 이듬해 새학기 시작 사이에 공백기가 생기는 등 학부모와 학생들의 (　　)이 예상된다.

① 비용-수용-전망-전환-혼잡　　② 예산-감수-예정-변환-혼란

③ 기금-수긍-전망-변환-효란　　④ 비용-감수-전망-전환-혼란

⑤ 예산-수용-예정-전환-혼용

해설 어떤 일을 하는 데 드는 돈이란 의미의 '비용'이 적절하다. 9월 학기제로 바뀌면 큰 돈이 드는 만큼 돈이 많이 듦에도 그 비용을 받아들이는 뜻은 '감수'가 맞다. 또 도입이 순탄치 않다고 앞날을 헤아려 내다보는 것이므로 '전망'이 맞다. 그리고 원래 있던 학기를 바꾸는 것이므로 다른 방향이나 상태로 바뀌거나 바꿈의 의미를 지닌 '전환'이 맞다. 또한, 바뀌는 학기제로 인한 변화로 학생과 학부모는 뒤죽박죽이 되어 어지럽고 질서가 없는 상태이므로 '혼란'이 맞다.

31

늦은 결혼과 출산이 (　　), 30대 산모의 수도 사상 (　　) 20대 산모 수를 넘어섰다. 산모의 연령별 구성을 보면, 30대 초반(30~34살)의 비중은 40.9%로 전년보다 1.4%포인트 (　　), 이는 40.2%에 그친 20대 후반(25~29살)의 비중보다 많은 수치다. 산모의 (　　) 출산연령도 30.2살로 전년보다 0.1살 높아졌고, 첫 아이를 낳는 산모의 평균 연령도 29.1살로 10년 전보다 2.6살 (　　).

① 일반화되면서 – 드물게 – 낮아졌는데 – 평상 – 적어졌다

② 일반화되면서 – 처음으로 – 높아졌는데 – 평균 – 많아졌다

③ 공식화되면서 – 두 번째로 – 낮아졌는데 – 평균 – 적어졌다

④ 객관화되면서 – 처음으로 – 높아졌는데 – 평치 – 많아졌다

⑤ 기피하게 되면서 – 드물게 – 낮아졌는데 – 평균 – 적어졌다

> **해설** 늦은 결혼과 출산이 개별적인 것이나 특수한 것이 일반적인 것이 되었으므로 '일반화되면서'가 맞으며, 30대 산모의 수가 20대 산모의 수를 넘은 것은 문맥상 '처음으로'가 맞다. 문맥의 흐름을 보면 증가해야 하므로 '높아졌는데'가 옳고, 산모의 '평균' 출산연령이 전년보다 0.1살 높아졌다고 해야 의미가 통한다. 또 전체적으로 30대 산모의 수가 증가하고 있다는 것을 뜻하므로 '많아졌다'고 해야 한다.

32

앞으로 불공정 하도급 업체는 이들 부처에서 (　　)하는 정책자금 지원에서 불이익을 (　　), 금융권의 신용평가에도 (　　)돼 대출금리가 높아지게 된다. 또 정부 등 공공기관의 입찰 참가 자격이 제한된다. 그러나 우수 하도급 업체에 대해서는 물품 제조 및 구매 입찰 과정에서 낙찰자 결정 때 (　　)하고, 정책자금 지원에서도 혜택을 (　　). 금융권 대출 때도 우대금리를 적용하도록 할 방침이다.

① 관장 – 입게 되고 – 반영 – 존대 – 수여했다

② 담당 – 당하게 되고 – 적용 – 우대 – 내리기로 했다

③ 관장 – 받게 되고 – 반영 – 우대 – 주기로 했다

④ 담당 – 받게 되고 – 적용 – 우선시 – 내리기로 했다

⑤ 주관 – 당하게 되고 – 투사 – 우대 – 수여했다

> **해설** 부처에서 일을 맡아서 주관함이라는 말이 되어야 하므로 '관장'이 들어가야 한다. 또한, 문맥상 불이익을 '받게 되고'가 와야 자연스럽다. 금융권의 신용평가에 영향을 받아 대출금리가 높아지게 되었으므로 다른 것에 영향을 받아 어떤 현상이 나타난다는 뜻의 '반영'이 와야 한다. 우수 하도급 업체에게는 이점을 주는 문장이므로 '우대'가 와야 맞고 혜택은 주는 것이 자연스럽다.

33

> 무선인터넷을 이용하는 이동전화 가입자에게 (　　)되는 데이터통신료 부과 방식이 이동통신 업체에게 일방적으로 (　　)하게 돼 있고 소비자들은 뒷전이다. 실수로 무선인터넷 버튼을 누른 경우에도 요금을 (　　), 이벤트 난이나 콘텐츠를 (　　) 보게 하고도 요금을 물린다. 문자 정보나 MP3 · 벨소리 등은 패킷(512바이트, 한글 262자 분량)당 6.5원, 뮤직비디오나 게임 같은 멀티미디어 콘텐츠는 패킷당 1.3원씩 꼬박꼬박 (　　).

① 반영-편하게-매기고-일부러-물린다
② 적용-유리하게-매기고-억지로-물린다
③ 반영-유리하게-매기고-억지로-내게 한다
④ 적용-좋게-매기고-일부러-내게 한다
⑤ 반영-편하게-매기고-억지로-물린다

해설 이동전화 가입자에게 데이터통신료가 부과되는 것이므로 문맥상 '적용'이 맞다. 데이터통신료가 소비자들에게는 뒷전이고, 이동통신 업체에게 일방적으로 '유리하다'고 해야 문장이 자연스럽다. 요금은 '매긴다'는 표현이 알맞고, 본인이 원하지 않음에도 요금을 내게 하는 의미상 '억지로'가 맞다. 또한, 패킷당 꼬박꼬박 돈을 '물린다'는 표현이 문맥상 자연스럽다.

34

> 파업 강행에 앞서 MTA 측은 연금재정이 (　　) 직원들의 퇴직연금 지급연령을 현재의 55세에서 62세로 높이자고 (　　) 노조 측이 (　　) 퇴직연금 지급연령을 현행대로 (　　) 신규직원의 퇴직연금 적립비율을 임금의 2%에서 6%로 올리자는 안을 내놓아 노조 측의 거센 반발을 샀던 것으로 (　　).

① 악화됐다며-요청했으나-반대하자-보존하되-전해지고 있다
② 좋아졌다며-요청했으나-반발하자-보존하되-여겨지고 있다
③ 악화됐다며-제안했으나-반대하자-유지하되-전해지고 있다
④ 악화됐다며-제안했으나-반발하자-보존하되-여겨지고 있다
⑤ 악화됐다며-요구했으나-반발하자-유지하되-여겨지고 있다

해설 연금재정이 좋지 않기 때문에 직원들의 퇴직연금 지급연령을 늦추는 것이므로 '악화'가 맞고 MTA 측이 이 사안을 노조 측에게 '제안했다'고 해야 문장이 자연스럽다. 또한, 뒤에 퇴직연금 지급연령을 현행대로 한다는 것에 비추어 노조 측은 지급연령이 늦어지는 것에 대해서 '반대한 것'을 알 수 있다. 따라서 퇴직연금 지급연령을 현행대로 '유지하되'가 되어야 한다. 퇴직연금 지급연령을 늦추는 사안을 제안함으로써 거센 반발을 샀던 것으로 '전해진다'는 표현이 문맥상 자연스럽다.

35

> 특히 이번에 (   ) 법안은 내년을 시점으로 점점 (   ) 설계돼 있어 향후 부동산시장 전반에 (   ) 영향을 끼칠 것으로 예상된다. 정부는 법안이 통과됨에 따라 오는 2일 부동산세법 시행령을 (   ) 발표할 (   ).

① 통과된–강화되도록–적게–이어서–계획이다
② 넘어간–강화되도록–많이–연이어–예정이다
③ 수용된–약화되도록–크게–이어서–계획이다
④ 통과된–강화되도록–상당한–잇따라–예정이다
⑤ 수용된–강화되도록–꽤–잇따라–전망이다

해설 법안은 '통과'되는 것이 문맥상 자연스러우며, 내년을 시점으로 점점 '강화되도록' 설계되어 있고, 이것은 부동산 시장 전반에 '상당한' 영향을 끼칠 것으로 예상된다. 또 부동산세법 시행령을 '잇따라' 발표할 '예정'이다.

36

> 이 카메라는 움직이는 물체를 센서가 (   ) 피사체를 자동촬영하는 카메라로 대당 가격은 50만 원 정도이지만 (   ) 조립된 것이어서 일반인이 (   ) 제대로 사용하기 (   ) 제품이라고 환경부는 (   ).

① 인지하면–일반목적으로–집어가도–어려운–언급했다
② 감지하면–일반목적으로–집어가도–난해한–발표했다
③ 인지하면–특수목적으로–훔쳐가도–힘든–말했다
④ 감지하면–일반목적으로–가져가도–어려운–말했다
⑤ 감지하면–특수목적으로–가져가도–어려운–설명했다

해설 센서가 움직이는 물체를 '감지'하는 것이고, 이 카메라는 '특수목적으로' 조립된 것이어서 일반인이 '가져가도' 제대로 사용하기 '어려운' 제품이라고 환경부는 '설명했다'.

37

협상내용에 (　　) 다른 소식통은 이날 재개된 (　　) 핵심쟁점인 연금문제에 대해서는 양측이 아직 이견을 (　　) 못하고 있지만 노사 모두 협상타결에 대한 (　　) 보이고 있다면서 빠르면 이날 안에 협상이 (　　) 있을 것이란 관측도 나오고 있다고 전했다.

① 정통한 – 회의에서 – 해결하지 – 의도를 – 타결될 수도
② 기통한 – 협의에서 – 해소하지 – 결심을 – 이루어질 수도
③ 비통한 – 회의에서 – 통합하지 – 의도를 – 이루어질 수도
④ 정통한 – 협상에서 – 해소하지 – 의지를 – 타결될 수도
⑤ 비통한 – 협의에서 – 해결하지 – 결심을 – 타결될 수도

해설 협상내용에 대해 바르게 잘 알고 있다는 뜻은 '정통한'이 맞다. 재개된 '협상'에서 양측이 이견을 '해소하지' 못하고 있지만 협상타결에 대한 '의지'를 보이고 있다. 빠르면 이날 안에 협상이 '타결될 수도' 있을 것이란 관측도 나오고 있다.

38

인명피해는 3명으로 (　　) 건물 지붕과 외벽이 (　　) 비닐하우스와 축사 등 시설물 200여 곳이 폭설에 (　　) 무너져 내렸다. 차량 1천여 대를 고립시켰던 고속도로는 이날 오전 제설작업이 마무리되면서 차량통행이 (　　) 하늘, 바닷길은 오전 내내 막혔다가 오후에야 일부 (　　).

① 증가했고 – 주저앉았으며 – 힘없이 – 통과됐지만 – 막혔다
② 늘어났고 – 무너졌으며 – 힘없이 – 허용됐지만 – 풀렸다
③ 늘어났고 – 주저앉았으며 – 여지없이 – 허용됐지만 – 뚫렸다
④ 증가했고 – 무너졌으며 – 어이없게 – 통과됐지만 – 나아졌다
⑤ 더해졌고 – 쓰러졌고 – 여지없이 – 허용됐지만 – 뚫렸다

해설 인명피해는 3명으로 '늘어났고' 건물 지붕과 외벽이 '무너졌으며' 비닐하우스와 축사 등 시설물 200여 곳이 폭설에 '힘없이' 무너져 내렸다. 차량 1천여 대를 고립시켰던 고속도로는 이날 오전 제설작업이 마무리되면서 차량통행이 '허용됐지만' 하늘, 바닷길은 오전 내내 막혔다가 오후에야 일부 '풀렸다'.

Chapter 02 언어능력_언어논리력

언어논리력에서는 문서나 보고서 작성능력을 묻는 문제로 장문이나 단문을 이해하고, 문장배열, 지문의 주제, 오류찾기 등 다양한 유형의 문제가 출제된다. 이는 평소에 독서하는 습관을 길러 장문의 이해 속도를 높이는 연습을 하도록 한다.

유형맛보기 01 다음 글에서 추론할 수 있는 진술로 가장 옳은 것은?

> 문화 원형 콘텐츠이면서 관광 콘텐츠로서 박물관은 소장품의 전시를 통해 박물관의 재정과 자생력을 확보할 수 있다. 동시에 박물관은 지역 공동체나 국가의 홍보 및 경제 활성화의 원동력이며, 더 나아가 직업을 창출하고 고용을 증대시킨다.
>
> 이러한 맥락에서 프레이(Bruno Frey)는 메트로폴리탄 박물관, 보스톤 순수 미술관, 워싱턴의 국립 박물관, 시카고 미술관, 구겐하임 미술관, 프라도 박물관, 대영 박물관, 루브르 박물관, 에르미타주 박물관, 우피치 박물관, 스미소니언 박물관 등을 '슈퍼스타 박물관'이란 용어로 표현했으며, 이들 박물관의 문화 관광 효과가 지역뿐만 아니라 국가 경제에 미치는 파급 효과를 강조했다.

① 박물관은 그 나라의 미래의 모습을 보여주는 타임머신이다.

② 박물관은 우리가 살아왔던 발자취이자 우리의 정신문화의 현현(顯現)이다.

③ 박물관은 그 자체로 거대한 학교이면서 훌륭한 스승이다.

④ 박물관은 이 세상에서 가장 청정한 공장이다.

⑤ 박물관은 가장 오래된 공간이면서 가장 최신의 공간이다.

해설 타임머신, 현현, 스승, 공장, 공간, 즉 각각의 예시지문 중 박물관을 정의하는 단어에 주목한다. 저자는 박물관을 자체 재정과 자생력을 가지고 지역 공동체나 국가를 홍보하는 수단인 동시에 직업창출 및 고용증대 효과를 가져오는 경제 활성화의 원동력으로 표현하였다. 이는 예시지문 중 '공장'의 역할과 연관지어 볼 수 있다. 또한, 박물관의 이러한 파생효과는 '소장품의 전시'라는 환경유해적 요소가 없는 생산활동을 통해 발생하므로 '청정 공장'이라 할 수 있겠다.

답 : ④

유형맛보기 02 다음 제시된 문장이 들어가기에 가장 적절한 곳을 고르시오.

> 그러나 학문이 그러한 결과를 가져온다고 하여, 학문하는 사람 자신이 언제나 그러한 실용성만을 목적으로 하는 것인가는 잠깐 생각할 필요가 있다. 아리스토텔레스가 말한 것처럼, 그저 알고 싶어서, 아는 것 자체에 흥미를 느껴서 학문을 하는 경우도 있기 때문이다.

(가) 이렇게 생각하면, 학문의 목적은 분명히 그의 실용성에 있는 것도 같다. 현대인이 마치 우주인인 것처럼 우쭐거리며 달세계로 가느니, 화성으로 가느니 말하며, 장차 전개될 어마어마한 전환(轉換)을 꿈꾸게 된 것이 모두 이 새로운 학문의 힘인 것을 생각한다면, 학문이 인간의 실제 생활에 미치는 힘이 무섭게 큰 것임을 짐작할 수 있다.

(나) 미국의 프래그머티즘을 기다리지 않더라도, 학문의 목적이 우리의 실생활을 향상, 발전시키는 데 있다고 함은 당연함직도 하다. 고래(古來)로 인류 문화에 공헌한 바 있었던 국가나 민족으로서 학문이 융성하지 않았던 예는 없었다.

(다) 개인으로서도 입신출세하여 부귀공명을 누리기 위해서 학문을 한다고 하여 잘못이라고 할 수 없을 것이다. 많은 학비를 내가며 공부를 하는 것이 모두 지금보다 더 좋은 생활을 하리라는 희망을 가지고 있기에 가능한 것이라고도 하겠다. 훌륭한 정치가, 실업가가 인류 사회에 기여할 것을 꿈꾸면서 학문에 정진하는 것도 좋다.

(라) 시골 계신 부형의 기대가 또한 그런 것이 아닐까? 가까이는 우선 고등 고시를 위하여, 또는 손쉬운 취직을 위하여 학문을 한다고 하여 학문의 목적에 배치(背馳)될 것도 없다. 법과나 상과 또는 이공(理工) 계통 학과의 입학 경쟁률이 날로 높아지고 있는 것도 무리가 아니다. 국가로서도 과학 기술의 진흥(振興)을 위한 정책을 꾀하고 있지 않은가?

(마) 장차 어떤 결과가 예상되기 때문이라기보다 학문하는 것 자체가 재미있어서, 또는 즐거워서 하는 경우도 없지 않을 것이다. 어린이가 칭찬을 받기 위하여, 점수를 많이 얻기 위하여 열심히 공부한다면, 그것도 대견한 일이지만, 그저 공부하는 것이 그것대로 재미가 나서 하지 않고는 견딜 수 없다는 어린이가 있다면, 그것이야말로 기특한 일이 아닐 수 없다. 학문은 오히려 이런 경지에 이르렀을 때 순수해진다고 할까? 모든 편견으로부터 초탈(超脫)하여 자유로운 비평(批評) 정신으로 진리(眞理)를 추궁(追窮)하게 될는지도 모른다.

① (가)의 앞　　　　② (나)의 앞　　　　③ (다)의 앞

④ (라)의 앞　　　　⑤ (마)의 앞

해설 인용한 글은 화제를 전환하는 역할을 한다. 따라서 학문의 실용적 목적에 대해 말하고 있는 문단에는 연결될 수 없다. (가)~(라)는 '학문의 실용적 목적'에 대하여 말하고 있으며, (마)는 '이상적인 학문 목적'에 대해 말하고 있으므로 (마)의 앞에 연결되는 것이 가장 적절하다.

답 : ⑤

적 중 예 상 문 제

01

> 평면으로 집적회로를 짜는 반도체 제조방식의 집적 한계를 넘어 수직으로도 반도체 회로를 설계하고 제작하는 3차원 집적회로 상용화 기술이 개발됐다.
>
> 미래창조과학부 지원을 받는 '나노종합팹센터'는 11일 "미국에서 활동하고 있는 벤처기업 '비상', '스탠퍼드나노팹'과 함께 단일 칩으로 구현된 3차원 집적회로 상용화 기술을 세계 최초로 개발했다."고 밝혔다. 3차원 집적회로는 평면에 회로 패턴의 크기를 점점 더 줄여 집적도를 높이려는 현행 2차원 반도체 제조기술(CMOS ; 시모스)이 집적의 한계에 다다르면서, 트랜지스터를 수직으로 세우고 회로도 수직으로 짜 집적도를 크게 늘리려는 차세대 기술이다. 땅값이 오르자 건물을 복층으로 지어 공간 활용도를 높이려는 것과 같은 이치다.

① 3차원 집적회로는 현행 2차원 반도체 제조기술보다 못하다.

② 미래창조과학부의 지원을 받은 기업과 미국의 벤처기업이 협력해서 3차원 집적회로 상용화 기술을 개발했다.

③ 현행 2차원 반도체 제조기술은 장차 사용되지 않을 것이다.

④ 기업이 경쟁력을 키우기 위해서는 종합 통신망을 보유하고 있어야 한다.

⑤ 3차원 집적회로는 트랜지스터를 수직으로 세우고 회로는 수평으로 짜 집적도를 크게 늘리려는 차세대 기술이다.

해설 ② 미래창조과학부의 지원을 받은 '나노종합팹센터'가 미국의 벤처기업인 '비상', '스탠퍼드나노팹'과 함께 3차원 집적회로 상용화 기술을 개발했다.
① 3차원 집적회로는 2차원 반도체 제조기술의 집적의 한계를 넘어서는 차세대 기술이다.
③ 더 좋은 기술이 나왔기 때문에 2차원 반도체 제조기술이 사용되지 않을 것 같지만 본문에 명확히 서술되지 않았으므로 알 수 없다.
④ 지문의 내용으로 알 수 없다.
⑤ 3차원 집적회로는 트랜지스터를 수직으로 세우고 회로도 수직으로 짜 집적도를 크게 늘리려는 차세대 기술이다.

02

증권사들의 이자수익이 크게 늘어난 것으로 나타났다. 일부 대형사는 이자수익 비중이 전체 영업이익의 절반을 웃돈 것으로 집계됐다.

증권사들의 이자수익 비중이 높은 것은, 업무영역을 넓히고 대형화를 통해 세계적인 투자은행으로 거듭나겠다는 증권사들의 공언이나 자본시장통합법의 취지에 맞지 않는다는 지적이 많다. 사업 영역의 다각화보다는 '이자놀이'라는 손쉬운 수익 창출에만 몰두한다는 것이다. 증권사들의 이자수익은 일부 대형사의 경우 채권거래를 통한 이자수익이 절반 가량을 차지하지만, 대부분은 신용거래융자 · 고객예탁금운용 · 증권담보대출 등이 큰 비중을 차지하고 있다.

증권사들은 연 5% 안팎의 금리를 제공하는 종합자산관리계좌(CMA)를 판매하면서 환매조건부채권(RP)에 투자하거나, 주가연계증권(ELS)을 운용할 때 헤지용으로 채권보유를 늘려 이자수익이 늘었다고 설명했다. 지난해 증시 활황국면에서 종합자산관리계좌 가입이 늘고 각종 파생상품 판매도 늘어나 이자수익이 늘었다는 것이다.

① 일부 대형사에서 이자수익 비중은 전체 영업이익의 삼분의 일 이하이다.

② 대부분 증권사들은 채권거래를 통한 이자수익이 절반 가량을 차지하고 있다.

③ 이자수익 비중이 높은 것은 증권사들의 공언이나 자본시장통합법의 취지에 맞지 않다.

④ 증권사들은 업무영역을 넓히고 대형화를 통해 세계적인 투자은행이 되었다.

⑤ 앞으로 증권사들은 종합자산관리계좌의 금리를 인상하여 제공할 예정이다.

> **해설** ③ 증권사들의 공언이나 취지는 업무영역을 넓히고 대형화를 통해 세계적인 투자은행으로 거듭나겠다는 것이지만 이것은 이자수익 비중이 높은 것과 맞지 않다.
> ① 일부 대형사는 이자수익 비중이 전체 영업이익의 절반을 웃돈 것이라 서술되어 있다.
> ② 대부분 증권사들의 이자수익은 신용거래융자 · 고객예탁금운용 · 증권담보대출 등이 큰 비중을 차지하고 있다.
> ④ · ⑤ 지문의 내용으로 알 수 없다.

03

'서브프라임 모기지 사태'로 최근 국내 증시가 급락세를 보이고 있는데도, 개인 투자자들의 매수세는 오히려 더 뜨겁게 달아오르고 있다.

서브프라임 충격이 세계 증시를 강타하면서 코스피 지수가 사상 세 번째 낙폭을 기록했던 지난 10일 개인은 사상 최대 규모인 7,412억 원을 순매수했다. 이날 외국인과 기관은 각각 5,257억 원과 2,835억 원을 순매도했다. 지난 1일과 지난달 27일의 급락 장세에서도 개인은 각각 5,383억 원과 7,138억 원을 사들였다.

개인 투자자들의 이런 자신감은 어디에서 나오는 걸까? 일단 지금은 주가가 조정을 받고 있지만, 결국 오를 것이라는 기대가 개인 매수세의 가장 큰 배경이다. 여기에 국내 증권사들의 낙관론이 이런 '믿음'을 뒷받침해주고 있다.

대부분 국내 증권사들은 한결같이 한국 증시의 장기 상승 추세를 부정하지 않는다. 서브프라임 충격으로 증시가 1,820선까지 밀려났지만, 1,800이 지지선이며 향후 12개월 뒤 목표치는 2,300~2,500선이라고 제시한다. 간혹 '잠시 쉬어가라.'는 조언은 있지만, 주식을 팔라는 말은 거의 들리지 않는다.

① 대부분 증권사들은 한국 증시의 장기 상승 추세를 부정하고 있다.

② 코스피 지수가 사상 세 번째 낙폭을 기록했던 지난 10일 외국인과 기관은 각각 5,257억 원과 2,835억 원을 사들였다.

③ 지난 1일과 지난달 27일의 급락 장세에서도 개인은 각각 5,383억 원과 7,138억 원을 매도했다.

④ '서브프라임 모기지 사태'로 국내 증시가 급락세를 보임에 따라 개인 투자자들의 매수세는 감소 추세에 있다.

⑤ 개인 투자자들의 계속된 매수 형태는 주가가 결국 오를 것이라는 기대에서 유발되었다.

해설 ⑤ 개인 투자자들은 주가가 오를 것이라 기대하고 있고, 이것이 개인 매수세의 가장 큰 배경이라고 할 수 있다.
ⓘ 대부분 국내 증권사들은 한국 증시의 장기 상승 추세를 부정하지 않는다.
② 코스피 지수가 사상 세 번째 낙폭을 기록했던 지난 10일 외국인과 기관은 각각 5,257억 원과 2,835억 원을 순매도했다.
③ 지난 1일과 지난달 27일의 급락 장세에서도 개인은 각각 5,383억 원과 7,138억 원을 사들였다.
④ '서브프라임 모기지 사태'로 국내 증시가 급락세를 보이고 있음에도 개인 투자자들의 매수세는 달아오르고 있다.

04

> 지난해 말 서울지역 아파트의 평균 전세금이 1억 3천만 원에 이르러 5년 전보다 70% 가까이 급등했다. 또 아파트를 포함한 전국 주택의 전세금은 지난해 5,100만 원으로 5년 전보다 60% 가까이 오른 것으로 나타났다.
>
> 서울지역 주택의 평균 전세금은 7,191만 원으로 5년 전보다 68.3%나 올랐으며, 이 가운데 아파트의 경우 7,683만 원에서 1억 2,998만 원으로 69.2%나 급등했다. 올 들어 전세금이 급등한 점을 감안하면 현재 시점을 기준으로 한 상승률은 이보다 훨씬 높을 것으로 추정된다.
>
> 또 전국적으로 전세금이 1억 원을 넘는 가구는 37만 9천 가구로 전체 전세 가구의 11.7%를 차지했다. 이는 2.6%에 그쳤던 5년 전에 견줘 4.5배 늘어난 것이다. 5년 전에는 전세금이 2천만~3천만 원인 가구가 전체 전세 가구의 28.8%로 가장 많았지만, 이번 조사에서는 5천만~1억 원 구간이 26.2%로 가장 많았다.
>
> 서울지역에서 전세금이 1억 원이 넘는 아파트는 18만 9,936개로 전체 전세 아파트(29만 9,413개)의 63.4%에 이르렀다. 2억 원이 넘는 아파트도 16.3%(4만 8,867개)나 됐다.

① 5년 전과 비교해보면, 아파트의 평균 전세금은 서울지역 주택의 평균 전세금보다 약간 더 증가함을 알 수 있다.

② 전국적으로 전세금이 1억 원을 넘는 가구의 수는 서울지역에서 전세금이 1억 원을 넘는 아파트의 수보다 적다.

③ 모든 서민들이 이전보다 부유해졌다.

④ 서울지역에서 전세금이 2억 원이 넘는 아파트의 비중은 전체 전세 아파트의 63.4%이다.

⑤ 과도한 투기로 인해 서울지역의 전세금이 급등한 것이다.

해설 ① 서울지역 주택의 평균 전세금의 증가율은 68.3%이고, 아파트의 평균 전세금의 증가율은 69.2%로 아파트의 평균 전세금 증가율이 약간 더 높은 것을 알 수 있다.
② 전국적으로 전세금이 1억 원을 넘는 가구는 37만 9천 가구이고, 서울지역에서 전세금이 1억 원을 넘는 아파트의 수는 18만 9,936개이므로 전국적으로 전세금이 1억 원을 넘는 가구의 수가 더 많다.
③ 전세금이 2천만~3천만 원인 가구의 수의 비중이 높았다가 5년 후에 전세금이 5천만~1억 원 구간의 비중이 많아졌다고 해서 기계적으로 모든 서민들이 재산이 늘었다고 단정지을 수 없다.
④ 서울지역에서 전세금이 2억 원이 넘는 아파트의 비중은 전체 전세 아파트의 16.3%이다.
⑤ 지문의 내용으로 알 수 없다.

05

지난해 공공기관의 장애인 고용 증가분 가운데 새로 장애인을 채용한 신규 채용은 16.8%에 그친 것으로 나타났다. 반면, 기존 직원을 장애인으로 등록시키는 등의 '발굴' 방식을 통한 증가분이 대부분 83.2%를 차지했다.

지난해 「장애인고용촉진법」에 명시된 장애인 의무고용률 2%를 훌쩍 넘겨 2.49%를 기록했다는 공공부문의 장애인 고용 대책이 실제로는 무늬뿐인 '속 빈 강정'임을 보여준다.

그러나 실제 증가 내용은 겉보기와 큰 차이를 보였다. 1,076명 가운데 '신규 채용'은 208명에 불과한 반면, 기존에 근무하던 직원을 새로 장애인으로 등록시킨 '신규 등록 유도'는 289명, 장애인 등록은 돼 있었지만 회사엔 장애인임을 알리지 않은 채 입사해 일해오던 직원을 새롭게 고용계획보고서의 장애인 명부에 등록시킨 '신규 보고'는 742명이었다.

① 장애인 고용 증가분은 기존 직원을 장애인으로 등록시키는 등의 '발굴' 방식을 통한 증가분보다 새로 장애인을 채용한 신규 채용의 비율이 더 높다.

② 지난해 「장애인고용촉진법」의 장애인 의무고용률 2%를 넘기지 못하였다.

③ 공공부문의 장애인 고용 대책이 실제로는 실효성이 떨어진다.

④ 장애인 의무고용률을 5% 이상 높이도록 제도를 개선할 예정이다.

⑤ 1,076명 가운데 '신규 채용', '신규 등록 유도', '신규 보고' 중 가장 많은 비중을 차지하는 부분은 '신규 등록 유도'이다.

해설 ③ 새로 장애인을 채용한 신규 채용의 비율은 저조하고, 기존 직원을 장애인으로 등록시키는 등의 '발굴' 방식을 통한 증가분이 대부분이기 때문이다.

① 장애인 고용 증가분 가운데 새로 장애인을 채용한 신규 채용은 16.8%이고, 기존 직원을 장애인으로 등록시키는 등의 '발굴' 방식을 통한 증가분이 83.2%이기 때문에 전자보다 후자의 비율이 더 높다.

② 지난해 의무고용률은 2.49%를 기록하였지만 신규 채용의 비율은 적어 장애인 고용 대책이 실제로는 무늬뿐인 '속 빈 강정'임을 보여준다.

④ 지문의 내용으로 알 수 없다.

⑤ '신규 채용', '신규 등록 유도', '신규 보고' 중 가장 많은 비중을 차지하는 '신규 보고'로 742명이다.

06

한국은행이 한동안 쓰지 않던 예금 지급준비율(지준율) 인상이란 카드를 꺼내들었다. 가파르게 치솟는 집값을 누그러뜨리는 데 한몫을 하기 위해서다. 16년여 만에 지준율 인상이란 정책 수단을 갑작스레 동원한 데서 보이듯 한국은행의 움직임에는 다급함마저 느껴진다.

한국은행은 23일 금융통화위원회를 열어 요구불예금 등 단기 예금의 지준율을 현행 5.0%에서 7.0%로 올렸다. 대신 장기주택마련저축 등 장기 저축성예금의 지준율은 1.0%에서 0%로 낮춰 사실상 지준율을 없앴다.

한국은행의 지준율 인상으로 일단 은행들의 대출 증가세는 둔화될 것으로 예상된다. 특히 주택 담보대출에 연관된 단기 유동성의 증가세가 우선 영향을 받을 것으로 보인다. 단기 예금의 지준율이 2.0%포인트 올랐기 때문이다. 한국은행은 이에 따른 지준율 증가액이 5조 원 가량은 될 것으로 분석한다. 여기다 장·단기 예금의 지준율 격차가 확대돼 장기 예금에 금리를 더 쳐줄 유인이 커졌다. 단기 예금이 장기 예금으로 갈아탈 여지가 넓어진 것이다.

지준율 인상은 대출금리 인상으로 이어질 가능성도 있다. 이렇게 되면 주택으로 몰리는 자금의 비중이 줄어들 수 있게 된다. 주택 담보대출 급증이 최근의 집값 급등을 이끈 한 가지 요인이라는 점에서 시장에서는 집값을 안정시키는 데 다소나마 도움을 줄 것으로 내다본다.

① 은행들의 대출 증가세는 가속화될 전망이다.
② 한국은행은 단기 예금의 지준율을 소폭 상승시켰다.
③ 지준율 인상으로 인해 집값은 완전히 안정화될 것이다.
④ 대출금리가 인하되면 주택으로 몰리는 자금의 비중이 줄어들 수 있게 된다.
⑤ 한국은행은 집값 안정화를 위해 매년 지준율 인상이란 정책을 동원하였다.

해설 ② 단기 예금의 지준율을 현행 5.0%에서 7.0%로 올렸다.
① 은행들의 대출 증가세는 한국은행의 지준율 인상으로 둔화될 것으로 예상된다.
③ 지준율 인상은 집값을 누그러뜨리는 데 한몫을 하기 위한 것이지 완전히 안정화할 수는 없다. 집값을 안정시키는 데 다소나마 도움을 줄 뿐이다.
④ 지준율 인상은 대출금리 인상으로 이어질 가능성이 있고, 이렇게 되면 주택으로 몰리는 자금의 비중이 줄어들 수 있게 된다.
⑤ 한국은행이 지준율 인상이란 정책을 동원한 것은 16년 만이다.

07

천연자원의 마지막 보고로 알려진 북극에 대한 '쟁탈전'이 속도를 더하고 있다. 개별 국가들은 북극해에 대해 주권을 주장할 수 없도록 유엔해양법은 규정하고 있다. 그러나 러시아, 덴마크, 캐나다, 노르웨이 등이 저마다 영유권을 주장하며 실력행사에 나섰고, 미국도 가세할 분위기다.

러시아는 북극점을 지나는 로모노소프해령(해저산맥)에 대한 영유권을 주장하며, 2001년 유엔에 영유권 허용을 요청했다가 과학적 근거 부족으로 거부당한 바 있다.

시베리아(러)와 그린란드(덴) · 엘스미어섬(캐) 사이에 뻗어 있는 로모노소프의 다른 쪽 끝을 '쥐고' 있는 덴마크 · 캐나다도 가만히 있지 않았다.

덴마크는 12일 "로모노소프해령에 대한 영유권 획득을 위해 2014년 유엔에 제출할 자료를 마련하러" 해저탐사대를 보냈다. 탐사대는 한 달 동안 로모노소프가 그린란드에 속한다는 주장의 근거를 수집할 예정이다.

① 캐나다도 곧 해저탐사대를 보낼 예정이다.

② 러시아, 덴마크는 로모노소프의 영유권을 가지려는 활동을 하고 있다.

③ 세계 모든 국가들이 북극해를 차지하려 각축전을 벌이고 있다.

④ 유엔해양법에는 북극해에 대해 한 나라의 영유권만을 인정하고 있다.

⑤ 미국은 유엔에 영유권 허용을 요청했다가 근거 부족으로 이를 거부당하였다.

해설 ② 러시아는 로모노소프해령(해저산맥)에 대한 영유권을 주장하며, 2001년 유엔에 영유권 허용을 요청했고, 덴마크는 로모노소프해령에 대한 영유권 획득을 위해 2014년 유엔에 제출할 자료를 마련하러 해저탐사대를 보냈다.

① 로모노소프의 다른 쪽 끝을 쥐고 있는 덴마크 · 캐나다도 가만히 있지 않았다고는 하나 캐나다가 덴마크처럼 해저탐사대를 보낸다는 언급은 나와 있지 않다.

③ 러시아, 덴마크, 캐나, 노르웨이 등이 저마다 영유권을 주장하고, 미국도 가세할 분위기라고 나왔지만 세계 모든 나라들이 그러한지는 언급되어 있지 않다.

④ 유엔해양법에는 개별 국가들이 북극해에 대한 주권을 주장할 수 없도록 규정하고 있다.

⑤ 미국도 영유권 주장을 할 것이라고만 되어 있지 거부당하였는지 여부는 나와 있지 않다.

08

문자는 사물이나 자연현상을 그림으로 나타내는 그림문자에서 시작되었다고 한다. 그림문자를 추상화하고 모양을 간략하게 한 것이 한자와 같은 표의문자이다. 표의문자는 하나의 개념을 하나의 글자로 표시해야 했기 때문에 점점 수가 늘어나 기억하기가 불편하게 되었다. 그리하여 표의 문자보다 글자 수가 훨씬 적으며, 글자를 의미와 직접 관련되지 않는 발음 표시 기호로 사용하는 표음문자가 만들어졌다. 이 표음문자는 음절 전체를 하나의 글자로 나타낸 음절문자와, 더 나아가 자음과 모음 각각을 글자로 나타낸 음운문자로 다시 나뉜다. 우리에게 익숙한 문자 중에서 음절문자에는 일본의 가나가, 음운문자에는 영어 알파벳이 있다.

한글은 문자 발달사의 마지막 단계인 음운문자에 속한다. 그런데 한글은 발음기관을 본떠서 만든 점, 가획을 통해 소리를 자형(字形)과 관련시키고 있는 점 등 매우 독특한 특성들을 가지고 있다. 이런 특성들 중 특별히 자형이 음운 자질을 반영한다는 점에 주목하여, 음운문자와는 별도로 '자질문자'를 설정하고 한글을 여기에 귀속시키기도 한다. 즉, 발음위치가 같은 쌍인 'ㄱ, ㅋ'과 'ㄷ, ㅌ'에서 추가된 획은 '거셈'이라는 자질을 나타내므로 한글을 자질 문자로 볼 수 있다는 것이다. 그런데 '자질문자'란 명칭은 자질 자체를 글자로 만든 것에 붙여야 한다. 다시 말해, '거셈'이라는 자질이 자형에 반영되기만 해서는 안 되고, 이 자질이 하나의 독립된 글자로 나타나야 한다. 이런 점에서 볼 때, 한글을 완전한 의미의 자질문자로 보기는 어렵다.

문자 발달사의 단계가 반드시 문자의 우수성의 정도와 일치하는 것은 아니므로 한글이 자질문자가 아니라는 것에 대해 아쉬워할 필요는 없다. 사실 각 문자 부류는 서로 다른 장점을 가지고 있다. 표의문자는 음성을 매개로 하지 않고 직접 생각을 전달하는 것이 쉽다는 장점을, 음절문자는 실제 말소리의 단위인 음절을 반영하고 있다는 장점을 가진다. 음운문자는 적은 수의 글자로 문자생활을 하게 한다는 점에서 매우 효율적이며, 더욱이 한글처럼 자질문자의 특성까지 가지고 있으면 자형끼리의 유사성에 의해 쉽게 배울 수 있다는 장점까지 추가로 가지게 된다. 우리가 주목해야 할 것은 한글이 몇 가지 문자 부류의 장점을 동시에 가지고 있다는 것이다.

하나의 문자가 서로 다른 문자 부류의 특성을 가지고 있는 예는 흔히 발견된다. 한자는 표의문자이지만, '印度, 伊太利(나라 이름)'처럼 외국어 고유명사를 표기할 때에는 주로 글자의 음을 이용하므로 문자운용의 관점에서 보면 음절문자의 특성도 가지고 있다. 한글은 음운문자이면서 자질문자의 특성을 가지고 있을 뿐 아니라, 자음과 모음을 한 글자로 모아 씀으로써 문자 운용의 관점에서 보면 음절문자의 특성까지 가지고 있다. 이렇게 보면 한글은 문자 발달사의 각 단계 문자 부류들이 보여 주는 장점들을 다른 문자보다 더 많이 가지고 있는 독특한 문자라는 것을 알 수 있다. 즉, 음운문자이므로 효율적이고, 자질문자의 특성을 가지고 있어 배우기가 쉬울 뿐 아니라, 모아쓰기를 함으로써 음절문자의 장점도 취하고 있는 것이다.

① 그림문자는 표음문자보다 발달된 문자다.

② 음절문자는 음운문자보다 글자 수가 적다.

③ 한글은 자질문자의 장점만을 가지고 있다.

④ 한자는 외국어 고유명사를 표기할 때 주로 글자의 음을 이용한다.

⑤ 문자 발달사 단계와 문자의 우수성 정도는 일치한다.

해설 ④ 한자는 표의문자이지만, '印度, 伊太利(나라 이름)'처럼 외국어 고유명사를 표기할 때에는 주로 글자의 음을
이용하므로 문자 운용의 관점에서 보면 음절문자의 특성도 가지고 있다.
① 표음문자는 그림문자보다 발달된 문자이다.
② 지문의 내용으로 알 수 없다.
③ 한글은 몇 가지 문자 부류의 장점을 가지고 있다.
⑤ 문자 발달사 단계와 문자의 우수성 정도가 반드시 일치하지는 않는다.

09

남한 산림의 절반 이상이 앞으로 닥칠 지구 온난화에 취약한 것으로 나타났다. 이는 기후변화에 따른 나무의 이동 속도보다 온난화의 북상 속도가 빨라서 벌어지는 현상으로, 광범한 숲의 쇠퇴가 불가피할 것으로 보인다.

점점 더워지는 날씨에서 살아남으려면 나무들은 기온이 낮거나 고도가 높은 곳으로 옮겨가야 한다. 발이 없는 나무가 증식을 통해 이동하려면 시간이 많이 걸린다. 나무는 100년에 평균 25km(연간 250m)를 이동할 수 있다. 그러나 기후변화 정부간위원회(IPCC)가 예측한 기후대의 북상 속도는 100년에 150~550km로 훨씬 빠르다. 부산에 살던 나무는 대전이나 서울로 옮겨와야 한다는 얘기다.

자작나무와 소나무는 비교적 이동 속도가 빠르지만 기후변화 속도를 완전히 뛰어넘지는 못한다. 전나무 · 가문비나무 · 호두나무 등은 속도경쟁에서 이길 가망이 없다. 게다가 숲이 도시에 의해 단절된 곳에서는 이동 자체가 불가능하다.

① 전나무, 가문비나무, 호두나무, 소나무 등은 속도 경쟁에서 불리하다.

② 나무가 100년 동안 이동하는 속도는 기후변화 정부간위원회가 예측한 기후대의 북상 속도보다 느리다.

③ 발이 없는 나무가 증식을 통하면 이동 시간이 단축된다.

④ 온난화에 대비하여 많은 연구가 진행되고 있다.

⑤ 부산에 살던 나무를 대전이나 서울로 옮기는 작업이 현재 진행 중에 있다.

해설 ② 나무는 100년에 평균 25km(연간 250m)를 이동하고, 기후대는 100년에 150~550km를 이동하므로 후자가 더 빠르다.
① 소나무는 언급되지 않았다.
③ 발이 없는 나무가 증식을 통해 이동하려면 시간이 많이 걸린다.
④ · ⑤ 지문의 내용으로 알 수 없다.

10

> 미국 오리건 보건대학 백신–유전자요법연구소의 얀코 니콜리치–주지치 박사는 국립과학원회보(PNAS) 최신호에 발표한 연구논문에서 칼로리 섭취를 줄이면 질병과 싸우는 대표적인 면역세포인 T세포의 생산과 기능이 개선된다고 밝힌 것으로 헬스데이 뉴스가 보도했다.
>
> 니콜리치–주지치 박사는 T세포는 나이가 들수록 그 수가 줄어들고 활동력이 떨어져 질병에 취약해진다고 밝히고 칼로리 섭취를 줄이면 T세포의 활동이 개선된다는 것은 칼로리 제한에 의한 수명연장설을 뒷받침하는 것인지도 모른다고 말했다.
>
> 니콜리치–주지치 박사는 칼로리를 줄인 그룹은 염증유발 물질도 감소되었다고 밝히고 이 결과는 칼로리 제한이 면역체계의 노화를 지연시킨다는 사실을 보여주는 것이라고 말했다.

① 칼로리를 늘리면 염증유발 물질도 감소된다.
② 면역체계를 강화시키기 위해서는 칼로리 섭취를 증가시켜 T세포의 생산력을 개선시켜야 한다.
③ 칼로리 제한은 수명연장설을 뒷받침할 가능성이 있다.
④ T세포의 활동력은 오랜 세월이 지나도 그 면역력이 떨어지지 않는다.
⑤ 칼로리 섭취를 줄이면 T세포의 활동이 둔해진다.

해설 ③ 칼로리 제한으로 T세포의 활동이 개선된다는 것은 칼로리 제한에 의한 수명연장설을 뒷받침하는 것인지도 모른다고 언급하고 있다.
① 칼로리를 줄인 그룹은 염증유발 물질도 감소되었다고 언급하고 있다.
② 칼로리 섭취를 줄이면 면역체계가 강화된다는 연구결과가 나왔다.
④ T세포는 나이가 들수록 그 수가 줄어들고 활동력이 떨어져 질병에 취약해진다.
⑤ 칼로리 섭취를 줄이면 질병과 싸우는 대표적인 면역세포인 T세포의 생산과 기능이 개선된다고 밝혔다.

11

우리나라에 현존하는 지도는 조선시대 이후에 제작된 것이다. 조선 초기에는 건국의 에너지가 각종 지도로 표현되었다. 한 예로, 1402년에 제작된 '혼일강리역대국도지도(混一疆理歷代國都之圖)'는 중국, 일본에서 유럽과 아프리카까지 당시의 세계를 종합적으로 나타낸 지도였다. 이 지도는 실제로 측량을 해서 만든 것이 아니라 당대의 기존 지도를 조합하여 제작한 것으로, 신흥 국가 조선을 세계 속에서 확인하고 싶어했던 당시 사람들의 소망을 담고 있다. 조선 후기에는 목판 인쇄술의 발달로 목판본 지도가 많이 제작되었는데, 지도의 크기가 대형화되었으며 지도에 표시되는 정보도 상세하고 풍부해졌다. 그런데 조선시대에 제작된 지도들의 대부분은 관(官) 중심으로 만들어져 통치와 행정의 수단으로 주로 활용되었다.

① 우리나라 최초의 지도는 조선시대 이후에 제작된 것이다.
② '혼일강리역대국도지도'는 실제로 측량해서 만든 것이다.
③ 조선시대에 제작된 지도들의 대부분은 관(官) 중심으로 만들어졌다.
④ 조선 후기에는 중국, 일본의 지도 제작 기술을 도입하였다.
⑤ 조선 전기에는 금속 인쇄술을 이용하여 지도를 제작하였다.

해설 ③ 지도들을 대부분 관(官) 중심으로 만들어져 통치와 행정의 수단으로 활용되었다.
① 현존하는 지도가 조선시대 이후에 제작된 것이다.
② '혼일강리역대국도지도'는 당대의 기존 지도를 조합하여 제작한 것이다.
④ · ⑤ 지문의 내용으로 알 수 없다.

12

우리는 역사상의 모든 인간사회가 물질적 풍요라는 가치를 추구했을 것으로 생각한다. 그러나 이러한 상식은 공동체적 유대와 평화로움을 중시하는 칼라하리 사막의 수렵 채집민인 쿵 족에게는 적용되지 않는다. 이들은 최소한의 식욕을 해결하면 각종 놀이와 의례 행위를 통해 정신적인 즐거움과 화목한 사회관계를 유지하고자 노력한다. 이러한 쿵 족의 태도는 사바나 생태계에서 경험적으로 체득한 지혜에서 나온 것이다. 즉, 이들은 건기와 우기의 생태적 변화 과정이나 먹잇감의 이동 경로, 식용식물에 대한 지식 등에 기초하여 노동을 배분한다. 또한 자신이 속한 씨족 집단의 구성원들과 생산물 · 사냥 도구를 공유함으로써 궁핍을 최소화할 수 있는 적응체계를 발전시켰다. 인간은 생존하기 위하여 우선 먹어야 하지만, 얼마나 먹을 것인가 하는 것은 문화에 따라 다르다.

① 칼라하리 사막의 수렵 채집민인 쿵 족은 물질적 풍요라는 가치를 추구해왔다.

② 인간의 가장 기본적인 욕구는 의식주이다.

③ 쿵 족은 먹잇감의 이동 경로에 따라 그들의 주거지를 이동시켰다.

④ 쿵 족은 집단 구성원들과 도구를 공유함으로써 적응체계를 발전시켰다.

⑤ 모든 민족 중에 오직 쿵 족만이 물질적 풍요라는 가치를 추구해 오지 않았다.

해설 ④ 쿵 족은 자신이 속한 씨족 집단의 구성원들과 생산물·사냥 도구를 공유함으로써 궁핍을 최소화할 수 있는 적응체계를 발전시켰다.
　　① 물질적 풍요라는 가치가 쿵 족에게만은 적용되지 않는다고 했다.
　　②·③ 지문의 내용으로 알 수 없다.
　　⑤ 다른 민족에 대해선 언급이 없다.

13

> 비자는 연하고 탄력이 있어 두세 판국을 두고 나면 반면(盤面)이 얽어서 곰보같이 된다. 얼마 동안을 그냥 내버려 두면 반면은 다시 본디대로 평평해진다. 이것이 비자반의 특징이다.
>
> 비자를 반재(盤材)로 진중(珍重)하게 여기는 소이(所以)는, 오로지 이 유연성(柔軟性)을 취함이다. 반면에 돌이 닿을 때의 연한 감촉, 비자반이면 여느 바둑판보다 어깨가 마치지 않는다는 것이다. 아무리 흑단(黑檀)이나 자단(紫檀)이 귀목(貴木)이라고 해도 이런 것으로 바둑판을 만들지는 않는다.
>
> 비자반 일등품 위에 또 한층 뛰어 특급품이란 것이 있다. 반재며, 치수며, 연륜이며 어느 점이 일급과 다르다는 것은 아니나, 반면에 머리카락 같은 가느다란 흉터가 보이면 이게 특급품이다. 알기 쉽게 값으로 따지자면, 전전(戰前) 시세로 일급이 2천 원 전후인데, 특급은 2천 4, 5백 원, 상처가 있어서 값이 내리기는커녕 오히려 비싸진다는 데 진진(津津)한 묘미가 있다.

① 비자는 두세 판국을 두면 곰보같이 된다.

② 비자반은 일등품이 최고 높은 등급이다.

③ 비자를 소중히 여기는 이유는 탄력성 때문이다.

④ 특급품이 되려면 작은 상처도 있으면 안 된다.

⑤ 특급품은 일등품보다 그 값이 싸다.

해설 ① 비자는 연하고 탄력이 있어 두세 판국을 두고 나면 반면(盤面)이 얽어서 곰보같이 된다.
② 비자반 일등품 위에 또 한층 뛰어 특급품이란 것이 있다.
③ 비자를 소중히 여기는 이유는 유연성(柔軟性) 때문이다.
④ · ⑤ 머리카락 같은 가느다란 흉터가 보이면 이게 특급품이고, 이것은 상처가 있어서 값이 내리기는 커녕 오히려 비싸진다.

14~20 | 다음 글의 내용과 일치하지 않는 것을 고르시오.

14

한국에서 인터넷의 기형적 발전은 시장 주도 탓이나 취약한 사이버 시민문화도 한몫하고 있다는 분석이 나왔다. 사이버문화연구소 관계자는 서울 세종문화회관에서 함께 하는 시민행동 주최로 열린 '인터넷과 새로운 문화형성의 과제' 토론회에서 이같이 진단하고 사이버 대안문화의 교육과 보급이 시급하다고 제시했다.

토론회에서는 발제를 통해 "한국은 전체 인구의 절반에 가까운 사람들이 네티즌의 대열에 들어 있을 뿐 아니라 국가별 닷컴 도메인 등록 세계 제1위, 온라인 주식거래 세계 제1위, MP3 음악파일 다운 세계 제1위를 비롯해 심지어 음란사이트 접속 세계 제1위까지 휩쓸고 있어 외형적으로 엄연히 세계 인터넷 최강국의 반열에 우뚝 서 있다."고 소개했다.

사이버문화연구소 한 관계자에 따르면 "막상 뚜껑을 열고 자세히 들여다보면 외화내빈(外華內貧)이라는 말이 떠오르는 게 우리의 인터넷 현실"이라며 "유용한 정보보다는 자극적이고 충동적 정보만 난무한 사이트들, 합리적이고 생산적인 토론보다는 욕설과 비방으로 얼룩져 있는 게시판들, 음란한 대화와 은밀한 성적 거래가 이루어지는 채팅방이 바로 우리 인터넷 문화의 현주소"라고 지적했다. 그는 또 최근 한 외국 인터넷조사 전문기관에 따르면 21개 조사 대상국 중 우리나라 청소년의 인터넷 접속률이 41.6%로 가장 높은 데 반해 50세 이상 인터넷 접속률은 5.6%로 최하위를 기록, 세대 간 정보격차가 가장 심한 것으로 나타났다고 지적했다.

인터넷의 이 같은 기형적 발전은 서구의 경우 인터넷 보급이 사회적 현안에 대한 네티즌들의 지속적인 의사소통(Communication)이 이루어지면서 시작돼 고유한 자신들의 문화와 콘텐츠를 생산, 상업화까지 나아간 반면, 우리는 정반대로 정부와 기업 주도로 거꾸로 상업화부터 단추를 꿰나갔기 때문이라는 것이다.

그 결과 사이버 시민사회의 근간이라 할 수 있는 가상공동체들이 시민 공동체적 성격보다는 상업 공동체 · 서비스 공동체적인 성격으로 형성되어 있고 한마디로 시장판 안에 마을이 들어서 있는 형국이다.

관계자는 "인터넷에서 10대가 판을 치는 것도 입시교육 등으로 고립된 그들이 인터넷을 어떻게 활용해야 할 것인지를 제대로 배우지 못한 채 유일한 해방구로 인터넷에서 일시적 위안을 찾기 때문"이라며 사회 전반적으로 피상적인 네티켓 교육보다 사이버문화에 대한 진지한 고민과 모색이 필요하다고 제안했다.

① 사이버 대안문화의 교육과 보급이 시급하다.
② 사회의 전반적인 네티켓 교육이 선행되어야 한다.
③ 한국은 외형적으로는 엄연한 세계 인터넷 최강국이라 할 수 있다.
④ 한국의 인터넷 발전은 정부와 기업 주도로 상업화부터 추진되어 왔다.
⑤ 한국 인터넷의 가상공동체들은 시민 공동체적 성격보다는 서비스 공동체적인 성격이
　 강하다.

해설　①은 1, 6문단에서, ③은 2문단에서, ④는 4문단에서, ⑤는 5문단에서 확인할 수 있다.

15

한줄기 퍼부을 듯 하늘이 끄무레하면 그 하늘을 형용해서 '아침 굶은 시어머니 같다.'고 한다. 이런 하늘을 두고 '폼페이 최후의 날 같다.'고 형용하는 서구 사람들에 비겨 통찰을 요구하는 형용임을 알 수가 있겠다. 화산재에 뒤덮인 폼페이 최후의 하늘은 우중충하기에 그것은 통찰이 필요 없는 일차원적인 비유다. 그러나 아침 굶은 시어미 낯짝을 하늘색에 비기기에는 삼차원적인 육감의 작용 없이 불가능하다. 은폐가 심하기에 통찰도 발달했다. 우리 한국의 가정이나, 직장이나, 사회는 이 말없는 통찰의 커뮤니케이션이 말로 하는 커뮤니케이션의 분량보다 한결 많다는 점에서 특수성을 찾아볼 수가 있다.

우중충한 그 하늘에서 비가 내리기 시작했다. 지금 며느리는 아이에게 젖을 물린 채 다림질을 하고 있다. 이웃 방에 있던 시어머니가 말을 건네 온다.

"아가, 할미가 업어줄까." 이 말은 할미가 젖을 빠는 손자에게 하는 말이 아니라 비가 뿌리는 밖에 널려 있는 빨래를 빨리 거둬들이라는, 시어머니가 며느리에게 하는 분부인 것이다. 며느리는 그 말을 통찰력으로 알아듣고 빨래를 거둬들인다.

텃밭에 가 남새 뜯어 국거리 마련하랴, 저녁밥 지으랴, 애들 돌보랴, 일손이 바쁜 며느리는

시어머니 담배 피고 있는 방 앞에서 강아지 배때기를 차 깨갱거리게 하거나 마루에서 노는 닭들에게 앙칼스레 욕을 퍼붓는다. 시어머니는 '옳거니' 통찰로 그 뜻을 알아차리고 바구니 들고 남새밭에 가면 되건만, '그렇지 않아도 좀 쉬었다가 텃밭에 가려고 했는데 강아지 배때기를 차 ……' 어디 가나 보라고 버티고 있으면 며느리는 업힌 아이보고 "니 어머니는 무슨 팔자로 손이 세 개 달려도 모자르냐."고 혼잣말을 한다.

〈중략〉

　가정에서부터 나라라는 큰 집단까지 한국인은 너무 많이 통찰로 커뮤니케이션을 하고 있다. 이 통찰이 부드럽게 이뤄지면 빨래 걷는 며느리처럼 충돌 없이 행복하게 영위가 되지만, 남새밭에 가지 않는 시어머니처럼 통찰이 어긋나면 증오와 불화가 빚어진다.

　시어머니는 며느리가 지피는 장작불의 조잡함에서, 며느리가 먹인 시어미 삼베고쟁이의 칼날같이 뻣센 풀에서 며느리의 반항을 통찰할 줄 알아야 한다.

① 우리나라에는 통찰의 의사소통이 매우 발달했다.
② 통찰의 의사소통은 우리 사회의 특수성을 보여 준다.
③ 통찰이 제대로 이루어지지 않으면 갈등과 불화가 생긴다.
④ 통찰의 의사소통은 반드시 말로 이루어지는 것은 아니다.
⑤ 통찰의 의사소통은 말로 하는 의사소통보다 정보를 효과적으로 전달한다.

해설 글쓴이에 의하면, 우리나라와 같이 통찰의 의사소통이 말로 하는 의사소통보다 양적으로 많은 사회에서는 어떤 말이나 행동의 배경이 되는 상황을 정확하게 이해해야 한다. 그렇다고 해서 통찰의 의사소통이 말로 하는 의사소통보다 정보를 효과적으로 전달한다고 말할 수 있는 근거는 제시되어 있지 않다.

16

　생명의 구조를 이용하여 인간생활에 도움을 주고자 하는 기술을 생명 공학 기술이라 한다. 이중 최근에 가장 주목을 받고 있는 것은 유전자 재조합 기술을 이용하여 새로운 유전자 조성(組成)을 가진 생물, 즉 유전자 변형 생물을 인공적으로 만들어 내는 유전 공학 기술이다.

　유전자를 재조합하기 위해서는 DNA를 절단하는 가위와 이를 접착하는 풀이 필요하다. 가위의 구실을 하는 것은 '제한 효소'라는 단백질인데, 이것은 DNA의 각기 다른 위치에서 작용한다. 풀 구실을 하는 것은 '리가아제'라고 부르는 효소인데, 이것은 절단된 DNA를 결합시키는 역할을 한다. 그리고 일단 시험관 내에서 제한 효소와 리가아제에 의해 재조합된

DNA는 다른 생물체 내로 이식되어 유전자 변형 생물을 만들어 내는데, 이를 위해서는 '벡터'라고 불리는 운반체가 이용된다.

유전자 변형 생물을 이용하는 방법은 크게 세 가지로 나누어 볼 수 있다. 첫째는 유전자 변형 생물 그 자체를 이용하는 경우이다. 둘째는 유전자 변형 생물이 만들어 내는 부산물을 이용하는 경우이다. 셋째는 유전자의 기능 및 발현 패턴을 연구하기 위한 수단으로 유전자 변형 생물을 이용하는 경우이다. 가령 최근에 인간 게놈 프로젝트에 의해 알려진 수많은 유전자의 기능을 연구하고자 할 때, 바로 유전자 변형 생물이 이용될 수 있는 것이다.

① 유전자 재조합은 DNA를 대상으로 한다.
② 벡터는 재조합된 DNA의 운반체로 사용된다.
③ 유전자 재조합에는 제한 효소와 리가아제가 필수적이다.
④ 유전자 변형 생물을 만드는 기술은 생명 공학의 한 분야이다.
⑤ 인간 게놈 프로젝트의 목적은 유전자 변형 생물을 만드는 것이다.

해설 글의 요지는 '1, 2문단 : 최근 주목받는 유전 공학 기술에서 유전자 재조합을 위해서는 '제한 효소'와 '리가아제'가 필요하다. 3문단 : 유전자 변형 생물을 이용하는 방법에는, 변형 생물 자체나 그 부산물을 이용하는 경우와 유전자 연구의 수단으로 이용하는 경우가 있다는 내용으로, '유전자 재조합을 위해 필요한 요소'와 '유전자 변형 생물을 이용하는 방법'을 설명하고 있다. 이 글의 마지막 문장을 보면 유전자 변형 생물이 인간 게놈 프로젝트에 의해 밝혀진 유전자 기능의 연구에 이용될 수 있다고 하였다. 이것은 유전자 변형 생물이 인간 게놈 프로젝트의 성과를 규명, 발전시키는 데 유용한 도구라는 뜻이지, 그 생산이 프로젝트의 목적이라는 뜻은 아니다.

17
역사학은 구체적인 과거의 사실을 추구하는 것으로써 만족한다고 할 수가 있을까. 예컨대 광개토왕이 어디 어디를 언제 정복하고 한군(漢軍)과 왜군(倭軍)을 어디서 격파하는 등의 구체적 사실들을 기록함으로써 역사학의 임무가 끝났다고 할 수가 있을까. 또 화백(和白)의 경우에, 법흥왕 14년에 불사(佛寺)를 건립하겠다는 것을 반대하여 왕을 궁지에 몰아넣고 끝내는 이차돈을 사형에 처하게 했다든가 진지왕을 몰아내고 진평왕을 새로 왕으로 추대했다든가 진덕여왕 때 알천공(閼川公) 등이 남산 우지암에서 회의를 하였다든가 하는 구체적 사실만을 나열해 놓았댔자, 그것이 바람직한 화백에 대한 서술일 수가 있는 것일까. 지난날에는 단순한 사실의 나열만 가지고서도 역사라 했었다. 그러나 이것은 하나의 기록은 되겠지만 학문일 수는 없는 일이다. 학문으로서의 역사학은 물론 기록 이상의 것이어야 한다. 즉, 역사학은 과거의 사실에서 어떤 의미를 찾아보는 데 가치가 있는 것이다.

① 역사학은 과거의 사실에 대한 기록을 포함한다.

② 현재의 역사학은 개별적인 정보에 대한 기록을 배제한다.

③ 광개토왕이 정복한 지역에 대한 나열이 역사로 여겨지던 때가 있었다.

④ 역사학은 개별적인 사실을 통해 보편적인 의미를 밝히는 데 의의가 있다.

⑤ 단순한 사실의 나열은 하나의 기록은 되지만 학문일 수는 없다.

해설 위 글은 역사학이 개별적인 사실의 나열에만 그치는 것을 경계하고 과거의 사실을 통해 보편적인 의미를 찾는 데까지 확대되어야 함을 서술하고 있다. 따라서 역사학은 과거 사실에 대한 정확한 기록은 물론(기록을 배제하지는 않는다) 여기에서 어떤 의미를 찾는 작업까지 함께 아우르는 학문이어야 한다.

18

우리나라 재벌들은 경제성과와 자선활동에 있어서 훌륭한 역할을 수행해 왔다. 그러나 높은 경제성과와 왕성한 자선활동에도 불구하고, 이들이 연루된 수많은 불법행위나 비윤리적 행동은 강한 반기업 정서를 갖게 하였다. 그런데 경제성과나 자선활동은 반기업 정서를 해소하는 데 미치는 영향이 미약한 반면, 불법행위나 비윤리적 행동은 반기업 정서를 생성하는 데 직접적이고도 강력한 영향을 미친다.

① 우리나라에서는 재벌에 대한 반기업 정서가 강하다.

② 반기업 정서는 긍정적인 측면보다 부정적인 측면에서 생성된다.

③ 우리나라 재벌은 긍정적인 측면과 부정적인 측면을 동시에 갖고 있다.

④ 경제성과를 높이고 자선활동을 많이 하는 것만으로 반기업 정서가 해소될 수 있다.

⑤ 반기업 정서에 큰 영향을 미치는 것은 불법행위나 비윤리적 행동이다.

해설 우리나라 재벌들은 경제 성과를 높이고 자선활동을 많이 해 왔음에도 불구하고, 수많은 불법행위나 비윤리적 행동을 보여 강한 반기업 정서를 갖게 하였다.

19

음악은 비물질성을 가지고 있다. 이러한 비물질성은 음악을 만드는 소리가 물질이 아니며 외부에 존재하는 구체적 대상도 아니라는 점에 기인한다. 소리는 물건처럼 눈에 보이는 곳에 있지 않고 냄새나 맛처럼 그 근원이 분명하게 외부에 있지도 않다. 소리는 어떤 물체의 진동상태이고 그 진동이 공기를 통해 귀에 전달됨으로써만 성립한다. 음악의 재료인 음 역시 소리이기 때문에 음악은 소리의 이러한 속성에 묶여 있다.

소리의 비물질성은 인간의 삶과 문화에 많은 영향을 남기게 된다. 악기가 발명될 무렵을 상상해보자. 원시인은 줄을 튕기거나 서로 비빔으로써, 나뭇잎을 접어 불거나, 가죽을 빈통에 씌워 두드림으로써 소리를 만들었다. 이때 그들은 공명되어 울려 나오는 소리에 당황했을 것이다. 그 진원지에서 소리를 볼 수 없기 때문이다. 지금은 공명장치의 울림을 음향학적으로 설명할 수 있지만, 당시에는 공명장치 뒤에 영적인 다른 존재가 있다고 믿었을 것이다. 따라서 소리의 주술성은 소리의 진원이 감각으로 확인되지 않았기 때문에 시작된 것으로 보아야 한다. 음악 역시 주술적인 힘을 가진 것으로 믿었다. 고대 수메르 문명에서는 풀피리 소리가 곡식을 자라게 하고, 북 소리가 가축을 건강하게 만든다고 믿었다. 풀피리는 풀로, 북은 동물의 가죽으로 만들어졌기 때문에 그런 힘을 가졌다고 생각한 것이다.

재료를 통한 질료적 상징이 생겨나게 된 것이다. 이러한 상상과 믿음이 발전하여 음악에 많은 상징적 흔적을 남기게 된다. 악기의 모양과 색깔, 문양뿐 아니라 시간과 공간에 이르기까지 상징적 사고가 투영되었다. 문묘와 종묘 제사 때 쓰이는 제례악의 연주는 악기의 위치와 방향 그리고 시간을 지키도록 규정되어 있으며, 중국이나 우리나라 전통 음악에서의 음의 이름[음명(音名)]과 체계는 음양오행의 논리적 체계와 연관되어 있다. 일반적으로 타악기는 성적 행위를 상징하는데, 이로 인해 중세의 기독교 문명권에서는 타악기의 연주가 금기시되기도 하였다.

소리와 음이 비물질적이라는 말은, 소리가 우리의 의식 안의 현상으로서만 존재한다는 뜻이기도 하다. 따라서 의식 안에만 있는 소리와 음은 현실의 굴레에서 벗어나 있다. 소리는 물질의 속박인 중력으로부터 자유로운 반면, 춤은 중력의 속박으로부터 벗어나고 싶어 한다. 춤은 음악의 가벼움을 그리워하고 음악은 춤의 구체적 형상을 그리워한다. 따라서 음악은 춤과 만남으로써 시각적 표현을 얻고 춤은 음악에 얹힘으로써 가벼움의 환상을 성취한다.

음악의 비물질성은 그 자체로서 종교적 위력을 가진 큰 힘이기도 했다. 악기를 다루는 사람은 정치와 제사가 일치되었던 시기에 권력을 장악했을 것이다. 소리 뒤에 영혼이 있고 그 영혼의 세계는 음악가들에 의해 지배될 수 있었기 때문이다. 제정일치의 정치 구조가

> 분열되어 정치와 제사가 분리되고 다시 제사와 음악이 분리되는 과정을 거쳤던 고대 이집트 문명에서 우리는 이를 확인할 수 있다.

① 음악의 비물질성은 그 재료의 비물질성에서 비롯된다.

② 음악의 상징성은 음악의 비물질성에 그 근원을 두고 있다.

③ 음악에 대한 고대인들의 믿음은 논리적 체계를 이루고 있었다.

④ 장르적 속성으로 보아 음악과 춤은 상보적인 관계를 이루고 있다.

⑤ 제정일치 사회에서 음악가는 영혼의 세계를 지배하는 존재로 여겨졌다.

해설 ③ 고대인들은 실체를 볼 수 없는 소리와 음악에 주술적인 힘이 있는 것으로 믿었다. 질료적 상징이 생겨난 것도 같은 이유이다.

20 다음 글의 핵심 내용으로 알맞은 것은?

> 그동안 환경오염을 줄이기 위한 방법으로, 산업체에서 생기는 오염 물질이 발생한 후에 오염물 처리 과정을 거치도록 하는 '발생 후 처리 기술'에 의존해 왔는데, 21세기의 산업구조는 원자재의 선택에서부터 시작해서, 공정 자체를 용수와 에너지를 적게 쓰면서 오염물 배출을 최소화하는 '무오염·저공해 기술'에 의존하게 될 것이다. 예를 들면, 공장 폐수에서 유해한 중금속을 회수하고, 폐수는 폐수 처리 과정을 거쳐 공업용수로 재사용하도록 하여, 폐수를 방류하지 않는 무공해 공정을 개발 또는 공정상태의 감시 점검을 자동화하여 원료, 용수 및 에너지의 사용을 최적의 상태로 유지하여 오염물 발생을 최소화시키는 저공해 공정의 개발 등을 들 수 있다.

① 청정 기술 개발의 노력

② 자동화 공정을 위한 노력

③ 오염물 발생의 최소화 방안

④ 무오염·저공해 기술의 개발

⑤ 환경오염 감소 방법

해설 지문의 내용은 환경오염을 줄이는 방법이 '발생 후 처리 기술'에서 '무오염·저공해 기술'로 바뀌게 될 것이라고 말하고, 이를 예를 들어 설명하고 있다. 그러므로 지문의 핵심내용을 잘 반영한 것은 ④이다.

21~25 | 다음 글의 제목(또는 주제)으로 적절한 것을 고르시오.

21

우아함이 지나치면 고독을 면치 못하고 소박함이 지나치면 생활에 활기가 떨어진다. 활기란 흥이 있는 곳에서 나오는데, 흥이란 없는 것도 있는 척할 때 더 난다. 겸손이 지나치면 비굴함이 되고, 긍지가 지나치면 교만이 된다. 겸손이란 여유 있는 것이어야 하고, 긍지는 남이 매겨 주는 가치라야 한다. 엄격한 예의는 방색(防塞) 같은 것이나 우정이 오가지 않고, 소탈함이 지나치면 대면하는 사람의 심정을 예민하게 파악하지 못하여 폐가 되는 경우도 있다. 욕심이 많으면 만족하는 일이 없고, 욕심이 너무 없으면 이름이 적다. 만족의 덕을 익히지 않으면 계급이 아무리 높아도 불만이요, 그래서 권력자는 폭군이 되고 폭군은 이웃까지 지배하려 한다.

① 인생살이의 요령 ② 지나침을 피하여
③ 편안한 생활을 위하여 ④ 안빈낙도(安貧樂道)의 삶
⑤ 추구해야 하는 삶

해설 지문은 지나침에 대해 경계를 해야 함을 나열식으로 설명해 놓았다. 따라서 이 글에 알맞은 제목은 ②이다.

22

높은 휘발유세는 자동차를 사용함으로써 발생하는 다음과 같은 문제들을 줄이는 교정적 역할을 수행한다. 첫째, 휘발유세는 사람들의 대중교통 수단 이용을 유도하고, 자가용 사용을 억제함으로써 교통 혼잡을 줄여준다. 둘째, 교통사고 발생 시 대형 차량이나 승합차가 중소형 차량에 비해 보다 치명적인 피해를 줄 가능성이 높다. 이와 관련해서 휘발유세는 휘발유를 많이 소비하는 대형 차량을 운행하는 사람에게 보다 높은 비용을 치르게 함으로써 교통사고 위험에 대한 간접적인 비용을 징수하는 효과를 가진다. 셋째, 휘발유세는 휘발유 소비를 억제함으로써 대기오염을 줄이는 데 기여한다.

① 휘발유세의 용도 ② 높은 휘발유세의 정당성
③ 휘발유세의 지속적 인상 ④ 에너지 소비 절약
⑤ 대기오염 감소를 위한 방법

해설 지문은 높은 휘발유세의 교정적 역할 세 가지를 나열하여 설명하고 있으므로 알맞은 제목은 ②이다.

23

> 유명 제약사의 전 아시아 태평양 총괄 사장은 "아시아 태평양 지역 내에서는 전체 직원을 우리 사람처럼 서로 활용하자."고 주장했다. 모든 사람, 모든 시스템, 모든 성공을 공유하자는 것이다. 못사는 나라, 글로벌 기준으로 보면 많이 처지는 후발국가일지라도 반드시 배울 지식이 있다는 그의 평소 지론에서 나온 말이었다.

① 경계를 없앤 지식경영
② 선진국과 후진국 간의 알력
③ 애국심을 통한 민족주의
④ 지역주의의 폐단
⑤ 정보 공유의 필요성

해설 후발국가일지라도 반드시 배울 지식이 있으며, 때문에 선진국과 후진국 사이의 경계를 없애려는 사장의 지식경영이 나타나 있다.

24

> 우주선 안을 둥둥 떠다니는 우주비행사의 모습은 동화 속의 환상처럼 보는 이를 즐겁게 한다. 그러나 위아래 개념도 없고 무게도 느낄 수 없는 우주공간에서 실제 활동하는 것은 결코 쉬운 일이 아니다. 때문에 우주비행사들은 여행을 떠나기 전에 지상기지에서 미세중력(무중력)에 대비한 충분한 훈련을 받는다. 그러면 무중력 훈련은 어떤 방법으로 하는 것일까?

① 무중력의 원리
② 비행기의 신비
③ 비행기와 무중력
④ 비행사와 무중력 훈련
⑤ 우주비행사의 자격조건

해설 이 지문은 우주비행사의 무중력 훈련에 대한 내용을 설명하기 위한 도입부분이므로, 알맞은 제목은 ④이다.

25

> 사회와 격리된 인간을 상상할 수 없듯이 언어와 격리된 인간도 상상하기 어렵다. 인간이 사회적인 그물망으로 엮여 있는 동물이고 그 사회적 그물망을 연결시켜 주는 역할을 하는 것이 언어이기 때문이다. 이는 사회를 떠난 인간이 존재할 수 없듯이 사회와 유리된 언어가 존재할 수 없다는 것을 의미하는 동시에 사회가 달라지면 언어 사용 양상도 달라진다는 것을 의미한다.

① 인간과 언어의 관계
② 인간과 사회의 관계
③ 언어와 사회의 관계
④ 언어와 인간과 사회의 관계
⑤ 인간과 동물의 관계

해설 첫 번째 지문에서 사회와 인간, 인간과 언어가 서로 격리되어서는 상상될 수 없다고 나와 있으므로 이를 포괄하는 내용인 ④가 제목으로 알맞다.

26 다음과 같은 글의 개요에서 제목과 결론에 들어갈 내용으로 가장 적절한 것은?

> 제목 : (㉠   )
> 서론 : 정보 매체의 급속한 발달로 정보화 사회로의 발전이 가속화되고 있다.
> 본론
>   1. 정보화 사회에서는 많은 정보가 신속하게 전달된다.
>   2. 정보화 사회에서는 인간의 편익이 지금보다 훨씬 더 증진될 것이다.
>   3. 정보화 사회에서는 개인의 사생활이 노출되기 쉽다.
>   4. 정보화 사회에서는 만남의 기회가 줄어듦으로써 비인간화 현상이 야기될 수 있다.
> 결론 : (㉡   )

① ㉠ 정보화의 효과
   ㉡ 정보화 사회가 이룩된다 하더라도 비인간화 현상은 막을 수 없을 것이다.
② ㉠ 정보화의 두 얼굴
   ㉡ 정보화 사회로의 발전을 위해 다함께 노력해야 한다.

③ ㉠ 정보화 사회에 대한 전망

㉡ 정보화 사회에서는 개인주의가 더욱 만연할 것이다.

④ ㉠ 정보화 사회의 바람직한 발전 방향

㉡ 정보화 사회는 인간성이 존중되는 방향으로 발전되어야 한다.

⑤ ㉠ 정보화 사회의 단점

㉡ 정보화 사회는 정보 매체를 통해 발전하고 있다.

해설 서론에서 정보화의 진전이 빠르게 이루어지고 있다고 했고, 본론에서는 정보화 사회의 긍정적인 측면과 부정적인 측면이 함께 제시되어 있다. 즉, 정보화 사회로의 발전이 시대적 추세이지만, 정보화 사회라고 해서 긍정적인 측면을 갖는 것도 아니라는 내용이다. 따라서 결론에서는 ④와 같이 정보화 사회의 바람직한 발전 방향에 대해 제안하는 것이 글의 논리적 흐름에 맞다. 그리고 결론이 정보화 사회의 바람직한 발전 방향에 대한 것이라면, 제목 또한 여기에 부합하는 것이라야 적절할 것이다.

27 이 글의 결론을 가장 적절히 추론한 것은?

> 물의 오염 또한 대기오염 못지 않게 심각하다. 농약 사용의 증가, 합성세제의 과다한 사용, 무분별한 산업 폐수의 방출 등으로 인해 물은 심하게 위협받고 있다. 하천은 하나의 생태계를 이루고 있으며, 물질의 순환에 의해 자정작용(自淨作用)을 한다. 그러나 각종 공해 물질로 심각하게 오염된 하천은 이런 기능을 제대로 못하게 된다.
>
> 특히, 산업용 폐수 속에는 각종 중금속과 화학 물질이 다량으로 함유되어 물속 생태계의 존속(存續)마저 위협하고 있다. 그런가 하면, 생활하수에 포함된 다량의 영양 물질은 조류(藻類)와 같은 미생물을 대량으로 번식시켜 물속에 함유된 용존 산소를 과다하게 소비함으로써, 미생물은 물론 다른 생물마저 산소 결핍 때문에 모두 죽어 버리는 부영양화 현상을 발생시키기도 한다. 이것은 인간에 의해 생태계의 평형이 파괴되는 또 하나의 예이다.
>
> 토양의 오염도 물이나 대기오염에 못지 않게 심각하다. 생태계의 1차 생산자인 식물은 대부분 토양에서 성장한다. 그러므로 토양을 오염시키는 물질은 자연히 식물에 흡수되어 남아 있고, 다시 소비자에게 옮겨져서 각종 질병의 원인이 된다. 중금속이 함유되어 있는 과한 농약 사용, 각종 생활쓰레기와 산업폐기물의 부적절한 매립 등은 토양을 심각하게 오염시키는 대표적인 예이다.

① 환경 파괴와 관련된 문제를 해결하는 것은 쉬운 일이 아니다.

② 환경 파괴의 문제는 근본적으로 인간의 무지와 이기심에서 비롯되는 것이다.

③ 경제 성장을 위해 환경 문제를 소홀히 다루어 온 정책도 환경 보존의 문제를 우선적 과제로 다루는 정책으로 변화되어야 한다.

④ 공기와 물, 토양의 오염으로 인한 환경 파괴는 인류를 비롯한 모든 지구 생물의 생존을 위협하는 심각한 문제로 대두되었다.

⑤ 인간에 의해 생태계의 평형이 파괴되고 있다.

> **해설** 결론은 본론의 내용을 종합적으로 표현한 것이므로 결론을 추론하려면 그 앞의 요지를 알아야 한다. 첫 문단은 물 오염의 심각성을 중심 내용으로 하고 있으며, 둘째 문단은 물의 오염원으로 산업용 폐수와 생활하수를 예시하고 있다. 그리고 셋째 문단은 토양 오염의 심각성을 진술하고 있다. 이러한 내용을 종합하여 발전적으로 진술한 내용은 ④이다.

28~38 | 다음 제시문의 논증 구조를 잘 파악하고 있는 것을 고르시오.

28

> ㉠ 물 부족의 원인은 인구 증가와 산업화로 말미암은 사용량 급증이다.
>
> ㉡ 20세기에 세계 인구는 두 배로 늘었지만 물 사용량은 6배나 증가했다.
>
> ㉢ 반면 지구온난화와 사막화는 빨라지고 있다.
>
> ㉣ 고비사막에서 형성돼 한국, 일본, 북미까지 날아가는 먼지의 양은 연간 10억 톤에 이른다.
>
> ㉤ 수질 오염도 물 부족을 부채질한다.

① ㉤은 ㉠과 반의관계이다.

② ㉡은 ㉠의 예시이다.

③ ㉢은 ㉤과 반의관계이다.

④ ㉠은 ㉣과 대등관계이다.

⑤ ㉤은 ㉣과 대등관계이다.

> **해설** ㉡은 ㉠의 예시관계이고, ㉡과 ㉢은 대등관계이다. 그리고 ㉣은 ㉢의 예시관계이며, ㉤은 ㉠과 대등한 관계이다.

29

ㄱ 한 사회의 발전 정도를 재는 기준은 여러 가지지만 평화지수 또한 사회의 성숙도를 재는 주요 잣대의 하나다.

ㄴ 평화지수는 전쟁이 벌어지고 있는지 뿐만 아니라 항구적으로 평화를 실현하기 위한 여건과 사회의지까지 고려하여 매겨진다.

ㄷ 모든 아름다운 것이 다 고투 끝에 얻어지지만, 평화 또한 '평화를 위한 투쟁'이라는 모순된 구절이 말하듯, 수고스러운 인간의 노력을 요구한다.

ㄹ 평화 운동가들이 조국의 배신자로 비난받고 이 때문에 목숨을 잃어야 했던 일도 드물지 않다.

① ㄱ과 ㄹ은 대등관계이다.　　　　② ㄷ과 ㄱ은 대등관계이다.

③ ㄷ은 ㄹ의 이유이다.　　　　　　④ ㄴ과 ㄹ은 반의관계이다.

⑤ ㄱ과 ㄴ은 반의관계이다.

해설 ㄱ과 ㄴ은 종속관계이고, ㄴ과 ㄷ은 대등관계이다. ㄷ은 ㄹ의 이유이다.

30

ㄱ 문제는 선행학습이 본디 뜻과 달리 사용되면서 오히려 교육을 망치는 원흉으로 지적되고 있다는 사실이다.

ㄴ 하지만 선행학습은 매우 중요하고 반드시 갖추어야 할 학습능력이다.

ㄷ 왜냐하면 선행학습은 미리 학습하는 것이 아니라 이전에 반드시 학습되어 있어야 하는 것이기 때문이다.

ㄹ 이러한 선행학습은 학원이 아닌 학교에서 충실하게 다루어져야 한다.

ㅁ 그런데 선행학습을 마치 공교육 붕괴의 원인으로 보고 책임을 외부 탓으로 돌리는 것은 너무 무책임하다.

① ㄱ은 ㄷ의 이유이다.　　　　　　② ㅁ은 ㄴ의 예시이다.

③ ㄷ은 ㄴ의 이유이다.　　　　　　④ ㄷ은 ㄱ의 결과이다.

⑤ ㄴ은 ㄱ의 예시이다.

해설 ㄴ은 ㄱ에 대한 반론이고, ㄷ은 ㄴ의 이유이다.

31

> ㉠ 무엇보다 중요한 것은 민중의 마음과 마음을 단단하고 강하게 연결해서 우정의 다리, 신의의 다리를 많이 놓는 일이다.
>
> ㉡ 특히 미래에 살아갈 청년들 간의 교류가 가장 중요하다.
>
> ㉢ 젊은 아시아 시민, 세계 시민의 연대야말로 전쟁의 방파제가 되기 때문이다.
>
> ㉣ 인간이 함께 사는 곳에 여러 가지 대립은 피할 수 없다.
>
> ㉤ 그러나 대립은 전쟁이 아니다.

① ㉤은 ㉠의 결과이다.　　　　② ㉣은 ㉢의 결과이다.

③ ㉡은 ㉤의 예시이다.　　　　④ ㉢은 ㉡의 이유이다.

⑤ ㉤은 ㉢의 예시이다.

해설 ㉠과 ㉡은 대등관계이고, ㉢은 ㉡의 이유이다.

32

> ㉠ 외국의 경우, 종래의 학대방지와 최소한도의 복지보장을 넘어서 동물의 고유한 삶의 방식을 실질적으로 존중하는 복지의 개념으로 한 차원 높은 동물의 복지가 보장되고 있다.
>
> ㉡ 이런 발전된 개념은 아니더라도, 동물을 이용하되 함부로 고통을 주는 것을 방지하는 '인도적 원칙'을 분명히 확보해야 하는데, 학대의 유형만 한두 가지 열거하는 것으로 동물보호법의 내용을 채우고 있으며 학대의 기본적인 정의조차 없다.
>
> ㉢ 또 동물학대 방지나 동물복지에 대한 최소한의 조건이 미비할 뿐 아니라, 투명성과 공정성이 부족하고 시민사회의 참여가 배제된 관료적 성격을 띠고 있다.
>
> ㉣ 동물보호와 이용에 관해서 참여정부의 성격에 걸맞게 시민단체나 전문가들이 참여하는 정책적인 기구가 필요한데 이런 내용이 배제되어 있다.

① ㉠과 ㉡은 예시이다.　　　　② ㉡과 ㉢은 대등관계이다.

③ ㉣은 ㉠의 결과이다.　　　　④ ㉢은 ㉠의 결과이다.

⑤ ㉠은 ㉢의 원인이다.

해설 ㉡과 ㉢은 대등관계이고, ㉣은 ㉢의 구체적인 설명이다.

33

㉠ 가족을 지원 단위로 삼는 이유는 한 가족의 구성원들은 소비와 복지 수준을 공유하는 것으로 전제하기 때문이다.

㉡ 물론 이 가정 자체가 틀린 것은 아니지만 이런 사고방식으로는 절대로 지킬 수 없는 것이 여성의 경제적 독립성과 노동권이다.

㉢ 가족을 지원 단위로 삼는 대부분의 정책들은, 남성 가장은 밖에 나가서 돈을 벌어오고 여성 배우자는 가족구성원을 돌보는 가족을 표준적인 가족 유형으로 설정하고 있을 뿐 아니라 이런 모델을 더욱 강화하는 결과를 낳는다.

㉣ 가사노동의 가치를 인정하라느니, 혼인하여 일군 재산은 부부 공동의 소유라느니 하는 외침들은 공허하다.

① 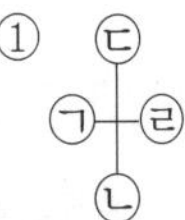　② 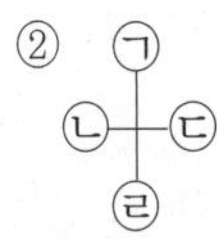　③ 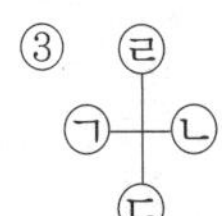　④ 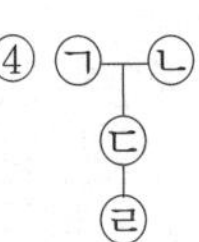　⑤ 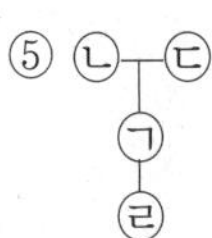

해설　㉠과 ㉢은 대등관계이다.

34

㉠ 깨알 같은 글자와 숫자로 신문지보다 넓은 지면을 앞뒤로 꽉 채운 입주자 모집 안내서나 40쪽에 이르는 판교 아파트 분양 팸플릿 어디를 찾아보아도 주거단지의 건폐율이나 용적률과 같은 중요한 주택정보는 보이지 않는다.

㉡ 이보다 훨씬 중요할 수 있는 환경정보이자 풍요로운 삶의 질을 가늠할 수 있는 단지 안의 녹지면적이 얼마나 되는지, 또 그 안에는 어떤 나무가 심어지는지 등의 생태환경에 대한 정보는 눈을 씻고 찾아보아도 발견할 수 없다.

㉢ 주택분양을 신청하는 사람들에게 반드시 알려주어야 할 중요한 내용들을 정부나 주택을 지어 파는 업체가 알려주지 않는다는 것이다.

㉣ 그런데도 연일 주택분양을 신청하는 사람들이 몰리니 사뭇 이상하다.

① ㉢은 ㉡의 예시이다.　　② ㉣은 ㉠의 예시이다.
③ ㉡은 ㉣의 예시이다.　　④ ㉠과 ㉡은 대등관계이다.
⑤ ㉢은 ㉣의 결과이다.

해설　㉠, ㉡, ㉢은 대등관계이다.

35

┌───┐
│ ㉠ 서유럽에서는 중등 이후의 교육이 상대적으로 싸거나 무료다.
│ ㉡ 많은 학생들이 생활비에 보태 쓸 보조금을 정부에서 받는다.
│ ㉢ 반면, 미국에서는 중등 이후의 교육이 상당히 비싸다.
│ ㉣ 이 때문에, 중등교육을 마친 학생들의 대부분이 자신들의 생계비와 학비를 마련하기 위
│   해 일을 해야만 한다.
└───┘

① ㉠은 ㉢의 결과다.

② ㉢은 ㉡의 결과다.

③ ㉣은 ㉠의 원인이다.

④ ㉡은 ㉢의 예시이다.

⑤ ㉢은 ㉣의 이유이다.

해설 ㉠과 ㉢은 반의관계이고, ㉡은 ㉠의 구체적 예시이며, ㉢은 ㉣의 이유이다.

36

┌───┐
│ ㉠ 실상 우리가 규제라고 부르는 것들 중 많은 부분이 경쟁의 규칙에 관한 것이다.
│ ㉡ 경기 규칙이 제대로 정해지지 않은 채 축구 경기를 한다면 멋진 기량과 박진감 있는 승
│   부는커녕 패싸움이 되고 말 것이다.
│ ㉢ 시장경쟁도 규칙이 잘 정비돼 있어야 효율적인 결과를 낳는다.
│ ㉣ 흔히 시장경제를 약육강식의 무한경쟁이 지배하는 정글과 같은 것으로 비유하기도 하
│   지만, 이는 지극히 잘못된 인식이다.
│ ㉤ 시장에서의 경쟁에는 합리적인 규칙이 있다.
└───┘

① ㉢은 ㉤의 반론이다.

② ㉠은 ㉢의 결과이다.

③ ㉤은 ㉡의 반론이다.

④ ㉡은 ㉠의 예시이다.

⑤ ㉤은 ㉠의 반론이다.

해설 ㉡은 ㉠의 예시이고, ㉤은 ㉣의 반론이다.

37

㉠ 값비싼 외국 제품에 집착한다는 젊은 여성들이 한동안 사람들 입에 오르내렸다.

㉡ 남녀노소 모두 소비자로 끌어들이려는 마케팅 전략은 이제 어린이까지 목표로 삼고 있다.

㉢ 미국 마케팅 업계에서 어린이를 지칭해 쓰는 '진화하는 소비자'라는 용어가 이를 상징한다.

㉣ 하지만 소비에 대한 집착은 특정 계층만의 문제는 아니다.

① 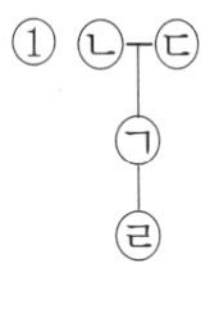

② 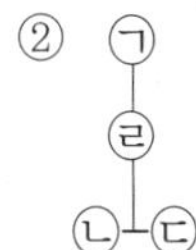

③ 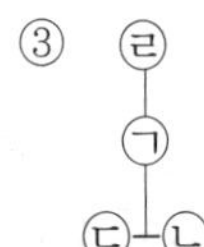

④ 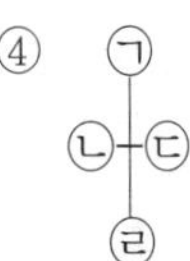

⑤ 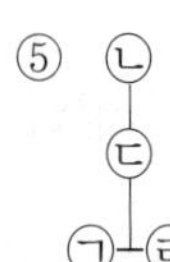

해설 ㉠과 ㉣은 이 글의 문제를 제기한 부분이므로 맨 앞에 오고 이때 ㉠이 먼저 오고, ㉣이 와야 한다. ㉡과 ㉢은 대응관계로 ㉣ 다음에 와야 한다. 따라서 알맞은 논리구조는 ②이다.

38

㉠ 과학은 사실의 학문이자 가치중립적인 학문이다.

㉡ 과학은 가치문제와 같은 주관적인 요소를 철저하게 배제한 오직 사실의 학문이기 때문이다.

㉢ 따라서, 과학 기술 또는 연구 활동 자체에는 도덕적 책임을 물을 수 없다.

㉣ 과학 기술이 대량 살상 무기를 생산하는 데 악용되어 온 것은 사실이지만 그것은 어디까지나 전쟁을 준비하는 국가들의 주권자들의 의사에 따른 것이다.

㉤ 또, 과학 기술이 생태계 파괴와 환경오염에 깊이 개입되어 있는 것도 사실이지만, 그것은 각국의 산업 발달 과정에서 불가피하게 파생된 현상일 뿐이다.

① ㉠은 ㉡의 전제이다.

② ㉡은 ㉢의 전제이다.

③ ㉢은 ㉣의 전제이다.

④ ㉣은 ㉤의 전제이다.

⑤ ㉤은 ㉠의 전제이다.

해설 ㉡은 ㉠의 이유이고, ㉢의 전제이다.

39

가. 40대 직장인이　　　　　　나. 끝내 숨졌다.
다. 구토증세를 보이고　　　　라. 의식을 잃어
마. 쓰러져 병원으로 옮겼으나　바. 직장동료들과
사. 회식을 하던

① 가-바-다-라-마-사-나
② 바-사-가-라-마-다-나
③ 바-사-가-다-라-마-나
④ 사-가-바-다-라-마-나
⑤ 사-가-다-라-마-바-나

해설 ③ 직장동료들과 회식을 하던 40대 직장인이 구토증세를 보이고 의식을 잃어 쓰러져 병원으로 옮겼으나 끝내 숨졌다.

40

가. 신체상태만을 이야기하는 것이 아니고　나. 존재 상태를 가리킨다.
다. 마음이 건강하여　　　　　　　　　　라. 단순히 병이나 허약하지 않다는 등의
마. 신체뿐만 아니라　　　　　　　　　　바. 육체적, 정신적 및 사회적, 영적으로
사. 건강이란　　　　　　　　　　　　　　아. 완전히 양호한

① 마-다-라-가-아-바-사-나
② 사-마-다-라-가-바-아-나
③ 사-가-다-마-라-바-아-나
④ 사-라-가-마-다-바-아-나
⑤ 마-가-라-다-아-사-바-나

해설 ④ 건강이란 단순히 병이나 허약하지 않다는 등의 신체상태만을 이야기하는 것이 아니고 신체뿐만 아니라 마음이 건강하여 육체적, 정신적 및 사회적, 영적으로 완전히 양호한 존재 상태를 가리킨다.

41

가. 인간이 동물과 구별되는 주요 특징으로는

나. 인간과 다른 동물을 구별할 수 있게 하는

다. 도구를 사용하는 점을 지적하지만,

라. 언어를 사용하는 것이야말로

마. 가장 큰 특징이라 할 수 있다.

① 라-가-다-나-마　　　　② 라-다-나-가-마
③ 가-다-라-나-마　　　　④ 가-나-라-다-마
⑤ 나-라-가-다-마

해설　③ 인간이 동물과 구별되는 주요 특징으로는 도구를 사용하는 점을 지적하지만 언어를 사용하는 것이야말로 인간과 다른 동물을 구별할 수 있게 하는 가장 큰 특징이라 할 수 있다.

42

가. 유례없이 빈번하게　　　　나. 지구 온난화 현상에서
다. 찾고 있다.　　　　라. 이상 기상현상이
마. 많은 기후학자들은　　　　바. 발생하는 원인을

① 마-라-바-가-나-다　　　　② 가-마-라-나-바-다
③ 가-라-마-나-바-다　　　　④ 마-가-라-바-나-다
⑤ 마-라-가-바-나-다

해설　⑤ 많은 기후학자들은 이상 기상현상이 유례없이 빈번하게 발생하는 원인을 지구 온난화 현상에서 찾고 있다.

43

가. 고로 투자의 성과는　　　　나. 인간의 본성을
다. 달려 있다.　　　　라. 억제하는 자제력에
마. 시장 상황이 결정하는 것이 아니라

① 가-나-마-라-다　　② 가-마-나-라-다
③ 가-마-라-나-다　　④ 나-마-가-라-다
⑤ 나-가-마-라-다

해설　② 고로 투자의 성과는 시장 상황이 결정하는 것이 아니라 인간의 본성을 억제하는 자제력에 달려 있다.

44

가. 정보보호를 위해	나. 다양한 보안장치와
다. 인터넷 사이트는	라. 개발하고 있다.
마. 암호기술을	

① 가-다-나-마-라　　② 다-마-나-가-라
③ 다-가-나-마-라　　④ 다-가-마-나-라
⑤ 마-가-나-다-라

해설　③ 인터넷 사이트는 정보보호를 위해 다양한 보안장치와 암호기술을 개발하고 있다.

45

가. 정보를 안전하게	나. 난무하는 상황에서
다. 확실한 방법은 없을까?	라. 도청과 해킹이
마. 지킬 수 있는	

① 나-라-가-마-다　　② 나-라-마-가-다
③ 라-마-나-가-다　　④ 라-나-가-마-다
⑤ 라-가-나-마-다

해설　④ 도청과 해킹이 난무하는 상황에서 정보를 안전하게 지킬 수 있는 확실한 방법은 없을까?

46~55 | 다음 제시된 글의 순서를 가장 올바르게 배열한 것을 고르시오.

46

> 가. 하지만 몇 가지는 예측할 수 있다.
> 나. 주택가격의 하락 폭과 속도가 어느 정도일지 지금 시점에서 점치기는 어렵다.
> 다. 주택건설은 이미 정점에 비해 15% 떨어졌으며 앞으로 이 정도는 더 떨어져야 안정수준에 이를 것이다.
> 라. 주택건설과 판매규모가 잠재적인 수준으로 되돌아갈 것이다.
> 마. 또 부동산업계의 원동력인 기존 주택판매는 정점에 비해 30~40% 하락할 것이다.

① 라-다-나-가-마 ② 다-라-나-가-마
③ 나-다-라-가-마 ④ 나-가-라-다-마
⑤ 다-라-마-가-나

해설 주택가격의 하락 폭과 속도에 대한 언급이 있는 '나'가 먼저 오고, 이를 예측할 수 있다는 '가' 문장이 뒤에 와야 한다. 그 예상으로 '라'가 나와야 하며, 주택건설과 관련해서 안정수준을 위한 수치를 예상하는 '다'가 다음으로 와야 한다. 또 예상 중에 하나인 기존 주택판매에 대한 예상이 다음으로 나오면 된다.

47

> 가. 대개 개장유골이 소량인데도 일반 대형 화장로를 이용하는 것은 연료 과다 소요로 매우 비합리적이다.
> 나. 또한 개장유골은 위생처리가 안 된 상태라 악취 등이 발생함으로써 유족들에게 청결한 화장 서비스를 하고 있는가에 대해서도 의구심을 품게 된다.
> 다. 불법 화장도 문제려니와 지금껏 개장유골을 일반 화장로에서 화장하고 있는 현실도 시급히 개선해야 할 문제다.
> 라. 현재 멘다이 화장장에 전용 화장로 4기를 두어 이런 문제들을 해결하고 있다.
> 마. 개장유골의 일반화장로 이용으로 인한 화장능력 부족도 어쩌면 당연한 일이다.

① 다-나-가-라-마 ② 나-다-가-마-라
③ 다-가-나-마-라 ④ 라-나-가-나-마
⑤ 마-가-라-나-다

해설 먼저 개장유골에 대한 언급이 있는 '다'가 와야 한다. 다음으로 개장유골에 대해 간략한 설명이 있는 '가'가 와야 한다. '또한'이라는 말은 앞서 언급되었던 것이 다시 언급됨을 말하므로 순서상 '가' 뒤에 와야 한다. 다음으로 개장유골의 일반 화장로 부족에 대한 것을 말하고 마지막으로 문제점을 다른 나라는 어떻게 해결했는지 나오면 되므로 '라'가 제일 마지막에 온다.

48

가. 북한 관계자들의 미국비자가 회의 이틀 전에야 발급되어 참석 예정자 모두가 가슴을 졸였고, 북쪽 전문가들의 워싱턴 DC 숙박은 끝내 허락되지 않아 인근 도시인 볼티모어에 묵으면서 회의에 참석해야 했다.

나. 그 뒤에는 많은 이들의 헌신이 있었다.

다. 그럼에도 회의는 성공적으로 끝났다.

라. 물론 모임이 이루어지기까지 우여곡절도 많았다.

마. 특별히, 이 전 과정에서 유진벨재단 스티븐 린튼 박사의 노력은 눈물겨웠다.

① 라-다-가-마-나   ② 가-라-다-마-나

③ 나-라-가-다-마   ④ 라-가-다-나-마

⑤ 다-나-가-마-라

해설 먼저 모임이 이루어지기 어려움에 대해서 나오고, 뒤에 어떤 우여곡절이 있었는지에 대한 말이 나와야 하므로 '라'와 '가'가 와야 한다. 이런 여러 어려움에도 회의가 잘 끝났으므로 '그럼에도'가 와야 한다. 즉 '다'가 와야 한다. 다음으로 이렇게 성공적으로 회의가 끝난 것은 여러 사람의 헌신이 있었다는 것을 표현해야 하므로 '그 뒤에는'이라는 말이 와야 한다. 그 헌신 중에 하나를 설명해야 하므로 '마'는 '나' 뒤에 오는 것이 맞다.

49

가. 지금 상태를 내버려두면 머잖아 천연가스 비상사태가 우려된다.

나. 여기에다 국내시장 자유화 추세에 따라, 한 에너지원의 수급불안을 다른 것으로 대체하여 방지하는 위기관리형 수급체계까지 약화됐다.

다. 무엇보다 가스 확보 전략에 대한 근본적인 재고가 시급하다.

라. 필요하다면 국익 차원에서 에너지를 확보하고자 국영회사를 앞세우는 프랑스, 중국 등 경쟁국의 사례를 원용해야 한다.

마. 예컨대 액화천연가스 수급비상을 전력산업이 막아주는 보완체계가 무너졌다.

① 가-다-나-라-마　　② 마-나-가-다-라

③ 나-라-마-가-다　　④ 다-가-나-라-마

⑤ 나-마-가-다-라

해설 위기관리형 수급체계까지 약화되었다는 사실을 먼저 언급하고, 그 예를 들어야 하므로 '마'가 '나' 뒤에 와야 한다. 이런 상태가 지속되면 천연가스 비상사태가 온다는 이야기가 뒤이어 나와야 하므로 '가'가 그 다음에 와야 한다. 위기상황을 말하고 가장 중점적으로 무엇을 해야 되는지가 문맥상 이어져야 하므로 가스 확보 전략에 대한 근본적인 재고를 언급한 '다'가 와야 한다. 앞 문장과 이어지는 것으로, 즉 해결책의 일환으로 다른 나라의 사례라도 필요하다면 원용하자는 말이 나온다.

50

가. 값이 많이 오른 반면에, 보유세 강화와 다주택자에 대한 양도소득세 강화, 재건축 개발 이익 환수, 주택담보대출 규제 등 잇따른 부동산 대책으로 값을 떠받칠 수요는 움츠러 들고 있다.

나. 1~2년 사이에 집값이 절반 수준으로 꺾인 영국, 일본, 홍콩 사례에서 보듯 거품이 가 라앉기 시작하면 대응할 틈이 없다.

다. 판단과 선택은 각자의 몫이다. 상승세가 더 갈 걸로 보는지, 마지막 빛을 발하는 '회광 반조'로 보는지, 그 판단에 따라 희비는 엇갈릴 게다. 어느 쪽이 옳은지는 시간이 말해 준다. 확실한 건 상투를 잡았다고 깨달았을 때는 늦다는 점이다.

라. 급락세로 돌아서 기대 심리가 무너지면 매물이 쏟아지는 반면 매수세는 얼어붙는다. 집을 내봐도 팔리지 않는다.

마. 투자든 투기든 심리는 관성에 따라 움직이는 경향이 있다. 값이 오를 때는 마냥 오를 것 같고, 떨어질 때는 바닥이 보이지 않는 듯한 게 보통이다. 수도권 주택시장에는 여전 히 상승 기대 심리가 높다. 하지만 관성의 힘이 바닥날 때도 머지 않은 듯하다.

① 다-라-마-나-가

② 마-가-다-나-라

③ 나-다-마-라-가

④ 마-가-나-라-다

⑤ 가-다-라-마-나

해설 수도권 주택시장은 상승심리가 높다고 언급하며 이제 상승심리가 떨어질 때가 온다고 함으로써 뒷 문장에 대한 힌트를 준다. 당연히 다음 문단은 가격이 떨어지는 문단이 오면 된다. 그것이 '가'이다. 상황을 주고, 그 상황에 대한 언급을 다시 하면서 개인의 선택을 묻는 '다'가 그 다음으로 와야 문맥이 자연스럽다. '다'의 마지막 문장이 늦는다는 점과 연결되어 다음 문장을 고르면 된다. '나'의 대응할 틈이 없다라는 문장은 '다'의 문장에 자연스럽게 이어진다. 문맥상 급락세에 대한 언급을 하면서 집이 팔리지 않는다는 '라'는 제일 마지막에 와야 한다.

51

> 가. 언어는 사회 구성원들의 사고방식과 사물을 파악하는 방법을 형성한다. 생각을 언어로 나타내자면 생각 그 자체를, 언어 조직에 맞도록 조정한다. 그러지 않고서는 생각을 언어로 나타낼 수 없다.
>
> 나. 언어는 사람만이 부려쓰는, 무척 중요한 가치를 지닌 사물이다. 의사 전달의 기본 수단인 까닭이다. 이것이 바로 언어의 기능이다.
>
> 다. 그러나 그 기능은 단순히 의사 전달 연모에 그치는 것이 아니다. 언어를 통하여 인류 사회는 서로 관계를 맺고 협동하여 문화를 발전시킨다.
>
> 라. 언어는 이를 쓰는 나라 · 겨레 · 문화와 밀접한 관계를 가진다. 한국어는 한국 사람다운 정신을 기르면서 그 문화를 형성하는 데 가장 중요한 구실을 맡아 왔다.
>
> 마. 그러므로 언어 구조는, 이를 쓰는 사람들의 정신세계를 형성하는 주된 구실을 한다. 한 나라나 겨레는 이런 공통된 언어 구조에 이끌려 공통된 정신 · 생각과 문화를 형성한다.

① 나-다-가-마-라
② 라-나-다-마-가
③ 나-다-마-가-라
④ 가-나-라-마-다
⑤ 다-라-마-가-나

해설 먼저 언어와 언어의 기능이 무엇인지 전체적으로 설명한다. 뒤에 이어지는 말은 앞서 나온 의사전달을 언급하면서 그것에만 언어의 기능이 있지 않음을 말하는 '다'가 와야 한다. 문맥상 언어의 다른 기능이 와야 하므로 '가'가 와야 한다. '가'에 '생각을 언어로 나타내자면 생각 그 자체를, 언어 조직에 맞도록 조정한다'는 문장이 나와 있고, 이와 자연스럽게 이어지려면 다음 문단은 생각과 이어지면서 생각보다 높고 넓은 범위인 정신세계를 언급해야 한다. 정신세계와 어울리면서 더 넓은 범위인 나라 · 겨레 · 문화를 언급한 '라'가 제일 마지막에 와야 한다.

52

가. 정보화 사회에 대한 인식이나 노력의 방향이 잘못되어 있는 경우가 많다.

나. 대부분의 사람들은 정보기기를 구입하고 이를 설치해 놓는 것으로 마치 정보화 사회가 이루어지는 것처럼 여기고 있다.

다. 요즘 우리 사회에서는 정보화 사회에 대한 논의도 활발하고 그에 대한 노력도 점차 가속화되고 있다.

라. 정보기기에 급급하여 이에 종속되기보다는 그것의 효과적인 사용이나 올바른 활용에 대해 우리의 논의가 집중되어야 할 것이다.

마. 정보화 사회의 본질은 정보기기의 설치나 발전에 있는 것이 아니라 그것을 이용한 정보의 효율적 생산과 유통, 그리고 이를 통한 풍요로운 삶의 추구에 있다.

① 다-가-나-마-라　　　② 가-라-마-다-나

③ 가-나-다-라-마　　　④ 나-마-라-가-다

⑤ 라-가-나-다-마

해설 도입 부분에서는 현상의 문제점을 제시하여 화제에 대한 내용으로 시작하는 것이 일반적이므로 '가'와 '다'가 오는 것이 효과적이다. 중간 부분은 도입 부분에서 제기한 문제에 대해서 본격적으로 해명하는 단계이므로 '가'에 제기된 '정보화 사회의 그릇된 태도'와 '올바른 개념이나 인식촉구'가 드러나 있는 '나'와 '마'가 와야 한다. 마지막 부분에서는 요약이나 당부를 통해 마무리하는 부분이므로 '라'가 적당하다.

53

가. 성경에 바벨탑에 관한 이야기가 있다.

나. 그래서 언어라는 장벽 때문에 그들의 극히 야심적인 노력은 수포로 돌아갔다.

다. 많은 사람이 거대하고 높은 탑을 세우려고 열심히 일했다.

라. 그러나 언어가 다르기 때문에 서로 긴밀한 협조를 할 수 없다는 것이 판명되었다.

① 가-라-나-다　　　② 가-다-라-나

③ 나-다-가-라　　　④ 나-가-라-다

⑤ 가-다-나-라

해설 중심 소재인 '가'의 내용이 먼저 오고, 그 뒤에 탑의 이야기인 '다'가 온다. '라'는 언어가 다르기 때문에 발생하는 문제점에 대해 말하고 결말인 '나'가 마지막으로 오면 된다.

54

> 가. 그 물은 오염되었으며 화학성분과 오물을 제거하고 살균을 위한 약품 처리를 하기 전까지는 더 이상 사용이 불가능한 것으로 간주된다.
> 나. 이런 각각의 행위를 할 때마다 사용된 많은 양의 물, 즉 하수가 하수도로 흘러 들어간다.
> 다. 실제로 보통의 샤워에는 한 번에 평균 250L 가량의 물이 소요되고, 접시 닦는 기계를 한번 작동시키는 데에는 약 40L의 물이 필요하다.
> 라. 지금까지 설거지를 하고, 양치질을 하고, 샤워를 할 때 사용하는 물에 어떤 일이 생기는지 궁금해 한 적이 있는가?

① 가-다-라-나 ② 나-가-라-다
③ 가-라-나-다 ④ 나-다-가-라
⑤ 라-다-나-가

해설 '가'의 내용에 나오는 '그 물'은 '다'의 샤워와 설거지에 사용된 물을 가리키므로 '가'는 '다'의 내용 다음에 오는 것이 적절하다. '나'의 내용에 나오는 '이런 각각의 행위들'은 주어진 문장의 설거지, 양치질, 샤워를 가리키므로 '나'는 주제문 다음에 이어져야 한다.

55

> 가. 결국 한국인은 한글을 만들게 되었다.
> 나. 한글 창제 이전에 한국인은 중국 문자를 사용해왔다.
> 다. 이 때문에 한국인은 스스로의 문자의 필요성을 느꼈다.
> 라. 그러나 그것을 사용하는 데에서 불편함을 느꼈던 것은 당연하다.

① 나-라-가-다 ② 나-라-다-가
③ 나-가-다-라 ④ 가-라-나-다
⑤ 가-나-다-라

해설 '라'의 '그것'은 '나'의 중국 문자를 가리키므로 '나' 문장 뒤에 오고, 한국인들은 이러한 중국 문자를 사용하는 데 불편함을 느껴 문자의 필요성을 느꼈으므로 '다' 문장이 '라'의 뒤에 와야 한다. 결국 한글을 만들어냈다는 결론인 '가'가 제일 마지막에 오면 된다.

56 다음 제시된 문장에 이어지는 글의 순서로 가장 적절한 것을 고르시오.

> 우리 사회에 차별이 존재하는 것은 사실이다.

가. 장애인이 취업 문턱을 넘기가 힘들고 학력 차별도 뿌리 깊다.

나. 선진국이 되려면 차별을 줄여 나갈 필요가 있다.

다. 또 여성의 지위가 나아졌다 해도 여성권한 척도는 70개국 중 63위에 지나지 않는다.

① 나-가-다　　　② 가-나-다　　　③ 다-가-나

④ 가-다-나　　　⑤ 나-다-가

해설 제시된 문장에 대한 예시문은 '가'와 '다'이다. '다' 문장에는 '또'라는 문장을 연결해 주는 부사가 있으므로 '가'가 먼저 오고, 마지막으로 결론인 '나' 문장이 오면 된다.

57 다음 제시된 문장이 들어가기에 가장 적절한 곳을 고르시오.

> 그러나 학문이 그러한 결과를 가져온다고 하여, 학문하는 사람 자신이 언제나 그러한 실용성만을 목적으로 하는 것인가는 잠깐 생각할 필요가 있다. 아리스토텔레스가 말한 것처럼, 그저 알고 싶어서, 아는 것 자체에 흥미를 느껴서 학문을 하는 경우도 있기 때문이다.

(가) 이렇게 생각하면, 학문의 목적은 분명히 그의 실용성에 있는 것도 같다. 현대인이 마치 우주인인 것처럼 우쭐거리며 달세계로 가느니, 화성으로 가느니 말하며, 장차 전개될 어마어마한 전환(轉換)을 꿈꾸게 된 것이 모두 이 새로운 학문의 힘인 것을 생각한다면, 학문이 인간의 실제 생활에 미치는 힘이 무섭게 큰 것임을 짐작할 수 있다.

(나) 미국의 프래그머티즘을 기다리지 않더라도, 학문의 목적이 우리의 실생활을 향상, 발전시키는 데 있다고 함은 당연함직도 하다. 고래(古來)로 인류 문화에 공헌한 바 있었던 국가나 민족으로서 학문이 융성하지 않았던 예는 없었다.

(다) 개인으로서도 입신출세하여 부귀공명을 누리기 위해서 학문을 한다고 하여 잘못이라고 할 수 없을 것이다. 많은 학비를 내가며 공부를 하는 것이 모두 지금보다 더 좋은 생활을 하리라는 희망을 가지고 있기에 가능한 것이라고도 하겠다. 훌륭한 정치가, 실업가가 인류 사회에 기여할 것을 꿈꾸면서 학문에 정진하는 것도 좋다.

(라) 시골에 계신 부형의 기대가 또한 그런 것이 아닐까? 가까이는 우선 고등 고시를 위하여, 또는 손쉬운 취직을 위하여 학문을 한다고 하여 학문의 목적에 배치(背馳)될 것도 없다. 법과나 상과 또는 이공(理工) 계통 학과의 입학 경쟁률이 날로 높아지고 있는 것도 무리가 아니다. 국가로서도 과학 기술의 진흥(振興)을 위한 정책을 꾀하고 있지 않은가?

(마) 장차 어떤 결과가 예상되기 때문이라기보다 학문하는 것 자체가 재미있어서 또는 즐거워서 하는 경우도 없지 않을 것이다. 어린이가 칭찬을 받기 위하여, 점수를 많이 얻기 위하여 열심히 공부한다면, 그것도 대견한 일이지만, 그저 공부하는 것이 그것대로 재미가 나서 하지 않고는 견딜 수 없다는 어린이가 있다면, 그것이야말로 기특한 일이 아닐 수 없다. 학문은 오히려 이런 경지에 이르렀을 때 순수해진다고 할까? 모든 편견으로부터 초탈(超脫)하여 자유로운 비평(批評) 정신으로 진리(眞理)를 추궁(追窮)하게 될는지도 모른다.

① (가)의 앞   ② (나)의 앞
③ (다)의 앞   ④ (라)의 앞
⑤ (마)의 앞

해설 인용한 글은 화제를 전환하는 역할을 한다. 따라서 학문의 실용적 목적에 대해 말하고 있는 문단에는 연결될 수 없다. (가)~(라)는 '학문의 실용적 목적'에 대하여 말하고 있으며, (마)는 '이상적인 학문의 목적'에 대해 말하고 있으므로 (마)의 앞에 연결되는 것이 가장 적절하다.

58

> "회개한단 말이냐, 안 한단 말이냐?"

① "신의 존재를 믿지 않는다고요? 그럼 당신은 무신론자군요."

② "어제 극장에 누구랑 함께 갔니? 영희랑 갔니, 아니면 숙희랑 갔니?"

③ "그가 너의 숭배자라고 하는데 너를 숭배하는 자가 있다는 것은 놀라운 일이다."

④ "모든 죄인은 감옥에 가야 한다. 그런데 성경에서는 인간은 모든 죄인이라 한다. 성경에 따르면 인간은 모두 감옥에 가야 한다."

⑤ "내가 못했다고? 넌 뭐 잘한 줄 알아? 넌 나보다 더해."

해설 복합 질문의 오류를 범하고 있다.
① 흑백 논리의 오류 　　　　③ 애매어의 오류
④ 애매어의 오류 　　　　⑤ 피장파장의 오류

59

> "엄마, 밥 주세요." "밥은 그렇고, 너 시험성적은 도대체 언제 나오는 거니?"

① "이번 일은 당신이 해주어야겠어요. 우리 팀에서 당신만큼 이 일을 잘 할 수 있는 사람은 없으니까요."

② "소정아 너 주말에 뭐했니?" "주말? 영화 보러 안 갈래?"

③ "도혁이는 소운이보다 음악을 더 좋아한다."

④ "넌 인형을 좋아하지 않는다고 했지? 그럼 넌 인형을 틀림없이 싫어하는 거야."

⑤ "다른 애들도 다 떠들었는데, 왜 저한테만 그러세요. 선생님"

해설 논점 일탈의 오류를 범하고 있다.
① 아첨에 호소하는 오류
③ 애매문의 오류
④ 흑백논리의 오류
⑤ 정황에 호소하는 오류

60

상준이는 그의 여자친구보다 축구를 더 좋아한다.

① "너는 뭐 잘난 줄 아니?" "너도 마찬가지야."
② "너 박물관 잘 갔다 왔니?" "박물관? 너 나랑 노래방 갈래?"
③ 성호는 미숙이보다 자동차를 더 좋아한다.
④ "넌 모자를 좋아하지 않는다고 했지? 그럼 넌 모자를 싫어하는 거야."
⑤ 머리를 감지 않았더니 기억력이 좋아졌다. 시험 보기 전에 머리를 감지 않으면 기억력이 좋아져서 시험을 잘 볼 것이다.

> **해설** 애매문의 오류를 범하고 있다.
> ① 피장파장의 오류
> ② 논점 일탈의 오류
> ④ 흑백논리의 오류
> ⑤ 거짓 원인의 오류

61

다음 제시문을 읽고 글의 통일성을 고려할 때, 내용상 어울리지 않는 문장을 고르시오.

> ⊙ 미적 무관심성은 예술의 고유한 가치를 옹호하는 데 큰 역할을 하는 개념이다. 그러나 우리는 그것이 극단적으로 추구될 경우에 가해질 수 있는 비판을 또한 존중하지 않을 수 없다. ⓒ 왜냐하면 예술 외적 요소와의 독립이 곧 고립을 의미하는 것은 아니기 때문이다. ⓒ 예술의 고유한 가치는 진리나 선과 같은 가치 영역들과 유기적인 조화를 이룰 때 더욱 고양된다. ⓔ 그러므로 예술 작품은 미적 무관심성을 추구하며 예술 외적 요소의 개입을 절대적으로 거부한다.

① ⊙   ② ⓒ   ③ ⓒ   ④ ⓔ   ⑤ 없다.

> **해설** 제시문은 미적 무관심성만을 추구할 수 없으며 예술 작품은 가치 영역과 유기적인 조화를 이루어야 한다고 주장한다. 그러므로 미적 무관심성을 극단적으로 추구해야 한다는 ⓔ의 내용은 제시문의 내용과 어울리지 않아 통일성을 해친다.

Chapter 03 자료해석

자료해석은 그래프, 통계자료, 도표 등을 분석하여 정리하고 이 결과로부터 정보를 추론하는 능력을 묻는 문제가 출제된다. 이는 그래프, 통계자료 등 자료를 정리 할 수 있는 기초통계능력, 수학적 추리력, 수 처리능력 등이 포함되며 수치 자료의 정리 및 분석 등의 업무수행에 필수적인 능력이다.

유형맛보기 01 다음 그래프는 1996년부터 6년간 세계의 풍력발전기 설치 용량의 연도별 변화를 나타낸 것이다. 다음 중 옳지 않은 것은?

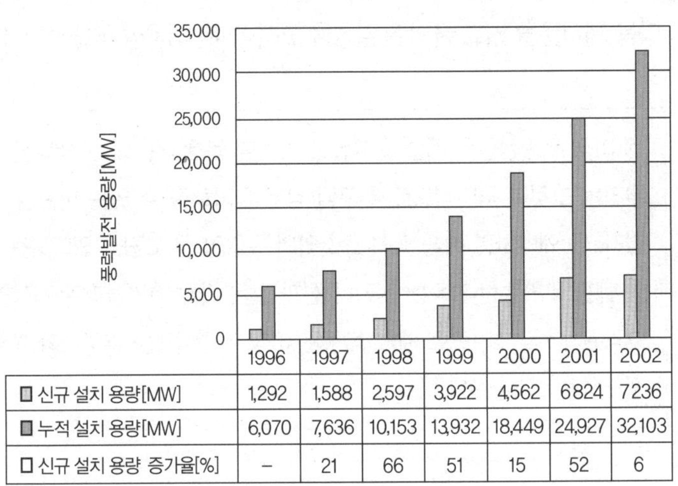

	1996	1997	1998	1999	2000	2001	2002
신규 설치 용량[MW]	1,292	1,588	2,597	3,922	4,562	6824	7236
누적 설치 용량[MW]	6,070	7,636	10,153	13,932	18,449	24,927	32,103
신규 설치 용량 증가율[%]	–	21	66	51	15	52	6

① 세계 풍력발전기 누적 설치 용량은 1996년 이후 6년간 총 5배 이상 증가하였다.

② 1999년과 2001년의 신규 설치 용량 증가율은 모두 50%를 넘는다.

③ 2002년의 풍력발전기 신규 설치 용량은 2001년보다 감소하였다.

④ 풍력발전기 누적 용량에는 신규 설치뿐만 아니라 철거 등 감소 요인도 고려되어 있다.

해설 ③ 2002년의 풍력발전기 신규 설치 용량은 2001년보다 증가하였다.　　　　　　　　답 : ③

유형맛보기 02 다음은 A공기업에 근무하는 여성 수와 여성 비율에 따른 동향을 나타낸 표이다. 이 통계 자료로부터 얻을 수 있는 정보 중 옳은 것을 모두 고르시오.

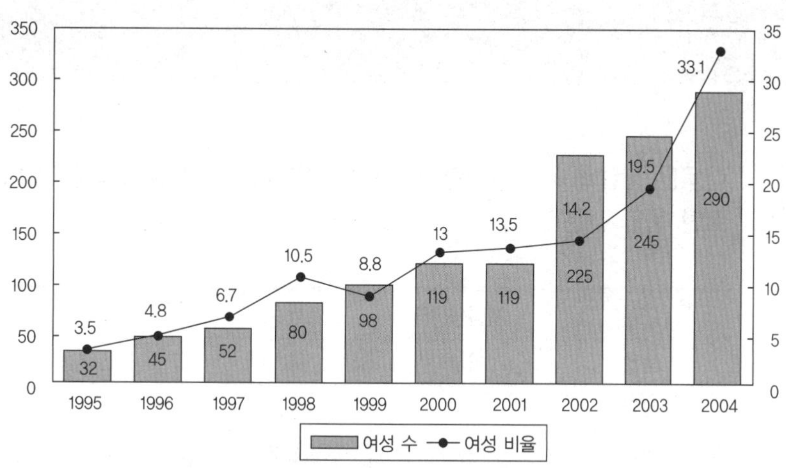

㉠ A공기업은 2001년에는 여성을 뽑지 않았다.

㉡ 1999년에는 여성에 비해 남성을 많이 뽑은 것으로 예측해 볼 수 있다.

㉢ 전년 대비 여성 수에서 2004년에 여성근무자가 가장 많이 늘어났다.

㉣ 전년 대비 A공기업 총 종사자가 가장 많이 늘어난 해는 2002년도이다.

㉤ A공기업의 총근무자 수는 지속적으로 증가하고 있다.

① ㉠, ㉡   ② ㉡, ㉣, ㉤   ③ ㉠, ㉢, ㉣   ④ ㉡, ㉣

해설 ㉠ 2001년의 여성수가 전년과 동일하지만 퇴사조건이 주어지지 않았으므로 알 수 없다.

㉢ 여성 수는 막대그래프, 여성비율은 꺾은선 그래프임을 상기하면 막대그래프의 높이 차이가 가장 큰 것은 2001년과 2002년 사이이다. 즉, 여성근무자 수가 가장 많이 증가한 해는 2002년이다(106명 증가). 꺾은선 그래프의 기울기 차이가 가장 큰 2004년은 여성 비율이 가장 많이 증가했다(13.6%).

㉤ 총근무자 수를 직접 계산해보지 않더라도 2000년과 2001년만 보면 알 수 있다. 여성 수는 동일하지만 여성비율이 증가하였다는 것은 기준이 되는 전체 직원 수가 감소하였고, 감소된 직원 수는 남성 수라는 것을 의미하기 때문이다.

답 : ④

적 중 예 상 문 제

01 다음은 산업체 기초통계량을 나타낸 것이다. 이 자료에 대한 설명으로 옳은 것으로만 묶인 것은?

구분	사업체(개)	종사자(명)	남자(명)	여자(명)
농업	200	400	250	150
어업	50	100	35	65
광업	300	600	500	100
제조업	900	3,300	1,200	2,100
건설업	150	350	300	50
도매업	300	1,000	650	450
숙박업	100	250	50	200
계	2,000	6,000	3,285	2,815

> ㉠ 여성고용비율이 가장 높은 산업은 숙박업이다.
>
> ㉡ 제조업에서 남성이 차지하는 비율은 약 50%이다.
>
> ㉢ 광업에서 여성이 차지하는 비율은 농업에서 여성의 비율보다 높다.
>
> ㉣ 제조업과 건설업을 합한 사업체 수는 전체 산업체의 반을 넘는다.

① ㉠, ㉢, ㉣ 　　　　② ㉡, ㉢, ㉣

③ ㉠, ㉣ 　　　　④ ㉡, ㉣

해설 ㉠ 다른 산업에 비해 여성고용비율이 80%로 숙박업이 가장 높다.
　　㉣ 제조업과 건설업을 합한 사업체 수는 900 + 150 = 1,050으로 전체 산업체의 반을 넘는다.
　　㉡ 제조업에서 남성이 차지하는 비율은 약 36%이다.
　　㉢ 광업에서 여성이 차지하는 비율은 약 16.6%이고, 농업에서 여성의 비율은 37.5%이므로 낮다.

02 다음은 최근 5년간 우리나라의 모든 특별시 · 광역시별 실업률과 연령별 실업률을 조사한 것이다. 다음 중 옳은 것은?(단, 연령별 실업률 분포는 전국적으로 동일하다고 가정한다)

● 표1 특별시 · 광역시별 실업률 ●

(단위 : %)

구분	2003년	2004년	2005년	2006년	2007년
서울	2.7	4.8	4.5	7.0	7.6
부산	3.9	6.5	5.2	9.1	8.9
인천	3.8	4.7	4.6	7.1	7.9
대구	3.4	4.9	4.2	7.9	8.4
대전	3.1	5.6	4.6	7.7	7.7
광주	2.9	4.5	4.1	6.4	6.4
울산	–	4.2	3.9	6.4	6.4
전국	2.6	4.1	3.8	6.3	6.3

● 표2 연령별 실업률 ●

(단위 : %)

구분	2003년	2004년	2005년	2006년	2007년
15~29세	5.7	7.6	7.5	12.2	10.9
30~36세	1.6	3.3	2.9	5.6	5.2
60세 이상	0.8	1.3	1.1	2.4	2.3
전체	2.6	4.1	3.8	7.0	6.3

① 실업률이 가장 높은 도시가 30~36세 인구비율도 가장 높다.

② 2003년에서 2007년 사이 실업률이 가장 큰 폭으로 증가한 연령층은 30~36세 이상 이다.

③ 실업률은 매년 감소하는 추세이다.

④ 특별시 · 광역시보다 그 외 지역의 실업률이 대체적으로 더 낮다.

해설 ④ 개별 연도의 특별시 · 광역시의 실업률과 전국 실업률을 비교해 보면 전자가 후자에 비해 항상 높음을 알 수 있다.

① 주어진 자료로는 인구비율을 알 수 없다.

② 2003~2007년까지의 기간 동안 실업률이 가장 큰 폭으로 증가한 연령층은 15~29세이다.

③ 실업률은 매년 증가하는 추세이다.

02 ④

03 ~ 04 | 다음 표는 성별 사망원인에 대한 자료이다. 표를 보고 물음에 답하여라.

(단위 : 인구 10만 명당 사망자 수)

남자				순위	여자			
1997년		2007년			1997년		2007년	
암	141.3	암	169.5	1	뇌혈관질환	83.9	암	99.3
뇌혈관질환	75.6	뇌혈관질환	61.2	2	암	79.9	뇌혈관질환	67.3
교통사고	57.1	심장질환	41.0	3	심장질환	34.8	심장질환	38.2
간질환	47.8	자살	34.9	4	고혈압성	20.2	당뇨병	24.0
심장질환	38.9	간질환	27.5	5	교통사고	20.0	자살	17.3
당뇨병	17.4	당뇨병	24.4	6	당뇨병	17.0	하기도질환	12.2
고혈압성	16.4	교통사고	24.0	7	하기도질환	13.7	고혈압성	12.1
자살	16.2	하기도질환	18.9	8	간질환	10.9	교통사고	8.6
하기도질환	16.1	폐렴	9.0	9	자살	7.4	폐렴	8.2
호흡기결핵	12.4	추락	7.8	10	호흡기결핵	4.0	간질환	7.1

03 1997년 기준 남자의 사망원인 순위 10위 이내에서 지난 10년간 증가율이 가장 큰 사망원인은 무엇인가?

① 암　　　　　　② 교통사고　　　　　③ 심장질환　　　　　④ 자살

해설 $\dfrac{(2007년\ 사망자수 - 1997년\ 사망자\ 수)}{1997년\ 사망자수} \times 100 = 10년간\ 증가율$

① 19% 증가, ② 57.96% 감소, ③ 5% 증가, ④ 115% 증가

04 위의 표에 대한 해석이 적절하지 않은 것은?

① 지난 10년간 교통사고 사망률은 40% 이상 감소하였다.

② 2007년 기준으로 순위 10위 이내에 모두 포함된 남자와 여자의 사망원인 중 순위 차이가 가장 큰 항목은 당뇨병이다.

③ 남자의 경우 2007년 기준으로 추락이 10위권의 사망원인으로 포함되었다.

④ 여자의 경우 암, 당뇨병, 자살은 증가했으나 뇌혈관성 질환, 고혈압성 질환과 교통사고, 간 질환은 감소하였다.

해설 ② 2007년 기준으로 순위 10위 이내에 모두 포함된 남자와 여자의 사망원인 중 순위 차이가 가장 큰 항목은 간질환이다.

05 다음은 우리 국민이 가장 좋아하는 산과 등산 횟수에 관한 설문 조사 결과이다. 다음 설명 중 적절하지 않은 것은?

● 우리 국민이 가장 좋아하는 산 ●

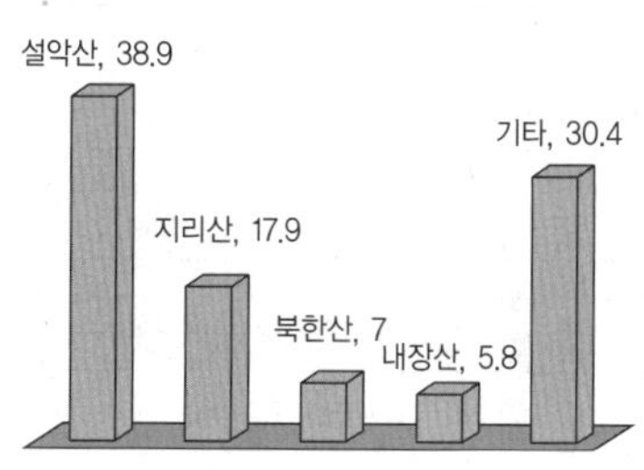

● 우리 국민의 등산 횟수 ●

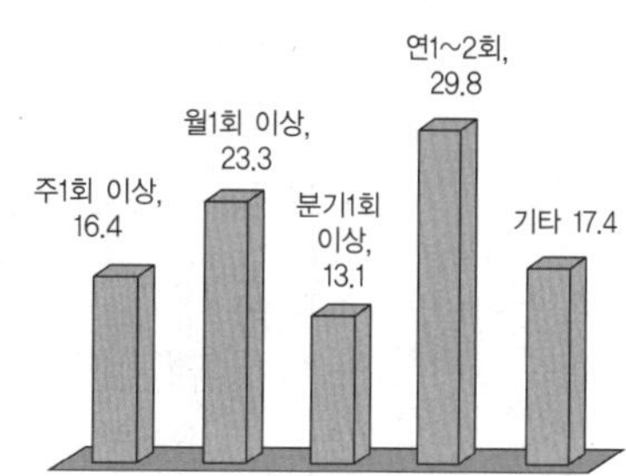

① 우리 국민이 가장 좋아하는 산 중 선호도가 높은 3개의 산에 대한 비율은 50% 이상이다.

② 설문 조사에서 설악산을 좋아한다고 답한 사람은 지리산, 북한산, 내장산을 좋아한다고 답한 사람보다 더 많다.

③ 우리 국민의 80% 이상은 일 년에 최소 1번 이상 등산을 한다.

④ 우리 국민 중 가장 많은 사람들이 월 1회 정도 등산을 한다.

해설 ④ 우리 국민 중 가장 많은 사람들이 연 1~2회 정도 등산을 한다.

06 다음 자료들은 2000년에 결혼한 우리나라 남성들에 대한 자료이다. 다음 중 옳은 것은?

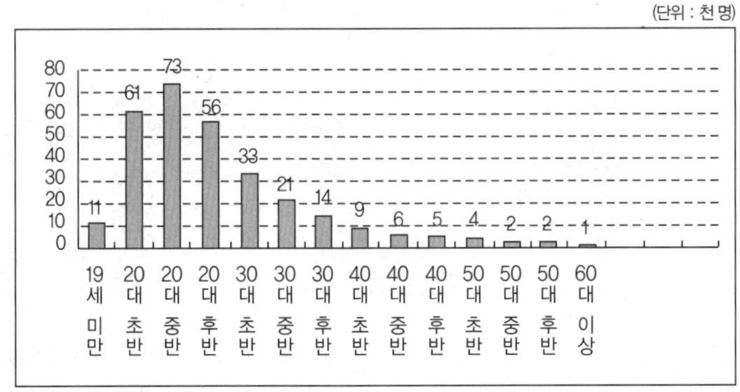

● 2000년 결혼 남성 분포 ●

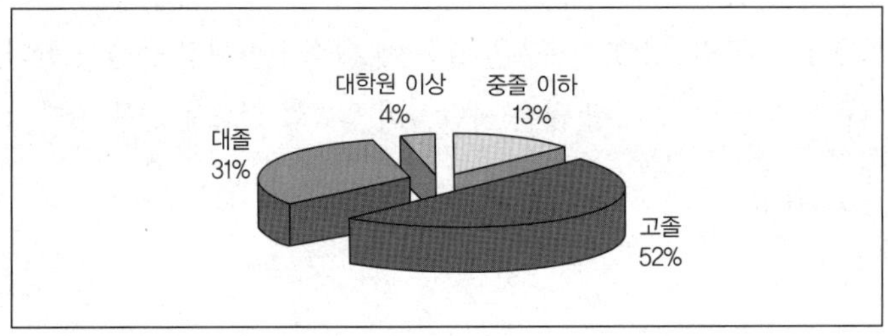

● 2000년에 결혼한 20대 남성들의 교육수준 ●

① 20대 중반 이후의 남성들은 나이가 들수록 결혼을 피하려는 경향이 존재한다.

② 2000년에 결혼한 남자들 중 절반이 고졸자이다.

③ 2000년에 결혼한 남녀들 중에서 10대보다 40대 이상이 더 적다.

④ 2000년에 결혼한 20대 남자들 중 대졸자(대학원졸 제외)는 6만 명이 약간 안 된다.

해설 ④ 2000년에 결혼한 20대 남자들은 61 + 73 + 56 = 190(천 명)이고, 이중 대졸자는 31%이므로 58,900 명이다. 따라서 6만 명이 약간 안 된다.
　① 주어진 자료로는 알 수 없다.
　② 2000년에 결혼한 남자들 중 20대 남성들의 절반은 고졸자이지만 다른 연령대의 교육수준은 나와 있지 않으므로 알 수 없다.
　③ 2000년에 결혼한 남녀들 중에서 10대보다 40대 이상이 더 많다.

07

다음 표는 성별 및 학력별 성차별에 대한 인식을 나타내는 자료이다. 이 자료에 대한 설명으로 바르지 않은 것은?

(단위 : %)

구분	있다	그저 그렇다	없다
〈가정 생활〉	37.6	25.8	36.6
남자	34.8	26.6	38.6
여자	40.2	25.1	34.7
초졸 이하	35.0	32.0	33.0
중졸	33.7	27.8	38.6
고졸	38.2	24.1	37.7
대졸 이상	43.5	20.0	36.5
〈학교 생활〉	33.2	35.9	30.9
남자	31.9	35.6	32.2
여자	34.4	36.2	29.4
초졸 이하	27.6	42.5	30.0
중졸	31.0	36.2	32.7
고졸	34.7	34.5	30.9
대졸 이상	39.2	30.8	30.1
〈직장 생활〉	74.2	18.0	7.8
남자	72.7	18.4	8.9
여자	75.6	17.6	6.8
초졸 이하	66.1	25.3	8.7
중졸	70.4	20.9	8.6
고졸	77.7	15.4	7.3
대졸 이상	80.6	12.0	7.4
〈사회 생활〉	77.1	16.8	6.1
남자	75.5	17.4	7.1
여자	78.6	16.3	5.1
초졸 이하	68.2	23.7	8.1
중졸	72.7	20.1	7.2
고졸	80.0	14.7	5.3
대졸 이상	85.9	9.8	4.3

① 학교 생활에서는 성차별이 거의 없다.

② 여자가 남자보다 성차별에 대한 인식이 높은 편이다.

③ 다른 곳의 차별보다 직장과 사회에서의 성차별이 심한 편이다.

④ 가정과 학교에서의 성차별은 다른 곳보다 덜한 편이다.

해설 ① 다른 곳의 차별보다 학교에서의 성차별에 대한 인식이 적긴 하지만 있다고 느끼는 사람이 30% 이상 있으므로 전혀 없다고 할 수는 없다.

08~10| 다음 자료는 연도별 자동차 사고 발생상황을 정리한 것이다. 물음에 답하여라.

(단위 : 건, 명)

연도 \ 구분	발생건수(건)	부상자 수	사망자 수	10만 명당 사망자 수	차 1만 대당 사망자 수
2003년	246,452	343,159	11,603	24.7	11
2004년	239,721	340,564	9,057	19.3	9
2005년	275,938	402,967	9,353	19.8	8
2006년	290,481	426,984	10,236	21.3	7
2007년	260,579	386,539	8,097	16.9	6

08 위의 자료로부터 추론하기 어려운 것을 고르면?

① 연도별 자동차 수의 변화　　　② 운전자 1만 명당 사고 발생건수

③ 자동차 1만 대당 사고율　　　④ 자동차 사고의 사망률

해설 ② 운전자 1만 명당 사고 발생건수를 알기 위해서는 총 운전자의 수를 알아야 하기 때문에 주어진 표의
자료로는 계산할 수 없다.
① 연도별 자동차 수＝사망자 수 / 차 1만 대당 사망자 수 × 10,000
③ 자동차 1만 대당 사고율＝발생건수 / 자동차 수 × 10,000
④ 자동차 사고의 사망률＝사망자 수 / 발생건수

09 부상자 수가 가장 적었던 연도의 자동차 사고 발생률은? (단, 자동차의 대수는 소수 첫째 자리에서, 사고 발생률은 소수 둘째 자리에서 반올림함)

① 2.1%　　　② 2.3%　　　③ 2.4%　　　④ 2.6%

해설 부상자수가 가장 적었던 연도 : 2004년

2004년 전체 자동차 대수 : $\dfrac{9,057}{9} \times 10,000 = 10,063,333.33 \cdots$(약 10,063,333대)

2004년 자동차 사고 발생률 : $\dfrac{239,721}{10,063,333} \times 100 = 2.382123 \cdots$(약 2.4%)

10 부상자 수가 두 번째로 적었던 연도의 사망자 수 대비 부상자 수가 가장 많았던 연도의 사망자 수의 비율은? (단, 소수 둘째자리에서 반올림함)

① 72.8%　　　　② 81.4%　　　　③ 85.3%　　　　④ 88.22%

해설 부상자 수가 두 번째로 적었던 연도 : 2003년 부상자 수(343,159명) × 사망자 수(11,603명)
부상자 수가 가장 많았던 연도 : 2006년 부상자 수(426,984명) × 사망자 수(10,236명)
$$\frac{10,236}{11,603} \times 100 = 88.218\cdots(약\ 88.22\%)$$

11 다음 자료는 일반계 고등학교의 수와 실업계 고등학교의 수의 변동을 나타낸 것이다. 알 수 없는 것은?

구분	일반계 고등학교			실업계 고등학교		
	계	국공립	사립	계	국공립	사립
1970년	389	180	209	312	205	107
1975년	408	176	232	481	95	186
1980년	673	316	357	479	269	210
1985년	748	350	398	605	313	292
1990년	967	468	499	635	322	313
1995년	1,096	519	577	587	314	273
2000년	1,068	486	582	762	434	328
2005년	1,193	579	614	764	445	319
2007년	1,210	597	613	759	437	317

① 일반계 고등학교 수의 전체적인 증가율

② 국공립과 사립에서의 전체적인 증가율

③ 일반계와 실업계의 증가율 차이

④ 남녀 학생의 성비 증가율

해설 ④ 전체적인 증가율은 알 수 있으나 자료에서는 남녀 학생수가 구체적으로 나와 있지 않아서 남녀 학생의 성비 증가율은 알 수 없다.

12 다음은 어느 국가의 인구분포를 나타낸 것이다. 다음 설명 중 옳은 것은?

구분		총인구	65세 이상	70세 이상	75세 이상	80세 이상	85세 이상
총인구 (만 명)	남녀 합계	12,348	1,485	978	598	297	113
비율 (%)	남녀합계	100.0	12.0	7.9	4.8	2.4	0.9
	남	100.0	9.7	6.3	3·7	1.7	0.6
	녀	100.0	14.3	9.5	6.0	3.1	1.2
남녀비 (여자=100)		96	65	63	59	53	47

① 65세 이상 70세 미만의 남자의 인구가 남자의 총 인구에서 차지하는 비율은 6.6%이며, 여자의 경우는 7.6%이다.

② 총 인구 12,348만 명 중 남녀의 수는 남자 6,048만 명, 여자 6,300만 명이다.

③ 65세 미만의 인구의 남녀비는 여자 100명에 대해서 남자 96명이다.

④ 65세 이상 70세 미만의 인구 중, 70세 이상까지 생존하는 것은 약 66%이다.

해설 ② 총 인구에서 여자를 100명이라고 했을 때 남자 수는 96명이므로 여자의 수는 $\dfrac{100}{(100+96)}$ 이다.

여자는 $12,348만 \times \dfrac{100}{(100+96)} = 6,300만(명)$ 이므로 남자는 $12,348만 \times 6,300만 = 6,048만(명)$ 이다.

① 남자 9.7 − 6.3 = 3.4%이고, 여자 14.3 − 9.5 = 4.8%이다.
③ 총 인구의 남녀비는 여자 100명에 대해서 남자 96명이다.
④ 현재의 인구분포가 미래에도 유지될지 여부는 판단할 수 없다.

13 다음은 외환위기 전후 한국의 경제상황을 나타낸 자료이다. 이에 대한 설명 중 옳은 것은?

● 외환위기 전후 한국의 경제상황지수 ●

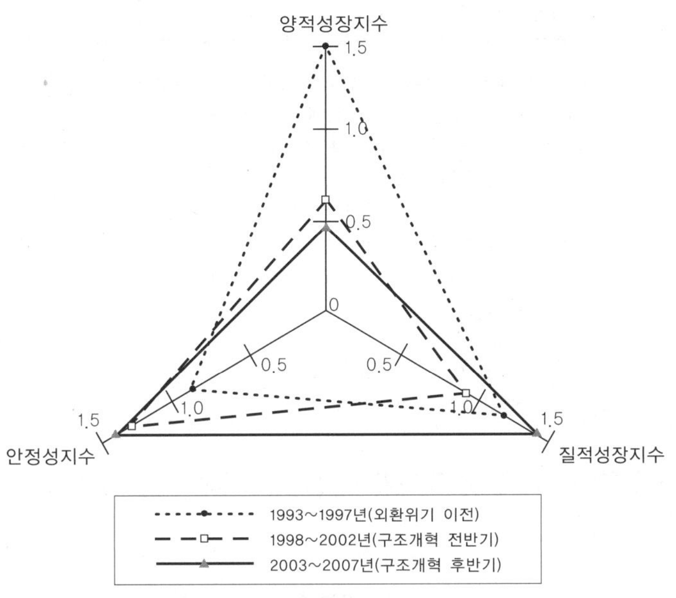

① 안정성지수는 구조개혁 전반기와 구조개혁 후반기에 직전기간 대비 모두 증가하였으나, 구조개혁 후반기의 직전기간 대비 증가율은 구조개혁 전반기의 직전기간 대비 증가율보다 낮다.

② 외환위기 이전에 비해 구조개혁 전반기에는 양적성장지수와 질적성장지수 모두 50% 이상 감소하였다.

③ 세 지수 모두 구조개혁 전반기의 직전기간 대비 증감폭보다 구조개혁 후반기의 직전기간 대비 증감폭이 크다.

④ 1993년 이후 양적성장지수가 감소함에 따라 안정성지수 또한 감소하였다.

해설 보기의 내용을 파악하기 쉽게 외환위기 전후 한국의 경제상황지수를 도표에서 표로 변환하면,

구분	외환위기 이전 (1993~1997)	구조개혁 전반기 (1998~2002)	구조개혁 후반기 (2003~2007)
양적성장지수	1.5	0.7	0.45
질적성장지수	1.2	0.8	1.45
안정성지수	0.8	1.2	1.3

① (O) 안정성지수는 구조개혁 전반기와 후반기에 모두 직전기간 대비 증가하였으며, 후반기의 증가율 (1.2→1.3)은 전반기(0.8→1.2)에 비해 낮다.

② (×) 양적성장지수는 약 1.5에서 0.7로 50% 이상 감소하였으나, 질적성장지수는 약 1.2에서 0.8 정도 로 30% 정도 감소하였다.

③ (×) 안정성지수는 구조개혁 전반기의 직전기간의 증감폭은 0.8→1.2였으나 구조개혁 후반기의 직전기 간의 증감폭은 1.2→1.3으로 증감폭이 작다.

④ (×) 1993년 이후 양적성장지수는 1.5→0.7→0.45로 감소하였지만, 안정성지수는 0.8→1.2→1.3으로 지속적으로 증가하였다.

14 다음 〈표〉는 IT 관련 국가별 자료이다. 이에 대한 〈보기〉의 설명 중 옳은 것을 모 두 고르면?

● 표1 2005년 IT 이용현황 ●

(단위 : %, 천 명, 천 대)

이용현황 국가명	인터넷 이용률	인터넷 이용자 수	PC 보급대수
호주	70.40	14,190	13,720
대한민국	68.35	33,010	26,201
미국	63.00	191,000	223,810
아이슬란드	87.76	258	142
일본	50.20	64,160	69,200
영국	62.88	37,600	35,890
네덜란드	61.63	10,000	11,110
프랑스	43.23	26,154	35,000

$$* \ \text{인터넷 이용률(\%)} = \frac{\text{인터넷 이용자 수}}{\text{총 인구수}} \times 100$$

● **표2** 연도별 백 명당 초고속인터넷 가입자 수 추이 ●

(단위 : 명)

연도 국가명	2001년	2002년	2003년	2004년	2005년
호주	0.9	1.8	3.5	7.7	13.8
대한민국	17.2	21.8	24.2	24.8	25.4
미국	4.5	6.9	9.7	12.9	16.8
아이슬란드	3.7	8.4	14.3	18.2	26.7
일본	2.2	6.1	10.7	15.0	17.6
영국	0.6	2.3	5.4	10.5	15.9
네덜란드	3.8	7.0	11.8	19.0	25.4
프랑스	1.0	2.8	5.9	10.5	15.2

— ● 보 기 ● —

ㄱ. '인터넷 이용자 수'와 'PC 보급대수'의 국가별 순위는 서로 일치한다.

ㄴ. 미국의 2005년 총 인구수는 3억 명이 넘는다.

ㄷ. 2001년 대비 2002년 '백 명당 초고속인터넷 가입자 수' 증가율은 아이슬란드가 호주보다 높다.

ㄹ. 대한민국과 네덜란드의 2005년 전체 초고속인터넷 가입자 수는 같다.

ㅁ. '인터넷 이용률'이 높은 나라일수록 'PC 보급대수'도 많다.

① ㄱ, ㄷ　　　　② ㄴ, ㄷ　　　　③ ㄴ, ㄹ　　　　④ ㄴ, ㄷ, ㅁ

해설 ㄱ(×) '인터넷 이용자 수'와 'PC 보급대수'의 국가별 순위에서 대한민국과 프랑스가 일치하지 않는다.

ㄴ(○) 미국의 2005년 총 인구수 = $\dfrac{\text{인터넷 이용자 수}}{\text{인터넷 이용률}}$ = $\dfrac{191{,}000{,}000}{0.63}$ = 303,174,603

ㄷ(○) 아이슬란드의 증가율은 3.7 → 8.4로 2배가 넘지만, 호주의 증가율은 0.9→1.8로 2배이므로 아이슬란드의 증가율이 더 높다.

ㄹ(×) 2005년 백 명당 초고속인터넷 가입자 수는 같지만, 전체 인구수가 다르므로 전체 가입자 수는 다르다.

ㅁ(×) 아이슬란드의 경우를 살펴보면, 인터넷 이용률은 가장 높지만 PC 보급대수는 가장 적다.

15 다음은 A시의 교육여건을 나타낸 자료이다. 이에 대한 〈보기〉의 설명 중 옳은 것을 모두 고르면?

● A시 교육여건 현황 ●

교육여건 학교급	전체 학교 수	학교당 학급 수	학급당 주간 수업시수(시간)	학급당 학생 수	학급당 교원 수	교원당 학생 수
초등학교	150	30	28	32	1.3	25
중학교	70	36	34	35	1.8	19
고등학교	60	33	35	32	2.1	15

─● 보 기 ●─

ㄱ. 모든 초등학교와 중학교의 총 학생 수 차이는 모든 중학교와 고등학교의 총 학생 수 차이보다 크다.

ㄴ. 모든 초등학교의 총 교원 수는 모든 중학교와 고등학교의 총 교원 수의 합보다 크다.

ㄷ. 모든 초등학교의 주간 수업시수의 합은 모든 중학교의 주간 수업시수의 합보다 많다.

ㄹ. 고등학교의 교원당 주간 수업시수는 17시간 이하이다.

① ㄱ, ㄷ　　　　② ㄴ, ㄹ　　　　③ ㄱ, ㄴ, ㄷ　　　　④ ㄱ, ㄷ, ㄹ

해설 ㄱ(○) 총 학생 수 = 전체 학교 수 × 학교당 학급 수 × 학급당 학생 수
　　　　초등학교 총 학생 수 = 150×30×32 = 144,000(명)
　　　　중학교 총 학생 수 = 70×36×35 = 88,200(명)
　　　　고등학교 총 학생 수 = 60×33×32 = 63,360(명)
　　　　따라서 초등학교와 중학교 총 학생 수 차이(55,800명)는 중학교와 고등학교 총 학생 수 차이(24,840명)보다 크다.
　　　ㄴ(×) 총 교원 수 = 전체 학교 수×학교당 학급 수×학급당 교원 수
　　　　초등학교 = 150×30×1.3 = 5,850(명)
　　　　중학교 = 70×36×1.8 = 4,536(명)
　　　　고등학교 = 60×33×2.1 = 4,158(명)
　　　　따라서 초등학교의 총 교원 수(5,850명)는 중학교와 고등학교의 총 교원 수의 합(8,694명)보다 작다.
　　　ㄷ(○) 총 주간 수업시수 = 전체 학교 수×학교당 학급 수×학급당 주간 수업시수
　　　　초등학교 = 150×30×28 = 126,000(시간)
　　　　중학교 = 70×36×34 = 85,680(시간)
　　　　따라서 초등학교의 주간 수업시수의 합(126,000시간)은 중학교의 주간 수업시수의 합(85,680시간)보다 많다.
　　　ㄹ(○) 고등학교 교원당 주간 수업시수 = 학급당 주간 수업시수 ÷ 학급당 교원 수 = 35 ÷ 2.1 = 16.7(시간)

16

다음 〈표〉는 암환자를 대상으로 한 임상실험결과를 나타낸 것이다. 이에 대한 〈보기〉의 설명 중 옳은 것을 모두 고르면?

● **표** 투여약에 따른 암환자의 생존 · 사망자 수 ●

(단위 : 명)

투여약 \ 구분	조기 암환자		말기 암환자		전체 암환자	
	생존자	사망자	생존자	사망자	생존자	사망자
A	18	12	2	8	20	20
B	7	3	9	21	16	24

* 생존율(%) = $\dfrac{\text{생존자 수}}{\text{생존자 수} + \text{사망자 수}} \times 100$

* 사망률(%) = 100 − 생존율

보 기

ㄱ. A약을 투여한 전체 암환자의 생존율은 50%이고, B약을 투여한 전체 암환자의 생존율은 40%이다.

ㄴ. 조기 암환자와 말기 암환자 모두 A약 투여 시의 생존율이 B약 투여 시의 생존율에 비해 10% 낮다.

ㄷ. A약을 투여한 조기 암환자와 말기 암환자의 생존율 차이는 B약을 투여한 조기 암환자와 말기 암환자의 생존율 차이보다 크다.

ㄹ. A약을 투여한 말기 암환자 중 사망자 수는 B약을 투여한 말기 암환자 중 사망자 수보다 적고, A약을 투여한 말기 암환자의 사망률은 B약을 투여한 말기 암환자의 사망률보다 높다.

① ㄱ, ㄴ　　　　② ㄴ, ㄷ　　　　③ ㄷ, ㄹ　　　　④ ㄱ, ㄴ, ㄹ

해설 주어진 〈표〉에 생존율을 추가하면 아래와 같다.

투여약 \ 구분	조기 암환자			말기 암환자			전체 암환자		
	생존자	사망자	생존율	생존자	사망자	생존율	생존자	사망자	생존율
A	18	12	60%	2	8	20%	20	20	50%
B	7	3	70%	9	21	30%	16	24	40%

ㄱ(○) A약을 투여한 전체 암환자의 생존율은 50%(=20÷40)
　　　 B약을 투여한 전체 암환자의 생존율은 40%(=16÷40)

ㄴ(○) 조기 암환자와 말기 암환자 모두 A약을 투여한 환자의 생존율이 B약을 투여한 환자의 생존율보다 10% 낮다.

ㄷ(×) A약을 투여한 조기 암환자와 말기 암환자의 생존율 차이 : 40%(=60−20)
　　　 B약을 투여한 조기 암환자와 말기 암환자의 생존율 차이 : 40%(=70−30)

ㄹ(○) A약 투여한 말기 암환자 중 사망자 수는 8명 < B약을 투여한 말기 암환자 중 사망자 수 21명
　　　 A약 투여한 말기 암환자의 사망률 80% > B약 투여한 말기 암환자의 사망률 70%

17 다음은 세계 야구선수권대회 1조(A~D 4개국)의 예선 경기결과이다. 본선진출국은 2개국이며 승리 경기 수가 많은 순서대로 결정된다. 승리 경기 수가 같은 경우에는 〈본선진출국 결정규칙〉 중 한 가지가 적용된다. 이 때 본선진출국가가 다르게 정해지는 규칙은?

● 1조의 예선 경기결과 ●

행＼열	A	B	C	D
A	–	7 : 3	2 : 1	2 : 1
B		–	4 : 3	1 : 2
C			–	7 : 2
D				–

※ 각 경기결과는 행(行) 국가의 '득점 : 실점'을 의미함.

● 본선진출국 결정규칙 ●

- 규칙 1 : 총득실차가 가장 큰 국가
- 규칙 2 : 총득점이 가장 많은 국가
- 규칙 3 : 승리 경기 수가 같은 국가 간 경기 결과만을 대상으로 계산된 총득실차가 가장 큰 국가
- 규칙 4 : 승리 경기 수가 같은 국가 간 경기 결과만을 대상으로 계산된 총실점이 가장 적은 국가

※ 득실차＝득점－실점

① 규칙 1　　　② 규칙 2　　　③ 규칙 3　　　④ 규칙 4

해설 1조의 득점, 실점, 총득실차를 정리하면,

국가	전적	득점	실점	총 득실차
A	3승	11	5	+6
B	1승 2패	8	12	−4
C	1승 2패	11	8	+3
D	1승 2패	5	10	−5

승리 경기 수가 같은 국가는 B, C, D이며 이들 세국가 간의 경기 결과를 정리하면,

국가	전적		국가	전적	득점	실점	총 득실차
B : C	4 : 3	→	B	1승 2패	5	5	0
B : D	1 : 2		C	1승 2패	10	6	+4
C : D	7 : 2		D	1승 2패	4	8	−4

따라서 규칙에 따른 본선진출국가는 다음과 같다.
(규칙 1, 규칙 2, 규칙 3) : A, C, (규칙 4) : A, B

18 ~ 20 | 다음은 지난 7년간 119 구조활동 실적을 정리한 것이다. 물음에 답하시오.

사고종별	2001년	2002년	2003년	2004년	2005년	2006년	2007년
출동건수(건)	152,499	155,407	168,565	181,455	191,852	202,389	233,470
구조건수(건)	87,914	85,402	88,054	97,881	105,382	113,433	146,019
미처리건수(건)	64,585	70,005	80,511	83,574	86,470	88,956	87,451
사고종별 구조인원 – 계(명)	72,841	75,275	72,680	61,338	64,633	72,169	77,538
화재사고(명)	4,403	3,664	2,608	2,463	3,202	3,840	3,474
교통사고(명)	24,263	23,339	21,000	18,870	18,976	21,120	22,506
수난사고(명)	2,178	2,616	2,544	2,557	2,407	2,341	2,647
폭발사고(명)	150	93	67	59	51	50	65
기계사고(명)	1,084	1,076	1,072	1,170	1,091	1,103	1,234
산악사고(명)	2,690	2,478	3,241	3,889	4,722	5,019	5,421
자연재해(명)	284	748	8,823	355	450	1,886	136
기타 사고(명)	37,789	41,261	33,325	31,975	33,734	36,810	42,055

18 전년도 대비 출동건수가 가장 많이 증가한 건 언제인가?

① 2004년　　　② 2005년　　　③ 2006년　　　④ 2007년

해설 연도별로 전년도 대비 출동건수의 증가량을 알아본다.
2004년 : 181,455-168,565=12,890(건)　　　2005년 : 191,852-181,455=10,397(건)
2006년 : 202,389-191,852=10,537(건)　　　2007년 : 233,470-202,389=31,081(건)

19 다음 설명 중 옳지 않은 것은?

① 2003년에 심각한 자연재해가 있었다.

② 미처리건수는 매해 증가하고 있다.

③ 폭발사고로 인한 구조인원이 가장 적다.

④ 기타 사고를 제외하고 2001년에 비해 2007년 구조인원이 가장 많이 늘어난 사고는
산악사고이다.

18④

해설 ① (○) 2003년 자연재해로 인한 구조인원을 보면, 다른 해에 비해 훨씬 높은 수치를 보이고 있다.
② (×) 미처리건수는 2006년에 비해 2007년 줄어들었다.
③ (○) 폭발사고로 인한 구조인원이 가장 적다.
④ (○) 2001년에 비해 2007년 구조인원이 가장 많이 늘은 사고는 산악사고(2,690명 → 5,421명)이다.

20 다음 설명 중 옳은 것은?

① 화재사고로 인한 구조인원 수가 줄어든 것은 화재예방 교육이 잘 실시되고 있음을 방증한다.

② 산악사고로 인한 구조인원 수가 급증한 것은 산불사고와 관련이 있다.

③ 2006년 큰 태풍이 지나갔다.

④ 구조건수는 2002년 이후 꾸준히 증가추세이다.

해설 ① (×) 화재사고로 인한 구조인원 수는 증가와 감소를 반복하고 있으며, 예방 교육에 관한 언급은 없다.
② (×) 알 수 없다.
③ (×) 자연재해가 있었던 것으로 보이나 태풍이라고 단정 지을 수는 없다.
④ (○) 구조건수는 2002년 이후 꾸준히 증가추세(85,402건 → 88,054 → 97,881 → 105,382 → 113,433 → 146,019건)이다.

▲ **21~22 |** 다음은 미선이네 가정의 5월 생활비 300만 원의 항목별 비율을 나타낸 것이다. 물음에 답하여라.

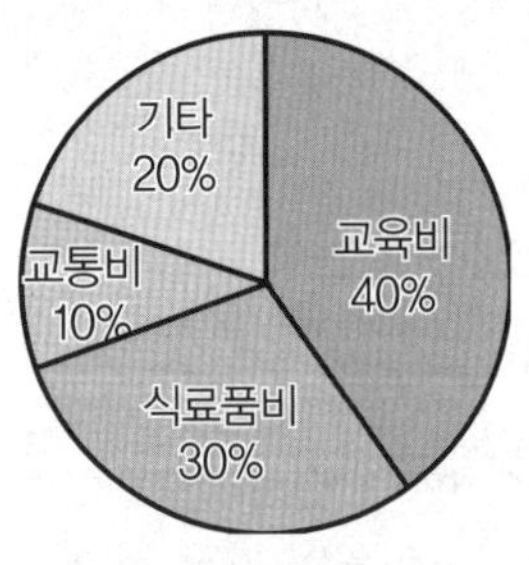

21 교통비 및 교육비의 지출 비율이 아래 표와 같을 때 다음 설명 중 가장 적절한 것은 무엇인가?

● **표1** 교통비 지출 비율 ●

교통수단	자가용	버스	지하철	기타	계
비율(%)	35	15	45	5	100

● **표2** 교육비 지출 비율 ●

항목	학원	도서구입	학용품	기타	계
비율(%)	75	10	5	10	100

① 교통비에서 지하철 이용에 지출한 비용은 교육비에서 도서구입에 지출한 금액보다 많다.

② 교통비에서 자가용과 지하철 이용에 지출한 비용은 교육비에서 학원에 지출한 비용보다 많다.

③ 생활비를 줄이기 위해서 버스의 이용을 늘리고 지하철의 이용을 줄여야 한다.

④ 5월 한 달 동안 학용품 구입에 지출한 비용은 10만 원이다.

해설 ① 교통비는 생활비 300만 원 중에서 10%이므로 $300 \times 0.1 = 30$만 원이고, 지하철 이용에 지출한 비용은 $30 \times 0.45 = 13.5$이므로 13만 5천 원이다. 교육비는 생활비 300만 원 중에서 40%이므로 $300 \times 0.4 = 120$만 원이고, 도서구입에 지출한 금액은 $120 \times 0.1 = 12$만 원이다. 따라서 교통비에서 지하철 이용에 지출한 비용은 교육비에서 도서구입에 지출한 금액보다 많다.

② 교통비 중 자가용과 지하철 이용에 지출한 비용은 $30 \times (0.35 + 0.45) = 24$만 원이고, 교육비 중 학원에 지출한 비용은 $120 \times 0.75 = 90$만 원이므로 교통비에서 자가용과 지하철 이용에 지출한 비용은 교육비에서 학원에 지출한 비용보다 적다.

③ 버스의 이용을 늘리고 지하철의 이용을 줄인다고 해서 생활비를 줄일 수 있는 것이 아니므로 옳지 않다.

④ 교육비 중 학용품 구입에 지출한 비용은 $120 \times 0.05 = 6$만 원이다.

22 미선이네 가정의 4월 한 달 생활비가 350만 원이고 생활비 중 식료품비가 차지하는 비율이 5월과 같았다면 5월에 지출한 식료품비는 4월에 비해 얼마나 감소하였는가?

① 15만 원　　　　　　　　　② 20만 원

③ 22만 원　　　　　　　　　④ 25만 원

해설　4월의 식료품비 = 350 × 0.3 = 105만 원
5월의 식료품비 = 300 × 0.3 = 90만 원
그러므로 4월의 식료품비에서 5월의 식료품비를 빼면 15만원이 감소했음을 알 수 있다.

23 다음은 4개 도시의 생활폐기물 수거현황이다. 이에 대한 설명으로 옳은 것은?

● 4개 도시 생활폐기물 수거현황 ●

구분	A시	B시	C시	D시
총가구 수(천 가구)	120	150	200	350
수거가구 수(천 가구)	50	75	150	300
수거인력(명)	123	105	130	133
총수거비용(백만 원)	6,443	5,399	6,033	7,928
수거인력당 수거가구 수(가구/명)	407	714	1,154	2,256
톤당 수거비용(천 원/톤)	76.3	54.0	36.0	61.3
주당 수거빈도(횟수/주)	1	1	2	2

$*\ 수거비율 = \dfrac{수거\ 가구\ 수}{총가구\ 수} \times 100$

① 수거비율이 가장 낮은 도시의 수거인력이 가장 적다.

② 수거비율이 높은 도시일수록 총수거비용도 많이 든다.

③ 수거인력당 수거 가구 수가 많은 도시일수록 톤당 수거비용이 적게 든다.

④ 수거비율이 두 번째로 높은 도시의 주당 수거빈도는 2회이다.

해설　① (×) 수거비율이 가장 낮은 도시는 A이며, 수거인력이 가장 적은 도시는 B이다.
② (×) 수거비율 : A < B < C < D, 총수거비용 : B < C < A < D　⇒ 4개 도시의 수거비율 순위와 총수거비용 순위는 동일하지 않다.
③ (×) 수거인력당 수거 가구 수 : A < B < C < D, 톤당 수거비용 : C < B < D < A
④ (○) 수거비율이 두 번째로 높은 도시는 C이며, C시의 주당 수거빈도는 2회이다.

24 다음 〈그림〉과 〈표〉는 2005년 초에 조사한 한국의 애니메이션산업에 대한 자료이다. 아래의 자료를 바탕으로 도출된 〈결론〉 중 옳은 것과 이를 도출하는 데 필요한 자료가 바르게 연결된 것은?

● 한국의 애니메이션 산업 매출액의 추이 및 예상액 ●

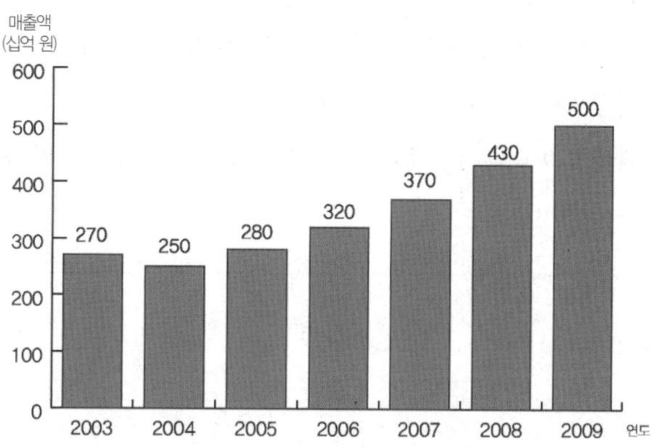

● 표1 부문별 한국의 애니메이션 산업 매출액 ●

(단위 : 십억 원)

부문	2003년	2004년
애니메이션 제작	257	234
애니메이션 상영	12	14
애니메이션 수출	1	2
계	270	250

● 표2 분야별 한국의 애니메이션 제작부문 매출액 ●

(단위 : 십억 원)

분야	2003년	2004년
창작 및 판권	80	70
투자수입	1	2
제작 서비스	4	6
단순 복제	150	125
유통 및 배급	18	9
마케팅 및 홍보	4	22
계	257	234

• 결 론 •

ㄱ. 2005년부터 2009년까지 한국의 애니메이션 산업 매출액은 매년 동일한 폭으로 증가하는 추세를 보일 것이다.

ㄴ. 2006년 한국의 애니메이션 산업 매출액 규모는 3,000억 원을 넘어서고, 2009년에는 5,000억 원 규모로 성장할 전망이다.

ㄷ. 2004년 한국의 애니메이션 산업 매출액은 2,500억 원으로 나타났으며, 2003년의 2,700억 원과 비교하면 7% 이상 감소하였다.

ㄹ. 한국의 애니메이션 제작부문 중 2003년에 비해 2004년에 매출액이 감소한 분야는 4개이다.

	결론	자료
①	ㄱ	〈그림〉
②	ㄴ	〈표 1〉
③	ㄷ	〈표 1〉
④	ㄹ	〈표 2〉

해설 ㉠(×) 2005~2009년 매출액은 〈그림〉의 그래프로 확인할 수 있다. 그러나 매년 증가폭은 증가하고 있지만, 폭은 동일하지 않다.

㉡(×) 〈그림〉을 보면 결론이 옳지만 보기에서는 〈표1〉을 제시하였기 때문에 옳지 않다.

㉢(○) 매출액의 경우, 2003년 2,700억 원 대비 2005년 2,500억 원으로 7.4% 감소하였으므로 결론은 옳다. 이 결과는 〈그림〉과 〈표1〉 모두에서 찾을 수 있다.

㉣(×) 〈표2〉에 따르면 제작부문 중 2003년 대비 2004년에 매출액이 감소한 분야는 '창작 및 판권', '단순 복제', '유통 및 배급' 총 3개 분야이다.

25 민수는 어느 날 밤 A회사의 택시가 사고를 내고 도주하는 것을 목격하고 그 택시 색깔을 파란색으로 판정하였다. 민수가 야간에 초록색과 파란색을 구분하는능력에 관한 실험 결과인 다음 〈표〉를 이용할 때, 이에 대한 〈보기〉의 설명 중 옳은 것을 모두 고르면? (단, A회사 택시는 총 500대이며, 400대는 초록색, 나머지 100대는 파란색이다.)

● 민수가 야간에 색깔을 구분하는 능력에 관한 실험 결과 ●

(단위 : 회)

실제 택시 색깔 \ 민수의 판정	초록색	파란색	합
초록색	64	16	80
파란색	4	16	20
계	68	32	100

보 기

ㄱ. 사고 현장에서 민수가 목격한 택시가 실제 파란색일 확률은 50%이다.

ㄴ. A회사의 초록색 택시가 300대이고 파란색 택시가 200대였다면, 사고에 대한 민수의 판정이 맞을 확률은 높아진다.

ㄷ. 실험에서 민수가 초록색으로 판정한 택시가 실제 초록색일 확률은 80%이다.

① ㄱ ② ㄴ

③ ㄱ, ㄴ ④ ㄱ, ㄷ

해설 ㉠ (○) 민수가 파란색이라고 판정한 택시가 실제 파란색일 확률 $= \dfrac{16}{32} = 0.5$

㉡ (○) 초록색 택시 300대, 파란색 택시 200대인 경우, 제시된 〈표〉에 택시 수를 대입하면 다음과 같다.

실제 택시 색깔 \ 민수의 판정	초록색	파란색	합
초록색	300×(64/80)=240	300×(16/80)=60	300
파란색	200×(4/20)=40	200×(16/20)=160	200
계	280	220	500

⇒ 민수가 파란색이라고 판정한 택시가 실제 파란색일 확률 $= \dfrac{160}{220} > 0.5$

따라서, 50%보다 확률이 높아진다.

㉢ (×) 민수가 초록색이라고 판정한 택시가 실제 초록색일 확률 $= \dfrac{64}{68} > 0.8$

따라서 80%가 아니다.

26 왼쪽부터 순서대로 빨간색, 갈색, 검정색, 노란색, 파란색의 5개 컵들이 놓여 있다. 그 중 4개의 컵에는 각각 물, 주스, 맥주 그리고 포도주가 들어 있고, 하나의 컵은 비어 있다. 다음에 제시되는 정보를 바탕으로 각 컵에 들어 있는 내용물이 옳은 것은?

㉠ 물은 항상 포도주가 들어 있는 컵의 오른쪽 컵에 들어 있다.

㉡ 주스는 비어 있는 컵의 왼쪽 컵에 들어 있다.

㉢ 맥주는 빨간색 또는 검정색 컵에 들어 있다.

㉣ 맥주가 빨간색 컵에 들어 있으면 파란색 컵에는 물이 들어 있다.

㉤ 포도주는 빨간색, 검정색, 파란색 컵 중에 들어 있다.

---

① 빨간색 컵 – 포도주

② 갈색 컵 – 맥주

③ 검정색 컵 – 비어 있음

④ 파란색 컵 – 주스

해설 먼저 ㉢과 ㉣에서 맥주가 빨간색 컵에 들어 있다고 가정하면 파란색 컵에는 물이 들어 있어야 한다. ㉠에서 물의 왼쪽 컵에는 포도주가 들어 있는 컵이 놓여 있다고 했는데 파란색 컵의 왼쪽에 있는 컵은 노란색이고 ㉤에서 포도주는 빨간색, 검정색, 파란색 컵 중에 들어 있다고 했으므로 처음에 가정했던 맥주가 빨간색 컵에 들어 있다는 것이 틀리다.
따라서 맥주는 검정색 컵에 들어 있고, 물은 갈색 컵에, 포도주는 빨간색 컵에 들어 있다. 주스는 비어 있는 컵의 왼쪽 컵에 들어 있다고 했으므로 남은 노란색 컵과 파란색 컵 중 노란색 컵에 들어 있고, 파란색 컵은 비어 있다.

27 다음은 예비 대학생 2,000명을 대상으로 '대학 입학 후 가장 걱정되는 것과 가장 하고 싶은 것'에 대해 설문 조사한 결과이다. 다음 설명 중 적절하지 않은 것은?

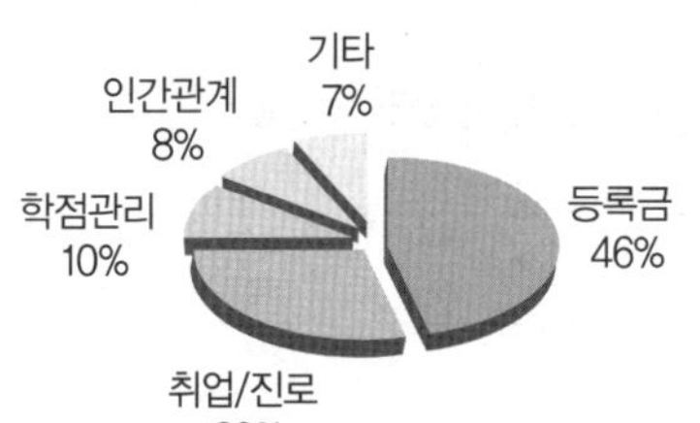

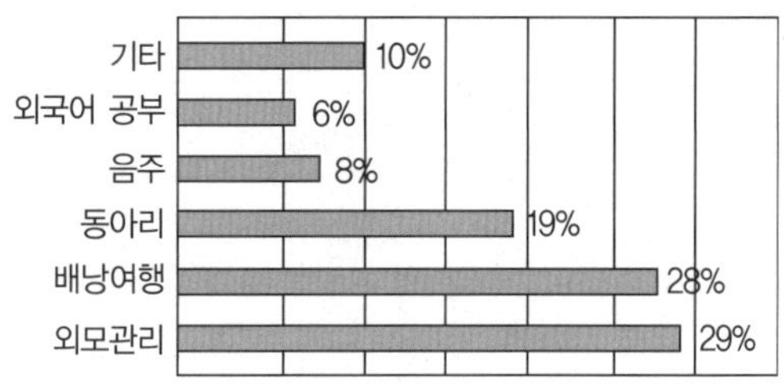

① 설문 조사에 참여한 예비 대학생들이 대학 입학 후 가장 걱정하는 것은 등록금이다.

② 설문 조사에 참여한 예비 대학생 중 500명 이상이 외모관리를 가장 하고 싶어한다.

③ 최근 실업률의 증가로 예비 대학생들의 취업 및 진로에 대한 고민이 매년 증가하고 있다.

④ 설문 조사에 참여한 예비 대학생 중 학점 관리가 가장 걱정된다고 대답한 학생은 250명을 넘지 않는다.

해설 ③ 매년 증가하고 있는지 여부는 주어진 자료만 가지고는 알 수 없다.
　① 예비 대학생들이 대학 입학 후 가장 걱정하는 것은 등록금(46%)이다.
　② $2,000 \times 0.29 = 580$(명)으로 예비 대학생 중 500명 이상이 외모관리를 가장 하고 싶어한다.
　④ 예비 대학생 중 학점 관리가 가장 걱정된다고 대답한 학생은 $2,000 \times 0.1 = 200$(명)이다.

28 다음은 A대학교의 1, 2, 3, 4학년생을 대상으로 장학금을 받는 학생과 장학금을 받지 못하는 학생으로 나누어 이들이 해당 학년 동안 참가한 1인당 평균 교내 특별활동 수를 조사한 자료이다. 이에 대한 〈보기〉의 설명 중 옳지 않은 것을 모두 고르면?

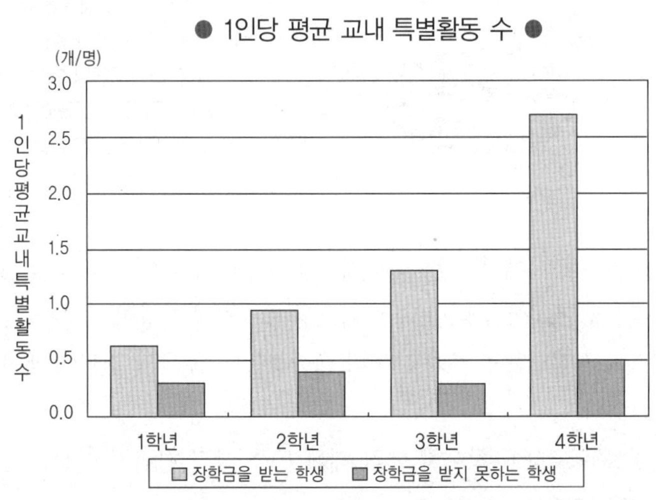

> **보 기**
>
> ㄱ. 학년이 높아질수록 장학금을 받는 학생 수는 늘어났다.
>
> ㄴ. 장학금을 받는 4학년생이 참가한 1인당 평균 교내특별활동 수는 장학금을 받지 못하는 4학년생이 참가한 1인당 평균 교내특별활동 수의 5배 이하이다.
>
> ㄷ. 학년이 높아질수록 장학금을 받는 학생과 받지 못하는 학생 간의 1인당 평균 교내 특별활동 수의 차이가 커졌다.

① ㄱ, ㄴ

② ㄴ, ㄷ

③ ㄱ, ㄴ, ㄷ

④ ㄱ, ㄷ

해설 ㉠ (×) 학년이 높아질수록 장학금을 받는 학생의 1인당 평균 교내특별활동 수가 늘어난다. 학생 수는 알 수 없다.

ㄴ (×) 장학금을 받는 4학년생 중 1인당 평균 교내특별활동 수는 약 2.7개이고, 장학금을 받지 못하는 4학년생 중 1인당 평균 교내특별활동 수는 0.5개로 5배가 초과된다.

ㄷ (○) 학년이 높아질수록 장학금을 받는 학생과 받지 못하는 학생간의 1인당 평균 교내 특별활동 수의 차이가 커진다.

29 다음은 어느 중학교 3학년 두 개 반의 국어, 영어, 수학 과목 시험성적에 관한 표이다. 이에 대한 내용으로 옳은 것을 〈보기〉에서 모두 고르면?

● 반별 · 과목별 시험성적 ●

(단위 : 점)

구분	평균				과목별 총점
	1반		2반		
	남학생(20명)	여학생(10명)	남학생(15명)	여학생(15명)	
국어	6.0	6.5	A	6.0	365
영어	B	5.5	5.0	6.0	320
수학	5.0	5.0	6.0	5.0	315

* 각 과목의 만점은 10점임

─● 보 기 ●─

ㄱ. A는 B보다 크다.

ㄴ. 국어 과목의 경우 2반 학생의 평균이 1반 학생의 평균보다 높다.

ㄷ. 3개 과목 전체 평균의 경우 1반의 여학생 평균이 1반의 남학생 평균보다 높다.

ㄹ. 전체 남학생의 수학 평균은 전체 여학생의 수학 평균보다 높다.

① ㄱ, ㄴ   ② ㄱ, ㄷ

③ ㄴ, ㄷ, ㄹ   ④ ㄱ, ㄷ, ㄹ

해설 ㉠ (○) 과목별 총점을 이용해 A와 B를 구한다.

$$A : (6.0 \times 20) + (6.5 \times 10) + (A \times 15) + (6.0 \times 15) = 120 + 65 + 15A + 90 = 365 \Rightarrow$$
$$15A = 90 \Rightarrow A = 6$$
$$B : (B \times 20) + (5.5 \times 10) + (5.0 \times 15) + (6.0 \times 15) = 20B + 55 + 75 + 90 = 320 \Rightarrow 20B = 100 \Rightarrow B = 5$$

㉡ (✕) 2반 학생의 국어 평균점수 : 학생 수와 관계없이 남녀 평균이 모두 6.0이므로 전체 평균도 6.0이다. 1반 학생의 국어 평균점수 : 6.0과 6.5의 사이값이므로 계산할 필요 없이 6점보다 높다.

㉢ (○) 1반의 경우, 국어와 영어의 평균은 여학생이 높고, 수학의 평균은 남녀 동일하다. 따라서 3과목 전체의 평균은 여학생이 높다.

㉣ (○) ㉡과 동일한 방법으로 해결한다.
전체 여학생의 수학 평균점수 : 학생 수와 관계없이 1반과 2반 평균이 모두 5.0이므로 전체 평균도 5.0이다. 전체 남학생의 수학 평균점수 : 5.0과 6.0의 사이값이므로 5.0보다 높다.

29 ④

Chapter 04 공간능력

주어진 도형의 정확한 형태와 구조를 파악하는 능력을 측정하는 문제로 구성되어 있다.
반복적인 학습으로 문제의 유형을 파악하며, 회전문제에서는 시험지를 움직이지 않고 푸는 연습이 필요하다.

01~06 | 다음 입체도형의 전개도로 알맞은 것은?

- 입체도형을 전개하여 전개도를 만들 때, 전개도에 표시된 그림(예 : ⊟, ⊞ 등)은 회전의 효과를 반영함. 즉, 본 문제의 풀이과정에서 보기의 전개도에 표시된 "⊟"와 "⊞"은 서로 다른 것으로 취급함.
- 단, 기호 및 문자(예 : ☎, ♤, ♨, K, H)의 회전에 의한 효과는 본 문제의 풀이과정에 반영하지 않음. 즉, 입체도형을 펼쳐 전개도를 만들었을 때에 "☎"의 방향으로 나타나는 기호 및 문자도 보기에서는 "☎" 방향으로 표시하며 동일한 것으로 취급함.

01

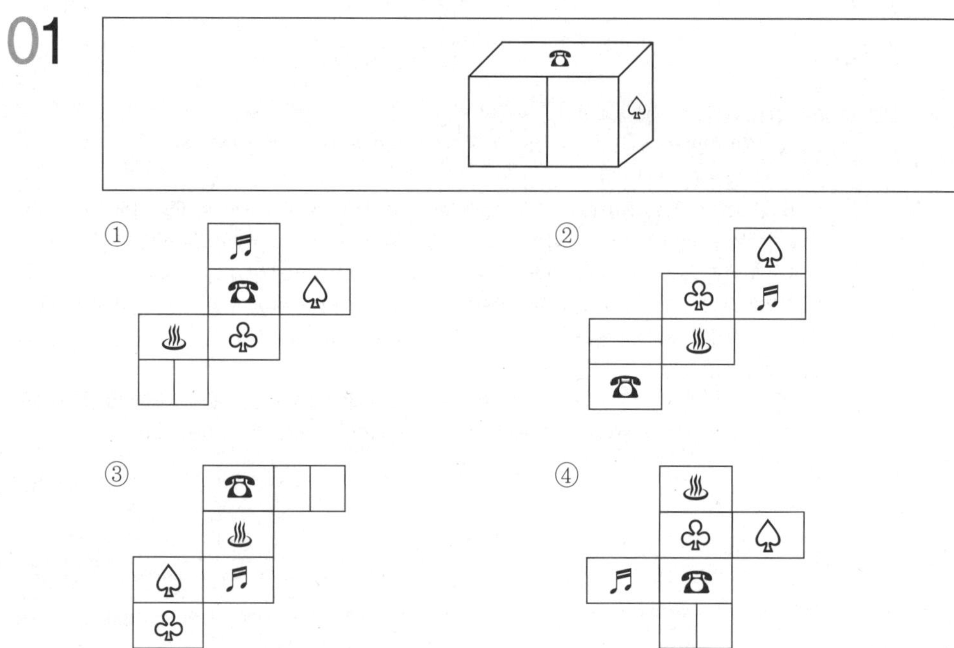

02

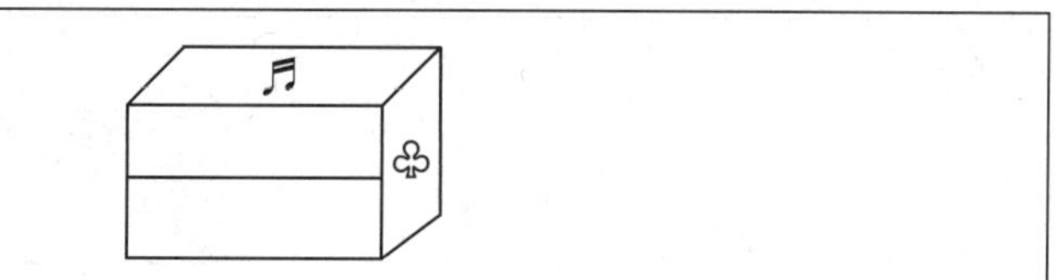

① 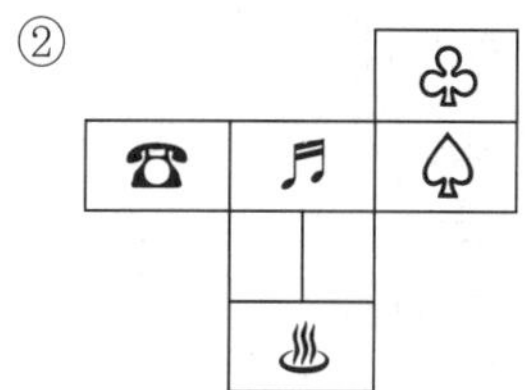

② ③ 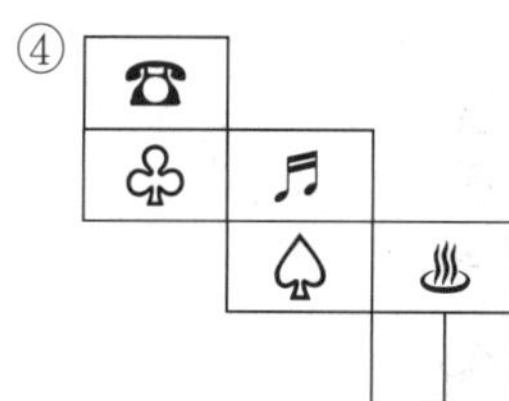

④

03

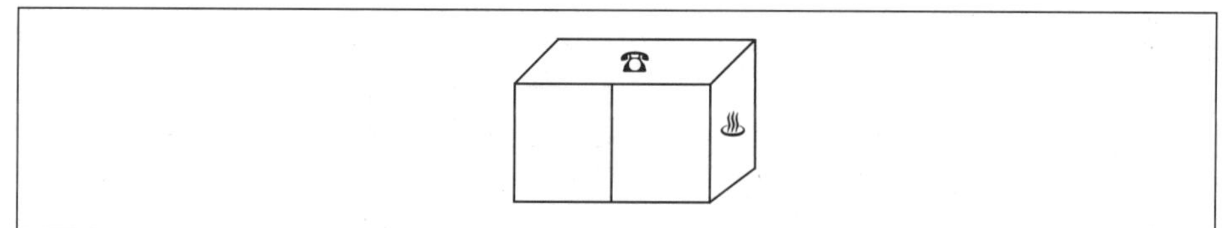

① 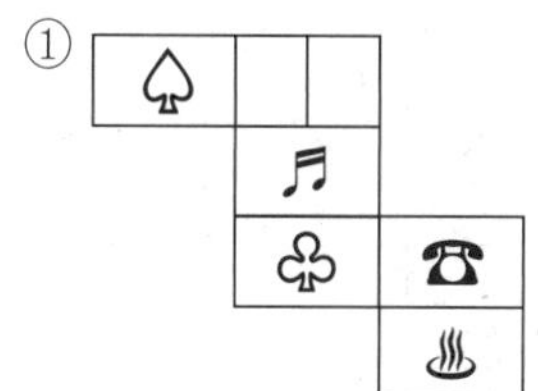

② 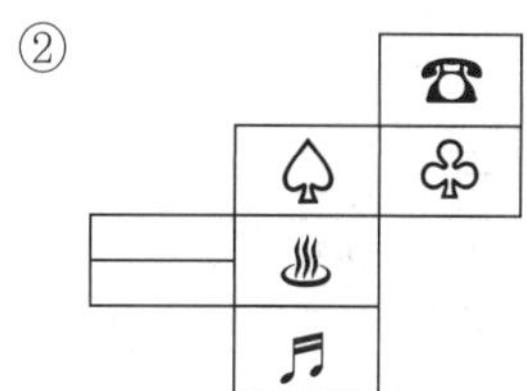

③ 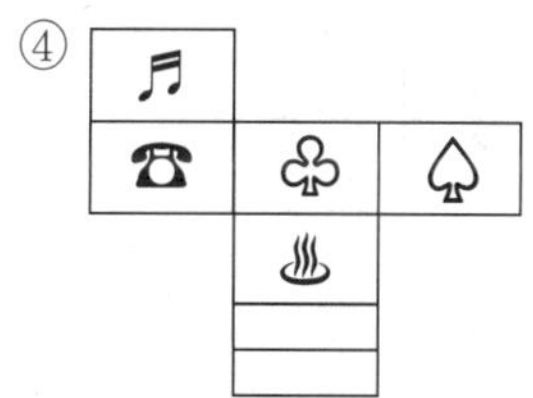

④

04

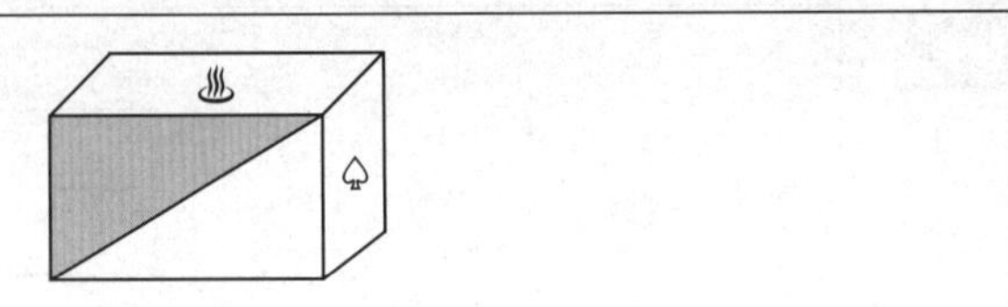

① 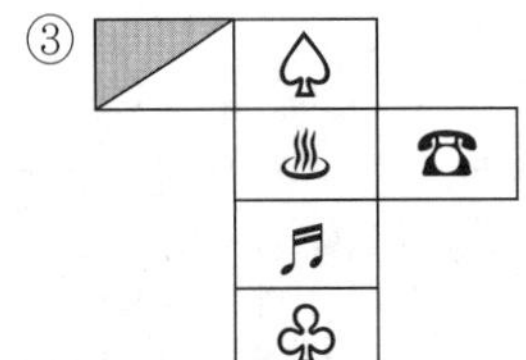

② 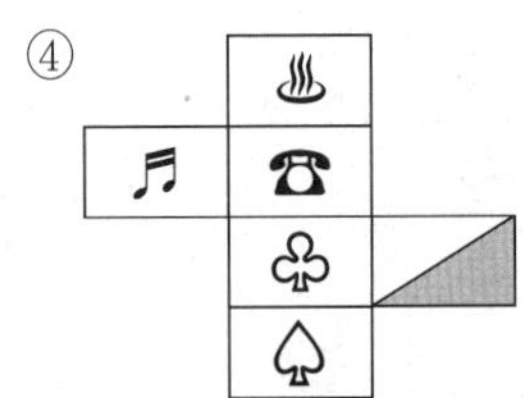

③

④

05

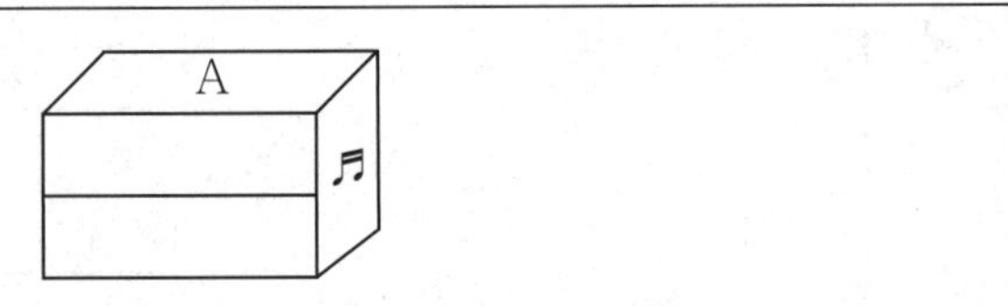

① 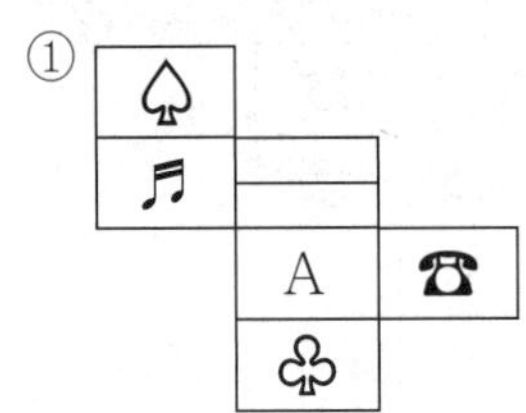

②

③ 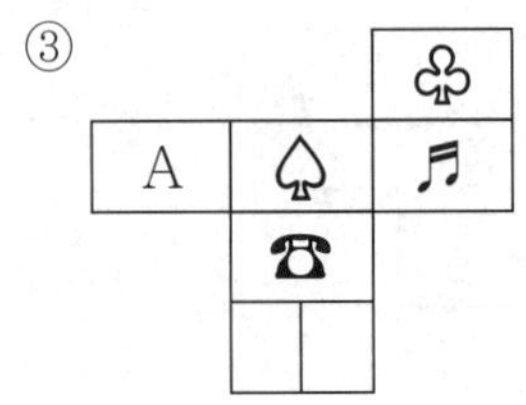

④ 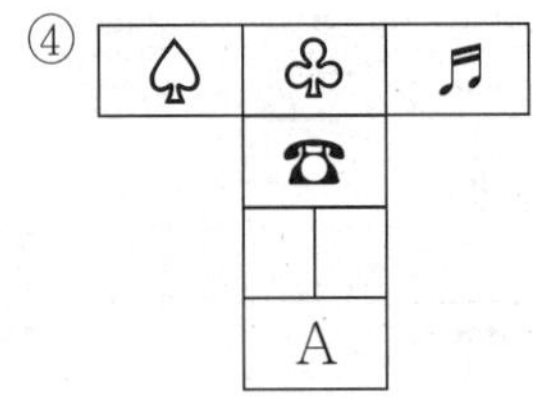

06 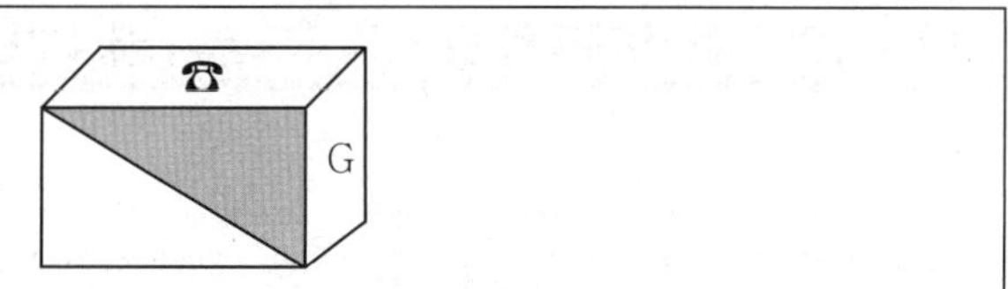

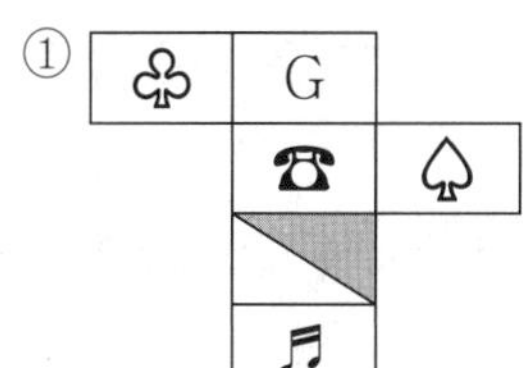

① 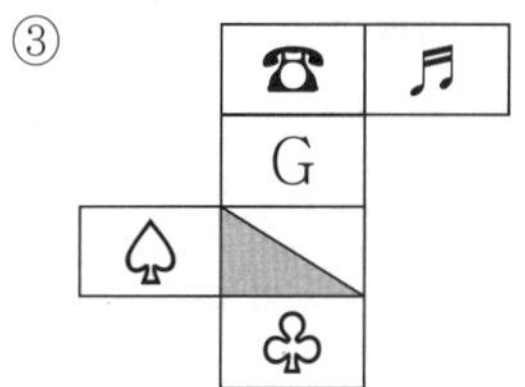

② 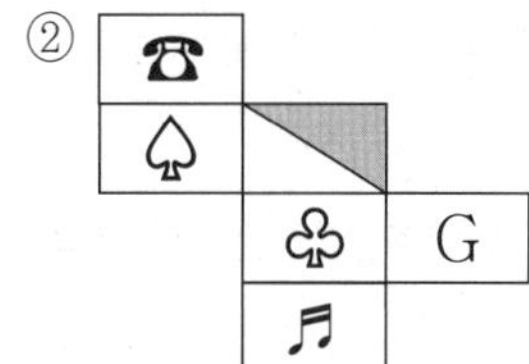

③

④ 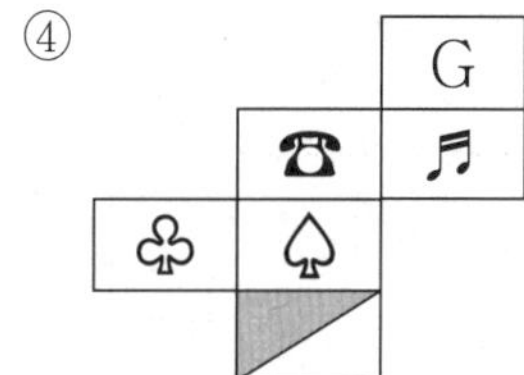

07~12 | 다음 전개도로 만든 입체도형에 해당하는 것은?

- 전개도를 접을 때 전개도의 그림, 기호, 문자가 입체도형의 겉면에 표시되는 방향으로 접음
- 전개도를 접어 입체도형을 만들 때, 전개도에 표시된 그림(예 : ⊟, ⊞ 등)은 회전의 효과를 반영함. 즉, 본 문제의 풀이과정에서 보기의 전개도에 표시된 "⊟"와 "⊞"은 서로 다른 것으로 취급함.
- 단, 기호 및 문자(예 : ☎, ♤, ♨, K, H)의 회전에 의한 효과는 본 문제의 풀이과정에 반영하지 않음. 즉, 전개도를 접어 입체도형을 만들었을 때에 "☎"의 방향으로 나타나는 기호 및 문자도 보기에서는 "☎" 방향으로 표시하며 동일한 것으로 취급함.

07

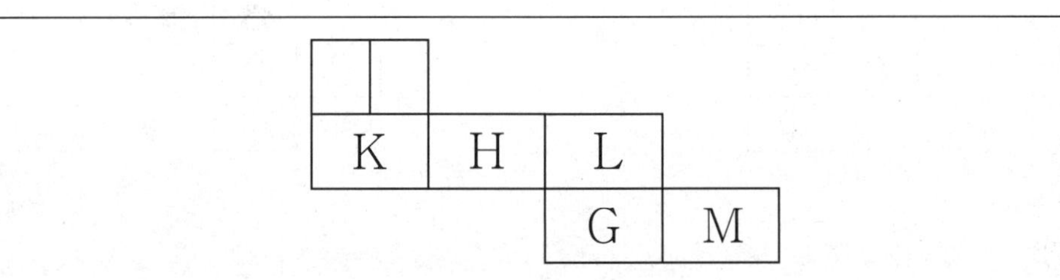

① 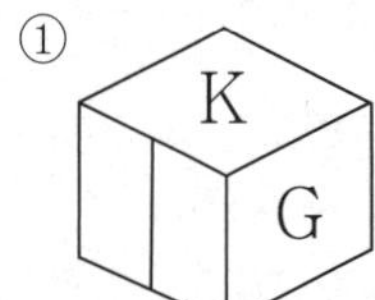

② 

③ 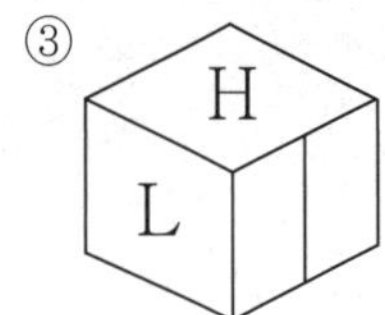

④ 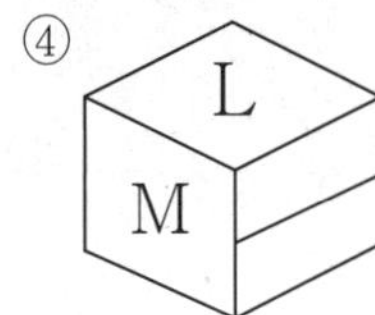

08

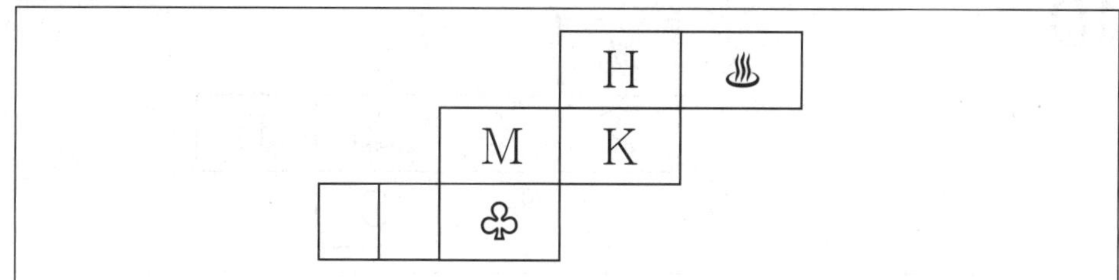

① 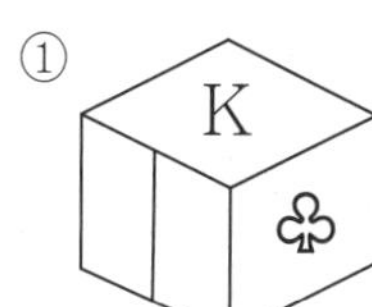

② 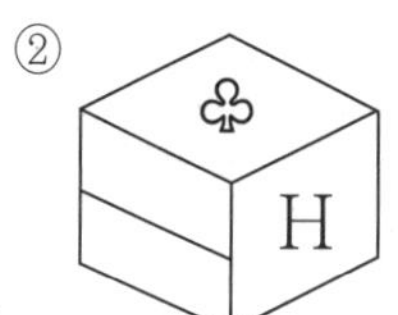

③ 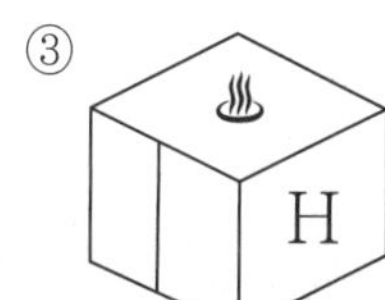

④ 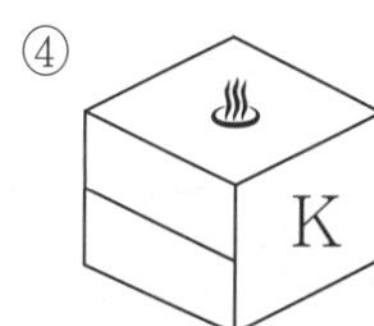

09

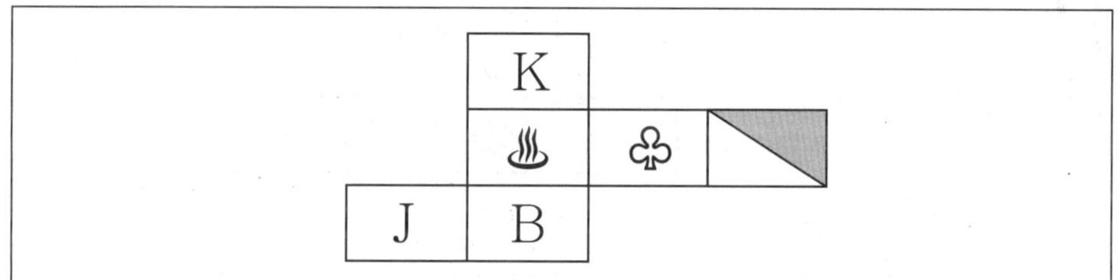

① 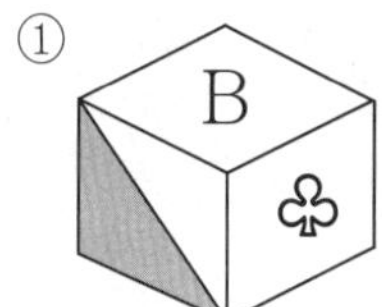

② 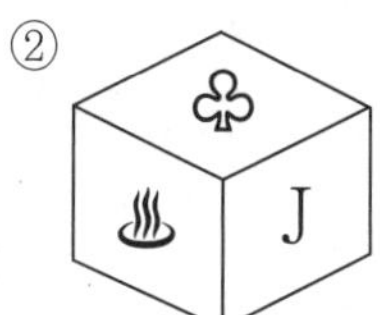

③ 

④ 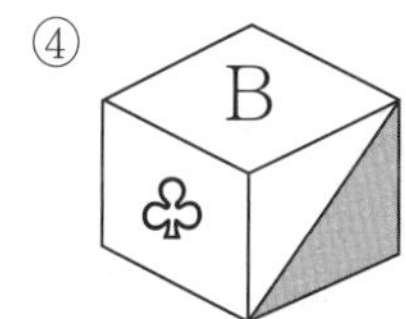

10

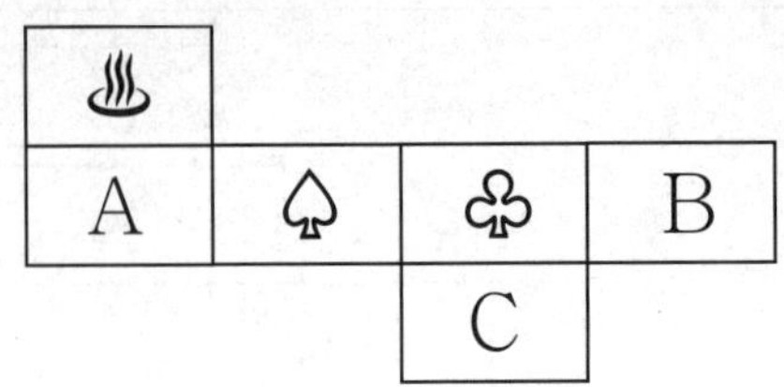

① 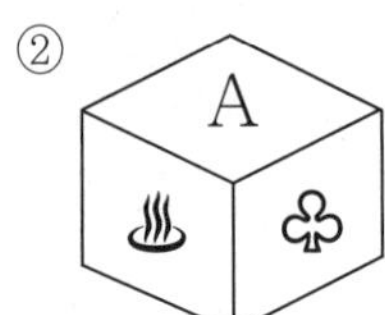

②

③ 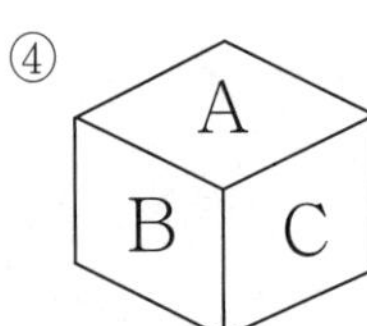

④

11

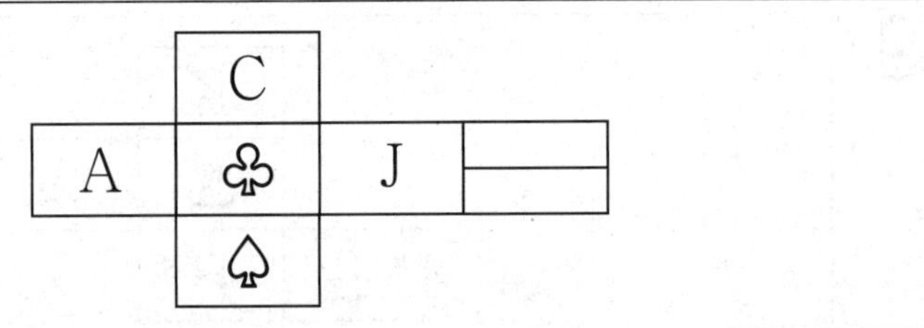

① 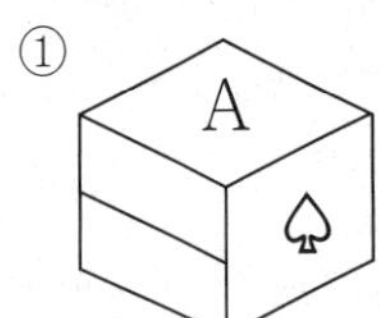

② 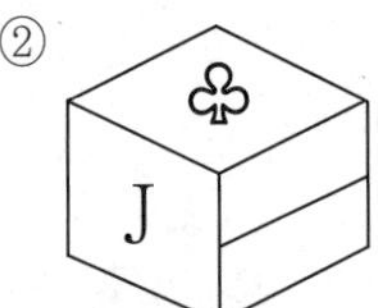

③ 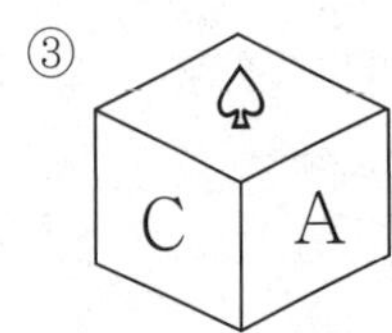

④ 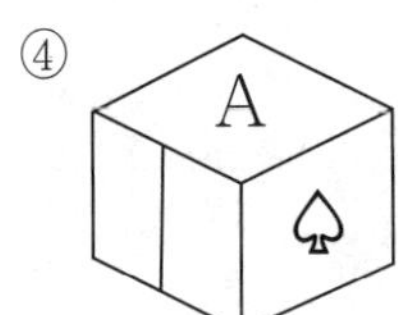

12

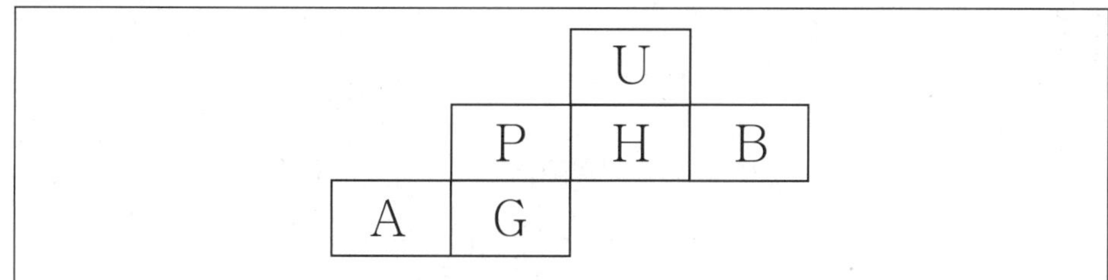

① 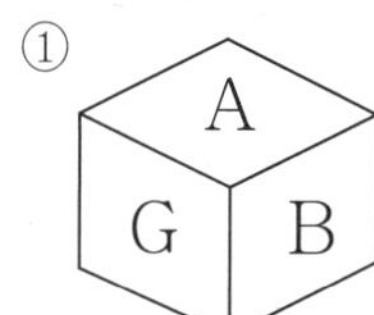

② 

③ 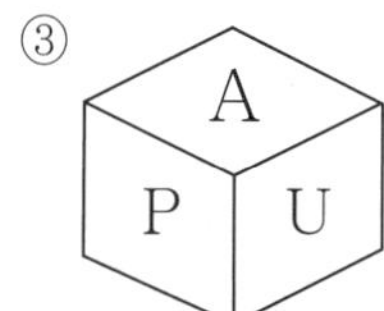

④ 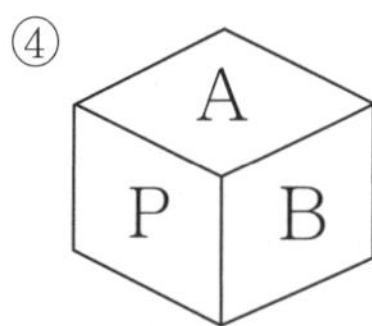

13~15 | 아래에 제시된 그림과 같이 쌓기 위해 필요한 블록의 수는?

• 블록은 모양과 크기가 모두 동일한 정육면체임

13

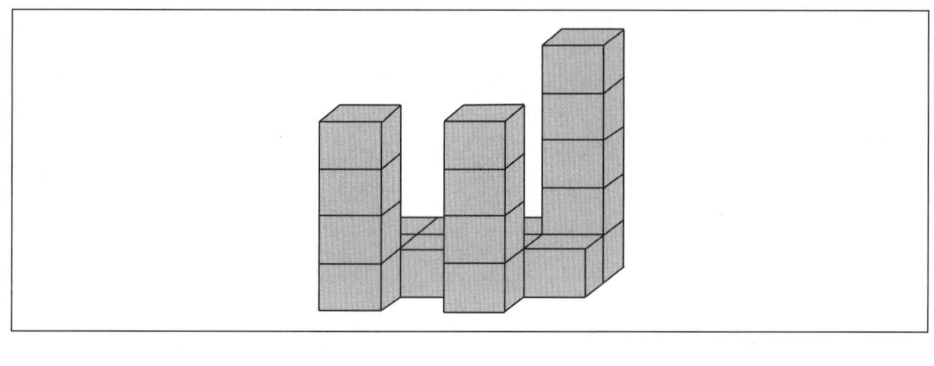

① 18　　　　② 20　　　　③ 21　　　　④ 23

14

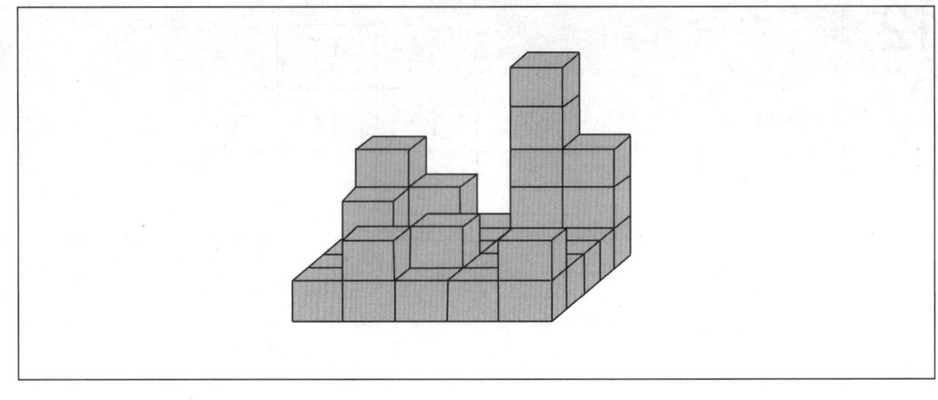

① 32　　　② 36　　　③ 38　　　④ 40

15

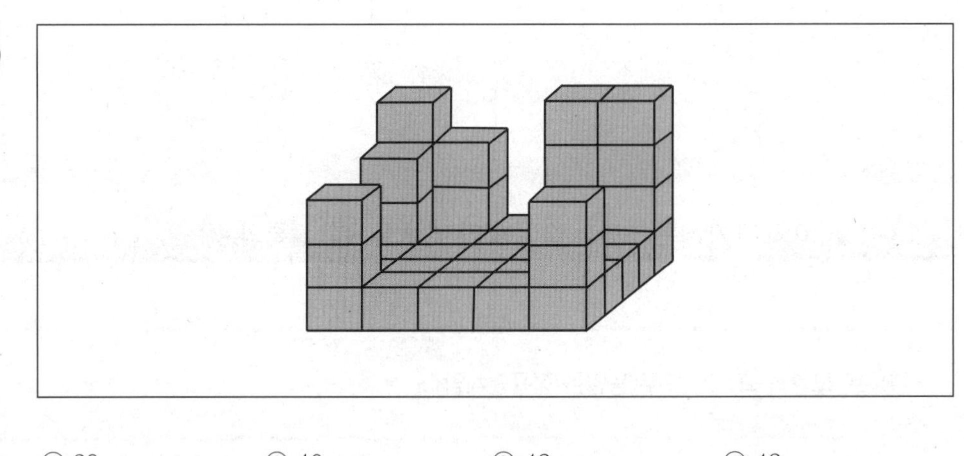

① 39　　　② 40　　　③ 42　　　④ 43

16~18 | 아래에 제시된 블록을 화살표가 표시된 방향에서 바라봤을 때의 모양으로 알맞은 것은?

- 블록은 모양과 크기가 모두 동일한 정육면체임
- 바라보는 시선의 방향은 블록의 면과 수직을 이루며 원근에 의해 블록이 작게 보이는 효과는 고려하지 않음

16

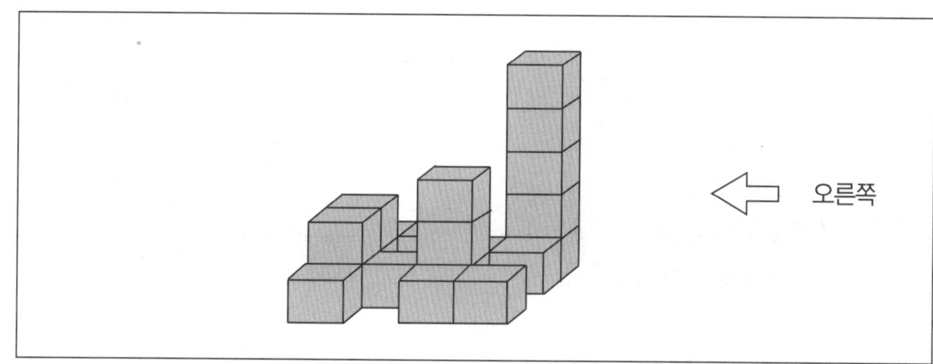

① 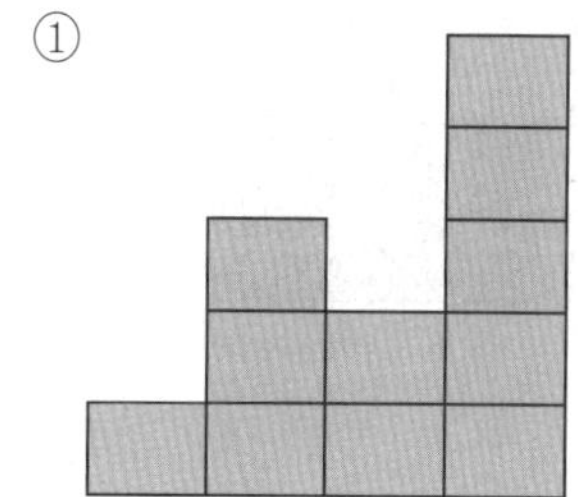

② 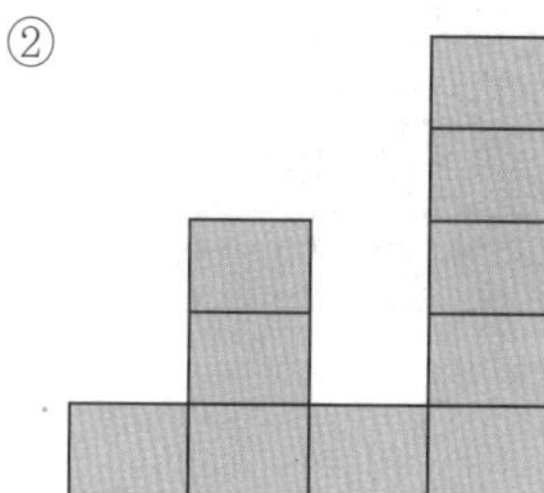

③ 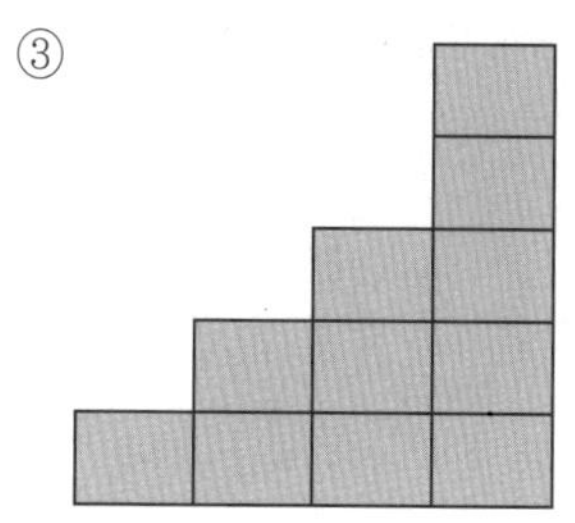

④ 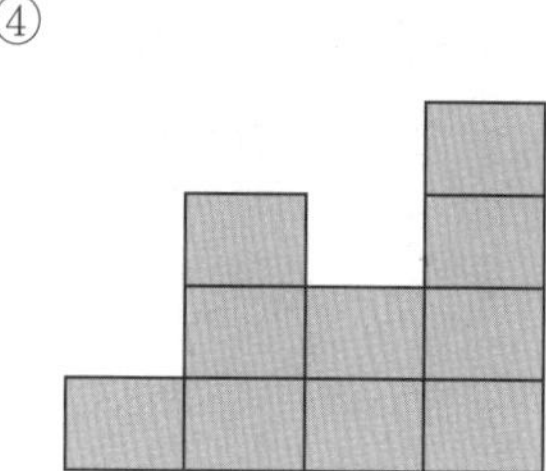

17

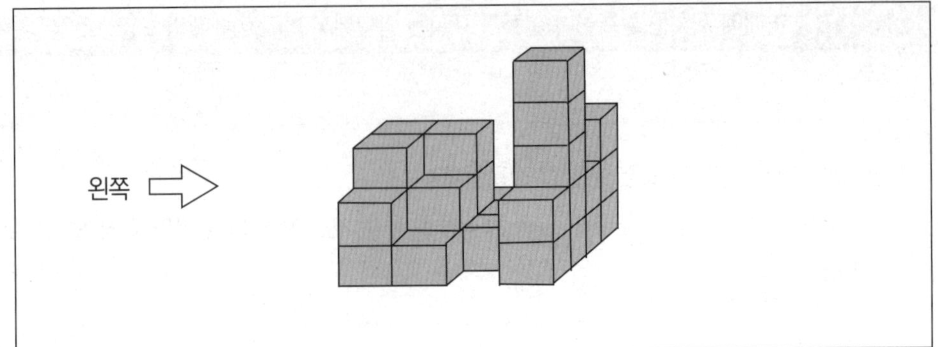

① 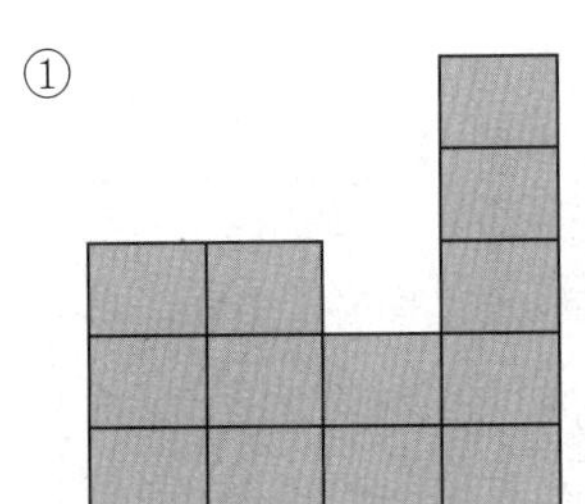

② 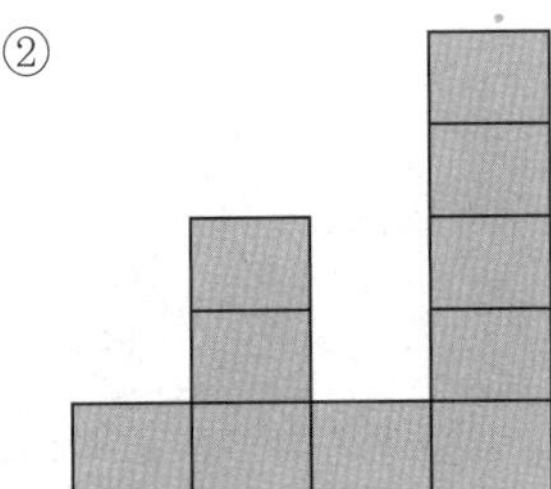

③ 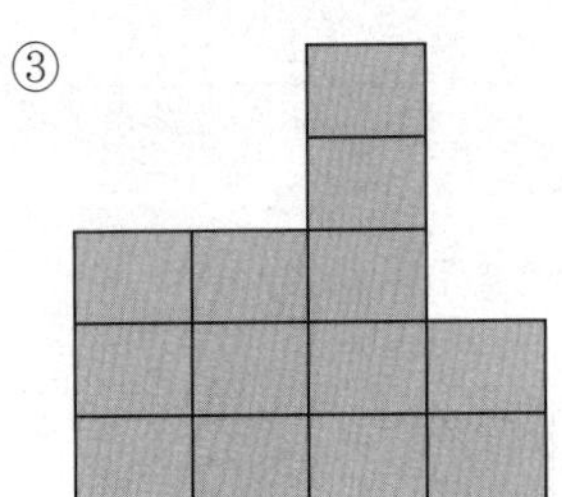

④ 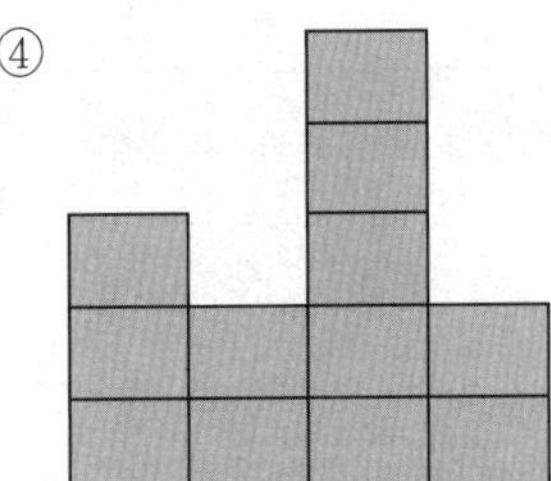

18

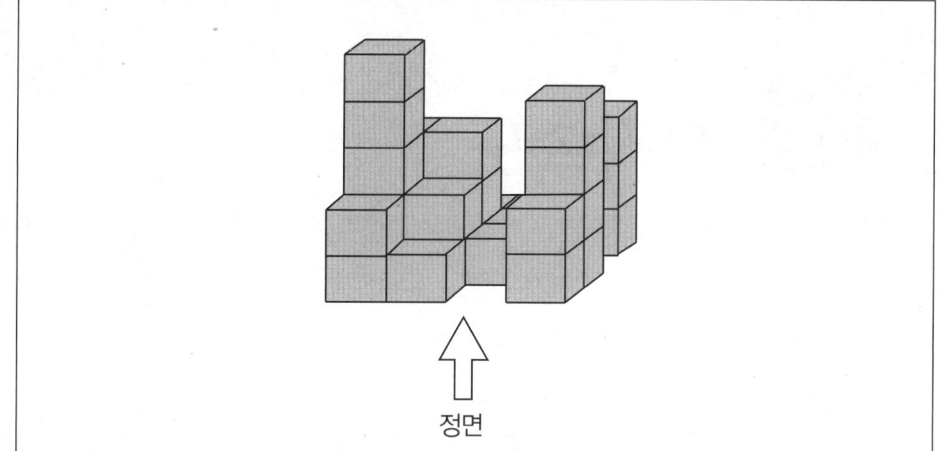

① 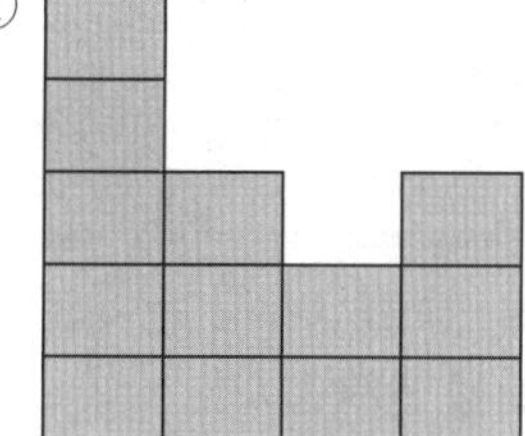

② 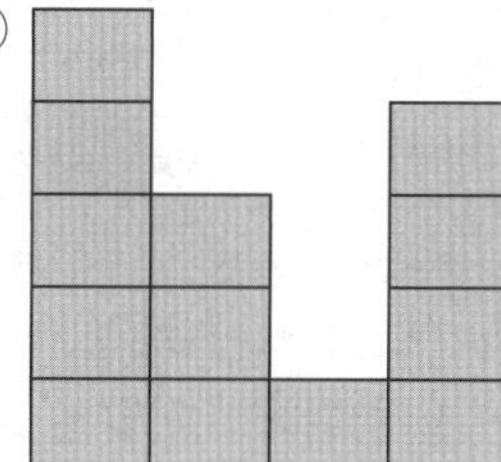

③ 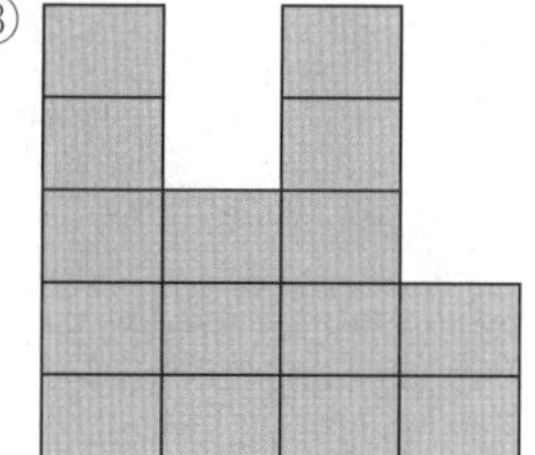

④ 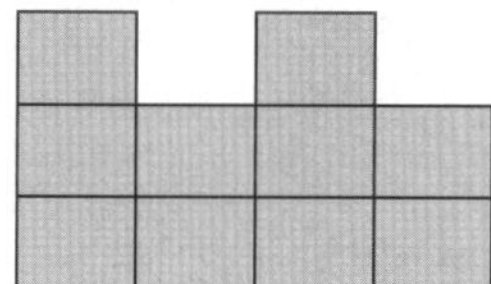

Chapter 05 지각속도

암호해석능력을 묻는 유형으로 눈으로 직접 읽고 문제를 해결하는 능력을 측정하기 위한 검사로 빠른 속도와 정확성을 요구하는 문제가 출제된다. 시간을 정해 최대한 빠른 시간 안에 문제를 정확하게 풀 수 있는 연습이 필요하며, 간혹 시간이 촉박하여 찍는 경우가 있는데 오답은 채점 시 감점 처리된다.

유형맛보기 01 아래 〈보기〉의 왼쪽과 오른쪽 기호의 대응을 참고하여 각 문제의 대응이 같으면 답안지에 '① 맞음'을, 틀리면 '② 틀림'을 선택하시오.

보 기

| a = 강 | b = 응 | c = 산 | d = 전 |
| e = 남 | f = 도 | g = 길 | h = 아 |

01 강응산전남   -   a b c d e   ① 맞음   ② 틀림

답 : ①

02 산도아남강   -   c f b e a   ① 맞음   ② 틀림

해설 산도아남강 - c f h e a

답 : ②

03 응길아전도   -   b g h d f   ① 맞음   ② 틀림

답 : ①

유형맛보기 02 아래의 문제 유형은 제시된 문자군, 문장, 숫자 중 특정한 문자 혹은 숫자의 개수를 빠르게 세어 표시하는 문제입니다.

| ㅑ | ㅏ ㅗ ㅑ ㅛ ㅡ ㅜ ㅟ ㅡ ㅕ ㅜ ㅠ ㅔ ㅐ ㅏ ㅐ ㅑ ㅒ ㅓ ㅗ ㅕ ㅘ ㅙ ㅖ ㅜ |

① 0개 ② 1개 ③ 3개

④ 5개 ⑤ 7개 답 : ③

유형맛보기 03 다음에 제시된 기호, 문자, 숫자가 같은 것을 찾으시오.

> 말갛게씻은얼굴고운해야솟아라.

① 말강게씻은얼굴고운해야솟아라. ② 말갛게씻은얼굴고운해야솟아라.

③ 말갛게씻은얼굴고운해야솟아라. ④ 말갛게싯은얼굴고운해야솟아라.

⑤ 말갛게씻은얼굴고운해야솟어라. 답 : ②

유형맛보기 04 다음의 기호들이 〈보기〉와 같이 각각의 숫자를 의미할 때, 아래 기호를 사용한 연산식의 답으로 옳은 것을 고르시오 .

┌─ 보 기 ─────────────────────────────────┐

○ = 1, ◇ = 2, □ = 3, ☆ = 4, △ = 5, ◎ = 6

┌───┐

◎ ÷ ◇ − □ + △

└───┘

① 3 ② 4 ③ 5

④ 6 ⑤ 7

해설 $6 \div 2 - 3 + 5 = 5$ 답 : ③

적 중 예 상 문 제

01~60 | 다음 〈보기〉의 왼쪽과 오른쪽 기호, 문자, 숫자의 대응을 참고하여 각 문제의 대응이 같으면 답안지에 '① 맞음'을, 틀리면 '② 틀림'을 선택하시오.

보 기

A = 가	B = 프	C = 민	D = 물
E = 동	F = 생	G = 원	H = 현

---

01 생 동 민 원 현 – F E C G H ① 맞음 ② 틀림

02 가 원 현 프 물 – A G H B D ① 맞음 ② 틀림

03 프 민 동 원 현 – B C F G H ① 맞음 ② 틀림

해설 프민<u>동</u>원현 – B C <u>E</u> G H

04 원 물 현 민 가 – G D H C A ① 맞음 ② 틀림

05 동 원 현 물 프 – E G H D C ① 맞음 ② 틀림

해설 동원현물<u>프</u> – E G H D <u>B</u>

06 ◗ ☆ ‰ ♫ ♨ – 6 1 4 5 7   ① 맞음   ② 틀림

해설 ◗ ☆ ‰ ♫ ♨ – 8̲ 1 4 5 7

07 ♣ ‰ ♠ ◗ ♨ – 3 7 2 6 4   ① 맞음   ② 틀림

해설 ♣ ‰̲ ♠ ◗ ♨ – 3 4̲ 2 6 7̲

08 ♠ ◗ ☆ ♫ ◗ – 2 8 1 5 6   ① 맞음   ② 틀림

09 ☆ ◗ ♨ ‰ ♣ – 5 6 7 4 3   ① 맞음   ② 틀림

해설 ☆ ◗ ♨ ‰ ♣ – 1̲ 6 7 4 3

10 ‰ ◗ ♨ ◗ ♫ – 4 6 7 8 5   ① 맞음   ② 틀림

<table>
<tr><td>보 기</td></tr>
</table>

| 가 = x | 나 = g | 다 = b | 라 = w |
| 마 = a | 바 = k | 사 = e | 아 = p |

11 g a b w x – 나 마 다 라 가 ① 맞음 ② 틀림

12 k p w g e – 바 아 라 나 마 ① 맞음 ② 틀림
해설 k p w g e – 바 아 라 나 사

13 b w x a p – 다 라 가 마 아 ① 맞음 ② 틀림

14 e g p w x – 사 나 아 바 가 ① 맞음 ② 틀림
해설 e g p w x – 사 나 아 라 가

15 w g a b e – 라 나 가 다 사 ① 맞음 ② 틀림
해설 w g a b e – 라 나 마 다 사

보 기

▼ = ㄱ   § = ㄷ   우 = ㅂ   ⊙ = ㅁ
▶ = ㅎ   ∽ = ㅌ   ☝ = ㅈ   ◆ = ㅅ

16 우 ▼ ∽ ▶ ☝ – ㅂ ㅎ ㅌ ㄱ ㅈ   ① 맞음   ② 틀림

해설 우 ▼ ∽ ▶ ☝ – ㅂ ㄱ ㅌ ㅎ ㅈ

17 § ∽ ◆ ⊙ 우 – ㄷ ㅌ ㅅ ㅁ ㅂ   ① 맞음   ② 틀림

18 ☝ 우 ⊙ ▶ ▼ – ㅈ ㅂ ㅁ ㅎ ㄱ   ① 맞음   ② 틀림

19 ▶ § ⊙ ∽ ☝ – ㅎ ㄷ ㅁ ㅌ ㅈ   ① 맞음   ② 틀림

20 ▼ ☝ ◆ 우 ∽ – ㄱ ㅈ ㅅ ㄷ ㅌ   ① 맞음   ② 틀림

해설 ▼ ☝ ◆ 우 ∽ – ㄱ ㅈ ㅅ ㅂ ㅌ

> **보 기**
>
> | | | | |
> |---|---|---|---|
> | 강 = 7 | 속 = 4 | 틀 = 1 | 평 = 5 |
> | 부 = 2 | 검 = 8 | 천 = 9 | 열 = 6 |

21 16795 – **틀 열 강 천 평** ① 맞음 ② 틀림

22 24786 – **부 속 강 검 열** ① 맞음 ② 틀림

23 95264 – **천 평 검 열 속** ① 맞음 ② 틀림

해설 9 5 2 6 4 - 천 평 부 열 속

24 81697 – **검 틀 열 천 강** ① 맞음 ② 틀림

25 74521 – **강 천 평 부 틀** ① 맞음 ② 틀림

해설 7 4 5 2 1 - 강 속 평 부 틀

보 기

| 포도 = ↖ | 감자 = ▨ | 나무 = ∞ | 양파 = ≪ |
| 미역 = ∴ | 사과 = ↘ | 앵두 = ♣ | 자두 = ▥ |

---

26 ▥ ↘ ♣ ∴ ≪ – **자두 포도 나무 미역 양파**   ① 맞음   ② 틀림

해설 ▥ ↘ ♣ ∴ ≪ – 자두 포도 <u>앵두</u> 미역 양파

27 ≪ ▨ ∞ ↘ ♣ – **양파 감자 나무 포도 앵두**   ① 맞음   ② 틀림

해설 ≪ ▨ ∞ ↘ ♣ – 양파 감자 나무 <u>사과</u> 앵두

28 ↘ ▨ ∞ ∴ ↖ – **사과 감자 나무 미역 포도**   ① 맞음   ② 틀림

29 ∞ ≪ ∴ ↖ ♣ – **자두 양파 미역 포도 앵두**   ① 맞음   ② 틀림

해설 <u>∞</u> ≪ ∴ ↖ ♣ – <u>나무</u> 양파 미역 포도 앵두

30 ▨ ▥ ↘ ♣ ∴ – **감자 자두 사과 앵두 미역**   ① 맞음   ② 틀림

---

31   29 9 11 15 0   –   ㅏ ㅛ ㅜ ㅗ ㅠ   ① 맞음   ② 틀림

32   3 42 0 11 29   –   ㅑ ㅕ ㅠ ㅜ ㅏ   ① 맞음   ② 틀림

해설 3 42 0 11 29 – ㅑ ㅓ ㅠ ㅜ ㅏ

33   0 15 3 42 7   –   ㅠ ㅗ ㅑ ㅓ ㅕ   ① 맞음   ② 틀림

34   11 9 15 7 3   –   ㅜ ㅛ ㅗ ㅏ ㅑ   ① 맞음   ② 틀림

해설 11 9 15 7 3 – ㅜ ㅛ ㅗ ㅕ ㅑ

35   9 42 0 29 7   –   ㅛ ㅓ ㅠ ㅏ ㅕ   ① 맞음   ② 틀림

┌─● 보 기 ●───┐
│   A = ㅎ   a = ㄷ   B = ㅋ   b = ㅂ   │
│   C = ㅊ   c = ㅌ   D = ㅈ   d = ㄴ   │
└──┘

36 ㅋㅎㅈㄴㅂ － B a D d b   ① 맞음   ② 틀림

해설 ㅋㅎㅈㄴㅂ－B<u>A</u>D d b

37 ㄷㅊㄴㅌㅎ － a C D c A   ① 맞음   ② 틀림

해설 ㄷㅊㄴㅌㅎ－a C<u>d</u>c A

38 ㅂㅌㅋㅈㅊ － b c B D C   ① 맞음   ② 틀림

39 ㅈㅋㅎㄷㄴ － D B A a d   ① 맞음   ② 틀림

40 ㄴㄷㅂㅈㅌ － d a b D c   ① 맞음   ② 틀림

36 ② 37 ② 38 ① 39 ① 40 ①

보 기

| ★ = G | O = K | ⇔ = L | ↔ = O |
| ℃ = X | ₵ = Y | ◎ = Q | £ = U |

---

41 L Q O Y K － £ ◎ ↔ ₵ O 　　① 맞음　　② 틀림

해설 L Q O Y K － ⇔ ◎ ↔ ₵ O

42 X G K Q U － ℃ ★ O ◎ £ 　　① 맞음　　② 틀림

43 G U O Y L － ★ £ ↔ ₵ ⇔ 　　① 맞음　　② 틀림

44 X L K U Q － ℃ ⇔ ★ £ ◎ 　　① 맞음　　② 틀림

해설 X L K U Q － ℃ ⇔ O £ ◎

45 Y O G L X － ₵ ↔ ★ ⇔ ◎ 　　① 맞음　　② 틀림

해설 Y O G L X － ₵ ↔ ★ ⇔ ℃

━● 보 기 ●━

| I = 34 | II = 51 | III = 7 | IV = 70 |
| V = 12 | VI = 29 | VII = 64 | VIII = 55 |

46 64 7 51 29 12 — VII III II VI V ① 맞음 ② 틀림

47 34 12 70 7 51 — I V IV VIII II ① 맞음 ② 틀림

해설 34 12 70 7 51 – I V IV III II

48 55 51 7 12 64 — VIII IV III V VII ① 맞음 ② 틀림

해설 55 51 7 12 64 – VIII II III V VII

49 70 64 12 55 34 — IV VII V VIII I ① 맞음 ② 틀림

50 51 34 29 7 12 — II I VI III V ① 맞음 ② 틀림

46 ① 47 ② 48 ② 49 ① 50 ①

┌─ 보 기 ──┐
각 = Ξ 남 = Φ 규 = $\mathbb{C}$ 책 = ⁑

쑥 = ¤   타 = ‰   창 = Θ 월 = ㅂ
└──┘

51 $\mathbb{C}\,\Phi\,$ㅂ$\,¤\,$⁑ – 규 각 월 쑥 책   ① 맞음   ② 틀림

해설 $\mathbb{C}\,\underline{\Phi}\,$ㅂ$\,¤\,$⁑ – 규 <u>남</u> 월 쑥 책

52 ㅂ$\,\Phi\,$⁑$\,‰\,\Xi$ – 월 남 책 타 각   ① 맞음   ② 틀림

53 ⁑$\,¤\,\Theta\,$ㅂ$\,\Phi$ – 책 쑥 창 월 남   ① 맞음   ② 틀림

54 $\Phi\,\Xi\,‰\,\Phi\,$⁑$\,\mathbb{C}$ – 남 각 타 남 책 규   ① 맞음   ② 틀림

55 ¤$\,\Theta\,$⁑$\,\Xi\,$ㅂ$\,\Theta$ – 쑥 창 책 각 월 각   ① 맞음   ② 틀림

해설 ¤$\,\Theta\,$⁑$\,\Xi\,$ㅂ$\,\underline{\Theta}$ – 쑥 창 책 각 월 <u>창</u>

56 왜 워 웨 유 의   –   o w m t l   ① 맞음   ② 틀림

57 워 위 와 왜 유   –   w s d m t   ① 맞음   ② 틀림

해설 워 위 와 왜 유 – w s d o t

58 와 웨 외 워 위   –   d m n w s   ① 맞음   ② 틀림

59 위 의 웨 와 유   –   s n m d t   ① 맞음   ② 틀림

해설 위 의 웨 와 유 – s l m d t

60 유 왜 의 와 워   –   t o s d w   ① 맞음   ② 틀림

해설 유 왜 의 와 워 – t o l d w

61~72 | 각각의 기호가 〈보기〉와 같은 단어를 의미한다면, 다음과 같은 순서로 기호가 제시되었을 때 가장 적절하게 해석된 것을 고르시오.

61

> 보 기
>
> ▨ = 사거리, ∞ = 일시정지, ≪ = 우회전, ╲ = 횡단보도, ∵ = 좌회전

$$╲ \rightarrow ∞ \rightarrow ▨ \rightarrow ∵$$

① 사거리에서 일시정지를 한 후 횡단보도에서 좌회전을 하였다.

② 횡단보도에서 일시정지를 한 후 사거리에서 좌회전을 하였다.

③ 횡단보도에서 좌회전을 한 후 사거리에서 우회전을 하였다.

④ 사거리에서 좌회전을 한 후 횡단보도에서 일시정지를 하였다.

⑤ 횡단보도에서 우회전을 한 후 사거리에서 일시정지를 하였다.

62

> 보 기
>
> ★ = 식목일, ○ = 등산, ⇔ = 아버지, ▲ = 심다, ℃ = 오르다, ⁂ = 나무

$$★ \rightarrow ⇔ \rightarrow ⁂ \rightarrow ▲$$

① 일요일에 아버지와 함께 등산을 하였다.

② 아버지와 함께 나무를 심으러 등산을 하였다.

③ 식목일에 아버지와 함께 나무를 심었다.

④ 아버지와 함께 등산을 하러 산에 갔다.

⑤ 식목일에 아버지와 함께 산에 올라갔다.

63

◎ = 책, £ = 문구점, ＼ = 시험, ♣ = 친구, ▦ = 공원, ㅂ = 서점

＼ → ♣ → ㅂ → ◎

① 시험이 끝난 후 친구와 함께 문구점에 들러 책을 샀다.
② 공원에서 시험을 본 후 친구와 서점을 갔다.
③ 시험을 본 친구가 서점 옆 문구점에 가자고 하였다.
④ 시험이 끝난 후 친구와 함께 서점에 들러 책을 샀다.
⑤ 친구와 시험을 본 후 서점에 들러 책을 보았다.

64

‰ = 못한다, ⊼ = 물은, △ = 다시, ▽ = 담지, ※ = 주워, ♣ = 엎질러진

♣ → ⊼ → △ → ※ → ▽ → ‰

① 엎질러진 주워 엎질러진 담지 못한다.
② 물은 다시 엎질러진 주워 담지 못한다.
③ 엎질러진 물은 다시 주워 담지 못한다.
④ 엎질러진 물은 주워 다시 담지 못한다.
⑤ 물은 엎질러진 주워 담지 다시 못한다.

65

<보 기>
ᅮ = 사진, ‡‡ = 일출, ¤ = 찍다, ∨ = 일몰, ⁂ = 기다림, ∴ = 해

∨ → ᅮ → ¤ → ⁂

① 일몰 사진을 찍기 위해 기다렸다.
② 일몰 사진을 기다리기 위해 사진을 찍었다.
③ 해가 지기를 기다렸다가 일출 사진을 찍었다.
④ 일출 사진을 찍기 위해 기다렸다.
⑤ 해가 뜨기를 기다렸다가 일출 사진을 찍었다.

66

<보 기>
* = 신호등, % = 좌회전, ^ = 통과, # = 우회전, @ = 주차, & = 유턴

% → # → &

① 우회전해서 우회전했다가 통과하기
② 좌회전해서 유턴했다가 우회전하기
③ 좌회전해서 우회전했다가 유턴하기
④ 우회전해서 유턴했다가 주차하기
⑤ 좌회전해서 유턴했다가 주차하기

67

!? = 돌에는, ✿ = 끼지, ₩ = 구르는, ‰ = 않는다, ⬡ = 이끼가

₩ → !? → ⬡ → ✿ → ‰

① 구르는 이끼가 돌에는 끼지 않는다.
② 구르는 돌에는 이끼가 끼지 않는다.
③ 돌에는 구르는 이끼가 끼지 않는다.
④ 돌에는 이끼가 끼지 구르는 않는다.
⑤ 구르는 돌에는 끼지 이끼가 않는다.

68

I = in, II = need, III = a, IV = friend, V = A, VI = is, VII = indeed, VIII = friend

V → IV → I → II → VI → III → IV → VII

① A is a friend need friend in need.
② A friend is a friend need in indeed.
③ A friend in indeed is a friend need.
④ A in need friend is a friend indeed.
⑤ A friend in need is a friend indeed.

69

보 기

☆ = 연못, △ = 나무, ♧ = 학교, ◇ = 자전거, ♡ = 꽃, ○ = 집

♧ ☆ △

① 학교 왼쪽에는 나무가 있고 오른쪽에는 꽃이 있다.
② 학교 왼쪽에는 연못이 있고 오른쪽에는 나무가 있다.
③ 학교 오른쪽에는 연못이 있고 왼쪽에는 꽃이 있다.
④ 연못 왼쪽에는 나무가 있고 오른쪽에는 학교가 있다.
⑤ 연못 왼쪽에는 학교가 있고 오른쪽에는 나무가 있다.

70

보 기

∞ = 운동장, ⬭ = 학교, ♡ = 꽃, △ = 나무, ♧ = 우체국, ◎ = 연못

∞ △

① 학교 안에는 연못과 운동장이 있다.　② 학교 주변에는 우체국과 나무가 있다.
③ 학교 안에는 운동장과 나무가 있다.　④ 학교 옆에는 연못과 자전거가 있다.
⑤ 학교 주변에는 나무와 자전거가 있다.

71

보 기

□ = 책상, ◉ = 의자, ⋮ = 공책, ✳ = 가방, ⬍ = MP3, ♱ = 지우개

⋮ ✳

① 의자 위에는 가방과 지우개가 있다.　② 책상 위에는 가방과 지우개가 있다.
③ 공책과 가방 아래 의자가 있다.　④ 책상 위에는 공책과 가방이 놓여 있다.
⑤ 책상 아래에는 공책과 MP3가 놓여 있다.

72

보 기

A = 백화점, B = 터미널, C = 공원, D = 주차장, E = 병원

E A B

① 백화점 왼쪽에는 병원이 있고, 오른쪽에는 터미널이 있다.
② 백화점 왼쪽에는 공원이 있고, 오른쪽에는 주차장이 있다.
③ 터미널 왼쪽에는 백화점이 있고, 오른쪽에는 병원이 있다.
④ 병원 오른쪽에는 백화점이 있고, 왼쪽에는 터미널이 있다.
⑤ 병원 오른쪽에는 백화점이 있고, 왼쪽에는 주차장이 있다.

73~76 | 다음과 같이 영문 알파벳은 각각 한글 자음과 모음을 나타낸다고 할 때, 제시된 영문 알파벳이 나타내는 우리말 단어를 고르시오.

A	B	C	D	E	F	G	H	I	J	K	L	M	N
ㄱ	ㄴ	ㄷ	ㄹ	ㅁ	ㅂ	ㅅ	ㅇ	ㅈ	ㅊ	ㅋ	ㅌ	ㅍ	ㅎ

a	b	c	d	e	f	g	h	i	j	k	l	m
ㅏ	ㅑ	ㅓ	ㅕ	ㅗ	ㅛ	ㅜ	ㅠ	ㅡ	ㅣ	ㅔ	ㅐ	ㅚ

73

N a B A i D

① 한글　　　　　② 영화　　　　　③ 소설
④ 극장　　　　　⑤ 하늘

74

NmEaH

① 성공　　　　② 실패　　　　③ 정체
④ 희망　　　　⑤ 낙관

75

KeGiEeGi

① 무궁화　　　　② 개나리　　　　③ 진달래
④ 물망초　　　　⑤ 코스모스

76

GjAiEJj

① 고등어　　　　② 시금치　　　　③ 고사리
④ 미리내　　　　⑤ 갈매기

　74 ④　75 ⑤　76 ②

77~80 | 컴퓨터 자판을 이용하여 제시된 한글을 영문자판으로 입력했을 때의 결과를 고르시오.

a	b	c	d	e	f	g	h	i	j	k	l	m
ㅁ	ㅠ	ㅊ	ㅇ	ㄷ	ㄹ	ㅎ	ㅗ	ㅑ	ㅓ	ㅏ	ㅣ	ㅡ

n	o	p	q	r	s	t	u	v	w	x	y	z
ㅜ	ㅐ	ㅔ	ㅂ	ㄱ	ㄴ	ㅅ	ㅕ	ㅍ	ㅈ	ㅌ	ㅛ	ㅋ

77

수영을 하다.

① tndjddnf gkek　　　　② tmduddnf gkek

③ tnduddmf gkek　　　　④ rnduddmf gkek

⑤ enduddmf gjek

78

단풍놀이

① ekscndskfdl　　　　② eksvndshfdl

③ wkavndshfdl　　　　④ tkdvndghsdl

⑤ wksvndshfdl

79

마법사의 돌

① akqjatkdml ehf　　② dkqjqtkdml ehf
③ akqjatkdml ehf　　④ dkqjatkdml ehf
⑤ akqjqtkdml ehf

80

풀기가 세다.

① dnfrlrk tjek　　② anfrlrk tpek
③ vnfrlrk tpek　　④ vnfrlrk tjek
⑤ anfrlrk tjek

81~84| 다음과 같이 한글 자모를 영문 알파벳으로 나타낸다고 할 때, 제시된 한글을 영문 알파벳으로 바르게 나타낸 것을 고르시오.

ㄱ	ㄲ	ㄴ	ㄷ	ㄸ	ㄹ	ㅁ	ㅂ	ㅃ	ㅅ	ㅆ	ㅇ	ㅈ	ㅉ	ㅊ	ㅋ	ㅌ	ㅍ	ㅎ
A	B	C	D	E	F	G	H	I	J	K	L	M	N	O	P	Q	R	S

ㅏ	ㅐ	ㅑ	ㅒ	ㅓ	ㅔ	ㅕ	ㅖ	ㅗ	ㅘ	ㅙ	ㅚ	ㅛ	ㅜ	ㅝ	ㅞ	ㅟ	ㅠ	ㅡ	ㅢ	ㅣ
a	b	c	d	e	f	g	h	i	j	k	l	m	n	o	p	q	r	s	t	u

81

대한민국

① DbSaCGuCAnA　　　　② DdSaCGuCAnA
③ DbSeCGuCAnA　　　　④ DbSaGCuCAnA
⑤ DbSaCGuCAmA

82

호랑나비

① SjFaLCaHu　　　　② SiFaLcaHv
③ SiFaLCaHu　　　　④ SiFaMCaKu
⑤ SiFaLCaku

83

바이러스

① HaLuFeJs　　　　② HaluFeJs
③ HaLUFeJs　　　　④ HaLufeJs
⑤ HeLuFejs

84

아틀란티카

① LaQsFfaCQuPa　　　　② LaQsfEaCQuPa
③ LaQsFFaGQuPa　　　　④ LaQsFFaCQuPa
⑤ LaQsFFaCQvPa

85~88 | 〈보기 1〉의 기호를 〈보기 2〉의 기호로 바꿀 경우, 주어진 문제를 바르게 바꾼 것을 고르시오.

● 보기 1 ●

A	J	D	N	K	C	Q	E	O	R
I	V	S	B	M	L	F	P	G	H

● 보기 2 ●

11	20	13	26	50	23	41	84	9	65
34	75	61	68	94	22	43	12	8	77

85

LOVE

① 23 9 75 12 ② 22 8 75 84

③ 22 8 75 12 ④ 23 9 75 84

⑤ 22 9 75 84

86

RAIN

① 65 41 34 68 ② 75 11 34 26

③ 65 41 34 26 ④ 65 11 34 26

⑤ 50 11 94 26

87

| SMILE |

① 61 84 34 22 84 ② 11 94 34 22 84
③ 61 94 34 22 84 ④ 61 34 94 22 84
⑤ 61 94 34 12 84

88

| PEACE |

① 12 84 11 23 84 ② 68 84 11 23 84
③ 12 84 13 23 84 ④ 12 94 11 23 84
⑤ 13 84 11 23 84

89 ~ 135 | 다음에서 각 문제의 왼쪽에 표시된 기호, 문자, 숫자의 개수를 모두 고르시오.
(단, 영어는 대소문자를 구분하지 않는다)

89

| 7 | 26945130817879605437715498901757 7848765 |

① 4개 ② 6개 ③ 8개
④ 10개 ⑤ 12개

해설 26945130817879605437715498901757 7848765

90

1	8131649154978513216979853216875325481234

① 3개　② 4개　③ 5개
④ 6개　⑤ 7개

해설 8131649154978513216979853216875325481234

91

★	★＃□§@★☆＃■□§◆＃@□★§◇▷＃★@▣＃□§★

① 2개　② 3개　③ 4개
④ 5개　⑤ 6개

해설 ★＃□§@★☆＃■□§◆＃@□★§◇▷＃★@▣＃□§★

92

ㄷ	우리나라의 사회봉사명령은 다양한 법적 근거에 의하여, 폭넓은 대상자에 대하여, 갖가지 형태로 집행되고 있다.

① 1개　② 4개　③ 5개
④ 7개　⑤ 9개

해설 우리나라의 사회봉사명령은 다양한 법적 근거에 의하여, 폭넓은 대상자에 대하여, 갖가지 형태로 집행되고 있다.

93

o	One man with courage makes a majority.

① 2개　② 3개　③ 4개
④ 5개　⑤ 6개

해설 One man with courage makes a majority.

정답 90 ⑤ 91 ④ 92 ③ 93 ②

94

ㄹ

1년간의 행복을 위해서는 정원을 가꾸고, 평생의 행복을 원한다면 나무를 심어라.

① 2개 ② 3개 ③ 5개
④ 6개 ⑤ 8개

해설 1년간의 행복을 위해서는 정원을 가꾸고, 평생의 행복을 원한다면 나무를 심어라.

95

E

Albert Einstein once attributed the creativity of a famous scientist to the fact that he never went to school, and therefore preserved the rare gift of thinking freely.

① 19개 ② 20개 ③ 21개
④ 23개 ⑤ 26개

해설 Albert Einstein once attributed the creativity of a famous scientist to the fact that he never went to school, and therefore preserved the rare gift of thinking freely.

96

▷

☊◇△▷▲♡▽☊◆△▷◁♡▷☊▶▷▽◇▷▶△▷▲◁▷♡

① 7개 ② 8개 ③ 9개
④ 10개 ⑤ 11개

해설 ☊◇△▷▲♡▽☊◆△▷◁♡▷☊▶▷▽◇▷▶△▷▲◁▷♡

97

3

3160195786712386267983455846841635518720

① 2개 ② 4개 ③ 6개
④ 8개 ⑤ 10개

해설 3160195786712386267983455846841635518720

98

| ㄱ |

가는 말이 고와야 오는 말이 곱다.

① 1개　　　② 2개　　　③ 3개
④ 4개　　　⑤ 5개

해설　<u>가</u>는 말이 <u>고</u>와야 오는 말이 <u>곱</u>다.

99

| d |

ahfpiehgkflkdhdfdpapiadhlkgadkfhadidsedhi

① 1개　　　② 3개　　　③ 5개
④ 6개　　　⑤ 8개

해설　ahfpiehgkflk<u>d</u>h<u>d</u>f<u>d</u>papia<u>d</u>hlkga<u>d</u>kfha<u>d</u>i<u>d</u>se<u>d</u>hi

100

| ? |

^%?@%?#@?$&**((?^)_&%@&%?&(?$^?

① 1개　　　② 3개　　　③ 5개
④ 7개　　　⑤ 9개

해설　^%<u>?</u>@%<u>?</u>#@<u>?</u>$&**((<u>?</u>^)_&%@&%<u>?</u>&(<u>?</u>$^<u>?</u>

101

| ㅏ |

침묵은 말문을 닫아 주고 마음의 문을 열게 한다.

① 3개　　　② 6개　　　③ 7개
④ 9개　　　⑤ 11개

해설　침묵은 말문을 <u>닫</u>아 주고 <u>마</u>음의 문을 <u>열</u>게 한<u>다</u>.

102

| a |

ajpqjniglkadfndgiaoifadfdangpadaidjfdalkagoi

① 5개   ② 6개   ③ 7개
④ 8개   ⑤ 9개

해설 ajpqjniglkadfndgiaoifadfdangpadaidjfdalkagoi

103

| 2 |

8438031384803121204543210354654602134680

① 4개   ② 5개   ③ 6개
④ 7개   ⑤ 8개

해설 8438031384803121204543210354654602134680

104

| ㅅ |

별을 노래하는 마음으로 모든 죽어가는 것을 사랑해야지.

① 0개   ② 1개   ③ 2개
④ 3개   ⑤ 4개

해설 별을 노래하는 마음으로 모든 죽어가는 것을 사랑해야지.

105

| + |

≥ + - ≤ ≡ ÷ ≡ ≥ × ÷ ≒ ≤ - ÷ ≥ ≠ - ≡ ≤ ≥ ≒ ≡ - ≡ ≥

① 0개   ② 1개   ③ 2개
④ 3개   ⑤ 4개

해설 ≥ + - ≤ ≡ ÷ ≡ ≥ × ÷ ≒ ≤ - ÷ ≥ ≠ - ≡ ≤ ≥ ≒ ≡ - ≡ ≥

106

| 6 | 1387621650680645106710865406456068648640648068 |

① 10개 ② 11개 ③ 12개
④ 13개 ⑤ 14개

해설 1387621650680645106710865406456068648640648068

107

| k | Naked came we into the world and naked shall we depart from it. |

① 2개 ② 3개 ③ 4개
④ 5개 ⑤ 6개

해설 Naked came we into the world and naked shall we depart from it.

108

| ← | →←↓↔⇔⇒↗↙↘↘↓↑→←↓↔⇔⇒↗↙↘↘↓ |

① 2개 ② 3개 ③ 4개
④ 5개 ⑤ 6개

해설 →←↓↔⇔⇒↗↙↘↘↓↑→←↓↔⇔⇒↗↙↘↘↓

109

| 9 | 156754865356684487512326845700806848412605678 |

① 0개 ② 1개 ③ 2개
④ 3개 ⑤ 4개

해설 156754865356684487512326845700806848412605678

106 ④ 107 ① 108 ① 109 ①

110

| & |

^∀¤^∃∫&#^‰*^∃∫#∞&Σ∝∃^#&∫∀∽%∀^#∫

① 0개　　　② 1개　　　③ 2개
④ 3개　　　⑤ 4개

해설 ^∀¤^∃∫&#^‰*^∃∫#∞&Σ∝∃^#&∫∀∽%∀^#∫

111

| p |

A loaf of bread is better than the song of many birds

① 0개　　　② 1개　　　③ 2개
④ 3개　　　⑤ 4개

해설 A loaf of bread is better than the song of many birds

112

| ㅁ |

낮말은 새가 듣고 밤말은 쥐가 듣는다.

① 2개　　　② 3개　　　③ 4개
④ 5개　　　⑤ 6개

해설 낮말은 새가 듣고 밤말은 쥐가 듣는다.

113

| 4 |

04541054509741506478016871456417680514054678

① 6개　　　② 7개　　　③ 8개
④ 9개　　　⑤ 10개

해설 04541054509741506478016871456417680514054678

114

| ♥ |

★♥◆♣♥★▲▶●♥◆▲▼♥♣▶◆★♣♥●◆◀♥♥♣★●

① 2개　　　　　　② 4개　　　　　　③ 5개
④ 6개　　　　　　⑤ 7개

해설　★♥◆♣♥★▲▶●♥◆▲▼♥♣▶◆★♣♥●◆◀♥♥♣★●

115

| ㅈ |

고모장지 세살장지 가로다지 여다지에 암돌저귀 수돌저귀 배목걸새 뚝딱 박고 용거북 자물쇠로 수기수기 채웠는데 병풍이라 덜걱 접은 족자이라 대대글 만드니 어느 틈으로 들어온다.

① 10개　　　　　　② 12개　　　　　　③ 13개
④ 14개　　　　　　⑤ 16개

해설　고모장지 세살장지 가로다지 여다지에 암돌저귀 수돌저귀 배목걸새 뚝딱 박고 용거북 자물쇠로 수기수기 채웠는데 병풍이라 덜걱 접은 족자이라 대대글 만드니 어느 틈으로 들어온다.

116

| q |

There are two sides to every question.

① 1개　　　　　　② 2개　　　　　　③ 4개
④ 5개　　　　　　⑤ 7개

해설　There are two sides to every question.

117

| 8 |

01054787980687128792078340257850921507615

① 1개　　　　　　② 2개　　　　　　③ 4개
④ 6개　　　　　　⑤ 8개

해설　01054787980687128792078340257850921507615

118

| ℃ | Å♀▽℃c▽‰Å℃▽♻c¥℃£♻♀℃‰¥Å‰▽♻℃▽℃♀ |

① 0개　　　　② 1개　　　　③ 3개
④ 5개　　　　⑤ 6개

해설　Å♀▽℃c▽‰Å℃▽♻c¥<u>℃</u>£♻♀<u>℃</u>‰¥Å‰▽♻℃▽<u>℃</u>♀

119

| ㅣ | 취미생활을 하기 위하여 읽는 책 |

① 2개　　　　② 3개　　　　③ 4개
④ 5개　　　　⑤ 6개

해설　취<u>미</u>생활을 하<u>기</u> 위하여 <u>읽</u>는 책

120

| 0 | 0a1gd2gw0a1gd23h4890a1gd2dhf05hsj124qwr5 |

① 1개　　　　② 2개　　　　③ 3개
④ 4개　　　　⑤ 5개

해설　<u>0</u>a1gd2gw<u>0</u>a1gd23h489<u>0</u>a1gd2dhf<u>0</u>5hsj124qwr5

121

| ㅍ | 사람은 자신의 적성에 따라 하고 싶은 일을 할 때 행복을 느낀다. |

① 1개　　　　② 2개　　　　③ 3개
④ 4개　　　　⑤ 5개

해설　사람은 자신의 적성에 따라 하고 싶은 일을 할 때 행복을 느낀다.

122

g

ahiphoqihglkdfsakdfkghaoidaiadnhjxbiebvuwlnfdifjqnhgdkfd

① 0개   ② 1개   ③ 2개
④ 3개   ⑤ 4개

해설 ahiphoqihglkdfsakdfkghaoidaiadnhjxbiebvuwlnfdifjqnhgdkfd

123

5

18257581987657395453097109358014975916386495816591

① 1개   ② 3개   ③ 5개
④ 7개   ⑤ 9개

해설 18257581987657395453097109358014975916386495816591

124

V

V IX II viii IX III VIII VIII IV iii IX V III IX III VIII viii VIII iii XII XI III IX III VIII x viii

① 1개   ② 2개   ③ 3개
④ 4개   ⑤ 5개

해설 V IX II viii IX III VIII VIII IV iii IX V III IX III VIII viii VIII iii XII I III IX III VIII x viii

125

ㅎ

ㅁㅈㄱㅇㅁㅎㅇㄴㅈㄷㅇㅌㅊㅌㅎㅁㅇㄹㄷㅈㅇㅊㅌㅁㄴㅂㄷㅇ

① 2개   ② 4개   ③ 6개
④ 8개   ⑤ 10개

해설 ㅁㅈㄱㅇㅁㅎㅇㄴㅈㄷㅇㅌㅊㅌㅎㅁㅇㄹㄷㅈㅇㅊㅌㅁㄴㅂㄷㅇ

126

| Y |

gEdhGyeYxeDgSehyXckTtyUpOepDLjklMuUsdH

① 2개 ② 3개 ③ 4개
④ 5개 ⑤ 6개

해설 gEdhGyeYxeDgSehyXckTtyUpOepDLjklMuUsdH

127

| ㅡ |

나의 살던 고향은 꽃피는 산골

① 2개 ② 3개 ③ 4개
④ 5개 ⑤ 6개

해설 나의 살던 고향은 꽃피는 산골

128

| ♡ |

◎△◇♡▽◁△♧◎♡△◇♡◁▽◇♡♧◎▽△◇♡♡♧◇◎▽△

① 5개 ② 7개 ③ 9개
④ 11개 ⑤ 13개

해설 ◎△◇♡▽◁△♧◎♡△◇♡◁▽◇♡♧◎▽△◇♡♡♧◇◎▽△

129

| 7 |

09480703589018706204048057156703450157324186

① 4개 ② 5개 ③ 6개
④ 7개 ⑤ 8개

해설 09480703589018706204048057156703450157324186

130

| ㄴ |

국어 순화는 많은 사람에게 영향을 주는 대중 매체부터 시작해야 한다.

① 2개   ② 4개   ③ 6개
④ 8개   ⑤ 10개

해설 국어 순화는 많은 사람에게 영향을 주는 대중 매체부터 시작해야 한다.

131

| B |

Better bend than break.

① 1개   ② 2개   ③ 3개
④ 4개   ⑤ 5개

해설 Better bend than break.

132

| × |

×□◇×○±×◇±÷△□≥◇○÷≥×◇△×±□

① 3개   ② 5개   ③ 6개
④ 8개   ⑤ 9개

해설 ×□◇×○±×◇±÷△□≥◇○÷≥×◇△×±□

133

| ㅂ |

층암절벽 높은 바위 바람 분들 무너지며, 청송녹죽 푸른 남기 눈이 온들 변하리까?

① 5개   ② 6개   ③ 7개
④ 8개   ⑤ 9개

해설 층암절벽 높은 바위 바람 분들 무너지며, 청송녹죽 푸른 남기 눈이 온들 변하리까?

134

| 1 | 0124885988415587305618740151508501610040184 05605 |

① 3개   ② 4개   ③ 5개
④ 8개   ⑤ 9개

해설 0124885988415587305618740151508501610040184 05605

135

| ㅑ | ㅏㅗㅑㅛㅡㅜㅟㅡㅑㅜㅠㅔㅐㅏㅐㅑㅐㅢㅗㅕㅘㅙㅖㅜ |

① 0개   ② 1개   ③ 3개
④ 5개   ⑤ 7개

해설 ㅏㅗㅑㅛㅡㅜㅟㅡㅑㅜㅠㅔㅐㅏㅐㅑㅐㅢㅗㅕㅘㅙㅖㅜ

---

136 ~ 147 | 다음 〈보기〉에 제시된 단어와 같은 단어의 개수를 고르시오.

┌ 보 기 ┐

나비 나방 나눔 나비 나이 나무 나비 나눔
나눔 나방 나이 나무 나비 나방 나무 나비
나이 나무 나무 나이 나비 나눔 나무 나비
나사 나눔 나비 나이 나비 나무 나사 나눔

136

| | 나무 |

① 0개   ② 1개   ③ 3개
④ 5개   ⑤ 7개

137

나눔

① 2개　　　② 4개　　　③ 6개
④ 8개　　　⑤ 10개

138

나이

① 5개　　　② 6개　　　③ 7개
④ 8개　　　⑤ 9개

─ 보 기 ─

자만　자전거　자루　자세　장만　잔해　자세　자본
자세　자루　자본　자취　작살　자동　장만　자전거
자세　자루　자만　장해　자세　잔해　장만　잘난척
작위　자극　자세　자태　잔해　장만　자전거　자본

139

자세

① 4개　　　② 6개　　　③ 8개
④ 9개　　　⑤ 10개

140

자극

① 0개　　　② 1개　　　③ 2개
④ 3개　　　⑤ 4개

141

잔해

① 0개   ② 1개   ③ 2개
④ 3개   ⑤ 4개

보 기

고사리 고드름 고쟁이 곡갱이 고무채 고무테 고등어
곡갱이 고무테 고드름 고등어 고쟁이 고사리 고무테
여드름 고무테 고무채 고쟁이 곡갱이 고등어 고사리
고쟁이 고사리 고드름 고등어 고무테 여드름 고등어

142

고등어

① 2개   ② 3개   ③ 4개
④ 5개   ⑤ 6개

143

고쟁이

① 4개   ② 5개   ③ 6개
④ 7개   ⑤ 8개

144

고드름

① 2개   ② 3개   ③ 4개
④ 5개   ⑤ 6개

보 기

사랑	사람	사부	사병	사법	사범	사랑	사법
사수	사부	사람	사랑	사병	사법	사수	사람
사병	사수	사감	사범	사법	사부	사랑	사감
사병	사법	사부	사수	사람	사경	사치	사부

145

사랑

① 2개 ② 4개 ③ 6개
④ 8개 ⑤ 10개

146

사법

① 1개 ② 3개 ③ 5개
④ 7개 ⑤ 9개

147

사부

① 1개 ② 3개 ③ 5개
④ 7개 ⑤ 9개

148 ~ 153 | 다음에 제시된 기호, 문자, 숫자가 다른 것을 찾으시오.

148

$$35.45 \div 45 = 0.7878$$

① $35.45 \div 45 = 0.7878$ ② $35.45 \div 45 = 0.7878$

③ $3.545 \div 45 = 0.7878$ ④ $35.45 \div 45 = 0.7878$

⑤ $35.45 \div 45 = 0.7878$

149

잔디밭에들어가지마시오.

① 잔디밭에들어가지마시오.   ② 잔디밭에들어가지마시오.

③ 잔디밭에들어가지마시오.   ④ 잔디밭에들어가지마시요.

⑤ 잔디밭에들어가지마시오.

150

★◇●○◆◎▼▷▲○■♡◀

① ★◇●○◆◎▼▷▲○■♡◀   ② ★◇●○◆◎▼▷▲○■♡◀

③ ★◇●○◆◎▼▷▲○■♡◀   ④ ★◇●○◆○▼▷▲○■♡◀

⑤ ★◇●○◆◎▼▷▲○■♡◀

151

8430198025871015 04687

① 8430198025871015 04687   ② 8430193025871015 04687

③ 8430198025871015 04687   ④ 8430198025871015 04687

⑤ 8430198025871015 04687

152

동해물과백두산이마르고닳도록

① 동해물과백두산이마르고닳도록
② 동해물과백두산이마르고닳도록
③ 동해물과백두산이마르고닳도록
④ 동해물과백두산이마르고닳도록
⑤ 동해문과백두산이마르고닳도록

153

십이억삼천사백오십육만칠천팔백구십팔

① 십이억삼천사백오십육만칠천팔백구십팔
② 십이억삼천사백오십육만칠천팔백구십팔
③ 십이억사천사백오십육만칠천팔백구십팔
④ 십이억삼천사백오십육만칠천팔백구십팔
⑤ 십이억삼천사백오십육만칠천팔백구십팔

154 ~ 159 | 다음에 제시된 기호, 문자, 숫자가 같은 것을 찾으시오.

154

말갛게씻은얼굴고운해야솟아라.

① 말강게씻은얼굴고운해야솟아라.　② 말갛게씻은얼굴고운해야솟아라.
③ 말갛게씻은얼굴고은해야솟아라.　④ 말갛게싯은얼굴고운해야솟아라.
⑤ 말갛게씻은얼굴고운해야솟어라.

155

> 1.0kcal/kg · K

① 1.0kcol/kg · K ② 1.0kcal/kg · k ③ 1.0kcai/kg · K
④ 1.0Kcal/kg · K ⑤ 1.0kcal/kg · K

156

> 345-679-0123634

① 344-679-0123634 ② 345-679-0123634 ③ 345-687-0123634
④ 345-679-9123834 ⑤ 345-679-0128334

157

> JLMRETHPASEHJLOW

① JLMBETHPASEHJLOW ② JLNRETHPASEHJLOW
③ JLMRETHPASEHJLOW ④ JLMRETHPASEHJLQW
⑤ JLMRETHPASEHJLOV

158

> 겨울이가고시나브로봄이왔다.

① 겨울이가고시나브로봄이왔다. ② 겨울이가도시나브로봄이왔다.
③ 겨울아가고시나브로봄이왔다. ④ 겨울이가고시나브루봄이왔다.
⑤ 겨울이가고시나브로봄이오다.

159

7894564231015468

① 7894564232015468　　② 7894564231017468
③ 7894563231015468　　④ 7894564231015468
⑤ 7894564231015489

160~166 | 제시된 문자 및 기호열을 오른쪽의 문자 및 기호부터 왼쪽으로 다시 배열한 것을 고르시오.

160

125345476789

① 987654321123　　② 987674543521
③ 987674345421　　④ 917654543521
⑤ 987673543521

161

윈도우미디어플레이어

① 어이레플어디미우도원　　② 어이레플어미디우도원
③ 어이레플어디미우원도　　④ 어이래플어디미우도원
⑤ 이어레플어미디우도원

162

TSMRGEHWTHP

① BHTWHEGRMST 　　　　② PHTVHEGRMST
③ PHTWHECRMST 　　　　④ PHTWHEGRMST
⑤ PHTWHUGRMST

163

삼백오십만이천칠백팔십구

① 구만팔백칠천이만십오백삼 　　　　② 구십팔백칠백이만십오백삼
③ 구십팔백칠천이만십오백삼 　　　　④ 구십팔백칠천이망십오백삼
⑤ 구십팔백칠천이만심오백삼

164

春雨細不滴

① 滴不雨細春 　　② 滴細不雨春 　　③ 滴不細春雨
④ 不滴細雨春 　　⑤ 滴不細雨春

165

001122001100110101

① 100111001100221100 　　　　② 101010101100221100
③ 101011000011221100 　　　　④ 101011001100221100
⑤ 101011001100122100

166

ㄷㄴㅇㅎㅌㅊㅈㅅㄱㅂㄴㅁ

① ㅂㄴㅂㄱㅅㅈㅊㅌㅎㅇㄴㄷ
② ㅁㄴㅂㄱㅅㅈㅊㅌㅎㅇㄴㄷ
③ ㅁㄷㅂㄱㅅㅈㅊㅌㅎㅇㄴㄷ
④ ㅁㄴㅂㄴㅅㅈㅊㅌㅎㅇㄴㄷ
⑤ ㅁㄴㅂㄱㅅㅊㅈㅌㅎㅇㄴㄷ

167~174 | 다음의 기호들이 〈보기〉와 같이 각각의 숫자를 의미할 때, 아래 기호를 사용한 연산식의 답으로 옳은 것을 고르시오.

― 보 기 ―

$$○ = 1, \Diamond = 2, \square = 3, ☆ = 4, \triangle = 5, ◎ = 6$$

167

$$◎ \div \Diamond - \square + \triangle$$

① 3　　　② 4　　　③ 5　　　④ 6　　　⑤ 7

해설 $6 \div 2 - 3 + 5 = 5$

168

$$(○ + ☆)^{\Diamond}$$

① 6　　　② 12　　　③ 18　　　④ 20　　　⑤ 25

해설 $(1 + 4)^2 = 25$

169

$$◎^◇ - □^◇$$

① 20 ② 25 ③ 27
④ 30 ⑤ 31

해설 $6^2 - 3^2 = 27$

▨ = 2, ▦ = 4, ▦ = 6, ▤ = 8, ▥ = 10, ■ = 12

170

$$(▦ - ▨) × ■$$

① 12 ② 24 ③ 36
④ 48 ⑤ 52

해설 $(6 - 2) × 12 = 48$

171

$$▥ ÷ ▨ - ▦ ÷ ▨$$

① 1 ② 2 ③ 3
④ 4 ⑤ 5

해설 $10 ÷ 2 - 4 ÷ 2 = 3$

172

$$\blacksquare \times \blacksquare \div \blacksquare$$

① 24 ② 25 ③ 26
④ 27 ⑤ 28

해설 $8 \times 12 \div 4 = 24$

● 보 기 ●

$$\nearrow = 3,\ \swarrow = 5,\ \leftrightarrow = 7,\ \uparrow = 9,\ \nwarrow = 10,\ \searrow = 15$$

173

$$\searrow \div \nearrow + \uparrow$$

① 10 ② 11 ③ 12
④ 13 ⑤ 14

해설 $15 \div 3 + 9 = 14$

174

$$(\nwarrow - \leftrightarrow) \times \swarrow$$

① 10 ② 15 ③ 20
④ 25 ⑤ 30

해설 $(10 - 7) \times 5 = 15$

Chapter 06 국 사

부사관으로서 반드시 알아야 할 한국 근·현대사에 대한 기본소양 또는 실무 능력·지식을 검정할 수 있는 수준으로 출제되며 고등학교 3학년 수준에 준한다.

유형맛보기 01 동학농민전쟁의 전개과정에 대한 설명이다. 올바른 것은?

① 고부봉기 – 조병갑의 학정에 대한 저항에서 일어난 것이었으며 민란의 형태를 벗어나지 못했다.

② 1차 농민전쟁 – 남·북접이 참여하였으며 전봉준이 농민을 이끌고 만석보를 파괴하였다.

③ 폐정개혁안 실천기 – 관군이 각지에 집강소를 설치하여 폐정개혁 12조를 실천해갔다.

④ 2차 농민전쟁 – 관군과 합세하여 저항하였으나 공주 우금치에서 일본군에게 패하였다.

해설 ② 1차 농민전쟁 – 남접만이 참여하였으며 전봉준이 농민을 이끌고 만석보를 파괴하였다.

　③ 폐정개혁안 실천기 – 농민군이 각지에 집강소를 설치하여 폐정개혁 12조를 실천해 갔다.

　④ 2차 농민전쟁 – 일본군과 관군에게 공주 우금치에서 패하였다.　　　　　　　　　답 : ①

유형맛보기 02 다음은 19세기 말 일어난 역사적 사건에 대한 설명이다. 이 사건과 관련된 내용으로 옳은 것은?

> • 안으로는 봉건적 지배 체제에 반대하여 개혁 정치를 요구하고, 밖으로는 외세의 침략을 물리치려고 일어났는데, 반봉건적 · 반침략적 성격을 띠고 있다.
> • 고부와 태인에서 봉기하여 황토현 싸움에서 관군을 물리치고, 정읍, 고창, 함평, 장성 등을 공략한 다음, 전주 감영을 점령하였다. 그러나 공주의 우금치에서 관군과 일본군을 상대로 격전을 벌였으나 패하고 말았다.

① 대한국 대황제는 각 조약 체결 국가에 사신을 파견하고, 선전, 강화 및 제반 조약을 체결한다.

② 오랑캐로 변한 몸이 어찌 세상에 나갈 수 있겠는가. 이에 먼저 의병을 일으키고 마침내 이 뜻을 세상에 포고한다.

③ 일본국 인민이 조선국 지정의 각 항구에 머무르는 동안에 죄를 범한 것이 조선국 인민에게 관계되는 사건일 때는 모두 일본 관원이 심판한다.

④ 전라도 한 도에 있는 탐학을 제거하고, 중앙에서 관직을 파는 권신(權臣)을 모두 내쫓으면 팔도가 자연히 하나로 될 것이다.

해설 제시된 내용은 동학농민운동(1894)에 대한 내용이다.
  ① 대한국제 제9조의 내용
  ② 의병항쟁의 내용
  ③ 강화도조약의 치외법권

답 : ④

적 중 예 상 문 제

01 다음을 주창한 종교에 대한 설명으로 옳은 것은?

> 서도(西道)로써 사람들을 가르쳐야 하겠는가 하니 아니다. … 영부의 모양은 태극의 그림과 같고 혹은 활 궁(弓)자를 겹쳐 놓은 것과 같다. 이 부적을 받아가지고 사람들의 병을 고치며 또 내 주문을 받아가지고 모든 사람으로 하여금 나를 위하게 하라. 그러면 너도 역시 오래 살아서 온 세상을 이롭게 할 것이다.

① 전라도를 중심으로 포교를 시작하였다.
② 5적 암살단을 주도한 나철이 창시하였다.
③ 신채호의 민족주의 역사학을 탄생시켰다.
④ 수덕문 · 안심가 · 논학문 등을 전파하였다.

해설 제시된 내용은 동학의 창시자인 최제우의 『동경대전』이다.
① 경상도에서 포교가 시작되었으나 전라도에서 본격화되었다.
② 대종교에 대한 설명이다.
③ 신채호의 민족주의 역사학과 관계없다.

02 다음은 1876년 개항 이후 우리나라가 외국과 맺은 조약의 내용이다. 시기 순으로 바르게 나열한 것은?

> ㉠ 조선과 미국 두 나라 중 한 나라가 다른 나라의 핍박을 받을 경우 분쟁을 해결하도록 주선한다.
> ㉡ 일본국 국민은 본국에서 사용되는 화폐로 조선국 국민의 물자와 마음대로 교환할 수 있다.
> ㉢ 영국군함은 개항장 이외에 조선 국내 어디서나 정박할 수 있고 선원을 상륙할 수 있게 한다.
> ㉣ 일본 공사관에 군인 약간을 두어 경비하게 하고 그 비용은 조선국이 부담한다.

① ㉡ - ㉣ - ㉢ - ㉠   ② ㉡ - ㉠ - ㉢ - ㉣

③ ㉡ - ㉣ - ㉠ - ㉢   ④ ㉡ - ㉠ - ㉣ - ㉢

해설 ㉡ 조일수호조규부록(1876. 7.) → ㉠ 조미수호통상조약(1882. 3.) → ㉣ 제물포조약(1882. 8.) → ㉢ 조영통상조약(1883. 11.)
조영통상조약은 1882년 6월에 체결하였다. 지문의 내용은 1883년 11월 수정조인에 관한 내용이다.

03 1894년 동학농민운동 당시 농민군의 요구사항으로 관계가 먼 것은?

① 과거제를 폐지하고 지벌을 타파할 것

② 탐관오리와 횡포한 부호를 엄징할 것

③ 신분제를 폐지하고 과부의 재가를 허용할 것

④ 무명잡세를 거두지 말고 기왕의 공사채를 무효화할 것

해설 ① 1894년의 갑오개혁에 포함된 내용이다.

04 다음은 개항 이후 근대 문물의 수용과 외세의 침략에 관한 내용이다. 다음 연표를 보고 ㉠~㉣ 각 시기에 들어갈 사실로 올바른 것은?

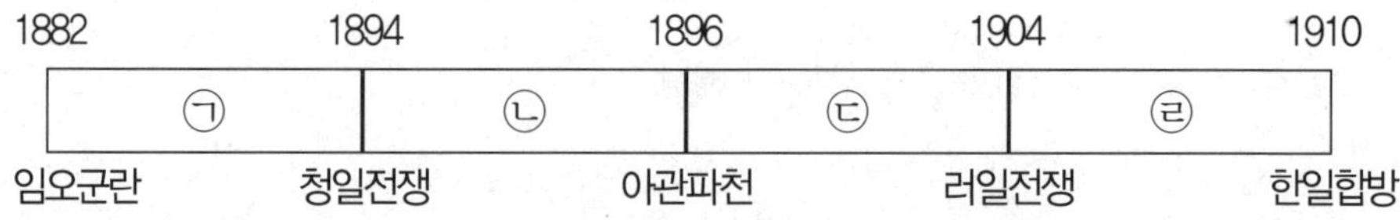

① ㉠ - 국한문체를 사용한 한성주보가 발간되었다.

② ㉡ - 경인선 철도가 개통되었다.

③ ㉢ - 일제는 화폐 정리 사업을 단행하였다.

④ ㉣ - 영국이 거문도 사건을 일으켰다.

해설 ① 한성주보 발간(1886) ② 경인선 개통(1899) ③ 화폐 정리 사업(1905) ④ 거문도 사건(1885)

05 다음 내용 중 갑오개혁에 따른 변화가 아닌 것은?

① 왕실과 일반 행정이 제도적으로 분리되었다.

② 군비 강화를 위해 5군영이 다시 설치되었다.

③ 은본위 화폐제와 조세금납화가 실시되었다.

④ 행정권과 사법권이 분리되어 재판소가 설치되었다.

해설 ② 5군영이 다시 설치된 것은 임오군란 직후인 흥선대원군 재집정기이며, 갑오개혁 때에는 군사적 개혁이 소홀했다.

06 다음 근대사 시기의 각종 강령들이 발표된 기점을 기준으로 바르게 배열한 것은?

> ㉠ 국가재정은 탁지부에서 전관하고, 예산과 결산을 국민에게 공포한다.
>
> ㉡ 혜상공국을 혁파한다.
>
> ㉢ 청에 의존하는 생각을 버리고, 자주독립의 기초를 세운다.
>
> ㉣ 부산 이외의 2개항을 개항하여 통상을 허가한다.

① ㉡ − ㉢ − ㉣ − ㉠   ② ㉡ − ㉠ − ㉣ − ㉢

③ ㉣ − ㉡ − ㉢ − ㉠   ④ ㉣ − ㉢ − ㉡ − ㉠

해설 ㉣ 강화도조약(1876) ㉡ 갑신정변(1884) ㉢ 갑오개혁의 홍범13조(1894) ㉠ 관민공동회 헌의6조(1898)

07 다음의 ㉠에 들어갈 사건과 관계된 내용은 무엇인가?

> 임오군란 − ㉠ − 거문도 점령 사건

① 우리나라가 맺은 최초의 근대적 조약이었다.

② 보국안민과 제폭구민의 구호를 내건 운동이었다.

③ 차관 도입의 실패로 개화당의 정치적 위상이 약화되어 추진하게 되었다.

④ 고종이 개혁을 적극적으로 추진하고자 홍범 14조를 반포하였다.

해설 갑신정변(1884)은 시기적으로 임오군란(1882)과 거문도 점령 사건(1885) 사이에 온다.
① 강화도조약(1876) ② 동학농민운동(1894) ④ 갑오개혁(1895)

08 다음과 같은 결과를 초래하였던 사건에 관하여 옳지 않은 것은?

> • 조선은 일본의 강요로 배상금 지불과 공사관 신축비 부담 등을 내용으로 하는 한성조약을 체결하였다.
> • 청과 일본 양국은 조선에서 청 · 일 양국군이 철수할 것, 그리고 장차 조선에 파병할 경우 상대국에 미리 알릴 것 등을 내용으로 하는 텐진조약을 체결하였다.

① 입헌군주제적 정치구조를 지향하였다.

② 미국과 일본 양국군의 공격을 받아 실패하였다.

③ 인민평등권과 능력에 따른 인재등용을 주장하였다.

④ 외세 의존적 자세와 급격한 개혁으로 민중의 지지를 받지 못했다.

해설 갑신정변(1884)의 결과로 조선 정부는 일본과 한성조약을 체결하고, 청과 일본 양국은 텐진조약을 체결하였다. 개화당은 미국의 지원을 얻는 데에는 실패하였으나, 일본의 지원을 받아 정변을 구체화시켜 나갔다.

09 다음에 제시된 개혁 내용을 공통으로 포함한 것은?

> • 청과의 조공 관계 청산　　• 인민 평등 실현
> • 혜상공국 혁파　　• 재정의 일원화

① 갑오개혁의 홍범 14조　　② 독립협회의 헌의 6조

③ 동학 농민 운동의 폐정개혁안　　④ 갑신정변 때의 14개조 정강

해설 **갑신정변 당시 신정부 강령 14조**
  • 제1조 청에 잡혀 간 흥선대원군을 곧 돌아오도록 하여, 종래 청에 대하여 행하던 조공의 허례를 폐지한다.
  • 제2조 문벌을 폐지하여 인민 평등의 권리를 세워, 능력에 따라 관리를 임명한다.
  • 제3조 지조법을 개혁하여 관리의 부정을 막고 백성을 보호하며, 국가재정을 넉넉하게 한다.
  • 제4조 내시부를 없애고, 그 중에 우수한 인재를 등용한다.
  • 제5조 부정한 관리 중 그 죄가 심한 자는 치죄한다.
  • 제6조 각 도의 상환미를 영구히 받지 않는다.
  • 제7조 규장각을 폐지한다.
  • 제8조 급히 순사를 두어 도둑을 방지한다.
  • 제9조 혜상공국을 혁파한다.
  • 제10조 귀양살이 하고 있는 자와 옥에 갇혀있는 자는 그 정상을 참작하여 적당히 형을 감한다.
  • 제11조 4영을 합하여 1영으로 하되, 영중에서 장정을 선발하여 근위대를 설치한다.

• 제12조 모든 재정은 호조에서 통할한다.
• 제13조 대신과 참찬은 매일 합문 내의 의정부에 모어 정령을 의결하고 반포한다.
• 제14조 의정부, 6조 외에 모든 불필요한 기관을 없앤다.

10 다음 자료와 관련된 역사적 사건에 대한 설명으로 옳지 않은 것은?

> • 청과의 조공관계를 청산하고 대원군을 다시 데려 온다.
> • 양반신분제도, 문벌을 폐지하고 인재를 등용하여 인민평등을 실현한다.
> • 내시부, 규장각 등 왕의 근시기구를 폐지하고 입헌군주제에 입각한 내각제를 수립한다.

① 전제군주제를 입헌군주제로 바꾸어 근대 국민국가를 수립하려고 하였다.

② 청일전쟁으로 청군이 일부 철수한 상황에서 일본의 군사력을 끌어들여 일으켰다.

③ 봉건적 신분제도를 타파하고 인민 평등권을 확립하여 근대적 평등사회를 이루려고 하였다.

④ 일본의 침략 의도를 인식하지 못하고 무력 지원을 받아 외세의 조선 침략을 촉진하는 결과를 가져왔다.

해설 제시된 내용은 1884년 갑신정변의 '신정부 강령 14개조'이다.
　　② 청일전쟁은 1894년의 일이다.

11 다음 내용의 결과로 나타난 역사적 사실이 아닌 것은?

> 삼국간섭으로 대륙을 침략하려던 일본의 기세가 꺾이자, 조선 정부 안에서는 러시아의 힘을 빌려 일본의 간섭에서 벗어나려는 움직임이 일어났다.

① 일본은 낭인과 군대를 앞세워 궁중을 침범하여 명성황후를 시해하였다.

② 신변의 위협을 느낀 고종은 러시아 공사관으로 피신하였다.

③ 김홍집 내각이 출범하여 '홍범 14조'를 발표하였다.

④ 박영효는 반역음모가 발각되어 다시 일본으로 망명하였다.

해설 ③ 제시된 내용은 1895년 5월의 삼국간섭에 대한 설명이다. 홍범 14조는 1894년 12월에 발표되었다.

12 대한제국의 개혁에 대한 설명으로 옳지 않은 것은?

① 근대적인 재정일원화를 위해 내장원의 업무를 탁지부로 이관하였다.

② 구본신참의 개혁 방향을 제시하고, 대한국 국제를 제정하여 황권을 강화하였다.

③ 상공업 진흥책을 펼쳐 황실 스스로 공장을 설립하거나 민간회사 설립을 지원하였다.

④ 황제가 군권을 장악하기 위해 원수부를 설치하고 황제를 호위하는 군대를 증강하였다.

해설 갑오개혁 때 탁지아문에서 국가 재정을 관할하도록 재정의 일원화가 이루어졌다. 내장원은 을미개혁 때 왕실 재산을 관리하기 위해 설치한 관청이다.

13 대한제국 시기 국권회복운동에 대한 설명으로 옳은 것은?

① 안창호, 이승훈, 이동녕 등이 조직한 신간회는 공화정체를 주장하였다.

② 황무지 개간요구 반대투쟁을 벌인 대한 자강회는 협동회로 발전하였다.

③ 러시아에서 일어난 장인환 · 전명운의 의거를 계기로 국민회가 결성되었다.

④ 대한 자강회는 일제가 헤이그 특사파견을 구실로 고종의 양위를 강요하자 반대운동을 주도하였다.

해설 ① 안창호, 이승훈, 이동녕 등이 조직한 신민회는 공화정체를 주장하였다.
② 일제의 토지 약탈을 막고자 조직한 단체는 보안회였다.
③ 장인환과 전명운은 샌프란시스코에서 일본의 대한제국 침탈 행위를 선전하는 데 앞장섰던 미국인 스티븐스를 살해하였다.

14 대한제국에 대한 설명으로 옳지 않은 것은?

① 대한국 국제는 입헌군주제를 추구하였다.

② 구본신참의 개혁 방향을 제시하고 양전사업을 실시하였다.

③ 황제를 호위하는 시위대와 지방 진위대를 대폭 증강하였다.

④ 간도지방에 이주한 교민을 보호하기 위해 관리를 파견하였다.

해설 ① 대한국 국제 9조는 전제군주권 강화를 내용으로 한다.

15 다음 법령과 관련된 사업에 대한 설명으로 옳은 것은?

> 제2조 전답 · 산림 · 천택 · 가옥을 매매 양도하는 경우 관계(官契)를 반납한다.
>
> 제3조 소유주가 관계를 받지 않거나, 저당 잡힐 때 관허가 없으면 모두 몰수한다.
>
> 제4조 대한제국 인민 외 소유주가 될 권리가 없고, 외국인에게 명의를 빌려주거나 사사로이
> 매매 · 저당 · 양도할 경우 법에 따라 처벌한다.
>
> 『순창군훈령총등』

① 청일전쟁으로 인하여 지권 발급을 중단하였다.

② 지계아문에서 토지문권을 발급하였다.

③ 신고주의에 의한 양전(量田)을 추구하였다.

④ 전국의 군현을 대상으로 양전을 완료하였다.

> **해설** 제시된 자료는 지계 발급 사업이다.
> 대한제국은 정부의 조세 수입을 늘리고 근대적인 토지 소유권을 확립하기 위하여 1898년에 양지아문을 설치하고,
> 1899년부터 1903년까지 일부 지역에서 토지 조사 사업과 토지 소유권을 증명하는 문서인 지계 발급 사업을
> 실시하였다. 이로써 토지를 법률의 보호 아래 자유롭게 매매하고, 국가 재정을 개선할 수 있는 토대가 마련되었다.
> ① 러일 전쟁으로 인하여 지권 발급을 중단하였다.
> ③ 1910년대 일제의 토지 조사 사업에 대한 설명이다.
> ④ 전국의 군현을 대상으로 양전을 완료하지 못하였다.

16 다음 내용이 반포된 시기를 연표에서 바르게 고른 것은?

> 제1조 대한민국은 세계만국이 공인한 자주독립제국이다.
>
> 제2조 대한제국의 정치는 만세불변의 전제정치이다.
>
> 제3조 대한국 대황제는 무한한 군권을 누린다.
>
> 〈후략〉
>
> 『대한국 국제』
>
> 〈연표〉
>
> 청일전쟁(1894) —①→ 삼국간섭(1895) —②→ 을미사변(1895) —③→
>
> 만민공동회(1898) —④→ 영일동맹(1902)

> **해설** 제시된 내용은 1899년에 발표된 대한제국의 대한국 국제 9조의 내용이다.

17 20세기 초 종교계의 민족운동에 대한 설명으로 옳지 않은 것은?

① 한용운은 일본 불교계의 침투에 대항하면서 민족 불교의 자주성을 지키기 위해 노력하였다.

② 손병희는 일진회가 동학 조직을 흡수하려 하자, 천도교를 창설하고 정통성을 지키려 하였다.

③ 박은식은 『유교구신론』을 지어 유교가 민주적이고 평등한 종교로 거듭나야 한다고 주장했다.

④ 김택영은 전국의 유림들과 더불어 대동학회를 결성한 후 유교를 통한 애국계몽운동을 펼쳐나갔다.

해설 대동학회는 1907년 12월에 신·구 학문 연구를 표방하고 설립된 친일 유교학회이다.

18 다음 조약에 직접적으로 영향을 준 사건이 아닌 것은?

> • 일본국 정부는 동경의 외무성을 경유하여 금후에 한국의 외국에 대한 관계 및 사무를 감리 지휘할 것이요, 일본국의 외교 대표자 및 영사는 외국에서의 한국의 신민 및 이익을 보호할 것임
>
> • 일본국 정부는 한국과 타국 간에 현존하는 조약의 실행을 완수하는 임무를 담당하고 한국 정부는 금후 일본국 정부의 중계를 거치지 않고서는 국제적 성질을 가진 어떤 조약이나 약속을 맺지 않을 것을 서로 약속함

① 포츠머스 조약
② 시모노세키 조약
③ 제2차 영일 동맹
④ 가쓰라·태프트 밀약

해설 제시된 내용은 1905년 11월에 체결된 제2차 한일협약이다.
　　② 시모노세키 조약은 1895년 1월에 일본과 청국 사이에 맺어진 조약이다.

19 제1차 세계대전 이후의 항일 민족 운동에 대한 설명으로 옳지 않은 것은?

① 일부 민족주의 진영에서는 교육을 통해 실력을 양성하자는 문화운동을 전개하였다.

② 연해주의 신한촌에서는 의병과 계몽 운동가들이 힘을 모아 권업회를 조직하였다.

③ 일제는 친일파를 육성하고 민족주의 세력을 회유하여 민족운동을 분열시켰다.

④ 비타협적 민족주의와 사회주의 세력이 연합하여 신간회를 조직하였다.

> 해설 제1차 세계대전은 1914년부터 4년간 전개되었다.
> ② 권업회는 1911년 러시아 블라디보스토크 신한촌(新韓村)에서 조직된 항일독립운동 단체이다.

20 다음에 제시된 사항들과 모두 관련된 인물은?

> 헤이그 특사, 서전서숙, 대한광복군정부, 권업회, 신한혁명단

① 이준

② 이상설

③ 김원봉

④ 이동휘

> 해설 헤이그 특사(1907년), 서전서숙 설립(1906년), 대한광복군정부 수립(1914년), 권업회 의장(1911년), 신한혁명단의 본부장(1915년, 1917년) 등을 역임한 사람은 이상설이다.

21 다음 주장이 나오게 된 직접적인 시대적 배경으로 가장 적절한 것은?

> 우리에게 이웃 나라가 있어도 스스로 결교(結交)하지 못하고 타인을 시켜 결교하니 이것은 나라가 없는 것이요, 우리에게 토지와 인민이 있어도 스스로 주장하지 못하고 타인을 시켜 대신 감독하게 하니, 이것은 임금이 없는 것이다. 나라가 없고 임금이 없으니 우리 삼천리 인민은 모두 노예이며 신첩일 뿐이다. 남의 노예가 되고 남의 신첩이 된다면 살았다 하여도 죽는 것만 못하다.
>
> 최익현, 『포고할도사민』

① 일본의 강제 합병조약 체결로 조선총독부가 설치되었다.

② 을미사변을 계기로 개혁을 단행하여 단발령을 실시하였다.

③ 러일전쟁에서 승리한 일본은 을사조약을 강제로 체결하였다.

④ 일본은 청일전쟁에서 승리하여 조선에 대한 주도권을 장악하였다.

> 해설 제시된 내용은 을사늑약 직후 최익현이 쓴 글이다.

22 다음 법령의 시행 결과에 대한 설명으로 옳은 것은?

> 제4조 : 토지 소유자는 조선 총독이 정하는 기간 내에 주소 · 씨명, 명칭 및 소유지의 소재, 지목, 자번호(字番號), 사표(四標), 등급, 지적, 결수(結數)를 임시 토지 조사 국장에게 신고해야 한다. 단, 국유지는 보관 관청이 임시 토지 조사 국장에게 통지해야 한다.

① 조선인 지주 계급이 몰락하였다.
② 동양척식주식회사가 설립되었다.
③ 경작권 등 소작 농민의 권리가 보장되었다.
④ 공유지에 대한 농민의 입회권이 부정되었다.

해설 제시된 내용은 1912년의 토지조사령에 대한 설명이다.
  ① 토지조사사업으로 자영농이 몰락하였다.
  ② 동양척식주식회사는 1908년 설립되었다.
  ③ 경작권 등 소작 농민의 권리가 부정되었다.

23 다음은 3 · 1 운동의 전개과정을 나타낸 것이다. 이에 대한 설명으로 옳지 않은 것은?

> 1단계 : 민족 대표 중심의 시위점화
> 2단계 : 도시중심 확산, 청년학생 중심, 상인 노동자 가세
> 3단계 : 농촌 및 산간벽지로 확산, 농민들이 적극 참여

① 1단계에서는 평화적 운동이었으나 점차 무장 · 폭력 투쟁으로 변하였다.
② 2단계에서도 민족대표들이 꾸준히 운동을 지도하였다.
③ 3단계에서는 식민통치기관, 친일 지주 등을 습격하였다.
④ 2 · 8 독립선언서의 영향을 받아 1단계 운동이 일어났다.

해설 ② 1단계 시기에 이미 민족대표들이 일본경찰에게 체포되었다.

24 다음 제시된 단체와 내용이 옳지 않은 것은?

① 독립의군부 – 왕정의 폐지와 공화주의를 주장하였다.

② 신간회 – 한말 최대의 좌·우 합작 항일운동 단체이다.

③ 독립협회 – 만민공동회를 개최하여 대중 정치운동을 전개하였다.

④ 신민회 – 1920년대 만주 독립군 활동의 중요한 밑거름이 되었다.

해설 ① 신민회에 대한 내용이다.

25 일제 강점기 농민 운동에 대한 서술로 옳은 것을 모두 고른 것은?

> ㉠ 초기 소작쟁의의 요구 사항은 주로 소작권 이동 반대, 소작료 인하 등이었다.
>
> ㉡ 일본인 농장·지주회사를 상대로 한 소작쟁의는 규모도 크고 격렬해지는 경우가 많았다.
>
> ㉢ 1920년대 농민들은 자위책으로 소작인조합 등의 농민 단체를 결성하였다.
>
> ㉣ 소작인조합은 1940년대 이후 자작농까지 포괄하는 농민조합으로 바뀌어갔다.

① ㉠   ② ㉠, ㉡

③ ㉠, ㉡, ㉢   ④ ㉠, ㉡, ㉢, ㉣

해설 ㉣ 1920년대 초반에는 농민들이 자위책으로 소작인 조합 등의 농민단체를 만들었고, 1920년대 후반에 자작농을 포함하는 농민조합을 결성하였다.

26 일제 강점기 만주, 연해주 등에서 행해진 무장 독립운동에 대한 설명으로 옳지 않은 것은?

① 홍범도의 대한독립군은 봉오동 전투에서, 김좌진의 북로군정서군은 청산리 전투에서 크게 승리하였다.

② 연해주의 자유시로 이동한 독립군은 적색군에 의해 무장해제를 당하였다.

③ 독립군의 통합운동으로 참의부, 정의부, 신민부가 조직되어 각각 입법부, 사법부, 행정부의 역할을 담당하였다.

④ 1930년대 초 만주에서의 독립 전쟁은 한국 독립군과 조선혁명군이 중심이 되어 추진되었다.

해설 1921년 자유시참변으로 와해된 독립군이 다시 만주로 이동하여 참의부, 정의부, 신민부를 조직하였다. 3부는 개별적으로 독립적인 민정기관과 군정기관을 두고 활동하였다.

27 일제 강점기 우리나라 역사학자들의 역사연구 활동에 대한 설명으로 옳지 않은 것은?

① 안재홍은 우리나라 역사를 통사 형식으로 쓴 『조선사연구』를 편찬하였다.

② 백남운 등의 사회경제사학자들은 민족주의 사학자들의 정신사관을 비판하기도 하였다.

③ 신채호는 『조선상고문화사』를 저술하여 대종교와 연결되는 전통적 민간신앙에 관심을 보였다.

④ 정인보는 광개토왕릉 비문을 연구하여 일본 학자의 고대사 왜곡을 바로잡는 데 기여하였다.

> **해설** 『조선사연구』는 정인보의 저서이다.

28 (가)와 (나) 사이에 전개된 구국 운동을 〈보기〉에서 모두 고른 것은?

(가) 한국정부는 일본정부가 추천하는 일본인 1명을 재정고문으로 하여 한국정부에 용빙하고, 재무에 관한 사항은 일체 그 의견을 물어 시행할 것.
『제1차 한·일 협약』

(나) 한국 황제 폐하는 한국 전체에 관한 통치권을 완전 또는 영구히 일본 황제 폐하에게 양여한다.
『한·일 병합조약』

㉠ 신채호는 대한매일신보에 '독사신론'을 연재하였다.

㉡ 평양에서 경제 자립을 위한 물산장려운동이 일어났다.

㉢ 식민지 현실을 고발하는 카프(KAPF)문학단체가 결성되었다.

㉣ 독립협회는 외국의 이권 침탈을 저지하는 활동을 벌였다.

① ㉠

② ㉠, ㉡

③ ㉠, ㉡, ㉢

④ ㉠, ㉡, ㉣

> **해설** (가) 제1차 한일협정서(1904. 8.), (나) 한일 강제 병합(1910. 8.)
> ㉠ 독사신론 연재(1908) ㉡ 물산장려운동(1922) ㉢ 카프(KAPF)문학단체 결성(1925) ㉣ 독립협회 활동(1896)

29 다음 내용과 관계된 단체에 대한 설명으로 옳지 않은 것은?

> '고유적 조선의', '자유적 조선 민중의', '민중적 경제의', '민중적 사회의', '민중적 문화의' 조선을 건설하기 위하여 '이족 통치의', '약탈 제도의', '사회적 불평등의', '노예적 문화 사상의' 현상을 타파함이니라. 그런즉 파괴적 정신이 곧 건설적 주장이라.…… 이제 파괴와 건설이 하나요 둘이 아닌 줄 알진대, 민중적 파괴 앞에는 반드시 민중적 건설이 있는 줄 알진대, 현재 조선 민중은 오직 민중적 폭력으로 신조선 건설의 장애인 강도 일본 세력을 파괴할 것뿐인 줄을 알진대, 조선 민중이 한편이 되고 일본 강도가 한편이 되어 네가 망하지 아니하면 내가 망하게 된 외나무 다리 위에 선 줄을 알진대, 우리 2천만 민중은 일치로 폭력 파괴의 길로 나아갈지니라. ……

① 1919년 김원봉 등이 만주 길림성에서 조직하였다.

② 신채호의 조선혁명선언을 행동강령으로 채택하였다.

③ 나석주는 종로 경찰서에 폭탄을 투척하였다.

④ 외교론, 실력양성론을 불신하고 폭력적인 노선을 채택하였다.

해설 　제시된 내용은 의열단의 선언문이다. ③은 애국지사 김상옥의 의거내용이다.

30 ㉠, ㉡ 자료와 관련된 역사 연구 동향에 대한 설명으로 옳은 것은?

> ㉠ 우리 민족은 단군 성조(檀君聖祖)의 자손으로서 동해의 명승지에 자리 잡고 있다. 인재의 배출과 문물의 제작에 있어서 우수한 자격을 갖추어, 다른 민족보다 뛰어난 것도 사실이다. …(중략)… 우리의 국혼(國魂)은 결코 다른 민족에 동화될 수 없다.
>
> ㉡ 조선사의 계기적 변동의 법칙을 파악할 경우, 과거 몇천 년간의 사적(史蹟)을 살피는 것도 당연히 우리의 과제이지 않으면 안 된다. …(중략)… 나의 조선관은 그 사회경제의 역사적 발전 과정을 본질적으로 분석, 비판, 총관하는 일에 집중되어 있다.

① ㉠ – 독립 운동의 일환으로 우리 역사를 연구하였다.

② ㉠ – 진단 학회를 결성하고 기관지를 발행하였다.

③ ㉡ – 조선학운동을 전개하였다.

④ ㉡ – 한국사는 세계사와는 다른 발전 법칙이 있었다고 주장한다.

해설 　㉠은 박은식의 민족주의 사학과 관련된 내용이고, ㉡은 백남운의 사회경제사학과 관련된 글이다.
　　② 진단학회는 실증사학을 추구하여 사관과 이론을 배제한다.
　　③ 신민족주의 사학자들에 대한 내용이다.
　　④ 한국사는 세계사의 보편적인 발전 법칙에 입각하여 발전했음을 주장한다.

31 밑줄 친 '이 신문'에 대한 설명으로 옳지 않은 것은?

> 신문으로는 여러 가지 신문이 있었으나, 제일 환영을 받기는 영국인 베델이 경영하는 <u>이 신문</u>이었다. 관 쓴 노인도 사랑방에 앉아서 이 신문을 보면서 혀를 툭툭 차고 각 학교 학생들은 주먹을 치고 통론하였다.
>
> 유광열, 『별건곤』

① 국민의 힘으로 국채를 갚아야 한다는 운동을 주도하였다.
② 고종은 을사조약의 부당성을 폭로하는 친서를 발표하였다.
③ 양기탁이 신민회를 조직하면서 신민회의 기관지 역할을 하였다.
④ 을사조약 체결을 비판하는 '시일야방성대곡'이라는 사설이 발표되었다.

해설 제시된 내용은 1904년 베델이 창간한 '대한매일신보'에 대한 내용이다.
④ '시일야방성대곡'이라는 사설이 게재된 신문은 '황성신문'이다.

32 일제시기 밑줄 친 이것을 이론적으로 반박한 사학자의 활동은?

> <u>이것</u>은 한국이 여러 정치적 사회적 변화를 겪으면서도 능동적으로 발전하지 못하였으며, 개항 당시 조선 사회가 10세기 말 고대 일본의 수준과 비슷하다는 주장이다. 특히 근대 사회로 이행하는 데 필수적인 봉건 사회가 형성되지 못하여 사회 · 경제적으로 낙후한 상태를 벗어나지 못하고 있다는 것이다. 이러한 주장은 우리나라의 근대화를 위해서는 일본의 역할이 필요하다는 침략 미화론으로 이어졌다.

① 사적 유물론에 입각하여 한국사를 세계사적 보편성 위에 체계화하였다.
② 개별적 사실을 객관적으로 밝히려는 실증주의 역사 연구 방법론을 따랐다.
③ 고대사 연구에 초점을 맞추었으며 민족주의 사학자들의 정신 사관을 비판하였다.
④ 민족의 고유한 문화 전통과 정신을 강조하여 민족 독립의 정신적 기반을 마련하였다.

해설 제시된 내용은 일제 식민사관의 하나인 정체성론에 대한 것이다. 백남운은 이러한 식민사관에 대항하기 위해 사회경제사학을 주장하였으며 『조선봉건사회경제사』를 저술하였다.

33 다음 내용의 직접적 계기가 된 사건으로 옳은 것은?

> 한국의 독립 운동에 냉담하던 중국인이 한국 독립 운동을 주목하게 되었고, 이후 중국 정부는 대한민국 임시정부에 대한 지원을 강화하였다. 이 사건을 계기로 중국 정부가 중국 영토 내에서 우리 민족의 무장 독립 활동을 승인함으로써 한국 광복군이 탄생할 수 있었다.

① 파리 강화 회의에서 김규식의 활동
② 윤봉길의 상하이 훙커우 공원의거
③ 홍범도, 최진동 연합부대의 봉오동 전투
④ 만주사변 이후 한 · 중 연합 작전의 전개

해설 제시된 내용은 윤봉길의 훙커우 공원의거(1932)이다. '만보산 사건' 이후의 한중 양국 국민들의 악감정이 불식되었고, 중국 국민당 정부가 임시정부를 적극적으로 지원하게 되었다.

34 다음 글을 쓴 역사가에 관한 설명으로 옳은 것은?

> 역사란 무엇이뇨? 인류 사회의 아(我)와 비아(非我)의 투쟁이 시간에서 발전하여 공간까지 확대하는 심적 활동의 상태의 기록이니, 세계사라 하면 세계 인류의 그리 되어 온 상태의 기록이며, 조선사라 하면 조선 민족이 그리 되어 온 상태의 기록이니라.
> 그리하여 아에 대한 비아의 접촉이 많을수록 비아에 대한 아의 투쟁이 더욱 맹렬하여 인류 사회의 활동이 휴식할 사이가 없으며, 역사의 전도가 완결될 날이 없다. 그러므로 역사는 아와 비아의 투쟁의 기록이니라.

① 우리의 민족정신을 '혼'으로 파악하고 '혼'이 담겨 있는 민족사의 중요성을 강조하였다.
② 우리 고대 문화의 우수성과 독자성을 강조하여 식민주의 사관을 비판하였다.
③ 한국사가 세계사의 보편적 발전 법칙에 입각하여 발전하였음을 강조하여 식민주의 사관의 정체성 이론을 반박하였다.
④ 『진단학보』를 발간하고 문헌고증을 중시하는 순수 학문적 차원의 역사 연구에 힘썼다.

해설 제시된 내용은 신채호의 『조선상고사』의 일부이다. 신채호는 민족주의 사관에 입각하여 일제의 식민사관을 극복하고자 노력하였다.
① 박은식 ③ 백남운 ④ 진단학회

35 다음 자료에 나타난 사업에 대한 설명으로 옳은 것은?

> 제17조 임시토지조사국은 토지대장 및 지도를 작성하고 토지의 조사 및 측량에 대해 사정(査定)으로 확정한 사항 또는 재결을 거친 사항을 이에 등록한다.

① 명의상의 주인을 내세우기 어려운 동중 · 문중 토지의 상당부분이 국유지에 편입되었다.

② 지주계층의 사전 강매에 따른 혼란과 유상분배에 따른 빈농의 어려움이 나타났다.

③ 신고주의 원칙에 상관없이 조선인 지주와 수조권자의 경우 소유권 취득에 실패했다.

④ 대한제국기에 시행된 토지조사 결과를 바탕으로 농민의 토지에 대한 여러 권리를 완전히 인정하였다.

> **해설** 제시된 내용은 1912년 시행된 '토지조사령'에 의한 토지조사사업이다.
> ② 이승만 정부 때의 농지개혁법에 따른 유상몰수 · 유상분배 내용이다.
> ③ 조선인 지주들은 자신의 소유지에 대해 신고를 통하여 인정받는 경우가 많았으나 자작농의 경우 복잡한 신고절차 등으로 인해 신고하지 못하는 경우가 많았다.
> ④ 농민의 권리들이 모두 부정되었고 고율의 소작제도 등이 그대로 묵인되었다.

36 다음 글의 밑줄 친 '이곳' 지역에 대한 설명 중 옳은 것을 〈보기〉에서 모두 고른 것은?

> 덕원 부사 정현석이 장계를 올립니다. 신이 다스리는 <u>이곳</u> 읍은 해안의 요충지에 있고 아울러 개항지가 되어 소중함이 다른 곳에 비할 바가 못 됩니다. 개항지를 빈틈없이 운영해 나가는 방도는 인재를 선발하여 쓰는 데 달려 있고, 인재 선발의 요체는 교육에 있습니다. 그러므로 학교를 설립하여 연소하고 총명한 자를 뽑아 교육하고자 합니다.
>
> 『덕원부계록』

> 〈 보 기 〉
> ㉠ 1876년 강화도조약을 맺어 개항하였다.
> ㉡ 1883년 정부에서 근대교육기관을 설립하여 상류층 자제에게 영어교육을 하였다.
> ㉢ 1904년 미국에 의하여 경원선이 부설되었다.
> ㉣ 1929년 노동자들이 총파업을 실행하였다.

① ㉠, ㉡
② ㉠, ㉣
③ ㉠, ㉡, ㉣
④ ㉠, ㉡, ㉢, ㉣

해설 밑줄 친 '이곳'은 원산지역이다.
　　　㉠ 1876년 강화도조약을 맺어 개항한 곳은 부산, 원산, 인천이다.
　　　㉣ 1929년 원산에서 노동자들이 총파업을 실행하였다.

37 일제하에 일어났던 농민 · 노동운동에 대한 설명으로 옳지 않은 것은?

① 1920년대 소작쟁의는 주로 소작인 조합을 중심으로 전개되었다.

② 1920년대 노동운동 중에서 가장 규모가 큰 투쟁은 원산총파업이었다.

③ 1920년대 농민운동으로 암태도 소작쟁의가 일어났다.

④ 1920년대에 이르러 농민 · 노동자의 쟁의가 절정에 달하였다.

해설 ④ 농민 · 노동자의 쟁의가 절정에 달한 것은 1930년대 초이다.

38 일제의 식민지 정책을 시기 순으로 바르게 나열한 것은?

> ㉠ 농촌경제의 안정화를 명분으로 농촌진흥운동을 전개하였다.
> ㉡ 학도지원병 제도를 강행하여 학생들을 전쟁터로 내몰았다.
> ㉢ 회사령을 철폐하여 일본 자본이 조선에 자유롭게 유입될 수 있게 하였다.
> ㉣ 토지의 소유권과 가격에 대한 대대적인 조사를 진행하였다.

① ㉢ － ㉣ － ㉠ － ㉡　　　　② ㉢ － ㉣ － ㉡ － ㉠

③ ㉣ － ㉢ － ㉠ － ㉡　　　　④ ㉣ － ㉢ － ㉡ － ㉠

해설 ㉣ 토지조사사업(1912~1918)
　　　㉢ 회사령 철폐(1920)
　　　㉠ 농촌진흥운동(1932)
　　　㉡ 학도지원병 제도(1943)

39 다음의 시가 발표된 시기에 대한 설명으로 옳지 않은 것은?

> 지금은 남의 땅―빼앗긴 들에도 봄은 오는가
>
> 나는 온 몸에 햇살을 받고
>
> 푸른 하늘 푸른 들이 맞붙는 곳으로
>
> 가르마 같은 논길 따라 꿈속을 가듯 걸어만 간다
>
> (중략)
>
> 강가에 나온 아이와 같이
>
> 셈도 모르고 끝도 없이 닫는 내 혼아
>
> 무엇을 찾느냐 어디로 가느냐 우서웁다 답을 하려무나
>
> 나는 온 몸에 풋내를 띠고
>
> 푸른 웃음 푸른 설움이 어울어진 사이로 다리를 절며 하루를 걷는다
>
> 아마도 봄 신명이 접했나 보다
>
> 그러나 지금은 들을 빼앗겨 봄조차 빼앗기겠네

① 일제는 조선인의 불만을 무마시키기 위해 경성제국대학을 설립하였다.

② '지식인이여 민중속으로'라는 러시아말에서 유래된 운동이 전개되었다.

③ 신경향파 작가들은 사회주의의 영향 아래 카프를 중심으로 활동하였다.

④ 조선인 고유의 민족 정서를 바탕으로 식민지 현실을 표현한 김소월, 한용운 등의 작품이 발표되었다.

해설 제시된 자료는 1926년에 발표된 이상화의 '빼앗긴 들에도 봄은 오는가'이다.
② 동아일보의 브나로드 운동은 1931년에 일어났다.

40 일제 강점기의 문예 활동과 관련하여 옳지 않은 것은?

① 1920년대 중반에는 신경향파 문학이 대두하여 문학의 사회적 기능이 강조되었다.

② 정지용과 김영랑은 『시문학』 동인으로 순수 문학의 발전에 이바지하였다.

③ 미술에서는 안중식이 서양화를 대표하였다.

④ 영화에서는 나운규가 아리랑을 발표하여 한국 영화 발전에 기여하였다.

해설 ③ 안중식은 동양화를 발전시켰다.

  39 ② 40 ③

41 아래에서 언급하고 있는 행위자(들)와 관련된 설명으로 옳지 않은 것은?

> • 일본의 전쟁수행을 돕기 위해 군수품 제조업체를 운영하거나 헌납당시의 화폐단위로 10만 원 이상의 금품을 헌납한 행위자
> • 고등문관 이상의 관리, 헌병, 경찰 또는 판사, 검사, 사법 관리로서 우리 민족 구성원을 감금, 고문, 학대하는 등 탄압에 적극 앞장선 행위자
> • 학병, 지원병, 징병 또는 징용을 전국적으로 선전, 선동하거나 강요한 행위자

① 황국신민화 정책과 침략 전쟁을 동조 · 찬양하는 일에 앞장섰다.
② 만주 등지에서 기업이나 공장 경영을 하기도 하였다.
③ 흥남에 대규모 질소비료 공장을 설립하였다.
④ 일제의 경찰이나 밀정이 되어 민족운동을 탄압하였다.

> **해설** 제시된 내용은 친일파를 청산하기 위하여 건국 후에 만들어진 반민족행위 특별법이다.
> ③ 흥남에 설립된 대규모 질소비료 공장은 일제가 중공업 투자 정책으로 세운 것이다.

42 다음의 성명이 발표된 이후 시작된 일본의 식민지 지배 정책으로 옳은 것은?

> 우리들은 3천만 한인 및 정부를 대표하여 삼가 중국, 영국, 미국, 소련, 캐나다, 호주 및 기타 제국의 대일 선전을 축하한다. 일본을 쳐서 무찌르고 동아시아를 재건하게 하는 가장 유효한 수단인 까닭이다. 이에 우리는 다음과 같이 성명한다.
> 1. 한국 전 인민은 이미 반침략 전선에 참가하여 한 개의 전투 단위로서 추축국(樞軸國)에 대하여 전쟁을 선포한다. (이하 생략)
>
> 『대한민국 임시정부 대일 선전포고』

① 일제가 우리나라에서 더 많은 쌀을 일본으로 가져가기 위한 정책을 추진하였다.
② 언론, 집회, 출판의 부분적 허용으로 한글신문과 잡지가 발행되었다.
③ 모든 정치단체를 해체시키고, 민족의 언론지를 폐간시켰다.
④ 임의로 조선 여성들을 동원하던 것을 '여자 정신 근로령'을 만들고 이를 법제화하였다.

> **해설** 제시된 자료의 성명은 대한민국 임시정부의 대일 선전 포고문(1941. 12)으로 이것이 발표된 이후의 일본의 식민지 지배 정책은 국가 총동원령이다.
> ① 1920~1934년 ② 1920년대 ③ 1910년대

43 다음 내용과 관계있는 단체의 활동에 대한 설명으로 옳은 것은?

> 우리는 3천만 한국 인민과 정부를 대표하여 삼가 중, 영, 미, 소, 캐나다, 기타 제국의 대일 선전이 일본을 격패케 하고 동아를 재건하는 가장 유효한 수단이 됨을 축하하며, 이에 특히 다음과 같이 성명한다.
>
> 1. 한국 전 인민은 현재 이미 반침략 전선에 참가하였으니, 한 개의 전투 단위로서 추축국에 선전한다.
> 2. 1910년 합병 조약과 일체의 불평등 조약의 무효를 거듭 선포하며, 아울러 반침략 국가인 한국에 있어서의 합리적 기득권익을 존중한다.
> 3. 한국, 중국 및 서태평양으로부터 왜구를 완전히 구축하기 위하여 최후 승리를 거둘 때까지 혈전한다.
> 4. 일본 세력 하에 조성된 창춘 및 난징 정권을 절대로 승인하지 않는다.
> 5. 루스벨트, 처칠 선언의 각 조를 견결히 주장하며, 한국 독립을 실현하기 위하여 이것을 적용하여 민주 진영의 최후 승리를 축원한다.

① 중국, 연해주, 국내 등지에서 조직된 임시정부를 통합하여 충칭에서 수립되었다.
② 대통령중심제로 대통령이 입법·사법·행정의 권한을 가졌다.
③ 노선갈등으로 국민대표회의가 소집되어 외교론에 대한 지지를 얻었다.
④ 임시정부의 기관지로 독립신문을 간행하였다.

> **해설** 제시된 내용은 대한민국 임시정부의 대일 선전 포고문(1941.12)이다.
> ① 상해에서 수립되었다.
> ② 3권이 분립되어 임시 의정원, 법원, 국무원의 헌정체제를 갖추었다.
> ③ 이승만의 외교론은 지지를 받지 못했다.

44 다음에서 밑줄 친 인물의 활동내용과 관계가 먼 것은?

> … 그러면 우리의 자주 독립적 통일 정부를 수립하려하는 이때에 어찌 개인이나 자기 집단의 사리사욕에 탐하여 국가 민족의 백년대계를 그르칠 자가 있으랴. …… 마음속의 38선이 무지고야 땅위의 38선도 철폐될 수 있다. …… 나는 통일된 조국을 건설하려다가 38선을 베고 쓰러질지언정 일신의 구차한 안일을 취하여 단독 정부를 세우는 데에는 협력하지 않겠다.

① 한인애국단   ② 남북협상

③ 한국광복군   ④ 한국민주당

[해설] 김구에 대한 설명이다.
④ 조선건국준비위원회에 불참하였던 송진우, 김성수 등 우파세력이 결성하였다.

45 다음 항일 무장 투쟁을 시대순으로 나열한 것은?

> ㉠ 임시 정부는 충칭에서 한국광복군을 창설하고 조선 의용대의 일부를 흡수하였다.
>
> ㉡ 자유시 참변의 시련을 극복하고 만주 일대에 참의부, 정의부, 신민부의 3부를 설립하였다.
>
> ㉢ 대한 독립군, 북로 군정서 등의 독립군 부대를 중심으로 봉오동 전투와 청산리 전투에서 일본군에 대승을 거두었다.
>
> ㉣ 중국군과 한·중 연합군을 결성하여 많은 전투에서 일본군에 대승을 거두었다.

① ㉢ - ㉣ - ㉠ - ㉡   ② ㉢ - ㉡ - ㉣ - ㉠

③ ㉣ - ㉢ - ㉡ - ㉠   ④ ㉣ - ㉠ - ㉢ - ㉡

[해설] ㉢ 봉오동 전투는 1920년 6월, 청산리 전투는 1920년 10월, ㉡ 1921년 자유시 참변의 시련을 극복하고 만주 일대에 참의부, 정의부, 신민부의 3부를 설립하게 된 것은 1925년 전후, ㉣ 중국군과 한·중 연합군을 결성한 것은 1931년 만주사변 이후, ㉠ 임시 정부가 충칭에서 한국광복군을 창설한 것은 1940년이다.

46 6·25 전쟁 이전 북한에서 일어난 다음의 사건들을 연대순으로 바르게 나열한 것은?

> ㉠ 북조선 5도 행정국 설치   ㉡ 토지개혁 단행
>
> ㉢ 북조선 노동당 창당   ㉣ 조선공산당 북조선 분국 조직

① ㉠ → ㉡ → ㉢ → ㉣   ② ㉠ → ㉡ → ㉣ → ㉢

③ ㉡ → ㉠ → ㉣ → ㉢   ④ ㉣ → ㉠ → ㉡ → ㉢

[해설] ㉣ 1945년 10월 → ㉠ 1945년 10월 28일 → ㉡ 1946년 3월 → ㉢ 1946년 8월

47 다음 성명서가 발표된 직접적 배경을 이해하기 위한 사료로 적절한 것은?

> …한국이 있어야 한국 사람이 있고, 한국 사람이 있고야 민주주의도 공산주의도 또 무슨 단체도 있을 수 있는 것이다. …내가 불초하나 일생을 독립 운동에 희생하였다. 내 나이가 이제 73세인 바 이제 새삼스럽게 재물을 탐내며 명예를 탐낼 것이냐? 더구나 외국 군정 하에 있는 정권을 탐낼 것이냐? 내가 대한민국 임시 정부를 지켜온 것도 다 조국의 독립과 민족의 해방을 위하는 것뿐이다. 나의 단일한 염원은 3천만 동포와 손을 잡고 통일된 조국의 달성을 위하여 공동 분투하는 것뿐이다. 이 육신을 조국이 수요(需要)로 한다면 당장에라도 제단에 바치겠다.…
>
> 『삼천만 동포에게 읍고함』

① 북위 38도선 이남의 조선 영토와 조선 인민에 대한 통치의 모든 권한은 당분간 본관 권한 하에 시행한다.

② 우리는 남방만이라도 임시 정부 혹은 위원회 같은 것을 조직하여 38선 이북에서 소련이 철퇴하도록 세계 공론에 호소하여야 할 것이다.

③ 공동 위원회는 최고 5년 기간의 4개국 통치 협약을 작성하는 데 공동으로 참작할 수 있는 제안을 조선 임시 정부와 협의하여 제출하여야 한다.

④ 지난 2월 결의에서 유엔 소총회가 표명한 견해에 따라 위원단이 접근 가능한 한국 지역에서 선거 실시를 감시하며 동선거는 5월 10일 이전에 실시한다.

해설 제시된 내용은 1948년 2월 10일에 발표된 김구 선생의 '삼천만 동포에게 읍고함'이다. 1948년 2월 유엔소총회에서 남한만의 선거가 결정되자 김구 선생은 이 글을 발표하였고, 4월 19일에 남북협상을 시도했으나 결렬되었다.
① 미 군정 실시(1945. 9.) ② 이승만의 정읍발언(1946. 6.) ③ 모스크바 삼상회의 (1945. 12.)

48 다음 내용을 시대순으로 바르게 나열한 것은?

> ㉠ 남북 지도자 회의가 개최되어 남한 단독 정부의 수립을 반대하고, 미 · 소 양군의 철수를 요구하는 결의문을 채택하였으나 별다른 성과 없이 끝나 통일 정부 수립은 실패하였다.
>
> ㉡ 가능한 지역에서만이라도 총선거를 실시하여 정부를 수립하도록 하자는 결의를 하였다.
>
> ㉢ 미군과 소련이 덕수궁에서 한국의 신탁통치의 시행과 임시민주정부 수립을 논의하였으나 결렬되었다.
>
> ㉣ 한국에 임시 민주 정부의 수립, 미 · 소 공동 위원회의 설치, 공동위원회와 임시 정부는 최고 5년간의 신탁 통치 협정을 만들 것 등을 결정하였다.
>
> ㉤ 우리나라 역사상 처음으로 보통 · 비밀 선거가 남한에서 실시되어 제헌 국회가 구성되었다.

① ㉠ - ㉡ - ㉢ - ㉣ - ㉤　　　　② ㉠ - ㉢ - ㉡ - ㉣ - ㉤

③ ㉣ - ㉠ - ㉢ - ㉡ - ㉤　　　　④ ㉣ - ㉢ - ㉡ - ㉠ - ㉤

해설　㉣ 모스크바 3상회의(1945. 12.) ㉢ 제1차 미 · 소 공동위원회 개최(1946. 3.) ㉡ 유엔소총회 결의(1948. 2.)
　　　㉠ 남북협상 추진(1948. 4.) ㉤ 5 · 10 총선거 실시(1948. 5.)

49 1948년 남북연석회의에 관한 설명으로 옳지 않은 것은?

① 김구, 김규식이 제안했으며, 김일성, 김두봉이 이에 응함으로써 성사되었다.

② 남북연석회의에서는 남한 단독정부 수립을 반대하는 의사를 명확히 했다.

③ 이 회의에서 미, 소 양군의 동시 철수를 요구하는 결의를 하였다.

④ 이승만은 향후 자신의 정치적 입지를 강화하기 위해 막판에 참석했다.

해설　김구와 김규식이 북의 김일성, 김두봉에게 통일문제를 협의하기 위한 남북요인회담 개최를 제안하였고, 그 후 북한에서 4자 회담이 이루어졌으나 냉전 상황과 견해 차이로 인해 실패하였다.
　　　④ 이승만은 남한 단독정부 수립을 주장했기 때문에 남북연석회의에 참석하지 않았다.

50 다음 법안의 내용에 대한 설명으로 옳은 것은?

> • 법령 및 조약에 의해 몰수하거나 국유로 된 농지, 직접 땅을 경작하지 않는 사람의 농지, 직접 땅을 경작하더라도 농가 1가구당 3정보(1정보는 약 1만㎡)를 초과하는 농지 등은 정부가 사들인다.
> • 분배 농지는 1가구당 총 경영 면적이 3정보를 넘지 못한다.
> • 분배받은 농지에 대한 상환액은 평년작을 기준으로 하여 주생산물의 1.5배로 하고, 5년 동안 균등 상환하도록 한다.

① 미 군정기에 신한공사를 통해서 시행되었다.

② 북한의 농지개혁과 동일하게 유상매수 유상분배의 방식으로 추진되었다.

③ 개혁을 통해서 토지 보상금을 수령한 대다수의 중소지주층은 산업자본가로 전환되었다.

④ 위 법안을 시행하여 토지자본을 산업자본으로 전환시켜 산업화의 토대를 마련하고자 하였다.

[해설] 제시된 내용은 이승만 정부 때 시행한 농지개혁법(1949)이다.
① 남한의 농지개혁은 남한 정부가 시행하였다.
② 북한의 농지개혁과 달리 유상매수 유상분배의 방식으로 추진되었다.
③ 일부 지주층이 산업자본가로 전환되었다.

51 다음은 1945년부터 1950년까지 발생했던 한국 현대사의 역사적 기록이다. 시기순으로 바르게 나열한 것은?

> ㉠ 미국, 소련, 영국의 외상들이 삼상회의를 개최하고 '한국 문제에 관한 4개 항의 결의서'(신탁통치안)를 결정하였다.
> ㉡ 남한에서는 유엔 한국 임시위원단의 감시 아래 총선거가 실시되었다.
> ㉢ 일제의 잔재를 청산하고 민족정기를 바로잡기 위해 『반민족행위처벌법』을 제정하였다.
> ㉣ 북한은 38도선 전 지역에 걸쳐 남침을 감행하였다.

① ㉠ - ㉡ - ㉢ - ㉣ 　　　② ㉠ - ㉡ - ㉣ - ㉢

③ ㉠ - ㉢ - ㉡ - ㉣ 　　　④ ㉡ - ㉠ - ㉢ - ㉣

[해설] ㉠ 모스크바 3상회의(1945. 12.) → ㉡ 5·10선거(1948) → ㉢ 반민족행위처벌법(1948. 9.) → ㉣ 6·25전쟁(1950)

52 6·25전쟁의 휴전회담에 대한 설명으로 옳은 것은?

① 중공군이 참전하자 휴전회담은 일시 중단되었다.

② 휴전협정이 체결되고 같은 해 한미상호방위조약이 체결되었다.

③ 휴전회담이 난항에 빠지자 참전국 간의 회담이 제네바에서 개최되었다.

④ 휴전협정이 체결되자 이승만은 거제도에 수용되어 있던 반공 포로들을 석방하였다.

> **해설** 1953년 7월 휴전협정이 체결되고, 8월에 한미상호방위조약이 체결되었다.
> ① 중공군 참전은 1950년 11월의 일이며 휴전회담의 시작은 1951년 7월 개성에서 시작되었다.
> ③ 제네바 정치회담은 휴전협정이 체결된 이후인 1954년에 개최되었다.
> ④ 휴전회담이 체결되기 1달 전인 1953년 6월 이승만은 거제도의 반공 포로들을 석방하였다.

53 대한민국 헌법 전문의 서두이다. ㉠, ㉡, ㉢에 들어갈 역사적 사건을 옳게 배열한 것은?

> 유구한 역사와 전통에 빛나는 우리 대한국민은 (㉠)(으)로 건립된 (㉡)의 법통과 불의에 항거한 (㉢)을(를) 계승하고, 조국의 민주 개혁과 평화적 통일의 사명에 입각하여 정의·인도와 동포애로써 민족의 단결을 공고히 하고 … (이하생략)

	㉠	㉡	㉢
①	3·1 운동	대한민국 임시 정부	4·19 민주 이념
②	4·19 민주 이념	대한민국 임시 정부	3·1 운동
③	대한민국 임시 정부	4·19 민주 이념	3·1 운동
④	대한민국 임시 정부	3·1 운동	4·19 민주 이념

> **해설** 3·1 운동으로 건립된 임시정부를 계승한 대한민국이 국민주권의 혁명인 4·19 민주 이념을 받아들여 민주 공화국을 건립하였다.

54 다음 1945~1953년까지의 중요한 역사적 사실들을 정리한 것 중 사실과 다른 것은?

① 1946-제1차 미 · 소 공동 위원회 개최, 이승만의 정읍 발언

② 1948-제주도 4 · 3 사건과 5 · 10 총선거

③ 1949-반민특위의 발족과 농지 개혁법의 제정

④ 1952-발췌 개헌, 사사오입 개헌

> 해설 ④ 이승만 정부의 발췌 개헌(1차 개헌)은 1952년, 사사오입 개헌(2차 개헌)은 1954년의 일이다.

55 4 · 19 혁명에 대한 설명으로 옳지 않은 것은?

① 이승만 대통령의 독재정치와 장기집권이 배경이 되었다.

② 3 · 15 부정선거가 도화선이 되었다.

③ 대학교수단의 시국선언은 4월 19일 학생 시위를 촉발시켰다.

④ 학생이 앞장서고 시민이 참여한 민주혁명이었다.

> 해설 ③ 4 · 19 이후 4월 25일에 대학교수단이 시국선언문을 채택하고 시위를 벌였다.

56 다음은 한국 현대사에 발생한 사건들이다. 시기적으로 ㉠과 ㉡ 사이에 들어갈 수 있는 사실은?

> ㉠ 박정희를 중심으로 한 군부세력은 사회혼란을 구실로 군사정변을 일으켜 정권을 잡았다.
>
> ㉡ 10월 유신이 단행되어 대통령에게 강력한 통치권을 부여하는 권위주의 통치체제가 구축되었다.

① 내각책임제와 양원제 국회의 권력구조로 헌법을 개정하였다.

② 호헌조치를 계기로 직선제 개헌과 민주헌법의 제정을 요구하는 시위가 확대되었다.

③ 반민족행위처벌법 기초특별위원회를 국회에 구성하였다.

④ 베트남으로 국군이 파병되었으며 한일협정이 체결되었다.

> 해설 ㉠ 1961년 5월, ㉡ 1972년 10월에 일어난 사건이므로 박정희를 중심으로 한 제3공화국에 해당하는 내용을 찾으면 된다.
> ① 제2공화국 ② 제5공화국 ③ 제1공화국

57 다음 내용이 발표될 당시의 역사적 사실로 옳지 않은 것은?

> 1. 대한민국 헌법을 부정·반대·왜곡 또는 비방하는 일체의 행위를 금한다.
> 2. 대한민국 헌법의 개정 또는 폐지를 주장·발의·제안 또는 청원하는 일체의 행위를 금한다.
> 3. 유언비어를 날조·유포하는 일체의 행위를 금한다.
> 4. 이 조치에 위반하는 자와 이 조치를 비방하는 자는 법관의 영장 없이 체포·구속·압수·수색하며 15년 이하의 징역에 처한다.

① 유신체제를 부정하고 헌법을 비방하거나 개정하는 행위를 금지했다.

② 6년 임기의 대통령을 간접선거를 통해 선출하였다.

③ 민주청년학생연합의 활동을 금지시켰다.

④ 당시 집권층의 집권연장을 위하여 3선 개헌이 강행되었다.

> **해설** 제시된 내용은 긴급 조치 제1호(1974. 1. 8.)의 일부 내용이다.
> ④ 1969년 박정희는 장기집권의 발판을 마련하기 위해 개헌을 추진하였다.

58 1950년대 이후 한국사회의 상황에 대한 설명으로 옳은 것은?

① 1950년에 시행된 농지개혁으로 토지가 없던 농민이 토지를 갖게 되었다.

② 1960년대에 임금은 낮았지만 낮은 물가 덕분에 노동자들이 고통을 겪지는 않았다.

③ 1970년대에 이르러 정부는 노동 3권을 철저히 보장하는 정책을 채택하였다.

④ 1980년대 초부터는 노동조합을 자유롭게 설립할 수 있게 되었다.

> **해설** 농지개혁의 결과는 자작농 증가와 농업자본의 산업자본으로의 전환이었다.
> ② 노동자들은 낮은 임금과 높은 물가로 고통을 겪었다.
> ③ 정부는 노동 3권을 철저히 탄압했다.
> ④ 1980년대 초 군사 쿠데타로 정권을 잡은 전두환 정부 하에서 노동조합 설립은 자유롭지 못했다.

59 다음 내용을 발생한 시기 순으로 바르게 나열한 것은?

> ㉠ 남북 사이의 화해와 불가침 및 교류 · 협력에 관한 합의서 채택
>
> ㉡ 6 · 15 남북공동선언
>
> ㉢ 남북 관계 발전과 평화 번영을 위한 선언
>
> ㉣ 금강산 관광 개시
>
> ㉤ 남북 경의선 철도 복원 기공식

① ㉠ – ㉡ – ㉢ – ㉣ – ㉤ 　　　② ㉠ – ㉣ – ㉡ – ㉤ – ㉢

③ ㉣ – ㉠ – ㉡ – ㉢ – ㉤ 　　　④ ㉣ – ㉡ – ㉠ – ㉤ – ㉢

해설　㉠ 남북기본 합의서(1991. 12) → ㉣ 금강산 관광 시작(1998. 11.) → ㉡ 6 · 15 남북공동선언(2000. 6.) → ㉤ 경의선 철도 복원(2000. 9.) → ㉢ 남북 관계 발전과 평화 번영을 위한 선언(2007. 10.)

60 현대 문화의 성장과 발전에 대한 설명으로 옳지 않은 것은?

① 1970년대 이후 무비판적으로 수용하였던 서구 문화에 대한 반성이 일어나면서 전통 문화를 되살리는 노력이 펼쳐졌다.

② 1960년대 이후 정치적 민주화와 사회 경제적 평등을 지향하는 민중 문화 활동이 활발하였다.

③ 1987년 6월 민주 항쟁을 거치면서 언론에 대한 정부의 통제와 간섭은 줄어들고 언론의 자유는 확대되었다.

④ 1980년대 이후에는 고등 교육의 대중화를 위하여 대학이 많이 세워졌다.

해설　② 1960년대부터 우리나라의 대중문화가 본격적으로 성장하기 시작하였고, 1970년대는 전통문화를 되살리려는 노력이 펼쳐졌다. 1980년대에 민중 문화 활동이 활발하였다.

61 다음에서 설명하는 정부와 관련이 없는 것은?

> 이 정부는 '조국 근대화'의 실현을 가장 중요한 국정 목표로 삼아 경제성장에 모든 힘을 쏟는 경제 제일주의 정책을 펼쳤다. 이로써 수출이 늘어나고 경제도 빠르게 성장함으로써 절대 빈곤의 상태에서 어느 정도 벗어날 수 있었다. 그러나 경제개발에 필요한 자본의 대부분은 외국에서 빌려온 것이었고, 개발을 효율적으로 추진한다는 구실로 국민의 자유를 억압하여 민주주의 발전을 저해하였다.

① 한 · 일 기본조약 및 제협정이 조인되었으며, 그 해 8월 국회에서 통과되었다.
② 남북한 이산가족찾기를 위한 남북적십자회담이 북한의 동의에 의해 진행되었다.
③ 남북한의 유엔동시가입이 실현되어 화해분위기가 조성되었다.
④ 대통령에게 막강한 권한을 부여한 헌법이 국민투표를 거쳐 공포 · 시행되었다.

해설 제3 · 4공화국(1963~1979)에 해당하는 박정희 정권에 대한 설명이다.
③ 1991년 노태우 정권 때의 내용이다.

62 제시된 선언문과 관련된 정권에서 시행한 정책으로 옳지 않은 것은?

> 1. 남과 북은 나라의 통일 문제를 그 주인인 우리 민족끼리 서로 힘을 합쳐 자주적으로 해결해 나가기로 하였다.
> 2. 남과 북은 나라의 통일을 위한 남측의 연합제 안과 북측의 낮은 단계의 연방제 안이 서로 공통성이 있다고 인정하고 앞으로 이 방향에서 통일을 지향해 나가기로 하였다.
> 3. 남과 북은 올해 8 · 15에 즈음하여 흩어진 가족, 친척 방문단을 교환하며 비전향 장기수 문제를 해결하는 등 인도적 문제를 조속히 풀어 나가기로 하였다.

① 남북 이산가족이 만나는 등 남북간의 긴장 완화와 화해 협력이 진전되었다.
② 통일을 위한 남측의 연합제와 북측의 낮은 단계의 연방제 사이의 공통성을 인정하였다.
③ 지방자치단체장 선거를 통해 지방자치제를 전면적으로 확대 실시하였다.
④ 금융감독위원회를 설치하여 금융구조조정을 추진하였다.

해설 제시된 내용은 김대중 정부 때의 6 · 15 남북공동선언(2000)이다.
③ 지방자치제를 전면적으로 확대 실시했던 것은 김영삼 정부이다.

63 북한의 정부 수립과 변화에 대한 설명으로 옳은 것은?

① 1960년대부터 국방 건설을 최우선 과제로 하여 천리마 운동을 채택하였다.

② 1972년에는 인민군을 창설하여 군사력을 갖춘 주석제를 채택하였다.

③ 1984년부터는 외국인 투자를 유치하기 위해 합영법을 제정하였다.

④ 2000년 6·15 공동 선언에서는 한반도 비핵화에 관한 공동선언을 발표하였다.

해설 ① 천리마 운동(1957), ② 인민군 창설(1948), ④ 한반도 비핵화에 관한 공동선언 채택(1991년)이다.

64 1991년 12월 남북고위급회담에서 합의한 '남북기본합의서'는 남북관계의 발전에 획기적인 전환점을 마련하였다. 이 합의서에 포함된 내용이 아닌 것은?

① 남북 간 군사훈련 참관   ② 남북 간 상호 불가침
③ 남북 간 문화 교류   ④ 남북 간 경제 교류

해설 남북기본합의서(1991)는 7·4 남북공동성명에서 천명한 조국통일 3대원칙 재확인, 민족 화해, 무력 침략과 충돌
방지 등 평화통일을 위한 공동의 노력을 규정하고 있다.

65 다음 선언과 관련한 민주주의 운동의 성과는?

> 오늘 우리는 전 세계 이목이 주시하는 가운데 40년 독재 정치를 청산하고 희망찬 민주 국가를 건설하기 위한 거보를 전 국민과 함께 내딛는다. 국가의 미래요 소망인 꽃다운 젊은이를 야만적인 고문으로 죽여 놓고 그것도 모자라서 국민을 속이려 했던 현 정권에게 국민의 분노가 무엇인지 분명히 보여 주고, 국민적 여망인 개헌을 일방적으로 파기한 4·13 호헌 조치를 철회시키기 위한 민주 장정을 시작한다.

① 강압적 유신 체제의 종말을 맞이하였다.

② 내각 책임제와 국회의 양원제가 실시되었다.

③ 5년 단임의 대통령 직선제 개헌이 이루어졌다.

④ 최초로 평화적 여·야 정권 교체가 이루어졌다.

해설 제시된 내용은 6·10 국민대회 선언문이다. 전두환 정부가 1987년 4·13 호헌 조치를 발표하면서 국민의 거족적
대항인 6월 민주항쟁이 일어났다. 그 결과 대통령 직선제, 5년 단임제 등의 헌법 개정이 이루어졌다.
① 1979년 10·26사태, ② 1960년 허정 과도정부의 3차 개헌, ④ 1998년 김대중 정부

Chapter 07 영 어

- **어휘** : 단어의 유의어, 반의어를 찾는 유형과 관계어 고르기, 제시된 단어의 뜻 고르기, 주어진 문장에서 알맞은 단어를 찾는 문제 등이 주로 출제된다.
- **회화** : 대화 형태의 지문으로 밑줄 친 의미 파악, 빈칸에 알맞은 표현 고르기, 두 사람의 대화 속 관계, 내용 파악, 장소 등에 관한 문제가 출제된다.
- **어법** : 주어진 문장에서 어색한 표현 고르기, 빈칸에 들어갈 단어, 접속사, 전치사, 관용적인 표현 넣기 등의 문제가 주로 출제된다.
- **독해** : 중심 내용과 주제 찾기, 글의 내용과 일치하는 것 찾기, 내용 파악을 위한 문제들이 출제되며 흐름상 이어지는 내용 고르기, 내용에서 지시대명사나 단어, 문장이 가리키는 것 찾기, 분위기 파악 등 글 전체의 내용과 흐름을 파악하는 문제들이 출제된다.

유형맛보기 01 다음 중 어색한 대화를 고르시오.

① A : Which one is yours?

  B : The one in the corner.

② A : Who's in charge of this afternoon's meeting?

  B : It hasn't been decided yet.

③ A : Is this seat empty?

  B : No, it isn't.

④ A : What does he do?

  B : He is doing homework.

어휘 be in charge of ~를 담당하다. 책임지다.
  It hasn't been decided yet 아직 결정 안 되었다.

해설 'What does he do?(그의 직업이 뭡니까?)'란 직업을 묻는 질문에 그가 하고 있는 행동을 답하는 것은 적절하지 않다. 답 : ④

유형맛보기 02 아랫글의 분위기로 가장 알맞은 것은?

> Learning is connected to instruction and direction, and boys get more of that than girls do all through school. Why? Because teachers tend to ask questions to students who they expect will have the answers. Since girls traditionally don't do so well as boys in such "masculine" subjects as math and science, they are called on least in those classes. But girls are called on most in verbal and reading classes, where boys are expected to have trouble. The trouble is in our culture, not in our chromosome. In Germany, academic subjects are considered masculine, most teachers are men, and girls have the reading problem.

① terrible   ② critical

③ persuasive   ④ monotonous

어휘 connect 연결하다   instruction 지도, 설명
tend to ~하는 경향이 있다   traditionally 전통적으로
masculine 남성적인   verbal class 어학수업
chromosome 염색체   academic 학문의

독해 학습은 가르침과 지도와 관련이 있다. 그런데 학교 다니는 동안 남자 아이들이 여자 아이들보다 더 많은 가르침과 지도를 받는다. 왜 그럴까? 왜냐하면 선생님들이 답을 알고 있을 거라고 기대하는 학생들에게 질문하는 경향이 있기 때문이다. 전통적으로 여자아이들은 수학이나 과학과 같은 "남성적인" 과목은 남자 아이들만큼 잘 하지 못하기 때문에 여자아이들은 그런 수업 시간에는 적게 불린다. 하지만 언어나 독서 시간에는 남자아이들이 어려움을 겪을 것으로 기대되므로 여자아이들이 가장 많이 불려진다. 문제는 우리 문화에 있는 것이지 우리의 염색체에 있는 것이 아니다. 독일에서는 모든 학문은 남성적인 것으로 고려되어지며 대부분의 교사가 남성이고 여성은 독서 장애를 겪고 있다.

해설 남녀의 잘 하는 부분의 대한 차이가 염색체에서 오는 것이 아니라 문화에서 온다는 '성에 있어서 편견을 가진 가르침'에 대한 문화를 비판하는 내용이다.

답 : ②

적 중 예 상 문 제

1절 · 어휘

유형분석
유의어, 반의어 및 관련 다의어를 함께 암기해두기

① · 유의어 찾기

01 prevent

① initiate　　② avoid　　③ diminish　　④ cooperate

[어휘] prevent 막다, 방지하다　　initiate 착수시키다
avoid 피하다, 막다　　diminish 약해지다, 줄어들다
cooperate 협력하다

02 conceal

① hide　　② propose　　③ help　　④ anticipate

[어휘] conceal 감추다　　hide 숨다, 감추다
propose 제안하다,　　help 거들다, 돕다
anticipate 기대하다, 예상하다

03 neglect

① ignore　　② compel　　③ decrease　　④ alter

[어휘] neglect 무시하다　　ignore 무시하다
compel 강요하다　　decrease 감소하다
alter 변경하다

01 ②　02 ①　03 ①

04   prudent

① doubtful   ② grand   ③ discreet   ④ faithful

[어휘] prudent 신중한   doubtful 의심스러운
grand 웅장한   discreet 신중한
faithful 성스러운

05   permit

① improve   ② sweep   ③ adapt   ④ allow

[어휘] permit 허락하다   improve 향상시키다
sweep 청소하다, 쓸다   adapt 적응하다, 조정하다
allow 허락하다, 받아들이다

06   hardly

① occasionally   ② horizontally   ③ scarcely   ④ personally

[어휘] hardly 거의 ～하지 않는   occasionally 때때로
horizontally 수평으로   scarcely 거의 ～하지 않는
personally 개인적으로

07   apprehension

① damage   ② companion   ③ comfort   ④ anxiety

[어휘] apprehension 걱정, 우려, 불안   damage 손상, 손해
companion 동료   comfort 편안함
anxiety 염려, 걱정

08   obscure

① rare   ② eternal   ③ absurd   ④ vague

[어휘] obscure 무명의, 불명료한   rare 드문, 희귀한
eternal 영원한   absurd 불합리한
vague 희미한, 불명확한, 애매한

09 | consistent

① patient　　② strict　　③ assumed　　④ coherent

 consistent 일치하는, 시종일관된
strict 엄격한
coherent 일관된

patient 인내심이 강한
assumed 꾸민, 가장한

10 | implement

① fright　　② prowess　　③ utensil　　④ fare

[어휘] implement 기구, 도구
prowess 용감함
fare 운임, 요금

fright 두려움, 놀람
utensil 기구, 도구

② 반의어 찾기

01 | tiny

① different　　② abstract　　③ huge　　④ showy

[어휘] tiny 아주 작은
abstract 추상적인
showy 현란한

different 다른
huge 거대한, 막대한

02 | criticize

① praise　　② grasp　　③ despise　　④ defend

[어휘] criticize 비판하다, 비난하다
grasp 잡다
defend 막다, 변호하다

praise 칭찬하다
despise 멸시하다, 경멸하다

03 | perpetual

① genuine　　② ephemeral　　③ complete　　④ solitary

[어휘] perpetual 영구의
ephemeral 단명한
solitary 고독한

genuine 진짜의
complete 완전한

04 absolute

① concrete ② temporary ③ relative ④ fatal

[어휘] absolute 절대적인
temporary 일시적인
fatal 치명적인

concrete 구체적인
relative 상대적인

05 hostile

① friendly ② cowardly ③ passive ④ sincere

[어휘] hostile 적대시하는
cowardly 겁 많은
sincere 진정한

friendly 우호적인
passive 수동적인

06 tame

① wild ② static ③ sufficient ④ rash

[어휘] tame 길들인
static 정적인, 변하지 않는
rash 무분별한, 경솔한

wild 야생의
sufficient 충분한

07 subtract

① dismiss ② add ③ conflict ④ imply

[어휘] subtract 감하다
add 더하다
imply 함축하다, 내포하다

dismiss 해고하다
conflict 다투다, 투쟁하다

08 ascend

① equalize ② separate ③ decline ④ descend

[어휘] ascend 오르다
separate 분리하다
descend 내리다

equalize 평준화하다, 동등하게 하다
decline 거절하다

04 ③ 05 ① 06 ① 07 ② 08 ④

09 | decrease

① include   ② multiply   ③ scatter   ④ unite

어휘 decrease 감소하다, 줄다   include 포함하다
multiply 늘리다, 증가시키다   scatter 흩어지다
unite 결합하다

10 | useful

① obvious   ② rusty   ③ futile   ④ alike

어휘 useful 유익한, 유용한   obvious 명백한
rusty 녹슨   futile 쓸모없는
alike 비슷한

③ 제시된 단어와 뜻 찾기

01 | indiscreet

① 경솔한   ② 맑은   ③ 차분한   ④ 결정적인

02 | instruct

① 가르치다   ② 지시하다   ③ 보고하다   ④ 사용하다

03 | urge

① 급하다   ② 독촉하다   ③ 합병하다   ④ 위로하다

04   forbid

① 기대다   ② 막다   ③ 금지하다   ④ 합법화하다

05   endeavor

① 노력   ② 귓속말   ③ 행동   ④ 지시

06   정확한

① accurate   ② inventive   ③ abundant   ④ assiduous

어휘 accurate 정확한   inventive 재능 있는
abundant 풍부한   assiduous 근면한

07   분석

① assistance   ② analysis   ③ obstacle   ④ contempt

어휘 assistance 원조, 보조지원   analysis 분석
obstacle 장애물   contempt 멸시

08   포기하다

① perform   ② vanish   ③ forgive   ④ abandon

어휘 perform 수행하다, 행하다   vanish 사라지다, 소실되다
forgive 용서하다   abandon 포기하다

09   궁금하다

① estimate   ② retire   ③ wonder   ④ represent

어휘 estimate 측정하다   retire 은퇴하다
wonder 궁금해하다,   represent 의미하다, 상징하다

10

안도하는

① relieved　　② terrified　　③ offended　　④ furious

[어휘] relieved 안도하는　　　　terrified 겁에 질린
offended 불쾌한　　　　　　　furious 격노한

④ 제시된 연관관계 단어 찾기

01~05 빈칸에 알맞은 단어를 찾으시오.

01

wood : paper = (　　) : cup

① glass　　② metal　　③ tree　　④ desk

[해설] 종이의 재료는 나무이고, 컵의 재료는 유리임을 파악한다.

02

sharp : round = (　　) : fat

① ball　　② pencil　　③ thin　　④ chubby

[해설] '날카로운'과 '둥근'은 반의어 관계이므로, '살찐(fat)'의 반의어인 '날씬한(thin)'이 정답이다.

03

unethical : dishonest = (　　) : steal

① rob　　② honest　　③ false　　④ reveal

[해설] 'dishonest(속임수의, 부정의)'한 태도로 행하는 것과 연관된 행동은 'steal(훔치다, 도용하다)'이므로, 'unethical(비윤리적인, 윤리에 어긋나는)'한 태도로 행하는 것과 연관된 행동인 'rob(빼앗다, 강탈하다)'가 정답이다.

04

July – August – (　　) – October

① November　　② September　　③ December　　④ July

[어휘]

January 1월	February 2월
March 3월	April 4월
May 5월	June 6월
July 7월	August 8월
September 9월	October 10월
November 11월	December 12월

05

first – second – (　　) – fourth

① three　　② thirdth　　③ third　　④ thirth

[해설] 서수를 나타내는 표현으로 첫 번째, 두 번째, 세 번째, 네 번째를 의미하는 단어들의 나열이다. first, second, third 그리고 fourth부터는 뒤에 –th가 붙는 규칙을 따른다.

06~10 제시된 단어들과 관계된 단어를 고르시오.

06

scholarship, credit, major, semester

① institution　　② professor　　③ university　　④ department store

[해설] 'scholarship(장학금), credit(학점), major(전공), semester(학기)'의 단어들은 'university(대학)'와 관련된 단어이다.

07

emergency, treatment, injection, nurse

① hospital　　② police　　③ pharmacy　　④ church

[해설] 'emergency(응급), treatment(치료), injection(주사), 'nurse(간호사)'의 단어들은 hospital(병원)과 관련된 단어이다.

08~10 나머지 셋과 성격이나 종류가 다른 것을 고르시오.

08

① smell　　② touch　　③ taste　　④ eat

[해설] 'smell(~을 냄새 맡다), touch(만지다), taste(맛보다)'는 지각동사이다.

09 ① nephew ② aunt ③ friend ④ niece

해설 'nephew(남자 조카), aunt(고모), niece(여자 조카)'는 친척 관련 단어들이다.

10 ① whale ② frog ③ shark ④ sea lion

해설 'whale(고래), shark(상어), sea lion(바다사자)'은 바다동물 관련 단어들이다.

⑤ 문장 속 비슷한 단어/숙어 찾기

01~03 밑줄 친 단어와 비슷한 단어를 고르시오.

01 <u>Unemployment</u> is a serious social problem.

① engagement ② joblessness ③ obligation ④ expenditure

어휘 unemployment 실업 engagement 고용, 개입
joblessness 실업 obligation 의무, 협정
expenditure 지출, 소비

02 Good food and fresh water are <u>beneficial</u> to the health.

① helpful ② positive ③ harmful ④ affective

어휘 beneficial 유용한, 이로운 helpful 유용한, 유익한
positive 긍정적인 harmful 해로운
affective 정서적인, 감동적인

03 What was the <u>outcome</u> of your investigation?

① symptom ② outlook ③ result ④ production

어휘 outcome 결과 symptom 증상, 징후
outlook 전망, 경치 result 결과, 결론
production 생산, 제조

04~06 제시된 문장과 관계된 단어를 고르시오.

04

You must treat this with much (　　　　)

① caution　　　② remedy　　　③ security　　　④ chaos

어휘 caution 조심, 경고　　　　remedy 치료, 요법
security 안전, 보안　　　　chaos 혼돈, 무질서

독해 당신은 많은 주의를 기울여 이것을 다루어야 한다.

해설 '많은 주의를 하여'란 의미로 'caution'이 정답이다.

05

He (　　　) that he was involved and demanded an apology.

① regretted　　　② denied　　　③ clarified　　　④ evaluated

어휘 regret 후회하다　　　　deny 부인하다
clarify 명백히 하다.　　　　evaluate 평가하다, 감정하다

독해 남자는 관련 사실을 부인했고 사과할 것을 요구했다.

06

Please be more (　　　) to your project.

① attentive　　　② comparable　　　③ desirable　　　④ admirable

어휘 attentive 주의 깊은(attentive to~)　　　comparable 비교할 수 있는(comparable with~)
desirable 바람직한　　　　admirable 칭찬할 만한, 기특한

독해 당신의 프로젝트에 좀 더 주의를 기울여주세요

07~13 밑줄 친 숙어와 비슷한 의미의 단어를 고르시오.

07

cool down　　maintained　　reassure you　　come back　　requested

(1) Let us <u>put your mind at rest</u>. We guarantee delivery in 7 days.
(　　　　　　)

(2) We should take a break time to <u>calm down</u>.

( )

(3) One of the teams <u>asked for</u> a second meeting next week.

( )

[어휘] put your mind at rest = reassure you 마음을 편안하게 하다, 안심시키다
calm down = cool down 차분해지다, 가라앉다
ask for = request 요구하다

08

Don't <u>rule out</u> the possibility of this business failing.

① worry about　　② dismiss　　③ exclude　　④ count on

[어휘] rule out = exclude 배제하다　　　worry about ~에 대해 걱정하다
dismiss 잊어버리다, 없애버리다　　count on ~을 의지하다

[독해] 이 사업이 실패할 수도 있다는 가능성을 배제하지 마라.

09

I hope some of those people would <u>come up with</u> a surprising idea.

① suggest　　② obey　　③ adapt　　④ jeopardize

[어휘] come up with = suggest 제안하다　　obey 복종하다
adapt 적응시키다.　　　　　　　　jeopardize 위태롭게 하다

[독해] 저 사람들 중 몇 명이라도 놀라운 아이디어를 제안했으면 좋겠다.

10

They are getting tired of <u>putting up with</u> her speech.

① touch on　　② endure　　③ attend　　④ hold down

[어휘] put up with = endure 참다, 견디다　　touch on 언급하다
attend 참석하다　　　　　　　　　　hold down 유지하다

[독해] 그들은 그녀의 연설을 참느라 피곤해졌다.

11 The meeting can be <u>put off</u>.

① cancelled ② allowed ③ extended ④ postponed

어휘 put off = postpone 연기하다　　cancel = call off 취소하다
allow 허락하다　　extend 연장하다

독해 미팅은 연기될 수 있다.

12 You must ＿＿＿＿＿＿ the contract before you sign it.

① pass over ② deal with ③ hold on ④ look over

어휘 pass over 넘겨주다　　deal with ～을 다루다
hold on 기다리다　　look over 훑어보다, 조사하다

독해 계약서에 서명을 하기 전에 조사해 봐야 한다.

13 I am at a loss which one to do as I am a new officer here.
= I have no ＿＿＿＿＿＿ which one to do as I am a new officer here.

① chance ② idea ③ time ④ way

어휘 be at a loss = have no idea 어찌할 바를 모르다

독해 신입이라 어떤 일을 해야 할지 모르겠어요.

14 Let's ＿＿＿＿＿＿ driving every 2 hours.

① take turns ② make sure ③ point out ④ step down

어휘 take turns = alternate 교대하다　　make sure = be sure 확실히 하다
point out = indicate 지적하다　　step down = resign 물러나다, 사퇴하다

독해 2시간마다 교대하자.

15 Your grade is improving ＿＿＿＿＿＿ .

① all day long ② on the whole ③ little by little ④ at random

[어휘] all day long 하루 종일
little by little = gradually 조금씩

on the whole = generally 대체로
at random 되는대로, 아무렇게나

[독해] 성적이 조금씩 향상되고 있다.

16~20 보기와 동의관계인 숙어를 고르시오.

> as far as, off and on, run out, in view of, in the long run

16 eventually : _______________

[어휘] in the long run = eventually 마침내, 결국

17 come to an end : _______________

[어휘] run out = come to an end (시간 등이) 끝나다

18 considering : _______________

[어휘] in view of = considering ∼을 고려하여, ∼에 비추어

19 not regularly : _______________

[어휘] off and on = not regularly 가끔씩

20 to the degree that : _______________

[어휘] as far as = to the degree that ∼하는 한

Word Power #1

① 접두어

1. 부정 : un- , non- , in- , im- , il- , ir-
2. 반대 : ob- , of- , op- , with- , anti- , contro- , counter- , contra-
3. 전/후 : anti- , ante- , pre- , re- , post- , fore- , pro-
4. 합동/결합 : con- , cor- , com- , co- ,col- , syn- , sys-, sym-
5. 선/악 : bene- , bon- , beni- , mal- , mis-
6. 위/초과 : super- , sur- , extra- , ultra- , over-
7. 아래 : under- , sub- , suc- , sus- , de-
8. 관통/횡단 : trans- , per-
9. 안/사이/밖 : in- , im- , il- , en-, em- , inter- ,intro- , ex- , ec- , es- , is-, ef- , out-
10. 분리/제거/접근/사역 : ab- , abs- , di- , de- , tele- , se- , ad- , ac- , em- ,en-
11. 수 : mono- , uni- , bi- , di- , tri- ,oct- , deca- , decem- , poly- , multi-

② 접미어

1. 명사(사람) : -ee, -(e)r, -eer, -(i)an, -ist, -ess
2. 추상명사/집합명사 : -age, -ance, -al, -cy, -hood, -ion, -ment, -ty, -ness, -dom, -t(h), -ship, -(e)ry, -ure, -ing, -ism, -ice
3. 형용사 :-able, -ible, -ful, -less, -ly, -(i)ous, -ic, -cal, -(i)al, -ual, -ive, -ish, -like, -ant, -ent, -ate, -some, -y, -ary, -ory, -ite
4. 부사 : -wise, -way(s), -ward(s), -ly
5. 동사 : -en, -er, -le, -(i)fy, -ize, -ate, -ish

③ 필수 유의어

- abandon=quit(포기하다)
- abundant=rich(풍부한)
- achieve=attain(이루다, 성취하다)
- accept=receive(받다)
- accurate=precise=exact(정확한)
- account=explain(계산, 설명하다)
- adapt=adjust=conform(적응시키다)
- agree=consent(동의하다)
- allow=admit=permit(허락하다)
- analyze=examine(분석, 연구하다)
- ancient=old=antique(먼 옛날의)
- announce=declare(발표, 고지하다)
- anticipate=expect(기대하다)
- appeal=show(나타나다, 출현하다)
- appoint=nominate(지정, 지명하다)
- approve=accept(인정, 승인하다)
- assign=allocate(할당, 배당하다)
- assiduous=industrious(근면한)
- awkward=clumsy(서툰)
- bear=endure=stand=tolerate(참다)
- betray=reveal(누설하다)
- blame=accuse(비난하다)
- benefit=advantage(이익, 은혜)
- borrow=lease(빌리다)
- broaden=extend(확대하다)
- cause=prompt(일으키다, 야기하다)
- cease=quit(멈추다)
- change=alter(변경하다)
- collaborate=cooperate(합작하다)
- comfort=console(위로하다)
- commence=begin(시작하다)
- comment=remark(언급하다)
- compel=force(강요하다)
- complete=conclude(완성하다)
- confidence=reliance(신뢰, 신용)
- conclude=determine(결론내리다)
- conduct=manage(처신, 행동하다)
- conform=adjust(따르다, 순응하다)
- convey=carry(나르다, 운반하다)
- coincide=correspond(일치하다)
- correct=revise(수정하다)
- corrupt=rotten(부패한)
- damage=injure(해치다, 손해를 주다)
- danger=peril(위험)
- decrease=diminish(감소하다)
- defend=preserve(지키다, 막다)
- demand=require(요구하다)
- deny=refuse=reject(부인하다)
- despise=scorn(멸시하다)
- determine=decide(결정하다)
- difficulty=hardship(곤란)
- discern=distinguish(식별, 분간하다)
- discreet=prudent(신중한)
- disorder=confusion(혼란)
- doubtful=suspicious(의심스러운)
- effort=endeavor(노력)
- elevate=promote(승진시키다)
- emerge=appear(나타나다)
- empty=vacant(텅 빈)
- enable=permit(가능하게 하다)
- enchant=charm(매혹하다)
- eminent=famous(유명한)
- emphasize=stress(강조하다)
- estimate=appraise(추정하다)
- examine= observe(살펴보다)
- execute=implement(수행하다)

- exhaust=consume(소모시키다)
- fair=just(공정한)
- faithful=loyal(성스러운)
- first-hand=direct(직접적인)
- flourish=prosper(번영하다)
- forbid=prohibit=ban(금지하다)
- foster=advance(육성하다)
- gain=acquire=obtain(얻다)
- gallant=brave(용감한)
- gauge=measure(측정하다, 재다)
- grand=magnificent(웅장한)
- gratitude=thanks(감사, 사의)
- grip=attract(끌어당기다)
- harm=damage(손해, 손상)
- hazard=danger(위험)
- hide=conceal(숨기다)
- hindrance=obstacle(장애)
- honor=esteem(존경하다)
- ignore=neglect(무시하다)
- impress=affect(영향을 주다)
- inclination=tendency(경향)
- induce=persuade(설득하다)
- ingenious=inventive(재능 있는)
- ingenuous=innocent(순진한)
- intricate=complicated(복잡한)
- inquire=query(묻다)
- inspect=examine(검사 · 점검하다)
- install=equip(설치하다)
- invaluable=priceless(아주 귀중한)
- join=connect=unit(결합하다)
- legal=lawful(합법적인)
- link=combine(결합하다, 잇다)
- manifest=evident(명백한)
- maintain=support(유지 · 지탱하다)

- miserable=wretched(비참한)
- multiply=increase(증대하다)
- neat=tidy(깔끔한)
- noticeable=remarkable(현저한)
- notify=inform(알리다)
- object=protest=oppose(반대하다)
- obtain=acquire(얻다, 획득하다)
- obscure=vague(모호한)
- obstacle=barrier(장애물)
- obstinate=stubborn(고집 센)
- occupy=reside(차지하다)
- overrate=overlook(과대평가하다)
- pain=agony(고통)
- patience=endurance(인내)
- perfect=complete(완전한)
- perceive=distinguish(분별, 인지하다)
- precede=forego(앞서다)
- predict=foretell(예언하다)
- proceed=continue(계속하다)
- profound=deep(깊은)
- queer=curious(기묘한, 호기심 찬)
- quite=silent(고요한)
- quote=mention=cite(인용 · 언급하다)
- rear=raise(기르다, 양육하다)
- regret=repent(후회하다)
- release=issue(발행하다)
- relieve=alleviate(완화하다)
- replace=substitute(대신 · 교체하다)
- reveal=uncover(드러내다, 밝히다)
- reckless=rash(분별없는)
- severe=strict(엄격한)
- sterile=barren(메마른)
- suitable=adequate(적당한)
- suspicion=distrust(의심, 의혹)

- sufficient=enough(충분한)
- tedious=tiresome(지루한)
- thorough=exhaustive(철저한)
- temporary=momentary(임시적인)
- tired=exhausted(지친)
- tolerate=bearable(참을 수 있는)
- usual=common(보통의)
- ultimately=finally(결국)
- vanish=disappear(사라지다)
- vital=fatal(치명적인)
- weary=tired(피로한)

④ 필수 반의어

- antipathy(반감) ↔ sympathy(동정, 동감)
- absolute(절대적인) ↔ relative(상대적인)
- abstract(추상적인) ↔ concrete(구체적인)
- affirmative(긍정의) ↔ negative(부정의)
- analysis(분석) ↔ synthesis(종합)
- accept(수락하다) ↔ reject(거절하다)
- admire(찬탄하다) ↔ despise(멸시하다)
- add(더하다) ↔ subtract(감하다)
- attach(붙이다) ↔ detach(분리하다)
- artificial(인공적인) ↔ natural(자연적인)
- arrogant(거만한) ↔ humble(소박한)
- ascend(오르다) ↔ descend(내리다)
- barren(불모의) ↔ fertile(기름진)
- borrow(빌리다) ↔ lend(빌려주다)
- brave(용감한) ↔ cowardly(겁 많은)
- cause(원인) ↔ effect(결과)
- comedy(희극) ↔ tragedy(비극)
- consume(소비하다) ↔ produce(생산하다)
- creditor(채권자) ↔ debtor(채무자)

- cheap(싼) ↔ expensive(비싼)
- conservative(보수적인) ↔ progressive(진보적인)
- conceal(숨기다) ↔ reveal(폭로하다)
- defence(방어) ↔ offence(공격)
- deficient(부족한) ↔ sufficient(충분한)
- dismiss(해고하다) ↔ employ(고용하다)
- domestic(국내의) ↔ foreign(외국의)
- doubtful(의심스러운) ↔ obvious(명백한)
- dynamic(동적인) ↔ static(정적인)
- expense(지출) ↔ income(수입)
- end(목적) ↔ means(수단)
- exclude(배제하다) ↔ include(내포하다)
- exterior(외부) ↔ interior(내부)
- empty(텅 빈) ↔ full(가득 찬)
- encourage(격려하다) ↔ discourage(낙담시키다)
- fault(단점) ↔ merit(장점)
- friendly(우호적인) ↔ hostile(적대시하는)
- gather(모이다) ↔ scatter(흩어지다)
- guilty(유죄의) ↔ innocent(무죄의)
- gain(이익) ↔ loss(손해)
- general(일반적인) ↔ specific(특수한)
- horizontal(수평의) ↔ vertical(수직의)
- increase(증가하다) ↔ decrease(감소하다)
- inferiority(열등, 열세) ↔ superiority(우월, 우세)
- junior(손아래의) ↔ senior(손위의)
- latitude(위도) ↔ longitude(경도)
- labor(노동) ↔ capital(자본)
- loose(헐거운) ↔ tight(꽉 끼는)
- mental(정신적인) ↔ physical(육체적인)
- majority(다수) ↔ minority(소수)
- male(남성의) ↔ female(여성의)

- modest(겸손한) ↔ immodest(건방진)
- mortal(필멸의) ↔ immortal(불멸의)
- material(물질적인) ↔ spiritual(정신적인)
- maximum(최대) ↔ minimum(최소)
- nutrition(영양) ↔ malnutrition(영양실조)
- obscure(모호한) ↔ obvious(명백한)
- optimism(낙천주의) ↔ pessimism(비관주의)
- permit(허락하다) ↔ forbid(금하다)
- permanent(영구적인) ↔ temporary(일시적인)
- practice(실천) ↔ theory(이론)
- precede(앞서다) ↔ follow(따르다)
- private(사적인) ↔ public(공적인)
- passive(수동적인) ↔ active(능동적인)
- praise(칭찬하다) ↔ blame(비난하다)
- quantity(양) ↔ quality(질)
- rear(뒤) ↔ front(앞)
- rural(농촌의) ↔ urban(도시의)
- respect(존경하다) ↔ despise(경멸하다, 얕보다)
- revenue(세입) ↔ expenditure(세출)
- supply(공급) ↔ demand(수요)
- sharp(날카로운) ↔ dull(둔한)
- separate(분리하다) ↔ unite(결합하다)
- sober(제정신의) ↔ drunken(술에 취한)
- synonym(유의어) ↔ antonym(반의어)
- smooth(부드러운) ↔ rough(거친)
- subjective(주관적인) ↔ objective(객관적인)
- tame(길들인) ↔ wild(야생의)
- tiny(작은) ↔ huge(거대한)
- thick(두꺼운) ↔ thin(얇은)
- treat(대접하다) ↔ maltreat(푸대접하다)
- time(시간) ↔ space(공간)

- underestimate(과소평가하다) ↔ overestimate(과대평가하다)
- unite(결합하다) ↔ divide(나누다)
- void(무효한) ↔ valid(유효한)
- voluntary(자발적인) ↔ compulsory(강제적인)
- vice(악덕) ↔ virtue(미덕)
- wholesale(도매의) ↔ retail(소매의)

⑤ 필수 다의어

- account : 계좌, 이유, 설명, 고려, 책임지다, 설명하다
- acknowledge : 인정하다, 승인하다, 사례하다
- address : 주소, 소개하다, 연설하다
- alternative : 양자택일, 대안
- apply : 지원하다, 적용하다
- appreciate : 인정하다, 감사하다, 이해하다
- apprehend : 염려하다, 체포하다
- arrange : 계획하다, 정리하다
- article : 기사, 물품, 품목, 조항
- assume : 추측하다, 가정하다, 떠맡다
- attribute : 특성, ~의 탓으로 돌리다
- balance : 균형, 조화, 안정, 저울, 잔고
- band : 끈, 무리
- base : 토대, 기초, 근거
- bear : 곰, 지나다, 견디다, 나르다
- bill : 계산서, 지폐, 법안
- block : 덩어리, 장애물, 막다, 가리다
- bound : 뚫다, 구멍을 내다, 튀어 오르다, 묶인, 의무가 있는, ~하게 되어있는
- carry : 나르다, 휴대하다, 지탱하다, 처신하다

- cause : 원인, 원인이 되다, 야기하다, ~하게 되다
- charge : 청구하다, 고발하다, 비난하다, 부담시키다, 청구금액, 책임
- check : 점검, 대조, 계산서, 수표, 점검하다
- clear : 밝은, 명백한, 순수한, 명료하게, 제거하다, 명백히 하다, 승인하다
- command : 지시하다, 지배하다, (존경 등을) 받다, (경치가) 내려다 보이다
- commit : 범하다, 맡기다, 헌신하다, 약속하다, 수용하다
- company : 회사, 친구, 일행, 교제
- content : 만족한, 흡족해하다, 내용, 목차
- correspond : 해당하다, 일치하다, 통신하다, 조화하다
- count : 중요하다, 계산하다, 중요, 계산
- convention : 회의, 관습, 인습
- credit : 신용, 칭찬, 대출금
- current : 현재의, 흐름, 경향, 물살
- deal : 다루다, 거래하다, 분배하다, 거래, 분량, 사항
- decline : 감소하다, 악화하다, 거절하다
- discharge : 제대, 퇴원, 방출, 의무, 상황, 해방하다, 배출하다
- discipline : 훈련, 규율, 자제
- divine : 신성한, 점치다
- domestic : 가정의, 국내의
- effect : 효과, 영향, 결과, 초래하다, 달성하다
- engage : ~에 관여하다, 약속하다, 고용하다, 약혼시키다
- even : 더욱더, ~조차도, 오히려
- fair : 공정한, 공평한, 꽤 많은
- feature : 용모, 특색, 특징, 주요작품

- figure : 숫자, 형태, 인물, 계산하다, 나타나다, 생각하다
- fare : 요금, 가격
- fine : 훌륭한, 벌금, 미세한
- general : 일반적인, 대체적인, 전체적인, 장군, 대장
- however : 그러나, 그렇지만, 아무리 ~해도
- issue : 문제, 발행, 발표하다, 발행하다
- last : 지난, 최근의, 지속되다, 계속되다
- lean : 기대다, 구부리다, 마른
- maintain : 유지하다, 주장하다, 정비하다, 부양하다
- matter : 문제, 물질, 중요하다
- mean : 의미하다, 수단, 재산, 중간의, 비열한
- measure : 재다, 판단하다, 측정, 기준
- mind : 마음, 정신, 지성, 의견, 주의하다, 꺼려하다
- moment : 순간, 중요성
- move : 움직이다, 감동시키다, 이사하다, 제의하다
- note : 메모, 지폐, 주목, 적다, 주목하다
- object : 물건, 목적, 재산, 반대하다
- observe : 관찰하다, 준수하다
- occasion : 기회, 근거
- odd : 남는, 나머지의, 홀수의, 이상한
- odds : 차이, 승산, 가망성
- order : 질서, 순서, 명령, 주문
- own : 자기 자신의, 소유하다
- persist : 고집하다, 지속하다
- present : 참석한, 현재의, 선물, 현재, 제출하다, 소개하다
- physical : 육체의, 물질의, 자연의, 물리학상의
- plant : 식물, 공장, 발전소, 심다
- practice : 실행, 관습, 개업, 연습하다

- property : 재산, 특질, 소유지
- rather : 오히려, 차라리, 다소, 약간
- rear : 뒤(의), 후방(의), 기르다
- relate : 관련시키다, 이야기하다
- room : 방, 공간, 여지
- second : 초, 두 번째의, 지지하다
- sentence : 문장, 판결, 선고하다
- serve : 봉사하다, 근무하다, ~에 쓸모가 있다
- spot : 점, 지점, 발견하다
- succeed : 성공하다, 계승하다
- support : 지지하다, 지탱하다, 부양하다
- stuff : 재료, 속, ~을 채우다
- teach : 가르치다, 벌주다
- tell : 말하다, 구별하다
- upset : 뒤집어엎다, 당황하게 하다
- utter : 말하다, 발언하다, 완전한, 전적인
- virtue : 미덕, 장점
- want : 원하다, 부족하다, 결핍
- yield : 산출하다, 낳다, 양보하다

⑥ 필수 숙어

- above all : 무엇보다, 특히
- abide by : 준수하다, 지키다
- account for=explain : 설명하다
- according to + 구=according as + 절 : ~에 따라
- after all : 결국
- all of sudden=suddenly=all at once : 갑자기
- all the time=always : 항상, 내내
- all the way : 계속, 줄곧
- and so on=and so forth : 기타, 등등
- apply for : ~에 지원하다

- apply to : ~에 적용되다
- as a matter of fact=in fact : 사실은
- as for=about : ~에 관해
- ask for : 요구하다
- as it were=so to speak : 말하자면
- arrive at=get to=reach : 도착하다
- as if : 마치~처럼
- as soon as : ~하자마자 곧
- B as well as A=not only A but also B : A 뿐만 아니라 B도
- at any rate=in any case : 어쨌든
- at hand=near : 가까이
- at last : 드디어, 마침내
- at least : 적어도
- at once=immediately, right now : 즉시
- at the same time=simultaneously : 동시에
- attend on : 시중들다
- be about to : 막 ~하려고 하다
- be anxious about : 걱정하다
- be anxious for : 갈망하다
- be associated with : ~와 관련이 있다
- be at mercy of : ~에 좌우되다
- be aware of : ~을 의식하다, 알다
- be bound to : ~을 해야 한다
- bear in mind=keep in mind : 명심하다
- be engaged in : ~에 종사하다
- be equal to : ~할 능력이 있다
- be famous for : ~로 유명하다
- be fond of : ~을 좋아하다
- before long : 머지않아, 곧
- belong to : ~에 속하다
- be out of sorts : 기분이 좋지 않다
- be supposed to : ~하기로 되어있다
- be sure of : ~을 확신하다

- break out=happen=occur : 발생하다
- bring about : 야기하다, 발생시키다
- by degree=gradually : 점차적으로
- by halves=incompletely : 중도에
- by means of : ∼에 의해
- by turns=one after the other : 차례로, 교대로
- by oneself=alone : 홀로
- by the way : 그런데
- by way of=via : 경유하여
- call back=remember : 기억하다
- call for=demand : 요구하다
- call off=cancel : 취소하다
- call on : 사람을 방문하다
- call up : 전화를 하다
- carry on=continue=manage : 계속하다, 경영하다
- carry out=execute : 수행하다
- catch up with=come up with : ∼을 따라잡다
- come by=obtain : 얻다
- come across=run into=fall across=run across : 우연히 마주치다
- compare A to B : A를 B에 비유하다
- compare A with B : A와 B를 비교하다
- confuse A with B : A와 B를 혼동하다
- consist in=lie in : ∼에 놓여있다
- consist of : ∼로 구성하다
- convince A of B : A에게 B를 확신시키다
- correspond to : ∼과 일치하다
- cut in=interrupt : 방해하다, 끼어들다
- deal with=treat : 다르다, 취급하다
- dedicate A to B : A를 B에 헌납하다
- depend on=rely on=count on : 의지하다, 믿다

- devote oneself to : ∼에 헌신하다
- distinguish A from B : A 와 B를 구별하다
- do away with=get rid of=eliminate=abolish : 제거하다
- do one's best=make one's best : 최선을 다하다
- do without=dispense with : ∼없이 지내다
- ever since : 그 후로 줄곧
- feel like ∼ing : ∼ 하고 싶다
- find fault with=blame : ∼을 비난하다
- find out : 알아내다
- first of all : 무엇보다
- for a moment : 잠시 동안
- for ages=for a long time : 오랫동안
- for nothing : 공짜로, 헛되이
- free from=without : ∼이 없는
- from time to time=on occasion=occasionally : 가끔, 때때로
- get along : 진보하다
- get on : 타다
- get off : 내리다
- get over=overcome : 극복하다
- get rid of=eliminate : 제거하다
- get through=finish : ∼을 끝마치다
- get tired of : 싫증나다
- give in : 제출하다, 굴복하다
- give out=distribute : 분배하다
- give rise to=cause : 야기하다, 일으키다
- go back : 퇴각하다
- go in for : ∼에 종사하다
- go on=keep on ∼ing : 계속하다
- go over=repeat=examine : 반복하다, 검사하다
- grow up : 성장하다, 자라다

- get together=assemble : 모이다
- get to know=get acquainted with : ~와 알게 되다
- had better=may as well : ~하는 편이 더 낫다
- hand over= give over : 양도하다
- happen to : 일어나다, 발생하다
- have an idea of=know : 알다
- have trouble in : ~에 문제가 있다
- have much to do with : ~와 관계가 있다
- have nothing to do with :~와 관계가 없다
- have words with : ~와 논쟁하다
- hear of : ~에 대한 소문을 듣다
- help oneself to : ~을 마음껏 먹다
- hold on : 붙잡다, 계속하다
- hold up : 지연시키다, 멈추게 하다
- in advance : 미리, 먼저
- in a measure : 다소
- in case of : ~의 경우에
- in charge of=be responsible for : ~에 책임을 지고 있는
- in favor of : ~에 찬성하여
- in person : 몸소, 직접
- in private : 사적으로
- in pursuit of : ~을 추구하여
- in regard to=in respect of : ~에 관하여
- in search of : ~을 찾아서
- in terms of=by means of : ~에 의하여
- in the long run=ultimately=after all : 결국
- insist on : 고집하다
- in these days : 요즈음
- in time : 제시간에
- in turn : 교대로
- inquire into=investigate : 조사하다
- inquire of : 질문하다
- in vain=only to fail : 헛되이
- keep on eye on : 감시하다, 지켜보다
- keep company with : ~와 사귀다
- keep from=abstain from : ~을 피하다, 삼가다
- keep in touch with : ~와 연락을 취하다
- keep off : 가까이 하지 않다
- keep one's temper : 화를 참다
- keep one's word : 약속을 지키다
- keep up with : 보조를 맞추다
- know A from B=tell A from B=distinguish A from B : A 와 B를 구별하다
- later on=afterwards : 나중에
- leave out : 생략하다, 빠뜨리다
- little by little=gradually : 조금씩
- long for : 갈망하다
- look out : 주의하다, 조심하다
- look after=take care of : 돌보다
- look for=search for : ~을 찾다
- look forward to ~ing=anticipate : 학수고대하다
- look into=investigate : 조사하다
- look alike : 똑같이 보이다
- look up : (사전에서) 찾다
- look up to=respect=revere : 존경하다
- loose heart : 낙담하다
- lose one's temper : 화내다
- major in : ~을 전공하다
- make an impression on : ~에게 감명을 주다
- make believe=pretend : ~인 체하다
- make much of : 중요시하다
- make out=understand : 이해하다
- make sure : 확인하다
- make up : 날조하다, 분장하다

- make up for=compensate for : 보상하다
- manage to : 가까스로 ~하다
- may well : ~하는 것도 당연하다
- no ~ longer : 더 이상 ~하지 않다
- no doubt : 의심할 여지없이
- no more than=only : 겨우
- not at all : 전혀 ~아니다
- now that : ~이므로
- nothing but=only : 단지
- object to : ~에 반대하다
- of no use : 쓸모없는
- on duty : 당번의
- off duty : 비번의
- off hand=at once : 즉시
- of late=recently : 최근의
- of one's own accord=spontaneously : 저절로, 자발적으로
- on behalf of : ~을 대표하여
- on purpose=purposely : 고의로
- owe A to B : A는 B의 덕분이다
- on the whole=in general : 대체로, 일반적으로
- out of place : 부적당한
- out of question : 불가능한
- over and over=again : 반복해서
- pass over : 용서하다, 무시하다
- pass through=undergo : 경험하다
- pay attention to : ~에 유의하다
- point out=indicate : 지적하다
- provide for : 준비하다, 부양하다
- put an end to : 끝내다. 그만두다
- put off=postpone : 연기하다, 미루다
- put up with=endure=tolerate=stand : 참다, 견디다
- quarrel with : 다투다
- refer to : 언급하다
- regardless of : ~에도 불구하고
- reflect on=think over : 심사숙고하다
- resort to : 호소하다
- restrain oneself=contain oneself : 자제하다
- result in : 결과적으로 ~이 되다
- run out of=run short of : (물품이) 바닥이 나다
- seeing that : ~을 고려하면
- set about : 시작하다
- set aside : 저축하다, 제쳐놓다
- set out : 출발하다
- settle down : 정착하다, 가라앉다
- set up=establish : 설립하다
- show off : 자랑하다, 과시하다
- show up=turn up : 출석하다, 나타나다
- sooner or later : 조만간
- so far=until now : 지금까지
- stand for=represent : 상징하다, 대표하다
- speak for : 대변하다
- stand by : 지지하다, 편들다
- stand up for : 지지하다
- stand out : 두드러지다
- stick to=adhere to : 고수하다
- stir up : 자극하다
- succeed in : 성공하다
- succeed to : 상속하다, 계승하다
- take account of=take into account=consider : 고려하다
- take after=resemble : 닮다
- take back : 취소하다

- take charge of=take responsible for
  : ~에 책임지다
- take measures : 조사를 취하다
- take on : 책임지다, 떠맡다
- take over : 인계받다, 관리를 맡다
- take A for B : A를 B로 잘못 알다
- take part in= participate in : ~에 참가하다
- take place= happen : 발생하다
- take the place of=replace : 대신하다
- take turns=alternate : 교대로 하다
- tell on=act on=influence : 영향을 끼치다
- tend to : ~하는 경향이 있다
- tide over=get over : 극복하다
- to begin with=in advance : 우선, 먼저
- turn down=reject : 거절하다, 기각하다
- turn out=prove : 만들어내다, 판명하다
- turn up=appear : 나타나다
- up to : ~까지, ~에 달려있는
- use up=consume : 소모하다
- used to + 동사원형 : ~하곤 했다
- wait on=attend on : 시중들다
- watch out : 조심하다
- well off : 유복한
- what is called : 소위, 말하자면
- with all : ~에도 불구하고
- with a view to ~ing : ~할 목적으로
- without fail : 틀림없이

2절 · 회화

유 형 분 석
빈칸의 앞뒤 핵심문장의 흐름을 우선적으로 파악하기

① 대화에 알맞은 답 고르기

01

A : Who's in charge of this afternoon's meeting?
B : ______________________

① Mr. Smith is.

② I need to go to meeting.

③ Maybe next week.

④ He is in the meeting.

[독해] 오늘 오후 미팅은 누가 책임자인가요?

[해설] 'who(누구)'라는 의문사에 알맞은 답은 'Mr. Smith'이다.

02

A : Where can I get in touch with you?
B : ______________________

① I'd love to.

② I usually work at the office.

③ Welcome to my place.

④ I don't mind.

[독해] 제가 당신과 어디서 연락을 취할 수 있을까요?

[해설] 'where(어디)'에서 연락이 가능한지 묻는 질문이다. '나는 보통 사무실에서 일합니다.'라는 표현이 사무실로 연락이 가능하다고 알려주므로 답으로 적절하다.

정답 01 ① 02 ②

03

A : Would you like to meet on Monday or Tuesday?
B : _______________________

① That's a wonderful idea.　② No, in ten minutes.
③ Either will be fine.　④ Sure, I'd like to.

[독해] 월요일에 만나고 싶어요, 화요일에 만나고 싶어요?

[해설] Would you like to~? = Do you want to~?(~하길 원하시나요?) 구문으로 'A 또는 B' 선택에 대한 답을 고르는 문제이다. 'Either will be fine(어느 쪽이나 좋아요)'이 정답이다.

04

A : Excuse me, can I ask you a question?
B : _______________________

① Sure, go ahead.　② Help yourself.
③ It depends.　④ Yes, you deserve it.

[어휘] help yourself 맘껏 드세요　　　　　it depends 글쎄요
you deserve it 당신은 그럴만합니다

[독해] 실례합니다. 질문해도 될까요?

[해설] 상대방에게 의향을 묻는 표현으로 답은 '물론이죠. 그렇게 하세요.'이다.

05

A : Hello, Can I talk to Jenna teacher?
B : She is on the line. I'll have her call you later.
A : _______________________

① No, thanks, I'll call her later again.　② She is speaking.
③ I'll visit her class tomorrow.　④ I'm not sure yet.

[독해] A : 안녕하세요, Jenna 선생님과 통화 가능할까요?
B : 지금 통화 중이십니다. 나중에 전화를 걸라고 전하겠습니다.
A : 아닙니다. 제가 나중에 다시 전화를 걸겠습니다.

06

A : Excuse me. Could you tell me how to get to the bookstore?
B : Sure, go straight and turn right at the first intersection. Then you can see the bookstore on your left.
A : ________________________________
B : Maybe it takes about 5 minutes on foot.

① How can I go there?　　② Is it far from here?
③ How long does it take?　　④ Where is the nearest bus stop?

[독해] A : 실례합니다. 서점에 가는 길 좀 알려주시겠어요?
B : 앞으로 쭉 가시다가 첫 번째 교차로에서 우측으로 꺾어서 가시다보면 왼쪽에 서점이 있을 거에요.
A : 얼마나 걸리죠?
B : 아마 걸어서 10분은 걸릴 거예요.
① 어떻게 가죠?
② 여기서 먼가요?
④ 여기서 가장 가까운 버스 정류장이 어디죠?

07

A : Do you have any plan for tonight?
B : Yeah. I will meet my old friends this evening.
A : Really? How often do you meet them?
B : ________________________________

① Not enough time to meet.

② I meet my friends on weekend.

③ We can make time at the end of this year.

④ I see my friends twice a month.

[독해] A : 오늘 저녁 계획 있나요?
B : 오늘 저녁에 오랜 친구들을 만날 거예요.
A : 그래요? 얼마나 자주 만나시는데요?
B : 한 달에 두 번 정도 만납니다.
① 만날 시간이 충분하지 않다.
② 주말에 친구들을 만난다.
③ 우리는 연말에 시간이 생긴다.

[해설] 'How often~?' 구문은 횟수/빈도수를 묻는 의문문이므로 '~번'의 빈도를 나타내는 'I see my friends twice a month(한 달에 두 번 정도 만납니다)'가 정답이다.

08

A : What time is it?
B : It's 11. Why?
A : _________________________ I have to go home right now!
B : Really? Do you have something to do?
A : Yes! I have an appointment with my dad in his office.

① Are you serious?　　　② I'm tired today
③ What's the matter with you?　　　④ I'm ready.

[독해] A : 몇 시야?
B : 11시야. 왜?
A : 진짜니? 지금 바로 가야겠어.
B : 그래? 해야 할 일이 있는 거니?
A : 응. 아빠를 사무실에서 만나기로 했거든.
② 오늘 피곤하다.
③ 무슨 문제가 있니?
④ 준비됐어.

[해설] 'Are you serious?'라는 표현은 상대방 대답에 반응해 놀람을 나타내는 회화적인 표현이다.

09

A : Hello, I bought a cellular phone from this store a few days ago,
but I have a problem with it. It doesn't show anything on the screen.
B : _________________________ . By the way, for your warranty service, do you
have the sales receipt with you?
A : Yes, I have the receipt here.
B : Okay, then I'll let you speak to one of the technicians at the service counter right
now. Could you wait for a minute here?
A : Sure, no problem.

① Give it to me.　　　② You are quite all right.
③ Fine, I'd want to.　　　④ I'm sorry to hear that.

[독해] A : 안녕하세요, 제가 며칠 전에 이 가게에서 휴대폰을 샀는데, 문제가 좀 있어요. 스크린에 아무것도 나타나지 않네요.
B : 죄송합니다. 그런데 보증수리를 위해 영수증을 갖고 계신가요?
A : 네, 여기 있어요.
B : 좋습니다, 그러면 서비스 데스크에 있는 기술자와 말씀을 나누도록 해드리겠습니다. 잠시만 기다려 주시겠어요?
A : 네, 알겠습니다.
① 나에게 주세요.
② 정말 괜찮네요.
③ 좋아요, 그러죠.

[해설] 'I'm sorry to hear that'은 상대방의 상황에 유감을 표하는 표현으로, 대화에서 손님이 구매한 상품에 대해 결함을 설
명한 것에 대한 적절한 답이 된다.

10

A : I'm leaving the office for about 1 hour. I have a lunch meeting, but one of my friends might call about the seminar this afternoon. Could you give him the message for me?

B : Of course. ___________________________

A : Just tell him I can meet him at 3 o'clock and I'll call him back before 2 o'clock to make sure the meeting time.

① What would you like me to tell him?　② What time would he call?

③ Would you leave the message now?　④ How do I give him the message?

[독해] A : 제가 1시간 정도 사무실을 비울 것 같아요. 점심약속이 있어서요. 그런데 제 친구가 오늘 오후 세미나 때문에 전화할지 몰라요. 그분에게 메시지를 좀 전해 주시겠어요?
　　　B : 물론이죠. 뭐라고 전해드릴까요?
　　　A : 그냥 제가 그분을 3시에 만날 수 있다고 전해줘요. 그리고 제가 2시 전에 만날 시간을 확인하러 다시 전화 하겠다고 전해줘요.
　　　② 몇 시에 그가 전화할까요?
　　　③ 당신은 지금 메시지를 남기실 겁니까?
　　　④ 어떻게 제가 그에게 메시지를 전달하죠?

[해설] 메시지 내용이 바로 나오므로 무슨 메시지를 전해야 하는지를 묻는 질문이 문맥상 맞는 표현이다. 그러므로 'What would you like me to tell him?(뭐라고 전해드릴까요?/무엇을 전해드릴까요?)'이 정답이다.

11

A : Have you heard about Ted?

B : No, I haven't. What happened?

A : He broke his arm 2 weeks ago.

B : ___________________________. How did he do that?

A : While he was exercising at the gym, he fell down from the machine.

B : Poor Ted! I hope he feels better soon.

A : Yeah, he needs to take a long break.

① That's terrific!　　　　② That's awesome!

③ That's terrible!　　　　④ That's unbelievable!

[독해] A : 너는 Ted의 근황을 아니?
　　　B : 아니, 무슨 일 있어?
　　　A : 2주 전에 팔이 부러졌어.
　　　B : 어머나! 끔찍하군! 어떻게 다쳤다니?
　　　A : 체육관에서 운동하다가 운동기구에서 떨어졌대.
　　　B : Ted 안됐구나. 빨리 나았으면 좋겠네.
　　　A : 맞아, 오랜 휴식이 필요할 거야.
　　　① 멋지군!
　　　② 좋겠군!
　　　④ 놀랍군!

[해설] 대화의 흐름상 '안됐구나, 끔찍하다' 등의 표현이 적절하므로 'That's terrible!(끔찍하다)'이란 표현이 정답이다.

12

A : I really enjoyed your food tonight. These are awesome!
B : It's my pleasure. Thank you. By the way, ______________________________
A : No thanks, I have had enough.
  Then, can I have some tea or coffee, please?
B : Sure, I have herb tea and Columbia coffee. What would you like?
A : Either is fine.
B : I'll make you coffee then.
A : Thank you.

① Did you finish your food?　　② Would you care for some more food?
③ Would you do dishes?　　④ Do you have coffee?

[독해] A : 오늘 저녁식사 너무 좋았습니다. 음식이 최고입니다.
B : 천만에요, 감사합니다. 그런데 음식 좀 더 드시겠어요?
A : 아닙니다. 많이 먹었습니다. 그러면 티나 커피를 마실 수 있을까요?
B : 물론이죠. 허브차와 콜롬비아 커피가 있어요. 어떤 것을 드시겠어요?
A : 아무거나 좋습니다.
B : 그럼 커피 드리겠습니다.
A : 감사합니다.
① 음식 다 드셨나요?
③ 설거지 하실 건가요?
④ 커피 있어요?

[해설] A의 대답으로 봐서 음식을 정중히 거절하는 표현이므로 B는 상대방에게 권유하는 표현이 옳다. 그러므로 'Would you care for some more food?(음식 좀 더 드시겠어요?)'가 정답이다.

13

A : Excuse me, can you help me?
B : Of course, what can I do for you?
A : I bought this shorts for my son yesterday, but it doesn't fit him, it's too large.
B : Yes. Do you want to exchange it or get a refund?
A : I'd like to exchange it for a smaller one. Do you have these in small?
B : I'll check now. Let me see, we have small and medium,
  ____
A : I think small one will be fine.
B : All right, if it doesn't fit again, just bring it back.
A : Thank you. Do you give refunds?
B : Yes, of course. You can bring any clothing items within 2 weeks after purchase with the purchase receipt.
A : I see, thanks again.
B : You're welcome.

① Which one would you prefer?　　② Would you like to have smaller one?

③ Will you try this on?　　④ Which one do you fit?

독해 A : 실례합니다. 좀 도와주시겠습니까?
B : 물론이죠, 무엇을 도와드릴까요?
A : 어제 아들 반바지를 샀는데 너무 커서 맞질 않네요.
B : 네. 물건을 교환하시겠습니까, 아니면 환불해 드릴까요?
A : 좀 더 작은 사이즈로 교환하고 싶은데요. 작은 사이즈 있나요?
B : 제가 지금 확인해 보겠습니다. 봅시다. small과 medium이 있네요. 어느 것이 더 좋으신가요?
A : small이면 괜찮을 것 같네요.
B : 좋아요. 만약에 또다시 맞질 않다면 다시 가지고 오세요.
A : 감사합니다. 환불도 되나요?
B : 그럼 물론입니다. 상품구매 2주 안에 어떤 의류 상품이든 영수증을 가지고 오시면 됩니다.
A : 알겠습니다. 감사합니다.
B : 천만에요.
② 더 작은 것을 원하시나요?
③ 이것을 입어보시겠어요?
④ 어느 것이 잘 맞으시나요?

해설 B가 사이즈를 확인하고 두 개의 다른 사이즈가 있는데 A에게 어느 사이즈가 더 좋겠냐고 묻는 질문이 와야 A의 대답처럼 선택의 의미가 나올 수 있다. 'prefer(선호하다, 더 좋아하다)' 동사와 'which(어느 것, 어떤 것)' 의문사가 선택을 할 수 있는 의미를 가지고 있는 단어들이므로, 정답은 'which one would you prefer?(어느 것이 더 좋습니까?)'이다.

14

A : Susan! _________________________ I haven't seen you since high-school.
B : Yeah. It's been almost 4 years.
A : You look so different.
B : Actually, I've made lots of changes in my life. I used to be very lazy for my daily life, but now I try to do many things such as exercising, learning languages and travelling and so on.
A : Great! By the way, did you lose weight?
B : Yeah. I used to love many kinds of junk food, but now I diet and workout regularly.
A : Didn't you use to hang out with Jake?
B : Yeah. I did quite for long time. But we've broken up and now we are soul mates each other.
A : Wow! You really have changed a lot.

① What were you doing?　　② What's going on?

③ I didn't recognize you.　　④ I look forward to seeing you.

독해 A : Susan! 내가 너를 못 알아봤네. 고등학교 때 이후로 우리 본 적이 없네.
B : 맞아. 거의 4년이 되어가는구나.
A : 너 달라 보이네.
B : 사실 내 인생에 많은 변화가 있었지. 일상생활에서 나는 매우 게을렀지. 하지만 지금은 운동, 어학공부, 여행 등과 같이 많은 것들을 하려고 노력하고 있거든.
A : 멋지구나! 그런데 너 살 빠졌니?
B : 맞아. 예전엔 많은 군것질을 좋아했거든. 그러나 지금은 식단조절도 하고 규칙적으로 운동도 하고 있어.

A : 너 Jake와 사귀지 않았었니?

B : 응. 꽤 오래 사귀었었지. 하지만 헤어졌고 지금은 우린 아주 좋은 친구사이야.

A : 왜! 진짜 너 많이 변했구나.

① 뭐하고 있었어?

② 무슨 일이니?

④ 너 만나기를 학수고대해.

[해설] 전개된 대화의 내용이 오랫동안 못 봤던 친구 사이임을 알 수 있고, 달라진 친구의 모습을 듣고 보는 내용이다. 그러므로 달라 보이는 친구의 모습을 몰라봤다는 표현이 적절하다. 정답은 'I didn't recognize you(너를 못 알아봤어).'이다.

15

> A : Hi! Jenna.
>
> B : Hi, Sue. What's up?
>
> A : Not much. What are you doing?
>
> B : I'm getting ready to go to movie. Do you want to come with me?
>
> A : _________________________ What are you going to see?
>
> B : I don't know yet.
>
> A : When are you going to go?
>
> B : I'm going to go around 10 o'clock.
>
> A : I'm sorry. That's too late for me.
>
> B : That's OK. Then let's go together next time.
>
> A : Enjoy watching movie!
>
> B : Thanks. Good evening!
>
> A : You, too

① I don't like movie.

② Sounds great!

③ I watched the movie.

④ I'm afraid I can't go.

[독해] A : 안녕! Jenna!

B : 안녕! Sue! 잘 지냈어?

A : 그야 물론이지. 뭐하고 있니?

B : 영화 보러 가려고 준비하고 있어. 같이 갈래?

A : 좋아. 뭐 볼 건데?

B : 아직 모르겠어.

A : 언제 보러 가려고?

B : 10시 쯤에 갈 생각이야.

A : 미안해. 나한텐 좀 늦네.

B : 괜찮아. 그럼 다음에 같이 가자.

A : 영화 잘 봐.

B : 고마워. 좋은 밤 되고.

A : 너도.

① 난 영화 좋아하지 않아.

③ 난 영화 봤어.

④ 유감스럽게도 난 갈 수 없어.

[해설] 빈칸 다음의 내용을 보면 B의 제안에 A가 긍정적인 대답을 한 것을 알 수 있다. 하지만 시간이 늦어서 안 되겠다고 거절하는 내용으로 보아 적절한 표현은 '좋아!(Sounds great)'가 정답이다.

② 대화 내용 이해/어색한 대화 고르기

01 다음 대화에서 남자가 여자에게 묻는 것은?

> M : I want to make some copies after school today. When do you close the shop?
> W : Our business hours are between 9 in the morning and 7 in the evening. But if you have more than 50 copies to make, I can keep the door open until 9 in the evening. How many copies do you need to make?
> M : I want about 100 copies.
> W : If you want those copies prepared by this evening, You should talk to our shop manager.

① business hour ② product price
③ customer service ④ due date

[독해] M : 저는 방과 후에 복사를 좀 하고 싶은데요. 언제 가게를 닫습니까?
W : 영업시간은 아침 9시부터 저녁 7시까지예요. 하지만 만약 당신이 50장 이상 복사를 해야 한다면 저녁 9시까지 문을 열고 있을 수 있습니다. 몇 장의 복사가 필요하신가요?
M : 대략 100장 정도 필요합니다.
W : 만약 그 복사본들이 오늘 저녁까지 준비되길 바라신다면 당신은 우리 가게 매니저와 얘기를 하셔야 합니다.

[해설] 남자는 오후에 복사를 하기 위해 가게의 영업시간을 묻고 있다.

02 What does the man suggest to the woman?

> M : Then, where is the Eaton Center?
> W : I'm not quite sure, I think it's near the Central Park.
> M : Do we have a map?
> W : I have this drawing. It's not exactly a map.
> M : Let's see.. it looks like the Eaton Center is on the main street, near the National Museum.
> W : Yes, that looks right. OK, let's go. There is a subway station across the street.
> M : Let's take a taxi. It's faster.
> W : Good idea! Then we don't need the map.

① Take a subway ② Take a taxi
③ Faster way ④ Take a walk

01 ①

독해 M : Eaton Center가 어디죠?
　　　 W : 확실하지 않지만 제 생각에는 Central Park 근처인 것 같아요.
　　　 M : 지도 가지고 있나요?
　　　 W : 제가 이 그림은 갖고 있어요. 확실한 지도는 아니고요.
　　　 M : 봅시다. Eaton Center가 National Museum 근처 Main Street에 있는 것 같네요.
　　　 W : 네, 그런 것 같네요. 그럼 갑시다. 길 건너에 전철역이 있어요.
　　　 M : 택시 타고 갑시다. 그게 더 빠릅니다.
　　　 W : 좋은 생각이네요. 그러면 이 지도는 필요 없겠네요.

해설 대화에서 남자가 여자에게 'take a taxi(택시 타고 가는 것)'가 더 빠르다며 제안하고 있다.

03 다음 대화에 이어질 여자의 행동은?

> W : Hi! Sean. I'm at the store now, and I didn't bring the shopping list. What do we need?
> M : Well, I'm making vegetable soup for dinner, so let's see.. We need some potatoes.
> W : OK. What else?
> M : Hmm.. We need some onions and some carrots, some garlic, too. I think that's all.
> W : OK. do we have any chips?
> M : Chips? I don't need any chips for soup.
> W : I know, but I love chips!

① Shop another item

② Check the shopping list

③ Make the vegetable soup

④ Buy some chips

독해 W : Sean! 지금 가게예요. 쇼핑목록을 안 가지고 왔네요. 우리 필요한 게 무엇이죠?
　　　 M : 글쎄. 지금 저녁을 위해 야채스프를 만들고 있는데, 봅시다. 감자가 필요하네요.
　　　 W : 그래요. 그 외에는요?
　　　 M : 글쎄요. 양파와 당근 그리고 마늘도 필요하네요. 그뿐이에요.
　　　 W : 그럼 우리 chips는 있나요?
　　　 M : chips요? 스프 만드는데 chips는 필요하지 않은데요.
　　　 W : 알아요. 하지만 난 chips가 좋다고요!

해설 대화에서 여자의 마지막 말 'But I love chips!'에는 여자가 chips를 좋아하니 사가지고 가겠다는 의도가 담겨져 있으므로 이어질 여자의 행동은 'Buy some chips'이다.

04 대화에서 여자가 남자에게 조언하는 것은 무엇인가?

W : Hi! Jay. How are you feeling?

M : Awful. I still have this terrible cold. I'm sick in bed.

W : That's too bad. Are you taking anything for it?

M : Just some medicine.

W : Well. I never take that stuff when I have a cold. But if I get a really bad cold, I drink hot tea or hot milk with honey. I can make you some if you like to have.

M : Oh! Thanks! I don't feel that bad, but I want to get well of cold as soon as possible.

① Drink hot liquid　　　　　　② Sleep well

③ Take some medicine　　　　④ Take a rest

어휘 liquid 액체, 액상

독해 W : 안녕, Jay? 좀 어때?
M : 끔찍해. 여전히 심한 감기야. 아파서 누워있어.
W : 안됐구나. 감기약이라도 먹은 거니?
M : 그냥 약 먹었지.
W : 글쎄. 난 감기 걸렸을 때 약 안 먹어. 그러나 진짜 감기가 심하면 따뜻한 차나 꿀을 넣어 따뜻한 우유를 마시거든. 원하면 내가 좀 만들어줄게.
M : 고마워! 그렇게 나쁘진 않지만 가능한 한 빨리 감기가 나았으면 좋겠어.

해설 대화에서 여자가 조언하고 있는 내용은 'hot tea or hot milk with honey'이다. 그러므로 정답은 'hot liquid'이다.

05 What does the man do?

M : Listen. What do you think of this song?

W : It's good. I like it. Who is it?

M : A new local guys band. Do you like them?

W : They are local? Really? They are pretty good. Who's the main singer? I like her voice. Her voice is so beautiful.

M : Yeah, many people like her. It's my friend, Jamie.

W : Who's the guy singing with her? He is fantastic, too.

M : Hmm. Actually, that's me. I'm in this band, too.

① He works for a record store.

② He is a producer.

③ He is listening to music with his friend.

④ He is a singer in a band.

[독해] M : 들어봐, 이 노래에 대해 어떻게 생각해?
W : 좋네. 맘에 들어. 누구야?
M : 새로운 Local 밴드야. 괜찮은 것 같아?
W : 진짜 Local 밴드야? 상당히 잘 부르는데? 누가 메인 보컬이야? 이 여자 목소리 좋네. 목소리가 너무 아름다워.
M : 맞아. 많은 사람들이 이 여자를 좋아하지. 내 친구 Jamie라고 해.
W : 그녀와 같이 부르고 있는 남자는 누구야? 남자도 멋지네.
M : 사실, 나야. 나도 이 밴드 소속이거든.

[해설] 대화에서 남자가 언급하듯이, 여자가 'Who's the guy singing with her?(여자와 같이 노래하는 남자는 누구야?)'라는 질문에 남자는 'that's me, I'm in the band, too'라며 자신을 밝히므로 남자가 노래를 부르는 사람임을 유추할 수 있다.

06 Why did the man call the woman?

M : Finally! It's hard to get ahold of you.
W : I'm sorry. That's because I get more calls today.
M : You just talk more! Anyway, I was calling before because my boss had free tickets to the popular dinner concert tonight.
W : Oh! I like it! What time?
M : Well, it's too late now. He gave them to someone else.
W: Oh! no! Why didn't you text me, then?

① Because he wanted to talk to her.

② Because he wanted to go to concert with her.

③ Because he wanted to receive concert tickets.

④ Because he wanted to have dinner together.

[어휘] get ahold of you 연락을 취하다

[독해] M : 마침내! 당신과 통화하기가 너무 어렵군요.
W : 미안해요. 오늘 전화가 많이 와서요.
M : 당신이 말을 많이 해서 그런 거죠. 어쨌든, 제 상사가 유명한 저녁 콘서트 공짜 티켓이 있다고 해서 제가 아까 전화했었어요.
W : 어머! 너무 좋아요. 몇 시에요?
M : 지금은 너무 늦었어요. 다른 사람에게 티켓을 주었어요.
W : 아이고. 그럼 문자라도 주지 그러셨어요?

[해설] 남자가 대화에서 'It's too late now(너무 늦었어요)'라며 상사가 다른 사람에게 티켓을 주었다는 내용으로 보아 남자는 여자와 같이 콘서트를 가려고 했으나 통화가 안 되어 갈 수 없는 상황이다.

07 How long does he usually sleep?

M : I'm so tired.

W : Really? How come?

M : Well, I'm working two jobs, so I'm getting up around 5:30 almost everyday.

W : You're kidding! Two jobs?

M : Yeah. Just for a couple of months. I'm working in a public office as a regular job and then I do my own online business. I finish my all stuff over 12:00. So I usually go to bed at 1:00 or 1:30.

W : Oh! that's too late. You should sleep more.

① At 6 hours　　② About 6 hours　　③ About 5 hours　　④ At 5 hours

[어휘] How come? = Why? 왜?

[독해] M : 나 너무 피곤하네.
W : 진짜? 왜?
M : 글쎄... 두 가지 일을 하고 있어. 그래서 거의 매일 5시 30분 정도에 일어나고 있거든.
W : 정말? 두 가지 일을?
M : 그래. 단지 몇 달 동안만. 보통 공공기관에서 일을 하고 나서 내 온라인 사업을 하고 있어. 나의 모든 일이 12시가 넘어야 끝나. 그래서 1시나 1시 30분에 잠자리에 들지.
W : 어머나! 너무 늦다. 좀 더 잠을 자는 것이 좋을 것 같아.

[해설] 남자는 1시, 1시 30분에 잠자리에 들기 시작해서 보통 5시 30분에 일어난다고 얘기하고 있다. 그러므로 수면시간은 4시간~4시간 30분 정도이다. 그러므로 정답은 대략 5시간이 정답이다.

08 How much should the woman pay?

M : May I help you?

W : Yes, please. How much are those shoes?

M : They are 90 dollars.

W : OK. I'll take one. Can I see that blouse, please?

M : What size do you need?

W : A small, please. How much is it?

M : It's 34 dollars with 10% discount.

W : Can I try on?

M : Yes, of course. The fitting room is over there.

① 124 dollars　　② 120.6 dollars　　③ 134 dollars　　④ 127.4 dollars

[독해] M : 도와 드릴까요?
W : 네. 저 신발은 얼마인가요?
M : 90달러입니다.
W : 네. 하나주세요. 저 블라우스 볼 수 있나요?
M : 어떤 사이즈를 드릴까요?

W : 작은 사이즈 주세요. 얼마죠?
M : 10% 할인해서 34달러입니다.
W : 입어 봐도 되나요?
M : 네. 물론이죠. 바로 저기 탈의실이 있습니다.

해설 대화에서 여자가 원하는 신발은 90달러이고, 블라우스는 10% 할인해서 34달러이다. 그러므로 여자가 내야 할 총 금액은 124달러이다.

09~10 다음 대화의 장소로 알맞은 것을 고르시오.

09

M : What a great food! Hey! Your salad is so small.
W : It's OK. I have broccoli and tomatoes.
M : That's all? You don't have onions or potatoes even salad dressing. That's not a salad!
W : Don't worry. I'm not finished. I want soup and potato fries after this!

① home   ② cafe   ③ restaurant   ④ supermarket

독해 M : 근사한 음식이야! 이봐! 당신의 샐러드는 양이 너무 작네.
W : 괜찮아. 브로컬리와 토마토가 있잖아.
M : 그게 다야? 양파와 감자도 없는데. 심지어 샐러드 드레싱도 없네. 샐러드가 아니지!
W : 걱정하지 않아도 돼. 나 식사 끝난 거 아니니깐. 이거 먹고 스프와 감자 튀김을 먹을 거라고.

해설 대화를 보면 여자가 샐러드를 적게 가져와 다 먹고 또 스프와 감자 튀김을 더 먹을 거란 얘기에서 음식을 추가로 가져올 수 있는 음식점임을 유추할 수 있다.

10

M : There are so much stuff here! Are all these things really ours?
    I mean, whose swimming suit is this? Is it yours or your sister's?
W : It's mine, and I like it.
M : And whose clothes are these?
W : Oh! They are my older sister's. She's storing some clothes here while she's travelling.
M : But those are yours. I bought them for your birthday!

① bathroom   ② clothing store   ③ bedroom   ④ dress room

독해 M : 여기에 너무 많은 것들이 있네! 이것들 전부 진짜 우리들 거예요? 내말은, 이것은 누구 수영복이죠? 당신 거예요, 언니 거예요?
W : 이건 제거예요. 이거 너무 좋아요.
M : 그리고 이것들은 누구 거예요?
W : 큰언니 거예요. 여행하는 동안 맡겨놓은 거예요.
M : 그런데 저기에 있는 것들은 당신 거죠. 내가 당신한테 생일 때 사준 거잖아요.

해설 대화에서 남자와 여자는 많은 옷들을 보며 대화를 나누고 있음을 알 수 있다. 그러므로 정답은 'dress room'이 적절하다.

11

① A : Are you free tonight?

  B : Sure! Do you have any plan?

② A : Did you do anything interesting last weekend?

  B : It would be sad and relaxed.

③ A : How much is it?

  B : Which one?

④ A : When is the dead line?

  B : I can't tell.

[어휘] Which one? 어느 것이요?
  I can't tell 모릅니다.

[해설] '지난 주말에 재미있는 것 했어?'라는 질문에 대답은 '우울했고 쉬었어.'라는 반응이 어울리지 않는다.

12

① A : Excuse me, I think I'm lost.

  B : What was it?

② A : What do you usually do in the morning?

  B : I usually get up and then I get dressed.

③ A : Do you know why we have ten fingers?

  B : Oh! I haven't thought about it.

④ A : Do you mind if I smoke here?

  B : Not at all. Go ahead.

[어휘] I'm lost 길을 잃다
  Not at all 전혀 아닙니다
  Go ahead 계속 하세요

[해설] '실례합니다. 제가 길을 잃은 것 같아요.'라는 질문에 '뭐였는데요?'라는 답문은 적절하지 않다.

13
① A : Would you like the chicken or fish?

B : I'd like both.

② A : It's sunny, isn't it?

B : Yes, the clouds are gone.

③ A : How would you like to pay for your purchase?

B : Sure, here you are.

④ A : Should we order paper cups or plastic ones?

B : We need either one.

[어휘] either one 아무거나 하나
How would you like~? 어떻게 ~를 원하십니까?

[해설] '사신 물건에 대해 어떻게 계산을 하시겠어요?'라고 계산 방법을 묻는 질문이므로 'by credit' 또는 'by cash' 같은 대답이 나와야 옳다.

14
① A : Would you like a ride to work tomorrow?

B : I'd appreciate it.

② A : Would you mind turning off TV?

B : Keep in mind.

③ A : Didn't you receive the training last year?

B : No, I wasn't there.

④ A : What will they serve at the concert?

B : Some light refreshments.

[어휘] I appreciate it 그것에 감사하다
Would you mind~? ~을 꺼려하십니까? ~에 불편하십니까?
some light refreshments 간단한 간식

[해설] 'TV를 꺼도 괜찮을까요?'라는 질문에 'Keep in mind(명심하세요)'라는 대답은 맞지 않다.

Word Power #2

① 전화 통화 중의 표현

여보세요, A와 통화할 수 있을까요?/A를 바꿔 주시겠어요?

- I'd like to speak(talk) to A.
- I want to speak to A, please.
- Would you put A on?
- Hello, May I talk to(speak to) A?
- Can I speak to(talk to) A?
- Hello, is A there?

누구를 바꿔 드릴까요?

- Who do you want(wish) to speak to?

접니다.

- Speaking.
- This is he(she) speaking. / (This is) A speaking. / This is he(she).

누구세요?

- Who's speaking(calling), please?
- May I have your name, please?
- Who's this?

A입니까?

- Is that A?
- Is this A?

누구라고 전해드릴까요?

- Who shall I say is calling, please?

잠시만 기다리세요.(A와 연결해 드리겠습니다)

- One minute, please.(I'll connect with A.)

- Hold on (a second), please.
- Hold the line (a minute), please.
- Wait a minute, please.
- Just a minute, please.

지금 안 계시는데요.

- A is not in (here).
- A is out of here now.
- A is not here.
- A is out.
- A is not available.

전해드릴 말씀이 있으세요?

- Would you like to leave a message?
- May I take a message?
- May I take your message?
- Will you leave a message?
- Do you want me to give him a message?

A는 지금 통화중입니다.

- A is on the line.
- A is on another phone.
- A is talking on another phone.
- The line is busy (now).
- A's on the phone with someone else.

혼선되었네요.

- The line is crossed.
- The lines are crossed.

전화 왔어요.

- A phone for you.
- Here is a phone call for you.
- There is a call for you.

- Someone wants you to talk on the phone.
- Someone wants you on the phone now.
- Someone has telephoned you.
- It's for you.

전화 주셔서 감사합니다.

- Thank you for calling.

나중에 당신에게 전화 드리라고 하겠습니다.

- I'll have A call you later.
- I'll make A call you back later.
- I'll make A return the call.

전화 잘못 거셨습니다.

- You have the wrong number. ↔ You have the right number.
- You've got(dialed) the wrong number.↔ You've got(dialed) the right number

몇 번에 거셨습니까?

- What number are you calling?

여보세요. 거기가 A's 사무실 인가요?

- Hello. Is this(that) A's office?

나중에 다시 연락 주세요.

- Please call me back later again.

전화를 사용해도 되겠습니까?

- Can I use your phone?
- May I use your phone?

② ━━▶ 시간을 묻는 표현

몇 시입니까?

- What time is it (now)?
- What time do you have?

- Do you have the time?
- What is the time?
- Could you tell me the time?
- What time does your watch say?
- What time do you think it is?

정각 6시입니다.

- It's 6 o'click.
- It's exactly 6 now.

2시 10분 전입니다.

- It's ten (minutes) to two.

8시 25분입니다.

- It's twenty-five (minutes) past eight.

시간 있습니까?

- Do you have time?

시간 잘 맞습니까?

- Does your watch keep good time?
- Does it keep good time?

③ ━━▶ 요일, 날짜를 묻는 표현

오늘 며칠입니까?

- What is the date?
- What date is it today?
- What day of the month is it?
- What's today's date?

10월 23일입니다.

- It's the twenty-third of October.
- It's October twenty-third.

오늘이 무슨 요일입니까?
- What day is it today?
- What is the day of the week today?

오늘은 화요일입니다.
- It's Tuesday.
- Today is Tuesday.

 **부탁의 표현**

부탁 하나 해도 될까요?
- Would you do me a favor?
- May I ask you a favor?
- Could you do me a favor?

물론이죠.
- Sure.
- Yes, of course.
- Yes, certainly.
- Definitely yes.
- Great pleasure.
- I'd be glad to.
- All right.

최선을 다해 보죠.
- I'll do my best for you.

상관없습니다.
- No, not at all.
- No, I don't mind.
- Of course not.
- It doesn't matter to me.

 **사과의 표현**

죄송합니다.
- I'm sorry.
- I'm afraid.

실례합니다.
- Excuse me.
- Pardon me?
- I beg your pardon?

괜찮습니다.
- That's OK.
- That's all right.
- It doesn't matter.
- Don't worry about it.
- It's OK
- It's not a big deal.

 **감사의 표현**

감사합니다.
- Thank you very much.
- I really appreciate it.
- I'm much obliged to you.
- Thank you. That's very kind of you.(매우 친절하시네요.)

천만에요.
- It's my pleasure.
- Don't mention it.
- Not at all.
- You're welcome.
- That's all right.
- No problem.

⑦ ● 소개, 인사

제 소개를 하겠습니다.
- Let me introduce myself.
- May I introduce myself (to you)?

A를 소개하겠습니다.
- Let me introduce A.
- May I introduce A (to you)?
- I'd like to introduce A.

이분은 A입니다.
- This is A.

제 친구 A를 소개해 드릴까요?
- May I introduce my friend A to you?
- I'd like you to meet my friend, A.

(처음 만나는 사이일 때)

처음 뵙겠습니다.
- How do you do?

만나서 반갑습니다.
- I'm glad to meet you.
- Nice to meet you.
- It's my pleasure to meet you.
- It's a pleasure to know you.
- I'm pleased to meet you.

저도 반갑습니다.
- I'm glad to meet you, too.
- The same to you.

(아는 사이일 때)

잘 있었니?/어떻게 지냈니?/어떻게 지내?
- How are you (doing)?
- How is it going?
- How are you getting along?
- What's up?
- What happened?

잘 지냈어.
- So far, so good.
- Pretty good.
- Great!
- Very well.
- Not (so) bad.(그저 그렇죠.)
- I'm doing well.
- I've been doing good(great).
- I've been fine.
- Everything is OK.
- Same as always.(항상 똑같죠.)
- Nothing much.(특별한 일이 없어요.)

(오랜만에 만난 사이일 때)

그동안 잘 지냈니?
- How have you been (doing)?

정말 오랜만이야.
- It's been a long time.
- I haven't seen you for a long time.
- I haven't seen you for ages.
- We haven't seen each other for a long time.
- We haven't contacted with each other for ages.

(작별할 때)

이제 가봐야 하겠습니다.
- I'd better go now.
- I'd better be going.
- I must be off now.

- I really should be going now.
- I should go now.
- It's time to go now.
- It's time to say good-bye.
- I'm afraid I must go now.

좀 더 계시다 가시지 그러세요?

- Why don't you stay a little longer?
- What about staying a little more?
- How about staying a little more(longer)?

가셔야 한다니 정말 유감입니다.

- It's too bad you have to go(leave).
- It's a shame that you have to go(leave).
- I'm sorry you must go(leave) now.

또 뵙겠습니다.

- I hope to see you again.
- I hope to see you soon again.

그 밖의 끝인사 표현

- I enjoyed talking with you.(이야기 즐거웠어요.)
- Let's keep in touch.(연락하며 지내요.)
- Take it easy!(잘 있어요!)
- See you soon.(또 봐요.)
- See you next time.(다음번에 또 봐요.)

⑧ 이름, 직업을 묻는 표현

당신의 이름은 무엇입니까?

- What's your name?
- May I have your name?
- May I ask your name?
- Would you give your name?

- Your name, please?

당신의 직업은 무엇입니까?

- What do you do?
- What do you do for a living?
- What's your job?
- What's your occupation?
- What kind of job do you have?
- What kind of work do you do?
- Where do you work?

저는 A에서 일합니다.

- I'm with A.
- I work with(at) A.
- I'm employed at A.

저는 오늘 쉬는 날입니다.

- I'm off today.
- I'm on off duty today.
- I'm day off today.

저는 요즘 쉬고 있습니다.

- I'm unemployed these days.
- I'm unemployed at the moment.

⑨ 길을 안내할 때의 표현

실례지만, A로 가는 길을 가르쳐 주시겠습니까?

- Excuse me. Could(Would) you tell the way to A?
- Pardon me. Would you show me the way to A?
- Excuse me. How can I get to A?
- Excuse me. May I ask you the way to A?

- Excuse me. Could you tell me how to get to A from here?
- Excuse me. Where is A?

실례지만, 이 길이 A로 가는 길입니까?

- Excuse me. Is this the right way to A?

죄송합니다. 저도 여기가 처음이라 모릅니다.

- I'm sorry. I don't know. I'm new here.
- I'm sorry. I have no idea. I'm a stranger here myself.
- I'm sorry. I can't help you. I'm new here.
- I'm sorry. I don't know this area. I'm a stranger here myself.

계속 똑바로 가세요.

- Keep going straight.
- Go straight(on).
- Go straight(on) this way.

한 블럭 가서 오른쪽/왼쪽으로 가세요.

- Go one block and turn right/left.
- Walk one block and turn right/left.
- Walk along this way one block and turn right/left.
- Go straight for one block and turn right/left.

길을 따라 내려가면 바로 있습니다.

- It's just down the street.
- Walk along this way down, then you can find it right away.

첫 번째 신호등이 나올 때까지 계속 걸어가세요.

- Walk until you come to the first light.

교차로까지 계속 걸어가세요.

- Walk until you come to the intersection.

여기서 A까지 얼마나 걸리죠?

- How long does it take to A from here?
- How far is it from here to A?

아마 1시간 정도 걸릴 겁니다.

- Maybe it will take about one hour.
- Probably it takes about one hour.

바로 찾으실 수 있습니다.

- You can't miss it.
- You'll never miss it.
- You can find it right away.
- You can see it.
- You can get there.

⑩ 식당에서의 표현

주문하시겠습니까?

- May I take your order?
- Are you ready to order now?
- Would you like to order now?

메뉴 좀 보여 주세요.

- I'd like to see the menu, please.
- A menu, please.
- May I have a menu, please?

여기 있습니다.

- Here you are.
- Here it is./Here they are.
- Here is the menu.

뭘 드시겠습니까?

- What would you like to have?
- What would you like to eat?
- What would you like?

A로 하겠습니다.

- I will have A.
- I'd like A.

맛있게 드세요.

- Help yourself, please.

소금을 좀 주시겠습니까?

- Pass me the salt, please.

 **쇼핑에서의 표현**

무엇을 도와드릴까요?

- May I help you?
- What can I do for you?
- Is there anything you need?

아닙니다, 그냥 구경하고 있습니다.

- No, thanks. I'm just looking around.
- No, thanks. I'm just shopping around.

천천히 보세요.

- Take your time.

A를 찾고 있는데요.

- I'm looking for A.
- I'd like to buy A.
- Please show me A.
- Do you have A?
- I'm trying to find A.
- Let me see A, please.

이것을 입어 봐도 되나요?

- Can I try this on?
- May I try A on?

이것은 어떻습니까?

- How do you like this one?

(잠시) 품절입니다.

- We are temporarily out of stock.
- They are all sold out.

좋아요! 이것으로 하겠습니다.

- Perfect. I'll take it.

전부 얼마입니까?

- Would you add these up?
- How much does that come to?
- How much is it all together?
- What's the total for all of this?
- How much are these all?

이것을 반품하고 싶습니다.

- I'd like to return this.

환불해 주시겠어요?

- May I have a refund on this, please?

다른 것으로 교환할 수 있습니까?

- Can I exchange it for another one?

12 **숙박 수속할 때의 표현**

방 있나요?

- Can I have a room, please?
- Can I reserve a room?
- I want a room, please.
- Do you have any vacancies?
- Do you have a room available?

어떤 방을 원하십니까?

- What kind of room would you like?

방 종류

- I'd like a twin room, please.(트윈 룸을 원합니다)
- I'd like a single room with bath, please. (욕실 있는 싱글 룸을 원합니다)
- I'd like a room with a view.(전망 있는 방을 원합니다)

⑬ 병원에서의 표현

어디가 아프세요?/증상이 어떻습니까?

- What seems to be the problem?
- What are your symptoms?
- What's bothering you?
- What's troubling you?

증상을 말할 때

- I have a sore throat.(목이 따끔거려요/목이 아픕니다)
- I have a bad headache.(심한 두통이 있어요)
- I've got a headache.(두통이 있어요)
- I've caught a cold.(감기에 걸렸습니다)
- I have a fever.(열이 있어요)
- I'm having chills.(오한이 납니다)
- I have no appetite.(식욕이 없습니다)

⑭ 허락이나 양해할 때

제가 가도 될까요?

- Would you mind if I go home now?
- Do you mind if I go home now?
- Can I go home now?
- May I go home now?
- Is it okay to go home now?

긍정적 대답

- I wouldn't mind.
- I don't mind.
- No, not at all. Go ahead.
- No, of course not.
- Yes, certainly.

부정적 대답

- I wish you wouldn't.
- Yes. I do care.

⑮ 제안이나 의견을 물을 때

산책할까요?

- Shall we take a walk?
- Would you like to take a walk?
- Why don't we take a walk?
- How about taking a walk?
- What about taking a walk?
- Let's take a walk.

긍정적 대답

- That sounds like a good idea.
- That sounds great.
- That's a good idea.
- Yes. I'd love to.
- Yes. I like that.
- Why not!

부정적 대답

- No, thank you.
- Sorry. I'd love to, but I can't.

- I'm sorry. I don't feel like doing it.

그것에 대해 어떻게 생각하십니까?

- What do you think of(about) it?
- What's your opinion on this?
- How do you like this?
- What would you say?

동의할 때

- I agree with you.
- I'm with you.
- I think you're right.
- I think so, too.
- I can't agree more.
- Exactly!
- That's exactly what I was thinking(thought).
- I feel the same way.

동의하지 않을 때

- I disagree completely.
- I don't think so.
- I wouldn't say that.
- I'm afraid I can't agree with you.
- I have a different opinion about that.
- That might be true, but I don't agree with you on that point.

⑯ 기타 자주 출제되는 표현

너무 심각하게 생각하지 마세요.

- Don't take it so seriously.

모든 것이 다 잘될 거예요.

- Everything will be fine.

신발이 참 예쁘군요!

- I really like your shoes.
- What a lovely shoes!
- They are very nice shoes.

이 자리는 비어 있습니다.

- This seat is available.

이 자리는 채워져 있습니다.

- The seat is occupied.

A가 좋으세요, B가 좋으세요?(선택의문문)

- Would you like to A or B?
- Would you prefer A or B?
- Should we A or B?
- Is A or B better?

선택의문문의 대답

- Either will be fine. (아무거나 괜찮아요)
- I haven't decided yet. (아직 결정 못했어요)
- It doesn't matter. (상관없어요)

몸이 안 좋네요.

- I'm under the weather.

가는 데 시간이 얼마나 걸릴까요?

- How long will it take?

요금이 얼마인가요?

- How much is the fare?

거스름돈 표현

- Here is your change. (거스름돈 여기 있습니다)
- Keep the change. (잔돈 가지세요)

이번 주말에 시간 있으세요?

- Do you have time this weekend?
- Are you doing anything this weekend?
- Do you have any plans for this weekend?

- Would you spare me some time this weekend?
- I have no special plan.(특별한 계획 없는데요)
- I don't think I've got anything planned yet.(아직까지 계획은 없는데요)
- Sorry. I'm afraid I'm busy this weekend. (미안해요. 이번 주는 바쁩니다)
- I'm sorry, but I have a previous engagement. (미안해요. 선약이 있어요)

아주 기분이 좋네요!

- I feel like a million dollars.
- I'm glad to hear that.(그 소식을 들으니 좋네요)

무슨 일 있어요?

- What's wrong?
- What's the matter?
- What's going on?
- Is anything wrong?

놀랍군요!

- What a surprise!
- That's surprising!
- Are you serious?
- You're kidding!
- Oh, my goodness(gosh)!

이해하겠어요?/알겠어요?

- Do you understand?
- Do you follow me?
- Do you know what I'm talking about?
- Are you with me (so far)?
- Have you got it?
- Got it?

되묻는 표현

- Excuse me?
- I'm sorry?
- I beg your pardon?
- Sorry. What did you say?
- Could you repeat that again?
- Sorry. I didn't hear you well.

드시고 가실 건가요, 가져가실 건가요?

- A : For here or to go?
- B : To go, please. / For here, please.

3절 · 어법

유 형 분 석

올바른 문법과 어휘 사용, 관용어구 익히기

① ─● 빈칸에 알맞은 단어 고르기

01
I _____________ at this company for the last 20 years.

① am working ② was working
③ have worked ④ work

[독해] 나는 이 회사에서 지난 10년간 일해오고 있다.

[해설] 지난 20년 전부터 현재까지 재직함을 알 수 있다. 과거의 일이 현재까지 영향을 미칠 때 현재 완료 시제를 쓴다.

02
As soon as she _____________ my present, she will respond to me.

① get ② got
③ will get ④ gets

[어휘] as soon as ~하자마자
respond to ~에 답하다

[독해] 그녀는 내 선물을 받자마자, 내게 답장을 할 것이다.

[해설] 'as soon as'는 시간을 나타내는 접속사이고, 시간접속사가 이끄는 절은 현재 시제가 미래의 의미를 나타내므로 3인칭 단수 현재 시제가 옳다.

03
A man _____________ after having an accident while taking a walk on the mountain track.

① rescued ② was rescued
③ has rescued ④ is rescuing

[독해] 한 남자가 산길에서 산책을 하던 중 사고를 당한 후에 구조되었다.

[해설] 문맥에서 사고를 당한 사람이 '구조되었다'는 내용이므로 수동태가 답이 된다.

01 ③ 02 ④ 03 ②

04

Most graduates consider ______________ important to choose their jobs that give them high satisfaction.

① that   ② what   ③ themselves   ④ it

[독해] 대부분의 졸업생은 그들에게 높은 만족을 줄 수 있는 직업을 선택하는 것이 중요하다고 생각한다.

[해설] 문장에서 consider 다음 긴 목적어인 'to choose their~'를 맨 뒤로 옮기고 consider 뒤에 가목적어 'it'을 넣는다. 그 뒤의 important는 목적격 보어로 5형식 문장을 이룬다.

05

The inexperienced worker did not know how to solve and analyze the ______________ problem.

① embarrassed   ② embarrassing   ③ embarrass   ④ to embarrass

[독해] 미숙한 직원은 당황스러운 문제를 어떻게 해결하고 분석해야 할지 몰랐다.

[해설] 빈칸이 명사 앞자리이므로 '형용사' 자리임을 알 수 있다. 꾸며주는 명사가 problem이므로 무생물을 꾸며주며 능동의 의미를 나타내는 '현재분사'가 와야 한다. 그래야 '당황스러운 문제'라고 문맥연결이 된다.

06

______________ a friendly letter should be light-hearted and avoid familiar complaints and personal problems, there are times when you have to tell bad news.

① Although   ② And   ③ However   ④ Therefore

[어휘] light-hearted 쾌활한

[독해] 비록 친절한 편지는 쾌활한 것이 좋고 흔한 불평과 개인적인 문제는 피하지만, 나쁜 소식을 전해야 할 때도 있다.

[해설] 문맥의 흐름상 '비록 친절한 편지는 좋은 내용으로 쓰지만, 때로는 나쁜 소식을 전해야 할 때도 있다.'라는 내용으로 전후 문맥 흐름을 봐서 'although(비록 ~일지라도)'라는 접속사가 알맞다.

07

From the point of view of the individual, he should do the job ______________ makes the best use of his abilities.

① who   ② what   ③ which   ④ where

[어휘] from the point of view of ~의 관점에서 보자면
make the best use of ~을 최대한 이용하다

[독해] 개인적인 관점에서 보자면, 그 사람이 가지고 있는 다양한 능력을 가장 잘 활용할 수 있는 일을 해야 한다.

[해설] 문장을 보면 앞에 있는 'the job'이 선행사로 빈칸 뒤에 'makes'라는 동사가 있으므로 빈칸에 들어갈 단어는 주격관계대명사로 사물을 선행사로 취하는 'which'나 'that'이 와야 한다. 그러므로 정답은 'which'이다.

08 | Kelly speaks Japanese _______________ native speakers.

① as well as　　② better　　③ as better as　　④ the best

[독해] Kelly는 원어민만큼 일본어를 잘한다.

[해설] 해석상 'as + 형용사/부사의 기본형 + as(~만큼 ~한)' 구문을 이용한 'as well as(~만큼 잘)'란 문맥이 정답이다.

09 | Mrs. Jason asked me if I remembered _______________ her before.

① meeting　　② having met　　③ to have met　　④ to meet

[독해] Jason 부인은 나에게 전에 그녀와 만났었던 것을 기억하는지 물어봤다.

[해설] 가리키는 시점이 말하는 시점과 다를 때, 'having + p.p'를 쓴다. 과거에 했던 것을 나타낼 때는 동명사, 앞으로 할 것을 나타낼 때는 to부정사로 표현한다. 문맥에서는 그녀와 만났던 과거시점을 나타내므로 동명사 형태가 정답이다.

10 | _______________ you start to feel worse than before, you will need to go to the hospital.

① Had　　② Would　　③ As　　④ Should

[독해] 전보다 더 상태가 안 좋아지면 병원에 갈 필요가 있습니다.

[해설] 이 문맥은 가정법 도치구문이다. 'If + 주어 + should + 동사원형'에서 If를 생략하여 'Should + 주어 + 동사원형'으로 도치한다.

② 밑줄 친 부분 중 어법상 옳지 않은 것 고르기

01 | ① <u>Many</u> managers　② <u>should read</u>　③ <u>some</u> report　④ <u>thoroughly</u>.

[해설] some은 복수 동사를 동반한다. report는 단수명사이므로 단수명사를 수식하는 형용사가 와야 한다.

02 | The more energy we ① <u>spend</u>　② <u>the much</u>　③ <u>harmful</u> pollutants are　④ <u>produced</u>.

[해설] 'the + 비교급, the + 비교급(~하면 할수록 더 ~하다)' 구문으로 문장 앞에 'the more'가 있으므로 이어지는 뒷부분도 'the more'가 와야 한다.

03 There ① <u>may</u> be over a thousand ② <u>in</u> the audience and the lecture ③ <u>will</u> last about 1 hour and thirty ④ <u>minute</u>.

[해설] minute은 가산명사이므로 복수형인 'thirty minutes'가 와야 옳다

04 If you don't use your arms or your legs ① <u>sometimes</u>, they become weak. When you start ② <u>using</u> them again, they slowly become stronger again. Everybody knows this and nobody ③ <u>would</u> think of ④ <u>question</u> this fact.

[해설] 'of'가 전치사이므로 명사가 와야 한다. question도 명사지만, 그 뒤에 'this fact'란 또 다른 명사구가 있으므로 명사가 중복이 된다. 동명사인 'questioning'이 온다면 'this fact'는 questioning의 목적어가 된다. 그러므로 동명사가 와야 옳은 어법의 문장이 된다.

05 ① <u>A great number of</u> the members of blue-collar jobs ② <u>take</u> relatively little satisfaction in their jobs, because ③ <u>much of</u> their work is ordinary and ④ <u>bored</u>.

[어휘] bore 지루하다

[해설] 감정 동사의 분사문제이다. 감정 동사들은 꾸며주는 명사가 무생물이면 현재분사, 생물이면 과거분사를 써야 파생 형용사가 되어 명사를 수식해준다. 문장에서 'bore'가 수식하는 명사는 'their work'이므로 '그들의 일이 지루하다'는 해석이 되려면 현재분사의 능동의 의미인 'boring'이 와야 한다.

06 In some urban centers, workaholism is so common that people don't consider it unusual. They accept the lifestyle ① <u>in</u> normal. Workaholism can be a serious problem. Because true workaholics ② <u>would rather</u> work than do anything else, they probably don't know how to relax. Is workaholism always dangerous? Perhaps not. There are people who work well under stress. Some studies show that many workaholics have great energy and interest in life. Their work is so ③ <u>pleasurable </u>that they are actually very happy. For most workaholics, work ④ <u>keeps</u> them busy and creative.

[어휘] urban 도시의　　　　　　　　　　workaholism 일중독
unusual 보기 드문　　　　　　　　　accept 받아들이다
pleasurable 유쾌한　　　　　　　　　creative 창조적인

[독해] 몇몇 도시에서는 일중독은 너무 흔해서 사람들은 그것을 보기 드문 것으로 생각하여 고려하지 않는다. 그들은 그 생활을 일반적인 것으로 받아들인다. 일중독은 심각한 문제가 될 수 있다. 왜냐하면 진짜 일 중독자들은 다른 어떤 것을 하기보다 일을 하기 때문에 그들은 아마도 어떻게 휴식을 취하는지 모를 수도 있다. 일중독은 항상 위험한가? 아마도 아닐 것이다. 스트레스 하에도 일을 잘 하는 사람들이 있다. 몇몇 연구들은 많은 일 중독자들이 인생에서 많은 에너지와 흥미를 가지고 있다는 것을 보여준다. 그들의 일은 너무 즐거워서 그들은 사실 매우 행복하다. 대부분의 일중독자들에게 있어서 일은 그들을 바쁘고 창조적인 상태로 유지시킨다.

[해설] 'as normal(일반적인 것으로)'이라는 어구이다.

07 Telepathy is the ability to communicate ① <u>without</u> the use of the five senses. When we feel that something ② <u>is happening</u> by instinct, we are using resources within the unconscious mind. When the resources of two people' unconscious minds link together ③ <u>into</u> the same frequency, we call it telepathy. Also, we can either send ④ <u>and</u> receive telepathy.

[어휘] sense 감각
resource 소질, 자원, 원료
into the same frequency 빈번하게

instinct 본능
unconscious 무의식적인

[독해] 텔레파시는 오감을 사용하지 않고 대화할 수 있는 능력이다. 우리가 본능적으로 무엇인가가 일어난다고 느낄 때 우리는 무의식적인 마음 안에 있는 재능을 사용한다. 두 사람의 무의식적인 마음의 재능이 함께 빈번하게 연결될 때 우리는 그것을 텔레파시라 부른다. 우리는 텔레파시를 보내거나 받을 수 있다.

[해설] 'either A or B(A와 B 둘 중에 하나)'의 표현이다.

08 There are many kinds of soft drinks and we unconsciously drink a lot on a hot summer day. Fruit juice tastes good, but has ① <u>lots of</u> sugar in it. Many people drink this kind because the advertisement are attractive. However, it is bad for your teeth and bones ② <u>for drinking</u> this. Sports drinks have lots of vitamins and minerals. Maybe after you exercise, you might want to have this drink. Energy drinks have caffeine and things ③ <u>that</u> make people ④ <u>get excited</u>. Therefore, if you drink too much, you may have a heart attack.

[어휘] soft drink 청량음료
bone 뼈
mineral 미네랄

advertisement 광고
caffeine 카페인
heart attack 심장마비

[독해] 많은 청량음료가 있고 우리는 무의식적으로 더운 여름날에 많이 마신다. 과일 주스는 맛은 좋지만 설탕이 많이 들어있다. 많은 사람이 이 음료를 마신다. 왜냐하면, 선전이 유혹적이기 때문이다. 하지만 이것을 마시는 것은 당신의 이와 뼈에 나쁘다. 스포츠 음료는 많은 비타민과 미네랄을 가지고 있다. 아마 당신이 운동한 후에 이 음료를 마시길 원할지도 모른다. 에너지 음료는 카페인과 사람들을 흥분케 하는 뭔가를 가지고 있다. 그러므로 만약 너무 많이 마시면 당신은 심장마비를 일으킬지 모른다.

[해설] 'it ~ to부정사'로 가주어 진주어 구문을 나타낸다. 'it'이 가주어이며, 진주어는 to부정사 이하가 된다. 그러므로 원래는 'to drink this is bad for your teeth and bones'문장을 'it ~ to부정사'구문으로 바꾼 것이다.

09 Choosing the right gift can be a natural art. It calls for empathy that is the ability to put ① <u>yourself</u> into someone else's head and heart inside. We are all able to do this. Actually, we are born with natural empathy. But, after the earliest period of the childhood, it needs ② <u>being</u> reinforced by our parents, teachers and friends. When it ③ <u>isn't</u>, we are not able to understand other people's feelings. This can show in the gifts we select. Exchanging gifts is a great tradition ④ <u>which</u> we should not ignore in a society.

[어휘] empathy 감정이입　　　　　　　　　natural 자연적인
reinforce 보충하다, 강화하다　　　　　select 선택하다
tradition 전통　　　　　　　　　　　　exchange 교환하다
ignore 무시하다

[독해] 올바른 선물을 선택하는 것은 자연스러운 예술일 수 있다. 그것은 누군가의 머리와 마음으로 당신 자신을 넣는 능력인 감정이입을 불러일으킨다. 우리는 모두 이것을 할 수 있다. 사실 우리는 자연적인 감정이입을 가지고 태어난다. 그러나 어린 시절 이후 우리 부모님, 선생님 그리고 친구들로부터 강화될 필요가 있다. 그렇지 않을 때 우리는 다른 사람들의 감정을 이해할 수 없다. 이것은 우리가 선택하는 선물에 나타날 수 있다. 선물을 교환하는 것은 사회에서 무시해서는 안 되는 위대한 전통이다.

[해설] 문맥에서 'needs to be reinforced by~(~되는 것이 필요 하다)'라는 의미가 만들어지는 문장이다. 'need ~ing'구문은 자체에 수동의 의미가 있어 문장에서 연결된 'be + reinforced'와 수동적 의미가 중복되어 맞지 않다.

10 These days, people feel as though they have to be doing something. If they are not working, they are jogging, or ① <u>play</u> tennis or golf, or taking some courses to improve their minds or bodies. Sometimes, they are parked in front of the TV. Sitting in front of TV isn't sitting, but watching. People used to ② <u>sit</u> a lot. You could go down to the store and ③ <u>sit</u> on the bench out in the summer days or around the fire in the winter times. There are ④ <u>sitting benches</u> out in the town square. Houses used to have sitting rooms. That kind of thing looks like doing nothing. Sitting restores your soul. If you want to enjoy a truly full life, don't just do anything. Sit there.

[어휘] improve 향상하다　　　　　　　　used to ~하곤 했다
restore 회복시키다　　　　　　　　　truly 진정한
full 풍부한

[독해] 요즈음 사람들은 무언가를 해야만 하는 것처럼 느낀다. 만약 그들이 일을 하지 않는다면 그들은 조깅을 하거나 테니스 또는 골프를 치거나 몸과 마음을 개선할 수 있는 몇 개의 수업을 듣는다. 가끔 그들은 TV 앞에 있다. TV 앞에 앉아 있는 것은 앉아 있는 것이 아니라 보는 것이다. 사람들은 많이 앉아 있곤 한다. 당신은 여름에 저 가게에 가서 밖에 있는 벤치에 앉거나 겨울엔 불 주위에 앉을 수 있다. 타운 스퀘어 광장에 앉을 수 있는 의자가 있다. 집에는 거실이 있다. 이런 종류의 것은 아무것도 하지 않는 것처럼 보인다. 앉는 것은 당신의 영혼을 회복시킨다. 만약 당신이 진정으로 풍부한 삶을 즐기기를 원한다면 아무것도 하지 말고 그 곳에 앉아 있어라.

[해설] 병렬관계 문제로서 '~working, ~jogging, playing~ or taking~'으로 보아 'or' 등위접속사로 연결된 요소가 같은 형태로 이루어져야 한다. 그러므로 'playing'이 알맞은 답이다.

③ 문장의 어법상 옳지 않은 것 고르기

01
① That woman singing these songs in the band are Ms. Jamie.
② You must hurry up so that you may catch the last train.
③ This question is difficult to solve.
④ She is proud of her son being a famous doctor.

[독해] ① 저 밴드에서 이러한 노래를 부르는 여자는 Ms. Jamie이다.
② 마지막 열차를 타기 위해서는 당신은 서둘러야 한다.
③ 이 문제는 풀기가 어렵다.
④ 그녀는 그녀의 아들이 유명한 의사라는 것을 자랑스러워한다.

[해설] 'That woman~ in the band'까지가 주어부로, 실제 주어는 that woman이다. 주어에 수일치를 해야 하므로 단수동사 'is'가 와야 옳다.

02
① Don't show these notes to anyone else.
② I have to finish my report until tomorrow.
③ The audience was all moved.
④ Some are kind, and others are unkind.

[독해] ① 아무한테도 이 노트를 보여주지 마세요.
② 나는 나의 리포트를 내일까지 끝내야 한다.
③ 청중들은 모두 감동했다.
④ 어떤 사람들은 친절하고, 다른 어떤 사람들은 불친절하다.

[해설] '내일까지'라는 의미는 마감일을 나타내므로 'by'를 써야 옳다. until은 행동이 계속됨을 나타낸다.

03
① Either way is fine with me.
② My sister is as taller as my mother.
③ Have you had lunch yet?
④ Having nothing to do, he went to bed earlier.

[독해] ① 둘 중 어느 방법도 좋습니다.
② 나의 여동생은 엄마만큼 키가 크다.
③ 이미 점심을 드셨나요?
④ 그는 할 일이 없었기 때문에 일찍 잠자리에 들었다.

[해설] 비교 구문으로 'A as 원급 as B(A는 B 만큼 ~하다)'란 원급비교 구문이다. 그러므로 taller의 원급인 tall이 알맞은 정답이다.

04

① She didn't say anything, which made her mother angry.

② Whether he is interested in her or not is the question.

③ When I came back home yesterday, it was snowing for a month.

④ Sam was lying on the grass in the playground last night.

[독해] ① 그녀는 아무 말도 하지 않았고, 그것이 그녀의 엄마를 화나게 만들었다.
② 그가 그녀에게 관심이 있는지 없는지가 의문이다.
③ 내가 집에 어제 돌아왔을 때 한 달째 눈이 내리고 있는 중이었다.
④ Sam은 어젯밤 운동장 풀밭에 누워있는 중이었다.

[해설] 과거완료 진행시제 문제로, 과거보다 더 이전 시점에서 시작된 동작이나 상태가 그보다 시간이 흐른 시점의 과거까지 계속 이어져 진행되고 있을 때 과거완료 진행 시제를 쓴다. 그러므로 내가 집에 왔었을 시점보다 전부터 눈이 내리고 있었기 때문에 'had been snowing'이 알맞은 표현이다.

05

① Jason prefers red wine to white one.

② I haven't seen the play and my sister hasn't, either.

③ Politics is an interesting subject.

④ I know that the sun rises in the east.

[독해] ① Jason은 백포도주보다 적포도주를 더 좋아한다.
② 나는 그 공연을 아직 못 봤고 내 여동생 역시 그 공연을 보지 못했어요.
③ 정치학은 흥미로운 과목이다.
④ 나는 태양이 동쪽에서 뜬다는 것을 안다.

[해설] 불가산 명사는 one으로 받을 수 없다. 대신 명사를 그대로 써주거나 생략을 해준다. 그러므로 'white wine'이 옳은 표현이다.

④ 문장의 5형식

1. 1형식 : (주어 + 완전자동사)

가장 기본적인 문장으로 동사를 수식하는 부사구가 동반할 수 있다.

예 Fish swim. 물고기들이 헤엄친다.

I wake up early. 나는 일찍 일어난다.

2. 2형식 : (주어 + 불완전자동사 + 주격보어)

주어를 수식하고 보충해주는 주격보어가 있으며 보어자리에는 '형용사, 명사'가 올 수 있다.

예 She is a nurse.(She=a nurse) 그녀는 간호사이다.

They look pretty today.(pretty가 they를 보충설명) 그들은 오늘 예뻐 보인다.

3. 3형식 : (주어 + 완전타동사 + 목적어)

목적어를 동반하는 타동사가 들어간다.

> **예** I like you. 나는 당신을 좋아한다.
>
> Most of students know that the earth is round.
> 대부분의 학생은 지구가 둥글다는 것을 알고 있다.

4. 4형식 : (주어 + 수여동사 + 간접목적어 + 직접목적어)

수여타동사가 들어가며 간접목적어(~에게)로 주로 사람이 오며, 직접목적어(~을/를)로 주로 사물이 온다.

> **예** My friend gave me a letter. 나의 친구는 나에게 편지 하나를 주었다.
>
> She bought me anything I want. 그녀는 나에게 내가 원하는 어떤 것을 사주었다.

5. 5형식 : (주어 + 불완전 타동사 + 목적어 + 목적격보어)

흔히 지각동사나 사역동사가 오며 목적어 뒤에 목적어를 보충 설명해주는 목적격보어가 '형용사, 명사' 형태로 온다. 지각동사나 사역동사가 동사 자리에 있을 경우 목적격보어 자리에는 동사원형이 온다.

> **예** She calls me a teacher.(me=a teacher) 그녀는 나를 선생님이라고 부른다.
>
> He made me go home.(make는 사역동사이므로 목적격 보어 자리에 동사원형)
> 그는 내가 집에 가게 했다.
>
> Jane saw her friend cry.(see는 지각동사이므로 목적격 보어 자리에 동사원형)
> Jane은 그녀의 친구가 우는 것을 보았다.

⑤ 수의 일치

원칙적으로는 '단수주어 + 단수동사, 복수주어 + 복수동사'가 기본이다.
예외적인 부분들을 살펴보면,

1. 등위접속사와 수의 일치

- (A and B = Both A and B) + 복수동사
- (Not A but B) + 동사 (B에 수일치)
- (A or B = either A or B) + 동사 (B에 수일치)
- (Not only A but also B = A as well as B) + 동사 (B에 수일치)
- (Neither A nor B) + 동사 (B에 수일치)

2. A and B가 단수취급이 되는 경우

한 덩어리의 개념(단일개념)을 가리키는 경우 '단수취급' 한다.

- (관사 + A) + and + (관사 + B) : 복수취급 – A와 B 두 사람/사물
- 관사 + (A + B) : 단수취급 – A 이며 B인 한 사람/사물
- every A and B : 단수취급

3. 형태는 복수지만 내용상 단수취급이 되는 경우

- '시간, 거리 가격, 무게'는 단수취급한다.
- 항상 복수 형태이나 단수취급하는 명사들–학과명, 병명, 나라 명칭. 그밖에 means, news, billiards, dominoes 등이 있다.

4. '주어 + 동사' 의 수일치 중요 구문들

- many a + 단수명사 : 많은~ , the number of + 복수명사 : ~의 수,
- another + 단수명사 : 다른~ , any other + 단수명사 : 다른 어떤~
  ⇒ 단수동사
- many + 복수명사 : 많은~ , a number of + 복수명사 : 많은~ ,
- other + 복수명사 : 다른~
  ⇒ 복수명사

5. 뒤에 나오는 명사에 따라 동사의 수가 결정되는 구문들

<table>
<tr><td>some/any
half
most
all
part</td><td>• of 소유격/these, those/the + 복수가산명사 ⇒ 복수취급
• of 소유격/this, that/the + 불가산명사(단수) ⇒ 단수취급</td></tr>
</table>

⑥ 시제 일치

1. 시제 일치의 법칙

- 동사의 시제와 부사의 시제는 일치해야 한다.
- 주절의 시제가 현재, 현재완료 또는 미래일 경우 → 종속절의 시제는 그 뜻에 따라 어떤 시제라도 올 수 있다.
- 주절의 시제가 과거 또는 과거완료일 경우 → 종속절의 시제는 오로지 과거, 과거완료가 올 수 있다.

2. 시제 일치의 예외

- 오다, 가다, 출발하다, 도착하다(왕래발착동사)는 미래부사와 함께 쓰여 현재 시제나 현재 진행시제가 미래시제를 나타낸다.

- 시간/조건부사절 안에서는 현재시제가 미래시제를 대신한다. 부사절 안에서 형태는 현재 시제지만 의미는 미래시제를 갖는다.
- 불변의 진리, 사실, 속담 ⇒ 항상 현재시제
- 현재의 습관, 직업, 성격 ⇒ 항상 현재시제
- 역사적 사건, 사실 ⇒ 항상 과거시제

⑦ 동사 완료시제

1. 현재완료(have/has + 과거분사)

- 완료 : 과거에 시작된 동작이 현재에 완료됨을 나타낸다.

  자주 같이 쓰이는 부사(just, now, already, yet 등)

  예 He hasn't arrived yet. 그는 아직 도착하지 않았다.

- 결과 : 과거의 동작이 현재에도 영향을 미침을 나타낸다.

  예 Mike has gone home. Mike는 집에 가버렸다(그래서 지금 여기에 없다).

- 경험 : 과거에서 현재까지의 경험을 나타낸다.

  자주 같이 쓰이는 부사(ever, never, often, once 등)

  예 Have you ever been to Russia? 당신은 Russia에 가본 적이 있습니까?

- 계속 : 과거에서 현재까지의 상태나 동작의 계속을 나타낸다.

  자주 같이 쓰이는 부사(since, for, how long 등)

  예 He has been sick since last Monday. 그는 지난 월요일부터 계속 아팠다.

2. 과거완료(had + 과거분사)

과거이전부터 과거의 한 시점까지의 상태나 동작을 기준으로 완료, 결과, 계속, 경험을 나타낸다.

3. 미래완료(will have + 과거분사)

미래의 어느 한 시점에 이르기까지의 상태나 동작을 기준으로 완료, 결과, 계속, 경험을 나타낸다.

⑧ 접속사

1. 등위접속사의 병치

등위접속사의 앞뒤의 낱말 균형을 이루어야 한다. 또한 to 부정사와 to 부정사, 동명사와 동명사, 구와 구, 문장과 문장 구문들도 앞뒤의 병렬관계가 이루어져야 한다.

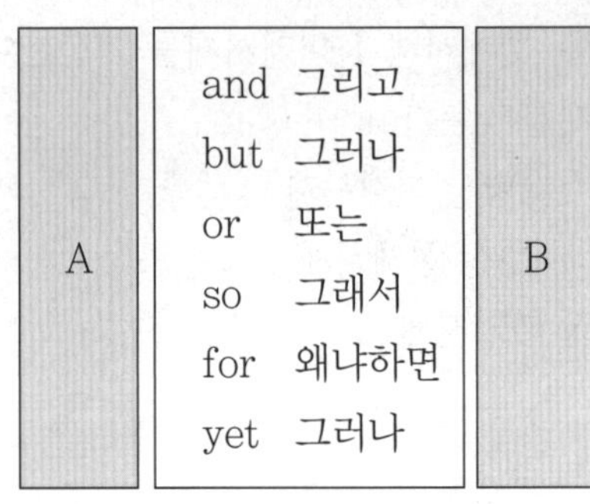

2. 상관접속사의 병치

- either A or B : A나 B 둘 중 하나
- neither A nor B : A도 아니고 B도 아닌
- not only A but also B : A뿐만 아니라 B도
- both A and B : A와 B 둘 다

3. 명사절을 만드는 종속접속사의 종류

다음의 접속사로 연결된 절은 명사절이 만들어지므로, 문장에서 명사 자리인 주어, 목적어, 보어 자리에 위치한다.

- that : ~라는 것
- whether, if : ~인지 아닌지

4. 부사절을 만드는 종속접속사의 종류

- 시간 : when ~할 때, while ~하는 동안, before ~전에, after ~후에, until ~까지, as soon as ~하자마자, by the time ~때까지
- 조건 : if 만약 ~한다면, unless 만약 ~하지 않는다면, once 일단 ~하면, as long as ~하는 한, in case ~의 경우에
- 이유 : because ~ 때문에, since ~이기 때문에, as ~ 때문에, not that ~이기 때문에
- 양보 : although = though = even though = even if 비록 ~일지라도
- 목적 : so that ~하기 위하여, in order that ~하기 위해
- 결과 : so 형용사(부사) that = such 형용사 + 명사 that 너무 ~해서 ~하다

5. 접속사와 전치사의 구별

접속사 뒤에는 주어, 동사를 갖춘 문장이 오지만, 전치사 뒤에는 (대)명사나 명사구가 온다.

구분	의미	부사절 접속사	전치사
시간	~ 하는 동안	while	during
조건	~ 이 없다면	unless	without
이유	때문에	because	because of
양보	비록 ~ 일지라도	although	despite

⑨ 수동태

1. 능동태와 수동태의 구분

- 능동태 : 주어가 행동의 주체가 되며, 주어가 ~하다.
- 수동태 : 주어가 행동의 객체가 되며, 주어가 ~당하다.

  예 Sarah made a flower bed. Sarah는 화단을 만들었다(능동태).

  A flower bed was made by Sarah. 화단은 Sarah에 의해 만들어졌다(수동태).

능동태		수동태
주어	→	by + 목적격
동사	→	be + 과거분사 (be동사시제에 따른 변화)
목적어	→	주어

- 수동태의 부정형 : be동사 + not + 과거분사

2. 문장 형식에 따른 수동태

- 3형식 수동태

  She loves me. 그녀는 나를 사랑한다.

  → I am loved by her. 나는 그녀에게 사랑받는다.

- 4형식 수동태

  The result gave me an opportunity. 그 결과는 나에게 기회를 주었다.

  → An opportunity was given to me by the result.

  (직접목적어를 주어로 둔 경우)

  → I was given an opportunity by the result.

  (간접목적어를 주어로 둔 경우)

- 5형식 수동태

  They found their jobs dangerous.

  → Their jobs were found dangerous (by them).

3. by 이외의 전치사

수동태에서 'by 행위자'에서 by 이외에도 문장의 의미에 따라 다른 전치사를 쓰기도 한다.

- 전치사 to

  be committed to ~에 헌신하다   be opposed to ~에 반대하다

  be known to ~에게 알려지다   be devoted to ~에 전념하다

- 전치사 at

  be annoyed at ~에 화나다   be disappointed at ~에 실망하다

- 전치사 with

  be satisfied with ~에 만족하다   be filled with ~로 가득차다

  be pleased with ~에 기뻐하다   be covered with ~로 덮여있다

  be surrounded with ~로 둘러싸여 있다   be equipped with ~로 갖추고 있다

- 전치사 in

  be involved in ~에 관계되다   be interested in ~에 관심 있다

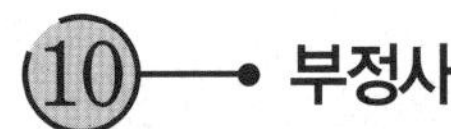 부정사

1. to 부정사의 용법

- 명사적 용법 : 주어, 목적어(타동사의 목적어 역할, 전치사의 목적어로는 쓸 수 없음), 보어 (주격보어, 목적격 보어)
- 형용사적 용법 : 한정적 용법(명사/대명사 수식), 서술적 용법(주격보어, 목적격보어)
- 부사적 용법 : 동사 수식, 형용사 수식, 부사 수식, 앞에서 문장전체 수식

2. to 부정사를 목적어로 취하는 동사

expect to ~을 기대하다   hope to ~을 소망하다   wish to ~을 소원하다

decide to ~을 결정하다   offer to ~을 제안하다   agree to ~을 동의하다

refuse to ~을 거절하다   fail to ~을 실패하다   manage to ~을 해내다

intend to ~을 의도하다   promise to ~을 약속하다

3. to 부정사의 관용표현

- 형용사/부사+enough to+동사원형 : 'to 부정사'하기에 충분히 '형용사/부사'하다
- too+형용사/부사+to+동사원형 : 'to 부정사'하기에 너무 '형용사/부사'하다
- in order to+동사원형 : 'to 부정사'하기 위해서

(11) 동명사

1. 동명사의 용법(명사적 용법)
주어, 목적어(타동사의 목적어, 전치사의 목적어), 보어(주격 보어, 목적격 보어로는 쓰이지 않음)

2. 동명사를 목적어로 취하는 동사

admit 인정하다	avoid 피하다	consider 고려하다	deny 부인하다
enjoy 즐기다	escape 피하다	finish 마치다	give up 포기하다
mind 꺼려하다	postpone 연기하다	practice 연습하다	prefer 선호하다
quit 그만두다	recommend 추천하다	reject 거절하다	suggest 제안하다

3. to 부정사와 동명사 둘 다 목적어로 취하는 동사

begin 시작하다	continue 계속하다	like 좋아하다	hate 싫어하다
endure 참다	love 사랑하다	intend 의도하다	

4. to 부정사와 동명사를 목적어로 취할 수 있으나 의미가 달라지는 동사
- forget, remember : to 부정사 – (미래에 해야 할) 일을 잊어버리다, 기억하다
  동명사 – (과거에 한) 일을 잊어버리다, 기억하다.
- try : to 부정사 – ~하려고 노력하다
  동명사 – 시험 삼아 ~하다
- stop : to 부정사 – ~하기 위해 멈추다
  동명사 – ~을 그만두다
- need : to 부정사 – (능동의 의미) ~해야 한다
  동명사 – (수동의 의미) ~되어야 한다

5. 동명사의 관용표현
There is no ~ing : ~하는 것은 불가능하다
cannot help ~ing : ~하지 않을 수 없다
It is no use ~ing : ~해도 소용없다
on ~ing : ~하자마자
be busy ~ing : ~하느라 바쁘다
feel like ~ing : ~하고 싶다
be worth ~ing : ~할 가치가 있다
far from ~ing : 결코 ~이 아닌
have difficulty ~ing : ~하느라 어려움을 겪다
How about ~ing : ~하는 게 어때?
look forward to ~ing : ~을 학수고대하다

be used to ~ing : 에 익숙하다
be devoted to ~ing : ~에 몰두하다
be opposed to ~ing : ~에 반대하다

 **분사**

1. 동사로서의 분사

- 현재분사 – be + ~ing
- 과거분사 – be + ~ed (수동태)
            have + ~ed (완료시제)

2. 형용사로서의 분사

- 현재분사 – 진행, 능동의 의미를 갖는다.
- 과거분사 – 수동, 완료의 의미를 갖는다.

3. 분사의 위치

- 한정적 용법의 경우 : 명사 수식
  - 형용사 + 명사 → 전치 수식
  - 명사 + 형용사구 → 후치 수식
  - 대명사 + 형용사 → 후치 수식
  - 대명사 + 형용사구 → 후치 수식
- 서술적 용법의 경우 : 보어 역할
  - 주격 보어 자리에 온다.
    주어와의 관계가 능동이면 현재분사
    주어와의 관계가 수동이면 과거분사
  - 목적격 보어 자리에 온다.
    목적어와의 관계가 능동이면 현재분사
    목적어와의 관계가 수동이면 과거분사

4. 감정을 나타내는 동사의 현재분사와 과거분사

bore, excite, worry, encourage, frustrate, please, surprise, interest, confuse, embarrass, disappoint, satisfy

- 꾸며주는 명사와의 관계에서 감정을 일으킬 때 : 현재분사
- 꾸며주는 명사와의 관계에서 감정을 느낄 때 : 과거분사

⑬ 관계사

1. 관계대명사의 종류와 기능

선행사	주격	목적격	소유격
사람	who	who, whom	whose
사물	which	which	whose / of which
사람, 사물	that	that	–

2. 격에 따른 문형

- 주격 관계대명사 : 선행사 + 주격 관계대명사 + 동사
- 목적격 관계대명사 : 선행사 + (전치사)목적격 관계대명사 + 주어 + 동사
- 소유격 관계대명사 : 선행사 + 소유격 관계대명사 + 명사 + 동사

3. 관계 부사의 종류와 기능

선행사의 종류	관계부사
시간 : the day	when
장소 : the place	where
이유 : the reason	why (the reason과 함께 쓰임, 둘 중 하나 생략 가능)
방법 : the way	how (the way와 how는 같이 쓰지 않음)

4. 관계대명사와 관계부사의 차이

- 관계대명사 뒤 : 불완전한 절이 위치한다.
- 관계부사 뒤 : 완전한 문장이 위치한다.

⑭ 가정법

1. 가정법의 종류

- 가정법 과거

  If + 주어 + 동사의 과거형, 주어 + would/could/should/might + 동사원형

  → 현재와 반대되는 사실에 대한 후회를 표현함 : 만일 ~이라면, ~할 텐데

  예 If I had a younger sister, I could play with her everyday.

만약 여동생이 있다면 매일 같이 놀아 줄 수 있을 텐데.

→ 여동생이 없기 때문에 함께 매일 같이 놀 수가 없다.

- 가정법 과거완료

If + 주어 + had + 과거분사, 주어 + would/could/should/might + have + 과거분사

→ 과거사실과 반대되는 상황을 가정할 때 : 만일~했다면, ~했었을 텐데

예 If I had passed the exam, I could have had a better job.

만약 내가 그 시험에서 합격했었다면 더 나은 직업을 가질 수 있었을 텐데.

→ 내가 그 시험에 합격을 못해서 더 나은 직업을 가질 수 없었다.

- 가정법 미래

If + 주어 + should + 동사원형, 주어 + will/can/may/would/could/might + 동사원형,

If + 주어 + should + 동사원형, 명령문

→ 미래에 일어날 가능성이 거의 없는 일을 가정할 때 : 혹시 ~하면, ~할 텐데

예 If Sean should come here, I will let you know.

혹시 Sean이 여기에 오면, 당신에게 알려줄게요.

2. If 가 생략된 가정법 도치 구문

- 가정법 과거의 도치 구문

If + 주어 + were + 보어, 주어 + would/could/should/might + 동사원형

→ Were + 주어 + 보어, 주어 + would/could/should/might + 동사원형

- 가정법 과거완료의 도치 구문

If + 주어 + had + 과거분사, 주어 + would/could/should/might + have + 과거분사

→ Had + 주어 + 과거분사, 주어 + would/could/should/might + have + 과거분사

- 가정법 미래의 도치 구문

If + 주어 + should + 동사원형, 주어 + will/can/may/would/could/might + 동사원형

→ Should + 주어 + 동사원형, 주어 + will/can/may/would/could/might + 동사원형

⑮ → 비교급

1. 우등비교 : A가 B보다 더 ~하다.

- A + 비교급 + than + B : A는 B보다 더 ~하다.

예 My friend's room is larger than mine.

내 친구의 방은 내 것보다 더 크다.

• A + (the) + 최상급 + of + 복수명사/ in + 장소, 범위의 단수명사

예 New York is the largest of all the cities in the United States.

New York은 미국에서 가장 큰 도시이다.

2. 열등비교 : A가 B보다 덜 ~하다.

• A + less + 원급 + than + B : A는 B보다 덜 ~하다.

예 My brother is less fat than my father.

내 동생은 아버지보다 덜 뚱뚱하다.

• A + not less + 원급 + than + B : A는 B보다 덜 ~하지 않다.

예 My brother is not less fat than my father.

내 동생은 아버지보다 덜 뚱뚱하지 않다.

• A + the least + 원급 + of + 복수명사 (in 장소) : A는 가장 덜 ~하다.

(=A는 가장 ~하지 않다)

예 Sally is the least smart of all my friends.

Sally는 내 친구들 중에 가장 덜 똑똑하다.

(=내 친구들 중에 Sally가 가장 똑똑하지 않다)

3. 동등비교 : A가 B만큼 ~하다.

• A + as +원급 + as + B : A는 B만큼 ~하다.

예 My younger brother is as tall as my older brother.

나의 남동생은 나의 큰형만큼 크다.

• A + not as + 원급 + as + B : A는 B만큼 ~하지 않다.

예 Mike is not as tall as Bob.

Mike는 Bob 만큼 크지 않다.

4. 기타 비교급 구문

• become, grow, get + 비교급 + and + 비교급 : 점점 더 ~되다.

• the + 비교급~ , the + 비교급 : ~할수록, 더욱 더 ~하다.

• no more than : 단지, 경우

• A is no more B than C is D : A가 B가 아닌 것은 C가 D가 아닌 것과 같다.

• not more than = at most : 많아야

• not less than = at least : 적어도

• superior to : ~보다 우수한

• inferior to : ~보다 열등한

• prior to : ~보다 앞선

• prefer A to B : B보다 A를 더 선호하다.

⑯ 전치사

1. 전치사구

'구'란 단어 두 개 이상이 결합된 것을 의미하며 전치사 뒤에는 '명사, 대명사, 동명사'가 전치사 목적어로 와서 전치사구가 된다.

- 전치사 + 명사
- 전치사 + 대명사
- 전치사 + 동명사

2. 시간 전치사의 종류

- at + 시각, 시점
- on + 날짜, 요일, 특정한 날
- in + 월, 계절, 연도, 오전, 오후, 저녁
- for + 숫자 기간 : ~동안
- during + 특정 기간 : ~동안
- until : (행동이나 상황이 유지되는 기한) ~까지
- by : (행동을 완료하는 기한) ~까지
- in : ~이후에
- within : ~이내에
- since : ~이후로
- from : ~부터

3. 장소 전치사의 종류

- at + 좁은 장소, 특정 장소
- in + 넓은 장소
- on + 장소
- to + 방향 : ~에, ~로
- into + 공간 : ~의 안으로
- out of + 공간 : ~의 밖으로
- from + 기점 : ~에서부터
- along : ~을 따라서
- near : ~의 근처에
- in front of : ~ 앞에
- behind : ~뒤에
- by / beside / next to : ~옆에

- between : (둘) 사이에
- among : (셋 이상) 사이에
- across : ～을 가로질러

4. 도구, 수단의 전치사 종류

- with + 도구 : ～로
- in + 재료 : ～로
- by + 행위자 : ～에 의해
- through + 매개, 수단 : ～을 통하여

5. 이유의 전치사 종류

- because of = due to = owing to : ～ 때문에

6. 양보의 전치사 종류

- despite = in spite of = with all = for all : ～에도 불구하고

7. 비슷한 의미의 전치사와 접속사 비교

구분	전치사 + 명사 종류	접속사 + 주어 + 동사
～ 때문에	because of (= due to, owing to)	because (= as, since)
～ 동안에	during	while
～에도 불구하고	despite (= in spite of)	although (= though, even if)
～하지 않으면	without	unless

4절 · 독해

출 제 경 향

전체적인 내용파악에 중점 두기

01~03 다음 글의 주제/중심내용을 고르시오.

01

If you're like most students, probably you read both at home and outside your home. Actually, your reading environment can have a great effect on your understanding. So it's very important to think about how you can create and follow the right reading environments. The right environment allows you to keep all of your attention on the text.

① How to make reading attention on the text

② Creating an effective reading environment

③ Following the reading environment

④ Attention on the reading environment

[어휘] probably 아마도 environment 환경
effect 영향, 효과 create 창출하다
attention 집중 actually 사실

[독해] 만약 당신이 대부분의 학생들과 같다면, 당신은 아마 집의 안팎에서 독서를 할 것이다. 사실 당신의 독서 환경은 이해력에 큰 영향을 미칠 수 있다. 그래서 당신이 어떻게 올바른 독서 환경을 창출하며 따라야 하는지를 고려해보는 것은 매우 중요하다. 올바른 독서 환경은 당신이 모든 집중을 책에 기울일 수 있도록 해준다.

02

Tornadoes and hurricanes are both storms. However, they are different kinds of storms and they usually happen in different places. Tornadoes often occur in the central of continent, but hurricanes start over the ocean. Tornadoes are funnel clouds with very high winds. Hurricanes have very high winds like tornadoes, but they bring lots of rain and high waves as well.

① Influences of tornadoes and hurricanes

② Similarities of tornadoes and hurricanes

③ Differences of tornadoes and hurricanes

④ Causes of tornadoes and hurricanes

[어휘] storm 폭풍
central 중심의
ocean 대양, 바다
wave 파도

usually 보통, 대개
continent 대륙,
funnel cloud 깔때기 모양의 구름

[독해] 토네이도와 허리케인은 둘 다 폭풍이다. 그러나 그것들은 다른 종류의 폭풍이며 대개 다른 장소에서 발생한다. 토네이도는 종종 대륙 중심에서 발생하지만, 허리케인은 바다 너머에서 시작한다. 토네이도는 매우 높은 바람을 동반한 깔때기 모양의 구름이다. 허리케인은 토네이도처럼 매우 높은 바람을 가지고 있지만 또한 많은 비와 높은 파도도 동반한다.

03

There are two types of twins: Identical and non-identical twins. Identical twins are formed a single egg in mother's body which divides to form two separate babies. Identical twins look the same, and are often dressed by their parents in clothes of the same colors. It is often difficult to tell identical twins from each other, even when they are standing side by side. Non-identical twins come into being when the mother produces two separated eggs at the same time, both of which grow to form babies. In this case the twins look like normal brothers and sisters and are easy to tell one from the other.

① Description of two types of twins
② The main types of twins
③ How twins are formed
④ Who produces twins

[어휘] identical twins 일란성 쌍둥이
form 형성하다
divide 나누다, 분리하다
normal 표준의

non-identical twins 이란성 쌍둥이
egg 난자
separate 분리하다

[독해] 두 타입의 쌍둥이가 있다. 일란성 쌍둥이와 이란성 쌍둥이다. 일란성 쌍둥이는 엄마 뱃속에서 분리된 두 아기를 만들기 위해 나뉜 하나의 난자로부터 형성된다. 일란성 쌍둥이는 똑같아 보이고 종종 부모들에 의해 같은 색깔의 옷이 입혀진다. 일란성 쌍둥이를 서로로부터, 심지어 그들이 나란히 서 있을 때조차 구분하는 것은 어렵다. 이란성 쌍둥이는 아기를 형성하기 위해 자라는 두 개의 분리된 난자를 엄마가 동시에 생산할 때 나타난다. 이 경우 쌍둥이는 일반적인 형제, 자매처럼 보이며 서로를 구분하는 것이 쉽다.

04 다음 글의 내용과 일치하는 것은?

In our modern world, sports have become a part of our daily life. People are crazy about many kinds of sports. There are two ways to enjoy them, playing or watching them on TV. Professional sports are booming here in Korea. We have pro baseball and soccer. And, recently, basketball became professional and is growing more popular. Players are making more money and playing better, and fans are enjoying high-quality games. Some national athletes have even gained international attention. So everybody seems to benefit from professional sports. But the players and coaches are under heavy stress.

① Professional sports are booming over the world.

② Some players are enjoying games.

③ Coaches and players are making more money.

④ Sports is one of personal interest.

[어휘] boom 급성장을 이루다   recently 최근에
professional 전문의, 직업의   national 국가의
athlete 선수   gain 얻다
attention 주의, 관심   benefit 이롭다
heavy 심한, 무거운

[독해] 현대 세계에서 스포츠는 우리 일상의 한 부분이 되고 있다. 사람들은 많은 종류의 스포츠에 빠져있다. 스포츠를 즐기기 위한 두 가지 방법에는 스포츠를 하거나 TV로 시청하는 것이 있다. 전문적인 스포츠가 한국에서 급성장을 이루고 있다. 우리는 프로 농구와 축구를 가지고 있다. 그리고 최근에 농구는 전문화되었고 더 큰 인기를 누리고 있다. 선수들은 돈을 더 잘 벌고 더 나은 경기를 하고 팬들은 수준급의 경기를 즐기고 있다. 몇몇 국가대표 선수들은 심지어 국제적인 관심을 받고 있다. 그래서 모든 사람들이 전문적인 스포츠로부터 혜택을 받는 것처럼 보인다. 하지만 선수들과 코치들은 심한 스트레스를 받고 있다.

05 아랫글의 내용과 일치하지 않는 것은?

> Telecommuting is a great way to work. Telecommuters can follow their own schedules. They work in th comfort of their homes, where they can also look after young children or elderly parents. They save time and money by not moving to work. Their employers save as well because they need less office space and furniture. Studies show that telecommuters change jobs less often. This saves employers even more money. Telecommuting also helps society by reducing pollution and traffic problems.

① Telecommuting is an efficient way to work.

② Telecommuters can save time and money.

③ Employers can benefit from telecommuting.

④ Telecommuters tend to change their jobs.

[어휘] telecommuting 재택근무   telecommuter 재택근무자
comfort 편안함   look after 돌보다
elderly 나이든   less 덜
employer 고용주   reduce 줄이다
pollution 오염   traffic 교통

[독해] 재택근무는 일하기 좋은 방법이다. 재택근무자는 그들 스스로의 스케줄을 따를 수 있다. 그들은 자녀와 노모를 돌볼 수 있는 그들의 집에서 편안하게 일한다. 그들은 직장으로 이동하지 않음으로써 시간과 돈을 절약한다. 그들의 고용주 또한 사무실 공간과 가구를 덜 필요로 한다. 연구는 재택근무자가 직장을 덜 자주 옮기는 것을 보여준다. 이것은 고용주들이 더 많은 돈을 절약하도록 해준다. 재택근무는 오염과 교통 문제를 줄임으로써 사회도 돕는다.

06 글의 내용으로 추론할 수 있는 것은?

> Most parents believe that they have a good relationship with their teenagers. But, actually, before age 11, children like to tell their parents what's on their minds. In fact, parents are first on the list. This completely changes during the teen years. They talk to their friends first, then maybe their teachers, and their parents last. Parents who know what's going on in their teenagers' lives are in the best position to help them. To break down the wall of silence, parents should create chances to understand that their children want to say, and try to find ways to talk. And they must give their children a break, for children also need freedom. One more thing to remember for parents is that to be a children's friend is a better way to know them.

① Parents are complicated with their growing children.

② Parents should try to understand their teenagers.

③ Parents are ready to talk with their teenagers.

④ Teenagers are sensitive to their parents.

어휘 teenager 10대 아이들 completely 완전히
break down 허물다, 부수다 silence 침묵
create 창조하다 mental 정신적인
break 여유, 휴식

독해 대부분의 부모는 그들이 10대 자녀들과 좋은 관계를 가지고 있다고 믿는다. 하지만 실제로 11살 이하의 아이들은 그들이 무슨 생각을 하는지에 대해 부모와 얘기하는 것을 좋아한다. 부모가 리스트에서 첫 번째이다. 이것은 10대에 완전히 바뀐다. 그들은 친구들과 먼저 이야기하고, 그리고 나서 아마 그들의 선생님과 얘기할 것이고 마지막으로 부모와 얘기한다. 10대의 삶에서 무슨 일이 일어나는지 아는 부모들은 그들을 돕기에 최고의 상황에 있다. 침묵의 벽을 허물기 위해, 부모들은 자녀들이 무엇을 말하기를 원하는지 이해하기 위한 기회를 만들어야 하며, 대화 방법을 찾도록 노력해야 한다. 그리고 그들은 자녀들에게 정신적인 여유를 주어야 한다. 왜냐하면 아이들도 자유를 필요로 하기 때문이다. 부모가 기억해야 하는 다른 한 가지는 아이들의 친구가 되는 것은 그들을 알기 위한 더 좋은 방법이라는 사실이다.

07 다음 구인광고를 통해서 찾고 있는 직업은?

> Assist our designer with the setup and takedown of store displays. Help arrange floor merchandise. Must be available in Saturday and Sunday evenings. 12 hours per week.

① Assistant manager

② Office manager

③ Display designer

④ Display assistant

[어휘] assist 돕다, 거들다
takedown 분해
merchandise 상품, 제품
per ~마다

setup 배치, 장비, 설비
arrange 정리하다, 배열하다
available 유효한, 가능한

[독해] 진열 디자이너가 상품을 진열하거나 치우는 것을 보조. 상품 진열을 도움. 토요일 일요일 저녁에 근무가 가능해야 함. 주당 12시간 근무.

08 What is the good news?

Prejudice is a negative or hostile attitude, opinion, or feeling toward a person or group, formed without adequate knowledge, thought, or reason, and based on negative stereotypes. Prejudice is based on prejudgement and often leads to discrimination, actions that limit some person's or group's choices and opportunities. When not uprooted, prejudices are carried from generation to generation and can fuel victimization, bigotry, and hatred. However, the good news is that no one is born prejudiced. Since prejudice is learned, it can be unlearned. With awareness, education, and action, it can be removed.

① Everybody is not born with prejudice.

② Prejudice comes from prejudgement.

③ Prejudice can be learned.

④ No one has prejudice.

[어휘] prejudice 편견
hostile 냉담한, 적대하는
toward ~향한
stereotype 틀에 박힌 방식
discrimination 차별
uproot 뿌리째 뽑아내다
fuel 자극하다, 연료를 공급하다
bigotry 편협, 광신
awareness 자각, 인식

negative 부정적인
attitude 자세, 태도
adequate 적당한, 충분한
prejudgement 미리 판단하기, 예단
opportunity 기회
generation 세대
victimization 희생시킴, 속임
hatred 미움, 증오
remove 제거하다

[독해] 편견은 적절한 지식, 생각, 이유없이 부정적인 고정관념을 바탕으로 형성되는 사람 또는 그룹을 향한 부정적이거나 냉담한 태도, 견해, 혹은 감정이다. 편견은 예단에 따르며 종종 몇몇 사람들 또는 그룹의 선택과 기회를 한정시키는 행동인 차별로 이어진다. 뿌리째 뽑혀지지 않을 때 편견들은 다음 세대로 옮겨지며 속임, 편협, 그리고 증오를 자극할 수 있다. 그러나 좋은 뉴스는 어느 누구도 편견을 가진 채 태어나진 않는다는 것이다. 편견은 배우는 것이기 때문에 학습되지 않을 수도 있다. 인식, 교육, 행동을 통해 제거될 수 있다.

09 What does the author mention as the cause of fatigue?

> Once you feel thirsty, you are already begun to lose a significant amount of fluid, according to sports nutritionist Kristine Clark. As your fluid level decreases, you will start to notice a decline in physical performance. It makes sense. A lack of water can cause a decrease in blood volume, and that can bring on fatigue. Drink eight to ten glasses of water a day, or more if you exercise heavily.

① Fluid

② High blood pressure

③ Exercise

④ Dehydration

[어휘]

thirsty 목마른
nutritionist 영양학자
decrease 감소하다
make sense 일리가 있다
cause 야기하다
fatigue 피로, 피곤

significant 중요한, 상당한
fluid 체액
decline 저하, 하락
lack 결핍
blood volume 혈액량
heavily 심하게, 많이

[독해] 스포츠 영양학자 Kristine Clark에 따르면 일단 갈증이 나면 이미 상당한 양의 체액을 잃기 시작한 것이라고 한다. 체액의 수치가 감소하면 신체적 활동도 감소됨을 느끼기 시작할 것이다. 일리가 있는 말이다. 수분 부족은 혈액량의 감소를 야기할 수 있고, 이것은 피로를 가져온다. 하루에 8잔에서 10잔의 물을 마셔라. 만약 운동을 많이 할 경우 물을 더 많이 마셔야 한다.

10 What do the people from various cultures do?

> Individuals in every culture have similar basic needs but express them differently. In daily life we all initiate conversation, use formal and informal speech. Verbal patterns we use are influenced by our culture. Whereas direct speech is common in the United States, indirectness is the rule in parts of the Far East. Thus people from both of these parts of the world would probably express criticism of others differently. In parts of the Middle East a host is expected to offer food several times but in United States he may make an offer only once or twice. The different modes of expression represent variations on the same theme. Each language reflects and creates cultural attitudes; each has a unique way of expressing human needs.

① Share similar needs with culture similarity.

② Share common needs but express them differently.

③ Do not share common needs but express them differently.

④ Do not share common needs with culture similarity.

09 ④

[어휘]

individual 개인
verbal 언어의, 말의
indirect 간접의
offer 제공하다
reflect 반영하다

initiate 시작하다
whereas 반면에
criticism 비평
variation 차이, 변화
need 요구, 필요

[독해] 모든 문화의 사람들은 비슷한 기본적인 욕구를 가지고 있으나 다르게 표현한다. 일상생활에서 우리는 모두 대화를 시작하고 공식, 비공식적인 말을 사용한다. 우리가 사용하는 언어형태는 우리들의 문화에 영향을 받는다. 직선적인 표현은 미국에서 일반적인 반면에 간접적인 표현은 극동지역에서의 규칙이다. 그러므로 두 지역 출신의 사람들은 아마도 다른 사람들의 비평을 다르게 표현할 것이다. 중동지역에서는 주인이 음식을 몇 번씩 권유하도록 되어있지만 미국에서는 한두 번만 음식을 권유한다. 표현의 여러 방식은 똑같은 주제에 대해 차이를 나타낸다. 각 언어는 문화적인 태도를 반영하고 만들어낸다. 각각의 문화는 인간의 욕구를 나타내는 독특한 방식을 가지고 있다.

11 밑줄 친 'it is all worth it'이 의미하는 것은?

> Although 'Storm chasing' is becoming an increasingly popular hobby, storm chasing is not all adventure and excitement. Sometimes you can sit around for hours waiting for something to happen, and all you get is blue sky and a few light showers. However, for storm chasers, <u>it is all worth it.</u> When you get close to a storm, it is by far the most exciting sight you will ever see in your life. Every storm is an example of the power of nature. It is the greatest show on Earth.

① Storm chasing costs a lot of time.

② A storm presents the most exciting sight.

③ Efforts in storm chasing are valuable to chaseres.

④ Storm chasing is worth hours of waiting for something to happen.

[어휘]

storm 폭풍
increasingly 점차적으로
happen 발생하다
shower 소나기
sight 광경

chase 뒤쫓다
adventure 모험
light 가벼운
worth 가치
nature 자연

[독해] 비록 '폭풍 추격'이 점차적으로 인기 있는 취미가 되고 있지만, 폭풍 추격이 모두 모험이나 흥미 있는 일은 아니다. 때로 당신은 무엇인가가 발생하기를 기다리면서 몇 시간 동안 주위에 앉아 있을 수 있고 당신이 얻은 모든 것은 파란 하늘과 약간의 가벼운 소나기뿐이다. 그러나 폭풍을 쫓는 사람들에 있어서 그것은 가치 있는 일이다. 당신이 폭풍에 가까워질 때 그것은 당신 인생에서 당신이 볼 것 중에 가장 흥미로운 광경이다. 모든 폭풍은 자연의 힘의 한가지 사례이다. 그것은 지구에서 가장 굉장한 쇼이다.

12 What does the underlined part mean?

It should be pointed out that good Korean is not necessarily flowery Korean, and the simple phrase, which looks so easy to write, is often the most difficult to construct. I cannot stress too strongly the desirability of writing your sentences word by word, not phrase by phrase. Many writers fail to <u>get their ideas across</u> solely because they use expressions whose meaning has been killed by repetition.

① remove their ideas

② make their ideas understand

③ get their ideas expressed

④ have their ideas meant

어휘 point out 지적하다
phrase 구절
desirability 바람직함
solely 혼자서, 아주, 오직

necessarily 반드시
construct 구성하다, 조립하다
get ~across ~을 이해시키다
repetition 반복

독해 좋은 한국어가 반드시 미사여구의 한국어인 것은 아니며, 쓰기 쉬워 보이는 간결한 구절이 사실은 가장 쓰기 어려울 때가 종종 있다는 것은 지적되어야 한다. 문장을 한 구절씩이 아니라 한 단어씩 써나가는 것이 바람직하다는 것은 아무리 강조해도 지나치지 않다. 많은 작가들이 반복에 의해 죽어버린 의미의 표현을 사용하기 때문에 자신의 생각을 독자들에게 이해시키지 못하곤 한다.

13 What can we know from 'Each word is important'?

Collecting information about pre-employment and filling out an application form are closely connected. However, filling out an application form is much easier because you have total control and have enough time to think and plan.

That you are given a form to fill out doesn't necessarily mean that you have to answer all the questions in it. If the form contains unclear questions or terms, you can make some changes before signing it, or refuse to answer some of the questions. What you must realize is that those terms are written by highly paid lawyers. Each word is important. You can be sure that there is not anything there that is written with your interests in mind.

① Questions in a form must be answered.

② Your interest is the most important.

③ Everything in a form must be important.

④ Terms in a form must be written by highly paid lawyers.

어휘 employment 고용
form 형식
fill out 작성하다
unclear 불명확한
refuse 거절하다
highly 매우

application 지원, 신청
connect 연결하다
necessarily 필수적으로
term 조항
realize 깨닫다
paid 지급된

12 ②

독해 사전고용에 대한 정보를 수집하는 것과 신청서를 작성하는 것은 밀접하게 연관이 되어 있다. 그러나 신청서를 작성하는 것은 당신이 완전히 통제할 수 있고 생각하고 계획할 수 있는 충분한 시간을 가지고 있기 때문에 더 쉽다. 당신이 작성해야 할 서식을 받은 것은 거기에 있는 모든 질문에 답을 해야 한다는 것을 절대적으로 의미하지 않는다. 만약 서식이 불분명한 질문과 조항을 포함하고 있다면 당신이 거기에 사인하기 전에 약간 바꿀 수 있거나 몇몇 질문에 답변하는 것을 거절할 수 있다. 당신이 깨달아야 하는 것은 그러한 조항들은 고비용 변호사들에 의해 쓰였다는 것이다. 각각의 단어는 중요하다. 당신은 당신의 관심사를 염두에 두고 쓰인 것이 아무것도 없다는 것을 확신할 수 있다.

14 밑줄 친 tutors를 아랫글에서 쓰인 의미로 바꿀 수 있는 것은?

In seminars you will be taught with discussion focusing on a text or topic set in advance in a friendly and informal atmosphere. The purpose is to provide an opportunity to try out new ideas and to think through difficulties with fellow—learners. Students develop friendship through groups, as well as learning more about other people's ideas. You can also know your <u>tutors</u> as an individual.

① teachers at school

② to lead the education

③ someone who gives private lessons

④ to teach a person or subject

어휘 set 두다
friendly 우호적인
atmosphere 분위기
provide 제공하다
fellow—learner 학급친구
as well as ~뿐 아니라
individual 개인

in advance 즉시, 미리
informal 비형식적인
purpose 목적
opportunity 기회
friendship 우정
tutor 개인지도교사

독해 세미나에서 당신은 우호적이고 비형식적인 분위기에서 미리 준비된 텍스트나 주제에 초점을 맞춘 토론을 통해 학습하게 된다. 목적은 새로운 아이디어를 시도하고 동료 학습자와의 어려움에 대해 충분히 생각할 수 있는 기회를 제공하는 것이다. 학생들은 다른 사람들의 아이디어에 대해 더 배울 뿐 아니라 그룹을 통해 우정을 발전시킨다. 당신은 또한 개인적으로 지도교수를 알 수 있다.

15 위의 밑줄 친 'it'이 가리키는 공통적인 의미는?

You either have a sense of direction, or don't have (A) <u>it</u>. But why could some people find some places without a map, while others can lose themselves in the next street? Scientists say we're all born with a sense of direction, but it is not properly understood how it works. One theory is that people with a good sense of direction have simply worked harder at developing (B) <u>it</u>. Research supports this idea and suggests that if we don't use (C) <u>it</u>, we lose (D) <u>it</u>.

① a sense of direction　　② a good sense of direction

③ map　　④ finding some places

[어휘] sense of direction 방향 감각　　properly 적절하게
theory 이론　　develop 개발하다
research 조사, 연구　　support 지지하다
suggest 제안하다　　lose 잃다

[독해] 당신은 방향 감각을 가지고 있거나 그것을 가지고 있지 않을 수도 있다. 그러나 왜 어떤 사람들은 지도도 없이 어떤 장소를 찾아내는 반면에 다른 사람들은 다음 도로에서 길을 잃어버릴 수 있겠는가? 과학자들은 우리 모두는 방향 감각을 가지고 태어나지만 어떻게 작용하는지는 제대로 이해되지 않는다고 한다. 한 이론은 좋은 방향 감각을 가지고 있는 사람들은 그것을 개발하기 위해 더 열심히 노력해 왔다고 한다. 연구는 이 아이디어를 지지하고 만약 우리가 그것을 사용하지 않는다면 우리는 그것을 잃어버린다고 제안한다.

16 글의 흐름상 순서대로 배열한 것은?

> To effectively use this washing machine, you must complete four steps carefully.
> (A) Next, select one of three possible water temperatures: hot, warm and cold.
> (B) First, throw clothes of similar color into the machine.
> (C) Finally, after closing the door of the washing machine, push the start bottom.
> (D) Second, you should read the directions on your detergent box to find out the correct amount.

① (B)-(A)-(D)-(C)　　② (D)-(B)-(C)-(A)

③ (A)-(D)-(B)-(C)　　④ (B)-(D)-(A)-(C)

[어휘] effectively 효과적으로　　washing machine 세탁기
complete 완성하다　　step 절차
carefully 주의 깊게　　throw 던지다
direction 설명, 방향, 지시　　detergent 세제
amount 양　　select 선택하다
temperature 온도

[독해] 이 세탁기를 효과적으로 사용하기 위해, 당신은 네 가지 절차를 조심스럽게 완수해야 한다. 첫째, 비슷한 색상의 옷들을 기계 안으로 넣어라. 둘째, 당신은 알맞은 양을 알기 위해 세제 상자에 있는 설명을 읽어야만 한다. 다음으로, 가능한 세 가지 수온 중 하나를 선택해라 : 뜨거움, 따뜻함, 차가움. 마지막으로, 세탁기 문을 닫은 후, 시작 버튼을 눌러라.

[해설] 글의 흐름을 보면 순서가 보인다. First, Second, Next, Finally의 순으로 나열이 되어야 한다.

17 주어진 문장을 순서대로 배열된 것은?

(1) A nations' economic advancement is a gradual process and doesn't bring immediate prosperity to everyone.
(2) But this doesn't happen quickly.
(3) In addition, people who are beginning to prosper don't immediately realize that large families are an economic burden.
(4) Frequently it has been seen that there is motivation for limiting family size as progress in education and improvements in living standards are made.

① (2)-(4)-(1)-(3) 　　　　② (3)-(4)-(1)-(2)
③ (4)-(2)-(1)-(3) 　　　　④ (1)-(3)-(2)-(4)

어휘
economic 경제의	advancement 발달, 향상
gradual 점차적인	immediate 즉각적인
prosperity 번영	quickly 빨리
in addition 게다가	burden 부담, 짐
frequently 자주, 종종	motivation 동기
progress 과정	improvement 향상
living standard 생활수준	

독해 (1) 한 국가의 경제 발전은 점진적인 과정이어서 모든 사람에게 즉각적인 번영을 가져다주는 것은 아니다.
(2) 그러나 이러한 일이 당장 일어나는 것은 아니다.
(3) 게다가 번영하기 시작하는 사람들도 대가족은 경제적 부담이 된다는 것을 즉시 깨닫지는 못한다.
(4) 종종 교육의 발전과 생활수준의 향상이 이루어짐에 따라 가족의 크기를 제한하려는 움직임이 있어보인다.

해설 'but(그러나)'과 'in addition(게다가)'은 문두 앞으로 오기에 적합하지 않다. 그리고 두 개의 연결고리를 찾아보면 (4)번과 (2)번이 앞뒤로 오기에 적합하다. (4)번이 추세나 경향을 나타내며 (2)번이 (4)번 내용을 뒷받침해주며 다음으로 연결될 내용을 제시한다. 그리고 (1)번의 내용이 (2)번의 내용을 부연설명하고 있다. 그러므로 문맥의 흐름상 연결고리를 찾고 유사내용을 살펴본다면 답은 ③이 적합하다.

18 밑줄 친 내용이 아랫글의 흐름과 다른 것은?

(A) We are often joyful and noisy at the birthday and wedding celebrations, sympathetic at funerals, attentive at lectures, and serious at religious services. (B) The clothes we wear on these different occasions also may vary. Moreover, (C) we should attend these all for social relationship. (D) When we speak with our friends, we are free to talk with and interrupt them and we don't mind if they interrupt us. When we speak to employers, however, we are inclined to hear them out before saying anything ourselves. If we don't make such adjustments, we can get in troubles and are unlikely to succeed in life and job.

① (A) 　　　　② (B) 　　　　③ (C) 　　　　④ (D)

어휘
noisy 시끄러운
sympathetic 동정적인
attentive 주의 깊은, 정중한
religious 종교적인
vary 다르게 하다, 다양하게 하다
interrupt 방해하다
be inclined to ~하려는 경향이 있다

celebration 축하, 의식
funeral 장례식
lecture 강연, 강의
occasion 때, 경우
attend 참석하다
employer 고용주

독해 우리는 결혼식과 생일파티에서는 기뻐하고 종종 시끄럽기까지 하며, 장례식에서는 동정심을 나타내고, 강연 중에는 주의 깊게 경청하는 태도를 보이고, 종교 예배 때에는 진지하다. 이러한 다른 상황에서 우리가 입는 옷도 다양할 수 있다. 게다가 우리는 사회적인 관계를 위해 이것들에 모두 참석해야 한다. 우리가 친구들과 이야기할 때 같이 얘기하고 그들의 대화 도중 끼어들고, 또한 그들이 우리의 대화에 끼어들어도 꺼려하지 않는다. 그러나 고용주와 말할 때는 자신의 말을 하기 전에 고용주의 말을 듣는 경향이 있다. 만약 그러한 적응을 하지 않으면 곤란한 상황에 처할 수 있고 일과 인생에 있어서 성공하기 어려워진다.

해설 내용에 따르면 상황에 맞게 적합한 행동을 취해야 한다는 것이 글의 요지이다.

19 아랫글의 전체적 흐름과 밑줄 친 내용이 다른 것은?

Recently people have begun to speak of being semi-retired. What they mean is that they are in phased retirement. This system allows employees to retire gradually over several years. This has advantages for both the company and the worker. (A) <u>A reduced work load gives employees more free time</u>, but (B) <u>still provides income</u> and (C) <u>the feeling that they are still productive members of the society</u>. The company keeps the on-the-job knowledge of such experienced workers, and (D) <u>such semi-retirees can easily train their successors</u>. Now such phased retirement is being offered to other employees as well.

① (A)　　　② (B)　　　③ (C)　　　④ (D)

어휘
semi-retired 반 퇴직
gradually 점차적으로
reduce 감소하다
income 수입
on-the-job 일하는 현장
train 훈련하다
offer 제공하다

phased 단계적인
advantage 이득, 장점
provide 제공하다
productive 생산적인
knowledge 지식
successor 후임자, 계승자
as well 또한

독해 최근에 사람들은 '반 퇴직'에 대한 이야기를 시작했다. 그 말의 의미는 단계적 퇴직을 의미한다. 이 방식은 사원들이 여러 해에 걸쳐 퇴직하는 것을 허용한다. 이것은 회사와 근로자 둘 다에게 장점을 가지고 있다. 업무량 감소가 사원들에게 더 많은 자유시간을 주면서 수입과 자신이 아직도 사회의 생산적인 구성원이라는 느낌을 계속 제공한다. 회사는 그러한 경험 많은 근로자들의 현장 지식을 유지하고, 그러한 반 퇴직자들은 그들의 후임자들을 쉽게 훈련시킬 수 있다. 이제는 그런 단계적 퇴직이 다른 사원들에게도 또한 제공되고 있다.

해설 밑줄 친 문장들 중에 글의 주제어인 '반 퇴직'이 사원들에게 미치는 영향들을 찾는 문제다.

20 다음 글의 분위기로 가장 알맞은 것은?

Learning is connected to instruction and direction, and boys get more of that than girls do all through school. Why? Because teachers tend to ask questions to students who they expect will have the answers. Since girls traditionally don't do so well as boys in such "masculine" subjects as math and science, they are called on least in those classes. But girls are called on most in verbal and reading classes, where boys are expected to have trouble. The trouble is in our culture, not in our chromosome. In Germany, academic subjects are considered masculine, most teachers are men, and girls have the reading problem.

① terrible   ② critical

③ persuasive   ④ monotonous

어휘
connect 연결하다   instruction 지도, 설명
tend to ~하는 경향이 있다   traditionally 전통적으로
masculine 남성적인   verbal class 어학수업
chromosome 염색체   academic 학문의

독해 학습은 가르침과 지도와 관련이 있다. 그런데 학교 다니는 동안 남자아이들이 여자아이들보다 더 많은 가르침과 지도를 받는다. 왜 그럴까? 왜냐하면 선생님들이 답을 알고 있을 거라고 기대하는 학생들에게 질문하는 경향이 있기 때문이다. 전통적으로 여자아이들은 수학이나 과학과 같은 "남성적인" 과목은 남자아이들만큼 잘 하지 못하기 때문에 여자아이들은 그런 수업 시간에는 적게 불린다. 하지만 언어나 독서 시간에는 남자아이들이 어려움을 겪을 것으로 기대되므로 여자아이들이 가장 많이 불려진다. 문제는 우리 문화에 있는 것이지 우리의 염색체에 있는 것이 아니다. 독일에서는 모든 학문은 남성적인 것으로 고려되며 대부분의 교사가 남성이고 여성은 독서 장애를 겪고 있다.

해설 남녀의 잘 하는 부분의 대한 차이가 염색체에서 오는 것이 아니라 문화에서 온다는 '성에 있어서 편견을 가진 가르침'에 대한 문화를 비판하는 내용이다.

Part 2

상황판단평가 & 직무성격평가

Chapter　01　상황판단평가

Chapter　02　직무성격평가

Chapter 01 상황판단평가

상황판단검사 착안사항

응답자가 가장 취할 것 같은 행동(M)으로 선택한 반응의 점수에서 가장 취하지 않을 것 같은 행동(L)으로 선택한 반응의 점수를 빼는 방식으로 점수를 산출합니다.
1번 문제를 예로 들면 가장 취할 것 같은 행동으로 ③을, 가장 취하지 않을 것 같은 행동으로 ④를 선정할 때 가장 높은 점수를 획득할 수 있습니다.

01 이 상황에서 당신은 어떻게 행동하시겠습니까?

> 부대 장병들의 일요일 종교행사 참석률이 타 부대보다 저조하다. 당신은 병사들에게 종교행사 참여를 수시로 권유하였지만, 병사들은 생활관에서 국방TV 시청을 선호하는 편이다. 천주교의 경우 외부로 이동해야 하고, 불교는 시설이 열악하며, 기독교는 목사님이 설교 위주로 진행하셔서 지루하다고 한다.

M. 가장 취할 것 같은 행동　　　(　　　　　　　　　　　　)
L. 가장 취하지 않을 것 같은 행동　(　　　　　　　　　　　　)

①	국방TV를 기존 생활관이 아닌, 강당에 모여 시청토록 조치한다.
②	생활기록부를 통해 입대 전 종교를 확인하고, 1:1 면담을 통해 종교행사 참석을 권유한다.
③	생활기록부를 통해 입대 전 종교를 확인하고, 신자 수가 많은 순으로 병사들이 토로한 문제점을 해결한다. (예: 불교시설 보강)
④	분위기 쇄신 차원에서 종교행사 참석을 의무적으로 실시한다.

■ 정답 및 해설(③ ② ① ④ 순)

③은 장병들이 종교행사에 참석하지 못하는 근본적인 어려움을 해결하고자 한 반응이다. ②의 경우 접근방식은 같았으나 문제해결에 이르지 못하였다. ①, ④는 계급과 직위를 이용한 강압적 방법으로, 그 효과가 일시적일 가능성이 높다.

02 이 상황에서 당신은 어떻게 행동하시겠습니까?

> 당신은 2박 3일 휴가 중이다. 상관으로부터 전화와 문자(카카오톡 포함) 연락이 계속되고 있다. 급한 일인가 싶어 친분이 있는 부대 내 동기에게 연락해 보니 급한 일도 아니라고 한다. 반면 상관은 휴가만 나가면 핸드폰을 꺼놓고 연락이 닿질 않아 당신이 업무적으로 곤란했던 경험이 있다.

M. 가장 취할 것 같은 행동　　　　(　　　　　　　　　　　)
L. 가장 취하지 않을 것 같은 행동　(　　　　　　　　　　　)

①	휴가 중인 만큼 핸드폰은 OFF한다.
②	연락이 오면 바로 수신하지 않고, 일정 시간이 지난 다음 응답한다.
③	상관에게 잦은 전화로 어려움을 토로한다.
④	휴가 간 대리임무자를 통해 업무 처리할 것을 부탁한다.

■ 정답 및 해설(④ ③ ② ①순)

간부는 휴가 동안 대리임무자를 지정(명령)토록 하고 있다. 온전한 휴가를 위해 부대와의 적절한 연락수단을 마련하지 않을 경우 비상사태 혹은 긴급한 상황에서의 대응이 늦어질 수 있다. 상관이라고 그 행동이 반드시 옳은 것은 아니다.

03　이 상황에서 당신은 어떻게 행동하시겠습니까?

> 　1, 2, 3중대에서 병사들을 차출받아 대민지원을 나갈 예정이다. 바로 출발해야 마을 이장과 약속된 시간에 현장에 도착할 수 있다. 농번기로 마을에서는 시간 준수를 여러 차례 강조한 바 있다. 대민지원 출발 전 병사들의 복장을 점검해 보니 어떤 이유에서인지 2중대 인원들만 상급부대지침과 복장이 상이하였다.

M. 가장 취할 것 같은 행동　　　　(　　　　　　　　　　　　)
L. 가장 취하지 않을 것 같은 행동　(　　　　　　　　　　　　)

①	2중대 병사들의 복장을 재정비한 후 출발한다.
②	바로 출발하고, 2중대에 연락해 병사들의 복장을 챙겨 대민지원 장소로 가져다줄 것을 부탁한다.
③	바로 출발하고, 점심시간을 활용해 복장을 다시금 갖출 수 있도록 조치한다.
④	복장을 재정비하고, 이동간 뜀걸음을 실시하여 시간을 단축도록 한다.

■ **정답 및 해설(③ ② ④ ①순)**

②의 경우 2중대에서 복장을 운반하는 데 병력이 추가로 소요되는 만큼 전반적인 부대 운용에 차질을 줄 수 있다. ④의 경우 무리한 병력 운용으로 병사들의 부상이 우려된다. ①은 시간 준수가 불가능한 만큼 대군 이미지와 마을과의 관계에 오점을 남길 수 있다.

04 이 상황에서 당신은 어떻게 행동하시겠습니까?

> 김 상병은 수시로 감기몸살, 허리통증, 두통 등 다양한 이유를 들어, 일과시간에 의무대에서 휴식을 취하곤 한다. 또한, 매주 수요일 실시되는 양주 병원 외진도 빠짐없이 다녀온다. 김 상병은 막상 일과가 끝나면 PX, 노래방을 이용하고 운동을 하는 등 환자라 보기 어려운 경우가 많다. 부대원들은 김 상병이 꾀병을 부린다며 불만이 고조된 상황이다.

M. 가장 취할 것 같은 행동 　　　　(　　　　　　　　　　　　　)
L. 가장 취하지 않을 것 같은 행동 　(　　　　　　　　　　　　　)

①	진단서를 확인하고, 처방전 내용대로 김 상병이 생활토록 지도한다.
②	의무대 이용과 양주 병원 외진을 월 1회로 제한한다.
③	김 상병을 불러 꾀병임을 다그치고 일과 준수를 강조한다.
④	휴병이 심할 수 있는 만큼 당분간 의무대에서 생활토록 조치한다.

■ 정답 및 해설(① ② ④ ③순)

① 꾀병이 의심되는 김 상병을 바로잡고, 부대원들의 불만이 일정 부분 해소될 것으로 기대된다. ② 통상적으로 지속적인 병명은 입실 조치하며, 무분별한 외진을 실시하지 않는다. ④ 꾀병을 의심하는 부대원의 불만을 해소하기 어렵다.

05 이 상황에서 당신은 어떻게 행동하시겠습니까?

> 당신이 담당하는 병사들은 자유시간에 주로 TV 시청이나 인터넷 서치와 같은 실내활동을 선호한다. 당신은 운동이나 자기 계발을 하는 등 생산적인 활동을 권유하여 보았지만, 운동장비도 부족하고 자기 계발 공간도 부족하여 어렵다고 한다. 일각에선 자유시간마저 통제하려 하냐며 부정적 기류가 감지되었다.

M. 가장 취할 것 같은 행동   (   )
L. 가장 취하지 않을 것 같은 행동   (   )

①	분대별 축구대회 등 이벤트를 만든다.
②	운동기구를 구비하고, 공부할 수 있는 장소를 별도로 지정한다.
③	자기 계발을 하거나 운동하는 병사들의 편의(근무시간 조정 등)를 보장한다.
④	TV 시청 및 컴퓨터 이용시간을 통제한다.

■ 정답 및 해설(② ① ③ ④순)

①의 경우 병사들의 외부활동을 유도하는데 그 의의가 있다. 하지만 병사들의 적극적인 참여를 기대하긴 어렵다. ③은 편의 보장 시 부조리 등 부작용이 발생할 우려가 있다. ④ 원인이 해결되지 않은 통제는 또 다른 부작용을 야기한다.

06 이 상황에서 당신은 어떻게 행동하시겠습니까?

> 야간에 눈이 내리면 잠든 병사들을 깨워 제설작업을 한다. 이 경우 병사들이 야간에 휴식을 취하지 못하는 만큼 다음날 피곤해하여 정상적인 교육훈련과 부대관리가 어렵다. 또한, 야간이라 낙상, 동상과 같은 부상도 우려된다. 하지만 야간 제설이 미흡하면 다음날 빙판이 되어 경계투입과 부대 운용이 제한적일 수밖에 없다.

M. 가장 취할 것 같은 행동　　　　(　　　　　　　　　　　　)

L. 가장 취하지 않을 것 같은 행동　(　　　　　　　　　　　　)

①	경계병이 근무 투입 시 순찰로 위주의 제설작업을 지시한다.
②	제설작전이 중요한 만큼 전 인원을 기상시켜 실시한다.
③	제설작전 투입 인원을 일자별로 지정하여 부대원들이 번갈아가며 실시한다.
④	아침에 조기 기상하여 제설작전을 실시한다.

■ 정답 및 해설(③ ① ④ ②순)

②의 경우를 제외하고는 모두 야전 부대에서 눈이 내리면 일반적으로 적용하고 있는 방법이다. ①의 경우 야간 제설이 미흡한 것은 대동소이하나 최소한 경계임무에는 지장이 없다. ④는 빙판이 되어 제설이 곤란하고, 소요 시간이 증대되는 단점이 있다.

07 이 상황에서 당신은 어떻게 행동하시겠습니까?

> 날씨가 예년보다 갑자기 추워졌다. 방한피복이나 핫팩은 2주 후 지급될 예정이고, 온풍기 등 월동준비 또한 미흡한 상황이다. 병사들이 야간에 탄약고 경계근무를 서는 데 추위로 어려움이 많다. 오늘 아침에는 동상 초기 증세를 보이는 병사도 식별되었다. 근무 간 몸을 수시로 움직이라곤 하였으나 큰 효과를 기대하기 어렵다.

M. 가장 취할 것 같은 행동　　　(　　　　　　　　　)
L. 가장 취하지 않을 것 같은 행동　(　　　　　　　　　)

①	초소에 방풍지를 두르고 온풍기를 설치한다.
②	경계근무시간을 짧게 조정한다.
③	사비를 들여 경계 근무자용 방한피복과 핫팩 등을 구매하여 지급한다.
④	경계근무 간 모포를 덮고 초소 인근에 화로를 준비한다.

■ 정답 및 해설(① ② ③ ④순)

② 경계근무시간을 짧게 조정할 경우 야간근무 투입 빈도가 잦아 피로도가 높아질 수 있고, 추위에 대한 근본적 해결은 불가하다. ③ 병사 수가 많고, 핫팩은 일회용인 만큼 개인 돈으로 감당할 수 있는 범위는 제한적이다. ④ 경계근무지침에 어긋나는 행동이다.

08 이 상황에서 당신은 어떻게 행동하시겠습니까?

> 우리 부대 일일 음식물 쓰레기 배출량은 인근 부대에 비해 많다. 상급부대에서는 음식물 쓰레기 배출량을 줄이라며 '잔반 줄이기 캠페인'을 벌이고 있다. 병사들은 우리 부대 밥이 맛이 없다며, 식사는 형식적으로 하고 주로 PX에서 판매하는 냉동음식을 즐겨 먹는 듯하다. 또한, 다이어트 열풍이 불어 밥을 한 수저만 뜨는 경우도 관찰되었다.

M. 가장 취할 것 같은 행동　　　　(　　　　　　　　　　　　)
L. 가장 취하지 않을 것 같은 행동　(　　　　　　　　　　　　)

①	밥맛이 좋아질 수 있도록 취사병 실력 양성에 매진한다.
②	잔반통 앞에서 병사 개개인의 잔반량을 확인하고, PX 운용시간을 축소한다.
③	배식을 간부들이 한다.
④	몸을 많이 움직이는 활동적인 교육훈련 위주로 부대를 운용한다.

■ 정답 및 해설(④ ① ③ ②순)

① 취사병 교육훈련 시간이 있는 만큼 단기적인 성과는 어렵다. ③, ② 통제가 많을수록 간부 눈을 피한 부조리가 발생하고, 병사들의 불만이 커질 수 있다.

09 이 상황에서 당신은 어떻게 행동하시겠습니까?

교육훈련 체육활동 시간에 축구, 농구, 족구 등 병사 자율적으로 시행토록 하였으나, 일부 병사들만 운동에 참여할 뿐 대다수는 그늘에 앉아 시간을 보내고 있다. 분대별 대항, 외출·외박증 수여 등 다양한 방식으로 체육활동 참여를 독려하였으나, 입대 전부터 운동을 즐기지 않았기에 그 참여율이 저조하다.

M. 가장 취할 것 같은 행동 　　　(　　　　　　　　　　　)
L. 가장 취하지 않을 것 같은 행동 　(　　　　　　　　　　　)

①	그늘에 앉지 못하도록 하고, 강제적으로 체육활동 시간을 통제한다.
②	축구공과 농구공을 새로 구매하고 코트와 골대 등 운동기구를 정비한다.
③	초보자도 쉽게 참여할 수 있는 생활체육 여건을 마련한다.
④	체육활동 미참가자를 모아 뜀걸음을 실시한다.

■ 정답 및 해설(③ ② ④ ①순)

③ 주부나 아이들이 쉽게 참여하는 운동이 생활체육이다. 운동에 취미가 없던 병사들인 만큼 쉬운 운동부터 시작하는 것이 좋다. ② 운동여건을 마련해도 운동을 싫어하는 병사들의 참여는 요원하다. ④, ① 참가에 의의를 둔 체육활동은 그 효과를 이끌어내기 어렵다.

10 이 상황에서 당신은 어떻게 행동하시겠습니까?

> 여름철이면 화장실 악취가 상당하여 병사들의 실내 개인정비와 취침 등 휴식에 지장이 많다고 한다. 화장실 청소 담당자들에게 아침, 저녁으로 부지런히 청소할 것을 지시하였지만 크게 나아지지 않았다. 병사들은 제한된 공간에 많은 사용자가 몰려 부득이 냄새가 날 수밖에 없다며 체념하는 분위기이다.

M. 가장 취할 것 같은 행동 　　　(　　　　　　　　　　)
L. 가장 취하지 않을 것 같은 행동 　(　　　　　　　　　　)

①	병사들도 어쩔 수 없는 상황임을 공감하는 만큼 조치하지 않는다.
②	화장실 청소 시 지도 및 감독한다.
③	화장실 청소도구를 보강하고, 락스 등을 충분히 지급한다.
④	화장실 개선 공사를 요청한다.

■ 정답 및 해설(③ ② ④ ①순)

② 청소 감독을 강화해도 근본적 해결은 불가능하다. ④ 개선 공사 요청 시 예산 배정까지 단계가 길고 복잡하며, 1~2년 내 해결이 불가하다. ① 병사들이 체념하였다고 문제를 해결하지 않고 방치하는 자세는 옳지 않다.

11 이 상황에서 당신은 어떻게 행동하시겠습니까?

> 겨울철 한파로 수도관이 동파되어 막사 내 세탁기, 샤워기, 세면장 사용이 불가하다. 수리 업자를 불렀으나 부대가 외진 곳에 있어 즉시 방문이 어렵고, 동파 구간 확인과 교체에도 상당한 기간이 소요된다고 한다. 급작스러운 상황이라 예비 용수도 준비되어 있지 않아 병사들의 기본적인 세면세족과 간단한 빨래조차 불가하다.

M. 가장 취할 것 같은 행동　　　(　　　　　　　　　　)
L. 가장 취하지 않을 것 같은 행동　(　　　　　　　　　　)

①	병사들에게 훈련이라 생각하고 인내할 것을 주문한다.
②	적시에 조치가 불가한 만큼 인근 소방서와 협조하여 살수차로 용수를 공급한다.
③	세면세족은 일정 시간 통제하여 인근 부대 시설을 이용하고, 빨래는 주말을 이용하여 인접한 빨래방 등을 활용토록 한다.
④	인접부대와 협조하여 해당 부대 생활관을 함께 사용한다.

■ 정답 및 해설(③ ② ① ④순)

②의 경우 소방서 협조가 어려울 수 있다. ①은 현 상황이 언제 해결될지 모르는 상황에서 무책임한 태도로 볼 수 있다. ④는 부대를 비워야 하는 만큼 현실성이 떨어지는 행동이다.

12 이 상황에서 당신은 어떻게 행동하시겠습니까?

> 당신은 병사들 위생과 군인 기본자세 확립을 위해 전투복 세탁과 청결을 강조하고 있다. 하지만 병사들은 휴가용 전투복 한 벌은 사용하지 않고, 나머지 한 벌의 전투복만 계속하여 착용하다 보니 전투복 상태가 매우 불량하다. 병사들에게 개인정비 시간을 이용하여 일괄 세탁을 지시하였지만 세탁기가 부족하고 건조장도 열악하다며 불만을 토로한다.

M. 가장 취할 것 같은 행동　　　　(　　　　　　　　　　　)
L. 가장 취하지 않을 것 같은 행동　(　　　　　　　　　　　)

①	전투복에서 악취가 나거나 청결하지 않은 경우 벌점을 부여한다.
②	세탁기를 추가로 비치하고, 건조장도 추가 설치한다.
③	전투복 2벌을 번갈아 착용하는지 아침 점호 시 확인한다.
④	유료건조기를 들여놓고 세탁기는 분대별로 사용시간을 지정해 준다.

■ 정답 및 해설(④ ② ① ③순)

②의 경우 세탁기 추가비치에 비용이 발생하고, 겨울철에는 건조장 빨래들이 얼어 그 효과가 제한적이다. ①은 간부들의 통제로 병사들의 불만이 고조될 것이다. ③은 아침 점호가 끝나면 입던 전투복으로 다시금 갈아입을 가능성이 크다.

13 이 상황에서 당신은 어떻게 행동하시겠습니까?

입대 전에 흡연하지 않던 병사들도 입대 후 다른 병사들과의 유대관계, 호기심 등을 이유로 흡연하는 경우가 늘고 있다. 특히 일부 병사들은 지나친 흡연으로 월급의 상당 부분을 담배 구매에 쓰는 등 그 폐해가 심각하다. 부대 내 흡연자가 증가하는 분위기라 사회의 금연 분위기와는 거꾸로 가는 느낌이다.

M. 가장 취할 것 같은 행동　　　(　　　　　　　　　　)
L. 가장 취하지 않을 것 같은 행동　(　　　　　　　　　　)

①	금연 성공자에게 포상외박을 부여한다.
②	1인당 PX 담배 구매를 주 1갑으로 통제한다.
③	흡연자와 비흡연자를 구분하여 부대를 운용한다.
④	의무대와 협력하여 무료 금연침 시술과 금연 배지 부착을 활성화한다.

■ 정답 및 해설(④ ① ③ ②순)

④, ①은 야전에서 시행 중인 조치사항이다. ①은 포상외박을 받기 위해 허위로 흡연하는 경우가 발생할 수 있다. ③은 부대 건제 유지가 불가하여 현실성이 떨어진다. ②는 담배구매와 관련해 병영 내 부조리가 발생할 수 있다.

14 이 상황에서 당신은 어떻게 행동하시겠습니까?

> 당신은 평소 병사들에게 월급을 저축하여 학비로 쓰거나 전역 후 여행을 하는 등 의미 있게 사용할 것을 권장하였다. 하지만 병사들은 PX에서 간식류를 구매하거나, 외출 · 외박 시 월급을 대부분 사용하고, 저축하는 경우는 미비하다. 전역자 면담 시 군 생활 동안 돈을 모으지 못해 아쉽다는 반응이 대부분이었다.

M. 가장 취할 것 같은 행동 　　　　(　　　　　　　　　　)

L. 가장 취하지 않을 것 같은 행동 　(　　　　　　　　　　)

①	PX 사용 횟수와 1인당 구매액을 통제한다.
②	매주 정신교육 시 저축의 중요함을 일깨워 준다.
③	월급 지급 시 병사들의 부모님이 인지할 수 있도록 한다.
④	외출 · 외박자 교육 시 무리한 지출을 경계토록 교육한다.

■ **정답 및 해설(② ④ ③ ①순)**

② 올바른 경제관이 확립되지 않아 저축의 필요성을 느끼지 못하는 만큼 바람직한 해결 방법이다. ④ 짧은 시간 병사들의 고정관념을 돌리기엔 한계가 분명하다. ③ 병사의 부모님에게 연락하고 이를 관리하는 데에는 상당한 행정 소요가 예상된다. ① 통제로는 근본적인 해결이 불가하다.

15 이 상황에서 당신은 어떻게 행동하시겠습니까?

> 올여름 기상이변에 따른 고온현상이 지속됨에 따라 냉방기기 가동률이 급증하여 사회적으로 전력난에 신음하고 있다. 상급부대에서도 전력난으로 인해 부대 내 에어컨 사용을 최소화하라는 지침이 하달되었다. 병사들은 너무 더워 밤에 잠을 잘 수 없다며 에어컨 사용을 강하게 요구하고 있다.

M. 가장 취할 것 같은 행동 　　　　(　　　　　　　　　　)
L. 가장 취하지 않을 것 같은 행동 　(　　　　　　　　　　)

①	생활관에 물을 뿌리고, 대형 선풍기를 설치한다.
②	에어컨을 사용하고 다른 부분에서 전력을 아끼기 위해 노력한다.
③	심야에 취침여건 보장을 위해 제한적으로 에어컨을 사용한다.
④	상급부대 지침인 만큼 에어컨 사용을 통제한다.

■ 정답 및 해설(① ③ ② ④순)

①, ③은 야전에서 시행하고 있는 조치 중 하나이다. ② 통상 부대는 에어컨 가동으로 인한 전력사용량이 가장 크다. ④ 아무런 대안 없이 상급부대 지침만 따를 경우 병사들의 지지를 받을 수 없다.

16 이 상황에서 당신은 어떻게 행동하시겠습니까?

> A라는 회사 대표가 귀빈 자격으로 함정에 방문할 예정이다. 관례적으로 회사 대표 방문 시 6명의 영송병을 배치하는데 필수근무 요원을 제외하면 2명의 승조원이 부족하다. 함정에 방문하는 귀빈에 대한 최고 예우의 상징인 영송병인 만큼 소홀하게 할 수 없는 상황이다. 대령 이하의 귀빈은 4명의 영송병을 배치하기도 한다.

M. 가장 취할 것 같은 행동　　　　（　　　　　　　　　　　　）
L. 가장 취하지 않을 것 같은 행동　（　　　　　　　　　　　　）

①	특별한 임무가 없는 만큼 필수근무 요원 중에 2명을 차출하여 영송병으로 배치한다.
②	관례인 만큼 상황에 맞춰 4명의 영송병을 배치한다.
③	회사 대표는 계급을 논하기 어려운 만큼 최고 예우로 8명의 영송병을 배치한다.
④	외부 방문자는 영송병 제도를 모르는 만큼 배치하지 않는다.

■ 정답 및 해설(② ① ③ ④순)

① 필수근무 요원이 자리를 비우면 실 상황 발생 시 임무수행이 제한적일 수 있다. ③ 대안도 없는데 과하게 의전을 준비할 필요는 없다. ④ 해군 고유의 문화에 어긋나는 자세이다.

17 이 상황에서 당신은 어떻게 행동하시겠습니까?

> 당신의 함정에서 항해체험이 계획되어 있다. 출항 시간은 8시이며, "출항 5분 전" 구령이 07시 55분에 방송되었다. 이 경우 현문 철거와 함께 출항을 하는데 아직 체험자가 도착하지 않았다. 전화해 보니 8시 출항으로 생각하고 항구 정문에서 출입절차를 받고 있다고 한다. 5분 전 출항절차는 전 세계 해군에서 공통으로 실시하고 있는 문화이다.

M. 가장 취할 것 같은 행동　　　(　　　　　　　　　　)

L. 가장 취하지 않을 것 같은 행동　(　　　　　　　　　)

①	상황에 따라 유동적인 경우 병사들에게 혼동을 줄 수 있는 만큼 예정대로 출항한다.
②	예정대로 출항하고, 항해체험 일정을 변경한다.
③	해군 문화를 잘 몰라서 발생한 만큼 체험자를 기다려 준다.
④	체험자들에게 항해 대신 다른 부분의 체험을 하고 돌아가도록 권유한다.

■ 정답 및 해설(② ① ③ ④순)

해군 고유의 문화를 인지하지 못해 발생한 문제이다. ②, ① 해군만의 문화는 지켜져야 하나 체험자에 대한 대안도 병행되어야 한다. ④ 보안시설인 부대 내에서 준비되지 않은 다른 체험 행사를 급히 준비하기엔 무리가 있다.

18 이 상황에서 당신은 어떻게 행동하시겠습니까?

> 함정 내 일과에서 청소가 차지하는 비중은 매우 크다. 승조원들은 매일 기상 후, 오전 일과 시작 전, 오후 일과 시작 전, 일과 종료 30분 전, 점호 전 총 5회 청소를 실시한다. 하지만 청소가 제대로 되지 않았는지 함정 내부가 어수선하다. 승조원들은 자주 청소할 필요를 못 느낀다며 건성으로 하는 분위기이다.

M. 가장 취할 것 같은 행동　　　(　　　　　　　　　)
L. 가장 취하지 않을 것 같은 행동　(　　　　　　　　　)

①	함정청소가 왜 중요한지 설명하고, 임무분담을 명확히 한다.
②	전원 집합 후 청소가 부실함을 강하게 질책한다.
③	설문을 받아 청소 횟수를 줄인다.
④	청소도구를 추가 비치하고, 청소구역을 세분화한다.

■ 정답 및 해설(① ④ ② ③순)

④ 청소 자체에 필요성을 느끼지 못하고 있어 청소여건을 보강하는 것으론 그 효과가 제한적이다. ② 단기적인 효과에 그칠 가능성이 높다. ③ 인기 위주의 부대 운용은 추후 더 큰 문제를 불러올 수 있다.

19 이 상황에서 당신은 어떻게 행동하시겠습니까?

> 함정이 부두에 정박할 때 홋줄을 이용해 함정을 묶어 둔다. 정박 시 기본적으로 6개 홋줄을 사용하는데 1·6 홋줄은 함정이 부두로부터 멀어지지 않도록 하고, 2·4 홋줄은 함정이 전진하려는 힘을 없애며, 3·5 홋줄은 함정이 후진하지 못하도록 붙잡아 둔다. 정박할 때 보니 총 6개의 홋줄 중 5개 홋줄만 사용 가능한 상태이다.

M. 가장 취할 것 같은 행동　　　　(　　　　　　　　　　)
L. 가장 취하지 않을 것 같은 행동　(　　　　　　　　　　)

①	5개의 홋줄만으로도 문제가 없으므로 정상적으로 정박한다.
②	항구 및 기지에서 여분의 홋줄을 구할 때까지 정박하지 않는다.
③	정박 시 위험한 만큼 정박을 포기하고 근해에 대기한다.
④	먼저 정박한 후, 추가 홋줄을 구해본다.

■ 정답 및 해설(② ③ ④ ①순)

안전이 먼저냐, 효율성이 먼저냐에 따라 정답은 달라질 수 있다. ②, ③, ④, ①는 안전 배점을 높게 줄 경우를 가정한 정답이다.

20 이 상황에서 당신은 어떻게 행동하시겠습니까?

> 잠수함에서는 침실 DVD플레이어를 이용하여 영화를 시청한다. 영화시청은 열악한 환경에서 오랜 기간 항해하는 승조원들의 지루함을 달래 주는 대표적인 여가활동이기도 하다. 출항 전 승조원들이 볼 영화 DVD를 선정하는데 액션, 드라마, 멜로, 한국, 외국 등 장르별로 취향이 달라 의견이 분분하다.

M. 가장 취할 것 같은 행동 　　　　(　　　　　　　　　　　　)

L. 가장 취하지 않을 것 같은 행동 　(　　　　　　　　　　　　)

①	함장부터 선호하는 영화를 선정할 수 있도록 한다.
②	시간적 여유가 없는 만큼 대중적 인지도가 높은 영화로 선정한다.
③	승조원들의 설문을 받아 선호도 순으로 선정한다.
④	출항 준비에도 시간이 부족한 만큼 각 계급별 대표를 임명해 영화 선정을 위임한다.

■ 정답 및 해설(④ ② ③ ①순)

④, ② 출항 준비에는 많은 시간과 노력이 수반된다. DVD 선정에 모두가 매달리기 어렵다. ③ 시간이 오래 걸리고 의견이 몇 가지로 취합될지 의문이다. ① 승조원 불만이 상당할 것이다.

Chapter 02 직무성격평가

※ 다음 상황을 읽고 해당되는 답을 고르시오.

001 작은 일에도 걱정을 많이 한다.

① 전혀 그렇지 않다.   ② 그렇지 않다.   ③ 보통이다.
④ 그렇다.   ⑤ 매우 그렇다.

002 나와 친밀한 사람에게 불행한 일이 있을 때, 내 일처럼 느낀다.

① 전혀 그렇지 않다.   ② 그렇지 않다.   ③ 보통이다.
④ 그렇다.   ⑤ 매우 그렇다.

003 일을 할 때 새로운 방법을 고안해서 하는 것을 좋아한다.

① 전혀 그렇지 않다.   ② 그렇지 않다.   ③ 보통이다.
④ 그렇다.   ⑤ 매우 그렇다.

004 자신에 대해 엄격하다.

① 전혀 그렇지 않다.   ② 그렇지 않다.   ③ 보통이다.
④ 그렇다.   ⑤ 매우 그렇다.

005 혼자 할 수 있는 취미나 여가생활이 좋다.

① 전혀 그렇지 않다.   ② 그렇지 않다.   ③ 보통이다.
④ 그렇다.   ⑤ 매우 그렇다.

006 주변 사람들은 나의 능력을 인정해 준다.

① 전혀 그렇지 않다.   ② 그렇지 않다.   ③ 보통이다.
④ 그렇다.   ⑤ 매우 그렇다.

007 법과 규칙은 엄격히 집행되어야 한다고 생각한다.

① 전혀 그렇지 않다.   ② 그렇지 않다.   ③ 보통이다.
④ 그렇다.   ⑤ 매우 그렇다.

008 마음이 대개 편안한 상태이다.

① 전혀 그렇지 않다.   ② 그렇지 않다.   ③ 보통이다.
④ 그렇다.   ⑤ 매우 그렇다.

009 주변 사람들의 기분이나 감정을 잘 파악한다.

① 전혀 그렇지 않다.   ② 그렇지 않다.   ③ 보통이다.
④ 그렇다.   ⑤ 매우 그렇다.

010 일상적인 것보다는 새로운 것을 더 좋아한다.

① 전혀 그렇지 않다.   ② 그렇지 않다.   ③ 보통이다.
④ 그렇다.   ⑤ 매우 그렇다.

011 남의 부탁을 잘 들어주는 편이다.

① 전혀 그렇지 않다.   ② 그렇지 않다.   ③ 보통이다.
④ 그렇다.   ⑤ 매우 그렇다.

012 기분이 좋았다가도 금방 침울해진다.

① 전혀 그렇지 않다.   ② 그렇지 않다.   ③ 보통이다.
④ 그렇다.   ⑤ 매우 그렇다.

013 과정보다 결과를 중요하게 여긴다.

① 전혀 그렇지 않다.　　② 그렇지 않다.　　③ 보통이다.
④ 그렇다.　　⑤ 매우 그렇다.

014 스스로 목표를 세우고 달성하는 습관이 있다.

① 전혀 그렇지 않다.　　② 그렇지 않다.　　③ 보통이다.
④ 그렇다.　　⑤ 매우 그렇다.

015 나쁜 뜻으로 남의 이야기를 해본 적이 있다.

① 전혀 그렇지 않다.　　② 그렇지 않다.　　③ 보통이다.
④ 그렇다.　　⑤ 매우 그렇다.

016 신경과민이라는 얘기를 자주 듣는다.

① 전혀 그렇지 않다.　　② 그렇지 않다.　　③ 보통이다.
④ 그렇다.　　⑤ 매우 그렇다.

017 도전하는 것을 좋아하는 편이다.

① 전혀 그렇지 않다.　　② 그렇지 않다.　　③ 보통이다.
④ 그렇다.　　⑤ 매우 그렇다.

018 끈기가 강하다.

① 전혀 그렇지 않다.　　② 그렇지 않다.　　③ 보통이다.
④ 그렇다.　　⑤ 매우 그렇다.

019 리더로서 인정받고 싶다.

① 전혀 그렇지 않다.　　② 그렇지 않다.　　③ 보통이다.
④ 그렇다.　　⑤ 매우 그렇다.

020 법을 어기거나 어겨볼 생각을 해보지도 않았다.

① 전혀 그렇지 않다.　② 그렇지 않다.　③ 보통이다.
④ 그렇다.　⑤ 매우 그렇다.

021 다른 사람들에게 영향력을 행사하는 편이다.

① 전혀 그렇지 않다.　② 그렇지 않다.　③ 보통이다.
④ 그렇다.　⑤ 매우 그렇다.

022 말이 없어 주변에서 답답하다는 소리를 한다.

① 전혀 그렇지 않다.　② 그렇지 않다.　③ 보통이다.
④ 그렇다.　⑤ 매우 그렇다.

023 옆에 사람이 있으면 불편하다.

① 전혀 그렇지 않다.　② 그렇지 않다.　③ 보통이다.
④ 그렇다.　⑤ 매우 그렇다.

024 능력을 살릴 수 있는 일을 하고 싶다.

① 전혀 그렇지 않다.　② 그렇지 않다.　③ 보통이다.
④ 그렇다.　⑤ 매우 그렇다.

025 완벽주의자이다.

① 전혀 그렇지 않다.　② 그렇지 않다.　③ 보통이다.
④ 그렇다.　⑤ 매우 그렇다.

026 나는 내성적이라고 생각한다.

① 전혀 그렇지 않다.　② 그렇지 않다.　③ 보통이다.
④ 그렇다.　⑤ 매우 그렇다.

027 주변에서 걱정이 많다는 소릴 듣는 편이다.

① 전혀 그렇지 않다.　　② 그렇지 않다.　　③ 보통이다.
④ 그렇다.　　⑤ 매우 그렇다.

028 포기가 빠른 편이다.

① 전혀 그렇지 않다.　　② 그렇지 않다.　　③ 보통이다.
④ 그렇다.　　⑤ 매우 그렇다.

029 문장 하나로 2시간 동안 이야기할 수 있다.

① 전혀 그렇지 않다.　　② 그렇지 않다.　　③ 보통이다.
④ 그렇다.　　⑤ 매우 그렇다.

030 할 수 없는 일을 할 수 있다고 해본 적이 있다.

① 전혀 그렇지 않다.　　② 그렇지 않다.　　③ 보통이다.
④ 그렇다.　　⑤ 매우 그렇다.

031 일단 정해진 목표는 신속히 처리한다.

① 전혀 그렇지 않다.　　② 그렇지 않다.　　③ 보통이다.
④ 그렇다.　　⑤ 매우 그렇다.

032 머리만 조금 아파도 병이 아닌지 걱정된다.

① 전혀 그렇지 않다.　　② 그렇지 않다.　　③ 보통이다.
④ 그렇다.　　⑤ 매우 그렇다.

033 언제나 행복하다.

① 전혀 그렇지 않다.　　② 그렇지 않다.　　③ 보통이다.
④ 그렇다.　　⑤ 매우 그렇다.

034 매사에 진지하다는 말을 자주 듣는다.

① 전혀 그렇지 않다.   ② 그렇지 않다.   ③ 보통이다.
④ 그렇다.   ⑤ 매우 그렇다.

035 돌아서서 후회하는 일이 많다.

① 전혀 그렇지 않다.   ② 그렇지 않다.   ③ 보통이다.
④ 그렇다.   ⑤ 매우 그렇다.

036 융통성이 없다고 생각한다.

① 전혀 그렇지 않다.   ② 그렇지 않다.   ③ 보통이다.
④ 그렇다.   ⑤ 매우 그렇다.

037 아무리 힘들더라도 힘든 내색을 하지 않는 편이다.

① 전혀 그렇지 않다.   ② 그렇지 않다.   ③ 보통이다.
④ 그렇다.   ⑤ 매우 그렇다.

038 남이 나를 어떻게 생각하는지 신경 쓰이는 편이다.

① 전혀 그렇지 않다.   ② 그렇지 않다.   ③ 보통이다.
④ 그렇다.   ⑤ 매우 그렇다.

039 사소한 일에 상처를 잘 받는다.

① 전혀 그렇지 않다.   ② 그렇지 않다.   ③ 보통이다.
④ 그렇다.   ⑤ 매우 그렇다.

040 우울해져서 아무 일도 손에 잡히지 않을 때가 있다.

① 전혀 그렇지 않다.   ② 그렇지 않다.   ③ 보통이다.
④ 그렇다.   ⑤ 매우 그렇다.

041 쓸데없는 걱정을 사서 하는 편이다.

① 전혀 그렇지 않다.　② 그렇지 않다.　③ 보통이다.
④ 그렇다.　⑤ 매우 그렇다.

042 무엇이든 하면 된다는 생각을 항상 갖고 있다.

① 전혀 그렇지 않다.　② 그렇지 않다.　③ 보통이다.
④ 그렇다.　⑤ 매우 그렇다.

043 동료의 잘못된 생각을 잘 지적해 준다.

① 전혀 그렇지 않다.　② 그렇지 않다.　③ 보통이다.
④ 그렇다.　⑤ 매우 그렇다.

044 남의 일을 해결해 주는 것을 좋아한다.

① 전혀 그렇지 않다.　② 그렇지 않다.　③ 보통이다.
④ 그렇다.　⑤ 매우 그렇다.

045 내가 속한 분야에서 일인자가 되고 싶다.

① 전혀 그렇지 않다.　② 그렇지 않다.　③ 보통이다.
④ 그렇다.　⑤ 매우 그렇다.

046 이유 없이 기분이 들뜰 때가 있다.

① 전혀 그렇지 않다.　② 그렇지 않다.　③ 보통이다.
④ 그렇다.　⑤ 매우 그렇다.

047 사람들과 어울리는 것을 좋아하는 편이다.

① 전혀 그렇지 않다.　② 그렇지 않다.　③ 보통이다.
④ 그렇다.　⑤ 매우 그렇다.

048 다른 사람들의 이야기를 귀담아 듣는 편이다.

① 전혀 그렇지 않다.　　② 그렇지 않다.　　③ 보통이다.
④ 그렇다.　　⑤ 매우 그렇다.

049 조직생활을 좋아하는 편이다.

① 전혀 그렇지 않다.　　② 그렇지 않다.　　③ 보통이다.
④ 그렇다.　　⑤ 매우 그렇다.

050 적막한 것보다는 어느 정도 소리가 나는 것이 좋다.

① 전혀 그렇지 않다.　　② 그렇지 않다.　　③ 보통이다.
④ 그렇다.　　⑤ 매우 그렇다.

051 마음에 없는 칭찬은 못한다.

① 전혀 그렇지 않다.　　② 그렇지 않다.　　③ 보통이다.
④ 그렇다.　　⑤ 매우 그렇다.

052 낯가림이 좀 있는 편이다.

① 전혀 그렇지 않다.　　② 그렇지 않다.　　③ 보통이다.
④ 그렇다.　　⑤ 매우 그렇다.

053 정해진 방식을 따르는 것을 좋아한다.

① 전혀 그렇지 않다.　　② 그렇지 않다.　　③ 보통이다.
④ 그렇다.　　⑤ 매우 그렇다.

054 인정이 많은 사람을 좋아한다.

① 전혀 그렇지 않다.　　② 그렇지 않다.　　③ 보통이다.
④ 그렇다.　　⑤ 매우 그렇다.

055 어린 시절 산만하다는 이야기를 많이 들었다.

① 전혀 그렇지 않다. ② 그렇지 않다. ③ 보통이다.
④ 그렇다. ⑤ 매우 그렇다.

056 사람들 앞에 나서면 금방 얼굴이 빨개져 곤란하다.

① 전혀 그렇지 않다. ② 그렇지 않다. ③ 보통이다.
④ 그렇다. ⑤ 매우 그렇다.

057 동료들로부터 인정을 받는 편이다.

① 전혀 그렇지 않다. ② 그렇지 않다. ③ 보통이다.
④ 그렇다. ⑤ 매우 그렇다.

058 감정적이 될 때가 많다.

① 전혀 그렇지 않다. ② 그렇지 않다. ③ 보통이다.
④ 그렇다. ⑤ 매우 그렇다.

059 어릴 때부터 해온 취미나 특기가 없다.

① 전혀 그렇지 않다. ② 그렇지 않다. ③ 보통이다.
④ 그렇다. ⑤ 매우 그렇다.

060 항상 웃는 얼굴로 있기 위해 노력한다.

① 전혀 그렇지 않다. ② 그렇지 않다. ③ 보통이다.
④ 그렇다. ⑤ 매우 그렇다.

061 고민을 남에게 잘 털어놓는 편이다.

① 전혀 그렇지 않다. ② 그렇지 않다. ③ 보통이다.
④ 그렇다. ⑤ 매우 그렇다.

062 유행에 민감한 편이다.

① 전혀 그렇지 않다. ② 그렇지 않다. ③ 보통이다.
④ 그렇다. ⑤ 매우 그렇다.

063 소리에 민감한 편이다.

① 전혀 그렇지 않다. ② 그렇지 않다. ③ 보통이다.
④ 그렇다. ⑤ 매우 그렇다.

064 동시에 많은 일을 진행해도 괜찮다.

① 전혀 그렇지 않다. ② 그렇지 않다. ③ 보통이다.
④ 그렇다. ⑤ 매우 그렇다.

065 재촉당하면 화가 난다.

① 전혀 그렇지 않다. ② 그렇지 않다. ③ 보통이다.
④ 그렇다. ⑤ 매우 그렇다.

066 눈물이 많은 편이다.

① 전혀 그렇지 않다. ② 그렇지 않다. ③ 보통이다.
④ 그렇다. ⑤ 매우 그렇다.

067 처음 만나는 사람과도 잘 어울린다.

① 전혀 그렇지 않다. ② 그렇지 않다. ③ 보통이다.
④ 그렇다. ⑤ 매우 그렇다.

068 여행을 좋아한다.

① 전혀 그렇지 않다. ② 그렇지 않다. ③ 보통이다.
④ 그렇다. ⑤ 매우 그렇다.

069 성격이 긍정적이라는 말을 많이 듣는다.

① 전혀 그렇지 않다.　　② 그렇지 않다.　　③ 보통이다.
④ 그렇다.　　⑤ 매우 그렇다.

070 상황을 빠르게 판단하고 결정을 내리는 편이다.

① 전혀 그렇지 않다.　　② 그렇지 않다.　　③ 보통이다.
④ 그렇다.　　⑤ 매우 그렇다.

071 차분하다는 말을 자주 듣는다.

① 전혀 그렇지 않다.　　② 그렇지 않다.　　③ 보통이다.
④ 그렇다.　　⑤ 매우 그렇다.

072 동호회 활동을 즐긴다.

① 전혀 그렇지 않다.　　② 그렇지 않다.　　③ 보통이다.
④ 그렇다.　　⑤ 매우 그렇다.

073 누구의 지시를 받는 것보다 지시를 내리는 게 좋다.

① 전혀 그렇지 않다.　　② 그렇지 않다.　　③ 보통이다.
④ 그렇다.　　⑤ 매우 그렇다.

074 집보다는 밖이 좋다.

① 전혀 그렇지 않다.　　② 그렇지 않다.　　③ 보통이다.
④ 그렇다.　　⑤ 매우 그렇다.

075 규칙적인 생활을 좋아한다.

① 전혀 그렇지 않다.　　② 그렇지 않다.　　③ 보통이다.
④ 그렇다.　　⑤ 매우 그렇다.

076 조용한 곳에서 생활하고 싶다.

① 전혀 그렇지 않다.　　② 그렇지 않다.　　③ 보통이다.
④ 그렇다.　　⑤ 매우 그렇다.

077 가족이라도 기본적인 프라이버시는 서로 지켜야 한다.

① 전혀 그렇지 않다.　　② 그렇지 않다.　　③ 보통이다.
④ 그렇다.　　⑤ 매우 그렇다.

078 포기가 빠른 편이다.

① 전혀 그렇지 않다.　　② 그렇지 않다.　　③ 보통이다.
④ 그렇다.　　⑤ 매우 그렇다.

079 동료에게 개인적인 이야기는 절대 하지 않는다.

① 전혀 그렇지 않다.　　② 그렇지 않다.　　③ 보통이다.
④ 그렇다.　　⑤ 매우 그렇다.

080 남의 의견에 따라 계획을 수정하는 경우가 많다.

① 전혀 그렇지 않다.　　② 그렇지 않다.　　③ 보통이다.
④ 그렇다.　　⑤ 매우 그렇다.

081 순발력이 좋다는 얘기를 자주 듣는다.

① 전혀 그렇지 않다.　　② 그렇지 않다.　　③ 보통이다.
④ 그렇다.　　⑤ 매우 그렇다.

082 남의 얘기를 잘 듣는 편이다.

① 전혀 그렇지 않다.　　② 그렇지 않다.　　③ 보통이다.
④ 그렇다.　　⑤ 매우 그렇다.

083 다소 나를 과대평가하는 부분이 있다.

① 전혀 그렇지 않다.　　　② 그렇지 않다.　　　③ 보통이다.
④ 그렇다.　　　⑤ 매우 그렇다.

084 대인관계가 귀찮다.

① 전혀 그렇지 않다.　　　② 그렇지 않다.　　　③ 보통이다.
④ 그렇다.　　　⑤ 매우 그렇다.

085 다른 사람을 의심해 본 적이 있다.

① 전혀 그렇지 않다.　　　② 그렇지 않다.　　　③ 보통이다.
④ 그렇다.　　　⑤ 매우 그렇다.

086 새로운 일에 쉽게 흥미를 느끼는 편이다.

① 전혀 그렇지 않다.　　　② 그렇지 않다.　　　③ 보통이다.
④ 그렇다.　　　⑤ 매우 그렇다.

087 남의 부탁을 잘 거절하지 못한다.

① 전혀 그렇지 않다.　　　② 그렇지 않다.　　　③ 보통이다.
④ 그렇다.　　　⑤ 매우 그렇다.

088 일상적인 일에 쉽게 싫증을 느낀다.

① 전혀 그렇지 않다.　　　② 그렇지 않다.　　　③ 보통이다.
④ 그렇다.　　　⑤ 매우 그렇다.

089 추리소설을 좋아한다.

① 전혀 그렇지 않다.　　　② 그렇지 않다.　　　③ 보통이다.
④ 그렇다.　　　⑤ 매우 그렇다.

090 복잡한 문제를 푸는 것을 좋아한다.

① 전혀 그렇지 않다.   ② 그렇지 않다.   ③ 보통이다.
④ 그렇다.   ⑤ 매우 그렇다.

091 다른 사람이 사용하는 물건은 될 수 있으면 쓰고 싶지 않다.

① 전혀 그렇지 않다.   ② 그렇지 않다.   ③ 보통이다.
④ 그렇다.   ⑤ 매우 그렇다.

092 아는 사람을 만나도 모르는 척 하는 경우가 있다.

① 전혀 그렇지 않다.   ② 그렇지 않다.   ③ 보통이다.
④ 그렇다.   ⑤ 매우 그렇다.

093 개성이 강하다는 말을 자주 듣는 편이다.

① 전혀 그렇지 않다.   ② 그렇지 않다.   ③ 보통이다.
④ 그렇다.   ⑤ 매우 그렇다.

094 솔직한 편이다.

① 전혀 그렇지 않다.   ② 그렇지 않다.   ③ 보통이다.
④ 그렇다.   ⑤ 매우 그렇다.

095 나는 사이코 기질이 있다고 생각한 적이 있다.

① 전혀 그렇지 않다.   ② 그렇지 않다.   ③ 보통이다.
④ 그렇다.   ⑤ 매우 그렇다.

096 남들 앞에 서는 것을 좋아한다.

① 전혀 그렇지 않다.   ② 그렇지 않다.   ③ 보통이다.
④ 그렇다.   ⑤ 매우 그렇다.

097 미래의 일을 생각하면 불안하다.

① 전혀 그렇지 않다.　② 그렇지 않다.　③ 보통이다.
④ 그렇다.　⑤ 매우 그렇다.

098 이 세상은 나 혼자 살아가는 것이다.

① 전혀 그렇지 않다.　② 그렇지 않다.　③ 보통이다.
④ 그렇다.　⑤ 매우 그렇다.

099 일에서는 새로운 지식이나 경험을 쌓는 것이 가장 중요하다.

① 전혀 그렇지 않다.　② 그렇지 않다.　③ 보통이다.
④ 그렇다.　⑤ 매우 그렇다.

100 물건을 자주 찾는 편이다.

① 전혀 그렇지 않다.　② 그렇지 않다.　③ 보통이다.
④ 그렇다.　⑤ 매우 그렇다.

101 가만히 있지 못할 정도로 불안해질 때가 있다.

① 전혀 그렇지 않다.　② 그렇지 않다.　③ 보통이다.
④ 그렇다.　⑤ 매우 그렇다.

102 책을 읽는 것을 좋아한다.

① 전혀 그렇지 않다.　② 그렇지 않다.　③ 보통이다.
④ 그렇다.　⑤ 매우 그렇다.

103 평소 잘 웃던 동료가 침울해하면 걱정이 된다.

① 전혀 그렇지 않다.　② 그렇지 않다.　③ 보통이다.
④ 그렇다.　⑤ 매우 그렇다.

104 배우는 것을 즐긴다.

① 전혀 그렇지 않다.　　② 그렇지 않다.　　③ 보통이다.
④ 그렇다.　　⑤ 매우 그렇다.

105 말이 없는 사람은 답답하다.

① 전혀 그렇지 않다.　　② 그렇지 않다.　　③ 보통이다.
④ 그렇다.　　⑤ 매우 그렇다.

106 부모님이 속상하실 일은 한 적이 없다.

① 전혀 그렇지 않다.　　② 그렇지 않다.　　③ 보통이다.
④ 그렇다.　　⑤ 매우 그렇다.

107 무슨 일이든 자신감이 중요하다.

① 전혀 그렇지 않다.　　② 그렇지 않다.　　③ 보통이다.
④ 그렇다.　　⑤ 매우 그렇다.

108 나는 항상 새로운 방식을 추구하는 편이다.

① 전혀 그렇지 않다.　　② 그렇지 않다.　　③ 보통이다.
④ 그렇다.　　⑤ 매우 그렇다.

109 스트레스를 스스로 극복할 수 있다.

① 전혀 그렇지 않다.　　② 그렇지 않다.　　③ 보통이다.
④ 그렇다.　　⑤ 매우 그렇다.

110 스포츠를 좋아하는 편이다.

① 전혀 그렇지 않다.　　② 그렇지 않다.　　③ 보통이다.
④ 그렇다.　　⑤ 매우 그렇다.

111 사물에 대해 깊이 생각하려고 한다.

① 전혀 그렇지 않다.　　② 그렇지 않다.　　③ 보통이다.
④ 그렇다.　　⑤ 매우 그렇다.

112 신나는 음악이 나오면 몸이 먼저 움직인다.

① 전혀 그렇지 않다.　　② 그렇지 않다.　　③ 보통이다.
④ 그렇다.　　⑤ 매우 그렇다.

113 결단을 쉽게 내리지 못하는 편이다.

① 전혀 그렇지 않다.　　② 그렇지 않다.　　③ 보통이다.
④ 그렇다.　　⑤ 매우 그렇다.

114 집에서 가만히 있으면 기분이 우울해진다.

① 전혀 그렇지 않다.　　② 그렇지 않다.　　③ 보통이다.
④ 그렇다.　　⑤ 매우 그렇다.

115 좋은 생각이 떠올라도 실행하기 전에 여러 번 검토한다.

① 전혀 그렇지 않다.　　② 그렇지 않다.　　③ 보통이다.
④ 그렇다.　　⑤ 매우 그렇다.

116 새로운 사람을 만나는 것을 좋아한다.

① 전혀 그렇지 않다.　　② 그렇지 않다.　　③ 보통이다.
④ 그렇다.　　⑤ 매우 그렇다.

117 돌아서서 후회하는 경우가 많다.

① 전혀 그렇지 않다.　　② 그렇지 않다.　　③ 보통이다.
④ 그렇다.　　⑤ 매우 그렇다.

118 문제의 해결사를 자처한다.

① 전혀 그렇지 않다.   ② 그렇지 않다.   ③ 보통이다.
④ 그렇다.   ⑤ 매우 그렇다.

119 말을 할 때 제스처가 크다.

① 전혀 그렇지 않다.   ② 그렇지 않다.   ③ 보통이다.
④ 그렇다.   ⑤ 매우 그렇다.

120 다른 사람의 지시나 통제를 받는 것을 싫어한다.

① 전혀 그렇지 않다.   ② 그렇지 않다.   ③ 보통이다.
④ 그렇다.   ⑤ 매우 그렇다.

121 말하기를 좋아해서 실수할 때가 있다.

① 전혀 그렇지 않다.   ② 그렇지 않다.   ③ 보통이다.
④ 그렇다.   ⑤ 매우 그렇다.

122 주변에서 즉흥적이라는 얘기를 자주 듣는다.

① 전혀 그렇지 않다.   ② 그렇지 않다.   ③ 보통이다.
④ 그렇다.   ⑤ 매우 그렇다.

123 내가 한 일은 내가 책임진다.

① 전혀 그렇지 않다.   ② 그렇지 않다.   ③ 보통이다.
④ 그렇다.   ⑤ 매우 그렇다.

124 일처리 방식은 스스로 결정하는 편이다.

① 전혀 그렇지 않다.   ② 그렇지 않다.   ③ 보통이다.
④ 그렇다.   ⑤ 매우 그렇다.

125 내 의견을 지나치게 주장하는 것은 피하는 편이다.

① 전혀 그렇지 않다.   ② 그렇지 않다.   ③ 보통이다.
④ 그렇다.   ⑤ 매우 그렇다.

126 자신의 의견을 상대방에게 잘 설득하는 편이다.

① 전혀 그렇지 않다.   ② 그렇지 않다.   ③ 보통이다.
④ 그렇다.   ⑤ 매우 그렇다.

127 지금까지 가본 적이 없는 곳에 가는 것을 좋아한다.

① 전혀 그렇지 않다.   ② 그렇지 않다.   ③ 보통이다.
④ 그렇다.   ⑤ 매우 그렇다.

128 남들과의 교제에 소극적인 편이라고 생각한다.

① 전혀 그렇지 않다.   ② 그렇지 않다.   ③ 보통이다.
④ 그렇다.   ⑤ 매우 그렇다.

129 마무리가 서툴다는 지적을 받은 적이 있다.

① 전혀 그렇지 않다.   ② 그렇지 않다.   ③ 보통이다.
④ 그렇다.   ⑤ 매우 그렇다.

130 항상 무엇인가를 생각하고 있다.

① 전혀 그렇지 않다.   ② 그렇지 않다.   ③ 보통이다.
④ 그렇다.   ⑤ 매우 그렇다.

131 단체활동보다는 개별활동이 좋다.

① 전혀 그렇지 않다.   ② 그렇지 않다.   ③ 보통이다.
④ 그렇다.   ⑤ 매우 그렇다.

132 고지식한 편이다.

① 전혀 그렇지 않다. ② 그렇지 않다. ③ 보통이다.
④ 그렇다. ⑤ 매우 그렇다.

133 돌다리도 두드려 보고 건너는 편이다.

① 전혀 그렇지 않다. ② 그렇지 않다. ③ 보통이다.
④ 그렇다. ⑤ 매우 그렇다.

134 타인의 감정에 민감하다.

① 전혀 그렇지 않다. ② 그렇지 않다. ③ 보통이다.
④ 그렇다. ⑤ 매우 그렇다.

135 임기응변을 잘한다.

① 전혀 그렇지 않다. ② 그렇지 않다. ③ 보통이다.
④ 그렇다. ⑤ 매우 그렇다.

136 엉뚱한 상상을 즐기는 편이다.

① 전혀 그렇지 않다. ② 그렇지 않다. ③ 보통이다.
④ 그렇다. ⑤ 매우 그렇다.

137 어떤 일을 하더라도 대가가 있어야 한다고 생각한다.

① 전혀 그렇지 않다. ② 그렇지 않다. ③ 보통이다.
④ 그렇다. ⑤ 매우 그렇다.

138 매뉴얼에 따라 착실하게 일을 한다.

① 전혀 그렇지 않다. ② 그렇지 않다. ③ 보통이다.
④ 그렇다. ⑤ 매우 그렇다.

139 끈기가 있고 성실하다.

① 전혀 그렇지 않다. ② 그렇지 않다. ③ 보통이다.
④ 그렇다. ⑤ 매우 그렇다.

140 혼자 영화나 연극을 보는 것을 좋아한다.

① 전혀 그렇지 않다. ② 그렇지 않다. ③ 보통이다.
④ 그렇다. ⑤ 매우 그렇다.

141 다른 사람이 지적을 하면 바로 받아들이는 편이다.

① 전혀 그렇지 않다. ② 그렇지 않다. ③ 보통이다.
④ 그렇다. ⑤ 매우 그렇다.

142 쓸데없는 걱정을 많이 하는 편이다.

① 전혀 그렇지 않다. ② 그렇지 않다. ③ 보통이다.
④ 그렇다. ⑤ 매우 그렇다.

143 자원봉사활동을 자주 하는 편이다.

① 전혀 그렇지 않다. ② 그렇지 않다. ③ 보통이다.
④ 그렇다. ⑤ 매우 그렇다.

144 내향적이고 조용한 편이다.

① 전혀 그렇지 않다. ② 그렇지 않다. ③ 보통이다.
④ 그렇다. ⑤ 매우 그렇다.

145 불가능한 일은 없다고 생각한다.

① 전혀 그렇지 않다. ② 그렇지 않다. ③ 보통이다.
④ 그렇다. ⑤ 매우 그렇다.

146 친절하다는 말을 자주 듣는 편이다.

① 전혀 그렇지 않다.　② 그렇지 않다.　③ 보통이다.
④ 그렇다.　⑤ 매우 그렇다.

147 어떤 일이든 즐기면서 한다.

① 전혀 그렇지 않다.　② 그렇지 않다.　③ 보통이다.
④ 그렇다.　⑤ 매우 그렇다.

148 자주 의견이 바뀌는 편이다.

① 전혀 그렇지 않다.　② 그렇지 않다.　③ 보통이다.
④ 그렇다.　⑤ 매우 그렇다.

149 물건을 구입할 때 비교하면서 사는 편이다.

① 전혀 그렇지 않다.　② 그렇지 않다.　③ 보통이다.
④ 그렇다.　⑤ 매우 그렇다.

150 현재의 삶에 만족한다.

① 전혀 그렇지 않다.　② 그렇지 않다.　③ 보통이다.
④ 그렇다.　⑤ 매우 그렇다.

151 버스에 탄 사람들이 다 나를 보고 있는 것 같다.

① 전혀 그렇지 않다.　② 그렇지 않다.　③ 보통이다.
④ 그렇다.　⑤ 매우 그렇다.

152 사소한 것에 잘 흥분한다.

① 전혀 그렇지 않다.　② 그렇지 않다.　③ 보통이다.
④ 그렇다.　⑤ 매우 그렇다.

153 야한 생각을 해본 적이 없다.

① 전혀 그렇지 않다.　　　② 그렇지 않다.　　　③ 보통이다.
④ 그렇다.　　　⑤ 매우 그렇다.

154 일이 잘못되면 모두 내 탓인 것 같다.

① 전혀 그렇지 않다.　　　② 그렇지 않다.　　　③ 보통이다.
④ 그렇다.　　　⑤ 매우 그렇다.

155 어려운 일을 만나면 자극이 되어 더욱 매진한다.

① 전혀 그렇지 않다.　　　② 그렇지 않다.　　　③ 보통이다.
④ 그렇다.　　　⑤ 매우 그렇다.

156 모든 사람들과 친해져야 한다고 생각한다.

① 전혀 그렇지 않다.　　　② 그렇지 않다.　　　③ 보통이다.
④ 그렇다.　　　⑤ 매우 그렇다.

157 남에게 상처를 주는 말을 한 적이 없다.

① 전혀 그렇지 않다.　　　② 그렇지 않다.　　　③ 보통이다.
④ 그렇다.　　　⑤ 매우 그렇다.

158 남들이 내 물건과 같은 것을 구입하면 기분이 나쁘다.

① 전혀 그렇지 않다.　　　② 그렇지 않다.　　　③ 보통이다.
④ 그렇다.　　　⑤ 매우 그렇다.

159 충동구매를 잘하는 편이다.

① 전혀 그렇지 않다.　　　② 그렇지 않다.　　　③ 보통이다.
④ 그렇다.　　　⑤ 매우 그렇다.

160 새로운 환경에 적응을 잘한다.

① 전혀 그렇지 않다.   ② 그렇지 않다.   ③ 보통이다.
④ 그렇다.   ⑤ 매우 그렇다.

161 가끔 이유없이 화가 날 때가 있다.

① 전혀 그렇지 않다.   ② 그렇지 않다.   ③ 보통이다.
④ 그렇다.   ⑤ 매우 그렇다.

162 밤길을 걸을 때 뒤에서 걸어오는 사람이 신경 쓰인다.

① 전혀 그렇지 않다.   ② 그렇지 않다.   ③ 보통이다.
④ 그렇다.   ⑤ 매우 그렇다.

163 고민을 많이 해서 기회를 놓친 적이 있다.

① 전혀 그렇지 않다.   ② 그렇지 않다.   ③ 보통이다.
④ 그렇다.   ⑤ 매우 그렇다.

164 평소 정리정돈을 잘하는 편이다.

① 전혀 그렇지 않다.   ② 그렇지 않다.   ③ 보통이다.
④ 그렇다.   ⑤ 매우 그렇다.

165 매사에 속전속결을 원한다.

① 전혀 그렇지 않다.   ② 그렇지 않다.   ③ 보통이다.
④ 그렇다.   ⑤ 매우 그렇다.

166 질보다 양이 중요하다.

① 전혀 그렇지 않다.   ② 그렇지 않다.   ③ 보통이다.
④ 그렇다.   ⑤ 매우 그렇다.

167 세상이 불공평하다고 생각한다.

① 전혀 그렇지 않다.   ② 그렇지 않다.   ③ 보통이다.
④ 그렇다.   ⑤ 매우 그렇다.

168 다수결 원칙을 선호하는 편이다.

① 전혀 그렇지 않다.   ② 그렇지 않다.   ③ 보통이다.
④ 그렇다.   ⑤ 매우 그렇다.

169 사춘기 시절에도 방황한 적이 없다.

① 전혀 그렇지 않다.   ② 그렇지 않다.   ③ 보통이다.
④ 그렇다.   ⑤ 매우 그렇다.

170 보수가 적더라도 성취감이 높은 일이 더 좋다.

① 전혀 그렇지 않다.   ② 그렇지 않다.   ③ 보통이다.
④ 그렇다.   ⑤ 매우 그렇다.

171 아이디어는 많으나 실행에 잘 옮기지는 못한다.

① 전혀 그렇지 않다.   ② 그렇지 않다.   ③ 보통이다.
④ 그렇다.   ⑤ 매우 그렇다.

172 우리 집은 항상 화목하다.

① 전혀 그렇지 않다.   ② 그렇지 않다.   ③ 보통이다.
④ 그렇다.   ⑤ 매우 그렇다.

173 다른 사람들보다 내가 특별하다고 생각한 적이 있다.

① 전혀 그렇지 않다.   ② 그렇지 않다.   ③ 보통이다.
④ 그렇다.   ⑤ 매우 그렇다.

174 새롭게 도전하는 것을 망설인다.

① 전혀 그렇지 않다.　　② 그렇지 않다.　　③ 보통이다.
④ 그렇다.　　⑤ 매우 그렇다.

175 잘하지 못하는 것이라도 자진해서 한다.

① 전혀 그렇지 않다.　　② 그렇지 않다.　　③ 보통이다.
④ 그렇다.　　⑤ 매우 그렇다.

176 출세 욕심이 있다.

① 전혀 그렇지 않다.　　② 그렇지 않다.　　③ 보통이다.
④ 그렇다.　　⑤ 매우 그렇다.

177 잘하지 못하는 일은 시작도 안 한다.

① 전혀 그렇지 않다.　　② 그렇지 않다.　　③ 보통이다.
④ 그렇다.　　⑤ 매우 그렇다.

178 통찰력이 있는 편이다.

① 전혀 그렇지 않다.　　② 그렇지 않다.　　③ 보통이다.
④ 그렇다.　　⑤ 매우 그렇다.

179 실행하기 전에 재확인은 필수라고 생각한다.

① 전혀 그렇지 않다.　　② 그렇지 않다.　　③ 보통이다.
④ 그렇다.　　⑤ 매우 그렇다.

180 감정을 숨기는 것이 힘들다.

① 전혀 그렇지 않다.　　② 그렇지 않다.　　③ 보통이다.
④ 그렇다.　　⑤ 매우 그렇다.

Memo

Part 3

인성검사

Chapter 01 인성검사

01 인성검사의 개요

1. 인성검사의 개념 및 특징

인성검사란 개인의 기본적인 사람 됨됨이와 사회적응력을 평가하는 검사로 사회생활에서 요구되는 사교성 및 대인관계, 사회규범에 대한 적응력 등 기본적인 사회성을 파악하는 것을 주된 목적으로 한다.

일반적으로 지적하고 있는 인재의 요인은 다음과 같다.

① 협조성 ② 책임감 ③ 대인관계능력 ④ 적극성 ⑤ 실행력 ⑥ 프리젠테이션능력 ⑦ 태도 능력 ⑧ 자기계발능력 ⑨ 지적능력 ⑩ 유연한 사고력과 새로운 발상력 ⑪ 상황대처능력 및 문제해결능력

2. 인성검사 활용

일반적으로 인성검사를 활용하는 조직은 광의(廣義)적으로 업종과 직종에 적합한 인재를 선발하고자 한다. 선발하고자 하는 부문의 전문성도 갖추고 있으면서 적성적 측면에서도 부합한다면 그만큼 업무생산성도 재고될 뿐만 아니라 조직의 활성화와 지원자의 직무만족도 배가될 것이기 때문이다. 조직의 입장에서 인성검사를 어떻게 활용하는지 알아보자.

① 인성검사는 조직생활의 부적응자를 발견해내는 데 활용한다.

인성검사는 통계적 확률이라는 과학적 도구를 이용하여 개인의 잠재능력, 자질 및 특성 등을 파악하는 것이라고 할 수 있다. 따라서 조직에서 인성검사를 활용하여 단체생활 부적응자를 파악하려 할 경우 의학적 측면에 의한 평가라기보다는 통계적 확률이라는 개념에 의해 부적응자를 선별해내는 것이라고 할 수 있다.

② Screening 심사기능을 수행하는 도구로 활용한다.

이 기능은 서류심사 후 인성검사 및 면접전형을 실시하는 오늘날 조직의 채용절차와 모집 공고가 나가면 수천 명, 수만 명이 일시에 몰리는 우리의 현실을 감안하여 볼 때 잘 채택되지 않는 방법이다.

③ **합격 여부의 의사결정 전제인 인물 이해의 자료로 활용한다.**

합격은 면접을 통해서 종합적인 인물이해가 이루어지는 셈인데, 면접전형은 전체적, 종합적이기 때문에 다양한 오류에 빠질 수도 있다. 또 착각이 아니라도 인성검사 결과와 면접의 이미지가 상호 어긋난 결과가 야기될 수 있다. 한 인물에 대한 서로 다른 두 이미지를 토대로 실수를 보정(補正)하고 보다 깊고 종합적인 인물 이해를 추구하려는 것이다. 인성검사는 객관적이라는 특징이 있지만, 면접전형은 주관적, 직접적이라는 특징을 갖는 것으로 표정, 태도, 질의 및 답변내용 등을 참고하여 종합적으로 인물이해를 추구한다. 그러나 아무리 경험이 풍부한 면접관일지라도 한정된 짧은 시간 내에 첫대면인 사람의 전체상을 이해하고 정확한 정보를 얻어내는 것은 무척 어려울 뿐만 아니라, 피면접자 모두에게 동일한 조건을 유지하기도 힘들다. 따라서 개인에 대한 인물이해의 보조 · 참고자료로 인성검사를 면접과정에 활용하고 있다.

④ 조직진단 및 교육 · 훈련에 활용한다.

조직 구성원들의 친밀도, 응집력, 협조성, 규범성, 지도성 등과 같은 직무 적응성 측면과 창조성, 논리성, 판단력, 기획력 등과 같은 능력적 측면 등을 어떤 형태로든 측정 · 진단하 여 낮은 부분을 강화시킬 수 있는 교육 · 훈련을 실시하고 싶은 것이 인사 · 교육 담당자의 입장이다. 과거에는 이 문제를 흔히 직관적인 방법에 의존해 왔으나, 이 방법은 지나치게 개략적이고 주관적이므로 구체적 수준에서 문제제기를 하지 못하였다. 그러나 인성검사를 시용함으로써 각 개인의 심리적 측면의 장단점을 파악할 수 있을 뿐만 아니라 개인의 집합체인 조직의 특성을 진단할 수 있음은 물론, 나아가서는 그 해결의 방향을 모색할 수 있게 되었다.

02 주요 인성검사와 부사관 인성검사

인성검사는 크게 개인의 성격, 흥미, 태도를 검사하게 되는데 이 중에서도 성격검사는 대표적으로 MMPI(다면적 인성검사), MBTI(성격유형검사), CPI(캘리포니아 성격검사)로 나누어진다. 부사관의 인성검사는 이 중 MMPI-II를 기반으로 개발된 성격검사로 알려져 있다. 각 검사별 특징과 측정 척도는 다음과 같다.

1. MMPI

① 검사 특징

MMPI, 즉 미네소타 다면적 인성검사는 1943년 미국 미네소타 대학에 의해 처음 발표된 이후, 진단적 도구로서의 유용성과 다양한 장면에서의 적용 가능성이 인정되었고, 현재 세계적으로 가장 널리 사용되고 광범위한 연구가 이루어진 구조화된 성격검사이다.

원래 MMPI는 정신질환자들을 평가하고 진단함에 있어서 보다 효율적이고 신뢰성이 높은 심리검사를 개발하려는 목적으로 제작된 검사이다. 따라서 MMPI는 정신과적 진단분류가 일차적인 목적이며 일반적 성격 특성을 측정하기 위한 것은 아니다. 그러나 정상적인 성격 경향성과 정신 병리적 증상이 질적 차이라기보다는 양적인 차이라는 전제 하에서, 오늘날에는 정신병리에 대한 평가뿐 아니라 임상 집단과 정상인 집단 모두에 대해서 성격 경향성을 평가하는 데 널리 사용되고 있다.

② 검사의 구성

MMPI는 550개의 문항으로 구성되어 있으며 각 문항에 대해 "그렇다"와 "아니다"로 대답하게 되어 있는 질문지형 검사이다. 총 14개의 척도로 구성되어 있으며 여기에는 4개의 타당도 척도와 10개의 임상 척도가 있다. 각 척도별로 해당되는 문항 수의 총합은 사실 550개가 넘는데, 이는 척도 간에 중복되는 문항들이 일부 포함되어 있기 때문이다. 또, 내용이 완전히 같은 문항 16개가 추가로 포함되어 있는데, 이 16개의 반복 문항들은 피검자가 얼마나 일관성 있게 반응했는지를 확인하는 지표로 사용된다. 이렇게 하여 MMPI의 실제 질문지의 총 문항은 566번까지로 되어 있다.

타당성 척도	
?(Can not say) 척도	응답하지 않은 문항, 즉 답하지 않았거나 "네, 아니오" 모두에 답한 문항들의 총합이다.
L(Lie) 척도	자신을 양심적이고 사회적으로 바람직하며 모범적인 사람으로 보이려는 솔직하지 못한 태도를 파악하고자 구성되었다.
F(Frequency) 척도	검사 문항에 대해 개인이 보고하는 내용들이 대부분의 사람들과 얼마나 다른가를 반영하는 64개의 문항들로 구성되어 있다.
K 척도	L 척도에 비하여 포착되기 어렵고 보다 효과적인 방어적 태도에 대해서 측정한다. 방어심과 경계심을 측정한다는 점에서 L 척도가 측정하는 행동과 유사한 부분이 있지만, L 척도보다는 세련되고 간접적인 방식으로 자신을 방어한다는 점에서 차이가 있다. 그러나 적절한 수준으로 상승된 K 점수는 자신의 심리적 문제를 다룰 수 있는 능력이 있으며 적절한 수준의 자아강도나 현실감각이 있음을 나타내준다.

임상 척도	
건강염려증(Hs)	신체기능에 대한 과도한 불안이나 집착 같은 신경증적인 걱정이 있는지를 알아보려는 것이다. 실제로 기질적인 원인이 있는지 없는지와는 관계없이 '신체적 증상에 대한 과도한 관심과 염려'를 나타낸다.
우울증(D)	우울증상을 측정하기 위한 것으로 슬픔, 사기저하, 미래에 대한 비관적인 생각, 무기력 및 절망감 등을 나타낸다.
히스테리(Hy)	심리적 고통을 회피하는 방법으로 부인을 사용하는 정도를 측정한다.
반사회성(Pd)	공격성의 정도를 나타낸다. 가족이나 권위적 대상에 대한 불만, 일탈행동, 성 문제, 자신 및 사회와의 괴리, 일상생활에서의 권태 등이 이 척도에서 측정하는 주요대상이다.
남성성–여성성 (Mf)	직업과 취미에 대한 흥미, 심미적이고 종교적인 취향, 능동성과 수동성 그리고 대인관계에서의 감수성에 대한 내용을 포함하고 있다.
편집증(Pa)	대인관계 예민성, 피해의식, 만연한 의심, 경직된 사고, 관계망상 등을 포함하는 편집증의 임상적 특징을 평가하는 것이 주된 목적이다.
강박증(Pt)	강박적 행동을 측정하는 것 외에 자기비판, 자신감의 저하, 주의집중 곤란, 우유부단 및 죄책감 등을 측정한다.
정신분열증(Sc)	이 척도의 점수가 높을수록 정신적으로 혼란되어 있음을 나타낸다.
경조증(Ma)	정신적 에너지를 측정하는 척도로서 이 척도가 높은 사람들은 정열적이고 자신만만하며 자신을 과대평가한다. 예민성이나 부정적인 정서를 부인하는 특징을 보인다.
내향성(Si)	그 사람이 혼자 있는 것을 선호하는가, 아니면 다른 사람들과 함께 있는 것을 선호하는가를 측정하는 척도이다.

2. MBTI

① 검사 특징

MBTI(Myers-Briggs Type Indicator)는 C.G.Jung의 심리유형론을 근거로 하여 일상생활에 유용하게 활용할 수 있도록 고안된 자기 보고식 성격유형지표이다.

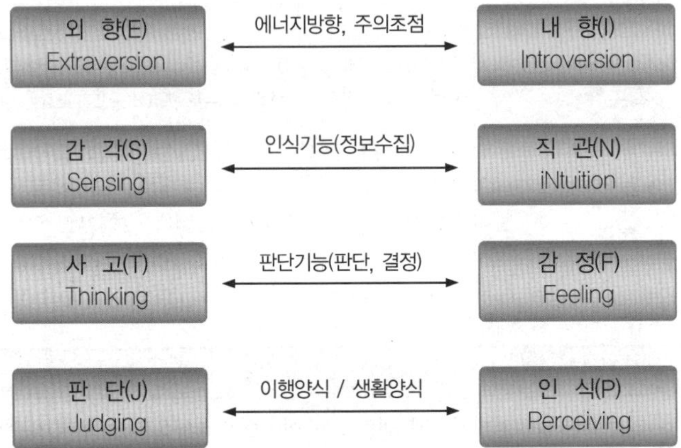

② 검사의 구성

선호지표	내용	대표적 표현	
외향형 (Extraversion)	폭넓은 대인관계를 유지하며 사교적이고 정열적이며 활동적이다.	• 자기 외부에 주의집중 • 정열적, 활동적 • 경험한 다음에 이해	• 외부활동과 적극성 • 말로 표현 • 쉽게 알려짐
내향형 (Introversion)	깊이 있는 대인관계를 유지하며 조용하고 신중하며 이해한 다음에 경험한다.	• 자기 내부에 주의집중 • 조용하고 신중 • 이해한 다음에 경험	• 내부활동과 집중력 • 글로 표현 • 서서히 알려짐
감각형 (Sensing)	오감에 의존하여 실제의 경험을 중시하며 지금, 현재에 초점을 맞추고 정확하고 철저하게 일을 처리한다.	• 지금, 현재에 초점 • 정확, 철저한 일처리 • 나무를 보려는 경향	• 실제의 경험 • 사실적 사건묘사 • 가꾸고 추수함
직관형 (iNtuition)	육감이나 영감에 의존하며 미래지향적이고 가능성과 의미를 추구하며 신속, 비약적으로 일을 처리한다.	• 미래 가능성에 초점 • 신속비약적인 일처리 • 숲을 보려는 경향	• 아이디어 • 비유적, 암시적 묘사 • 씨뿌림
사고형 (Thinking)	진실과 사실에 관심을 갖고 논리적이고 분석적이며 객관적으로 판단한다.	• 진실, 사실에 관심 • 논거, 분석적 • 규범, 기준 중시	• 원리와 원칙 • 맞다, 틀리다 • 지적 논평
감정형 (Feeling)	사람과 관계에 관심을 갖고 상황적이며 정상을 참작한 설명을 한다.	• 사람, 관계에 관심 • 상황적, 포괄적 • 나에게 주는 의미 중시	• 의미와 영향 • 좋다, 나쁘다 • 우호적 협조

선호지표	내용	대표적 표현
판단형 (Judging)	분명한 목적과 방향이 있으며 기한을 엄수하고 철저히 사전계획하며 체계적이다.	• 정리정돈과 계획 　• 의지적 추진 • 신속한 결론 　　　• 통제와 조정 • 분명한 목적의식과 방향감각 • 뚜렷한 기준과 자기의사
인식형 (Perceiving)	목적과 방향은 변화 가능하고 상황에 따라 일정이 달라지며 자율적이고 융통성이 있다.	• 상황에 맞추는 개방성 　• 이해로 수용 • 유유자적한 과정 　　　• 융통과 적응 • 목적과 방향은 변화할 수 있다는 개방성 • 재량에 따라 처리될 수 있는 포용성

3. CPI

① 검사 특징

CPI(California Psychological Inventory)는 해리슨 고프(Harrison G. Gough) 박사가 개발한 성격측정도구로서, 인간의 행동을 예측하기 위해 전 세계에서 널리 사용되고 있는 검사이다. 14세 이상의 일반 정상인을 대상으로 개발되었으며, MBTI와 마찬가지로 집단으로 실시할 수도 있고 개인별로 실시할 수도 있다.

② 검사의 구성

CPI는 모두 434개 항목으로 구성되어 있는데, 각 항목은 하나의 문장으로 이루어져 있다. 응답자는 이 문장을 읽고 문장이 설명하는 내용이 자신에게 잘 맞는지, 맞지 않는지를 응답하게 된다. 이렇게 하여 나온 결과는 응답자의 성격 특성을 20개의 척도로 구분하여 설명한다.

안정감, 자신감, 대인관계 성향에 대한 측정	1. Dominance
	2. Capacity for Status
	3. Sociability
	4. Social Presence
	5. Self-acceptance
	6. Independence
	7. Empathy
규범 지향성과 가치에 대한 측정	8. Responsibility
	9. Socialization
	10. Self-control
	11. Good Impression

규범 지향성과 가치에 대한 측정	12. Communality
	13. Well-being
	14. Tolerance
인지적, 지적 기능에 대한 측정	15. Achievement via Conformance
	16. Achievement via Independence
	17. Intellectual Efficiency
역할과 개인적 스타일에 대한 측정	18. Psychological-mindedness
	19. Flexibility
	20. Femininity / Masculinity

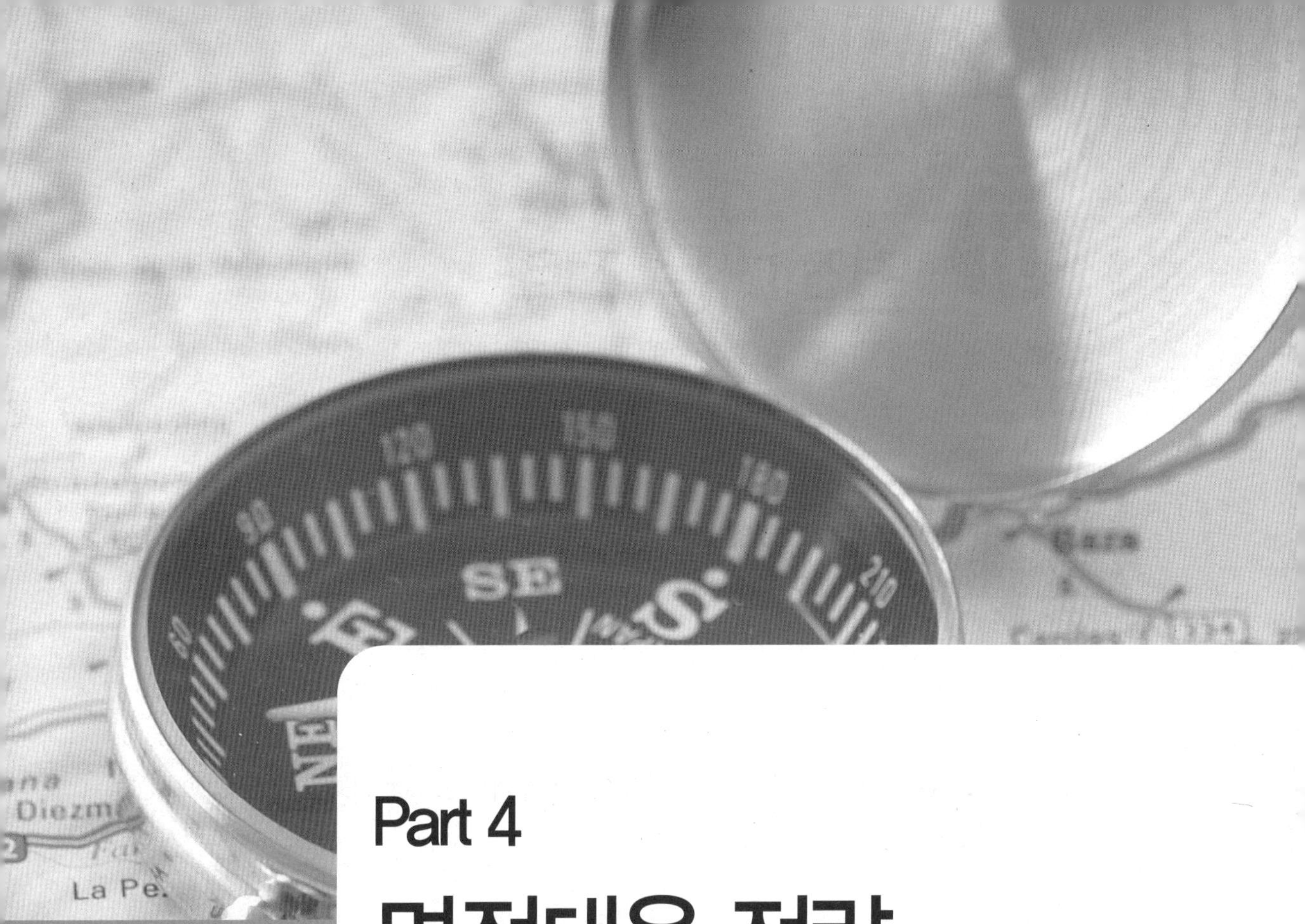

Part 4

면접대응 전략

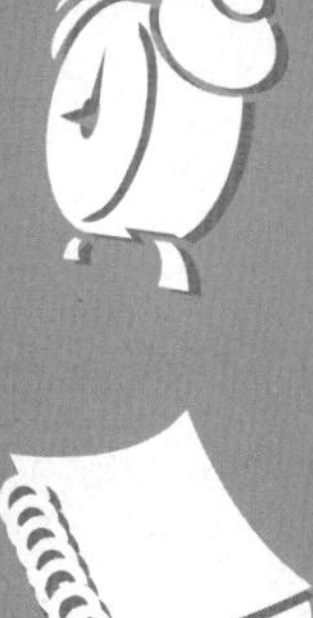

Chapter 01 면접대응 전략

01 면접평가 특징 및 진행개관

부사관 선발 면접평가의 가장 큰 특징은 각 주제별로 시험장소가 구분되어 있고 편성된 조별로 각각의 시험장을 1개실씩 이동하면서 평가를 받게 된다는 것이다. 따라서 각 실별로 면접자가 모두 다르고 해당 면접자들은 지원자들에 대해 동일 평가항목을 상대적으로 평가하기 때문에 좀 더 객관성이 높다고 볼 수 있다.

(1) 평가내용

① 국가관, 리더십, 품성, 표현력, 핵심가치

인성검사는 필기평가 시 작성한 다면적 인성검사(MMPI-II) 결과를 적용, 면접평가 시 최종 합격, 불합격 판정

② 가산점 증빙서류 : 면접평가 시 참고

(2) 응시자 유의사항

① 차림과 머리는 단정하게 하여 참석

대부분 양복을 입고 오지만 양복이 없다면 굳이 사서 입을 필요는 없다. 단정한 옷차림이면 충분하다. 다만 반바지, 찢어진 바지, 혐오감이 있는 무늬의 옷, 긴 머리, 다량의 왁스 등 어른들이 보기에 조금이라도 거부감이 느껴지는 것은 피해야 한다.

② 발음은 또박또박 크게 하고, 자세는 항상 단정하게 유지

목소리가 작은 것은 감점요인이 될 수 있다. 의자에 등을 붙이고 두 손은 무릎 위에 가볍게 주먹을 쥔 상태로 올려 바른 자세를 유지한다. 모든 답변은 육하원칙에 의거하며 간결하고 논지가 분명해야 한다. 특히 면접관은 군인이므로 흔히 우리가 이야기하는 "다, 나, 까"의 군대식 말투로 하는 것이 좋다. 또한, 절도 있는 목소리로 끊어서 말하는 것에

유의하며 "인데요", "아닌데요", "그럴거예요", "잘 모르겠는데요" 등의 말투는 절대 삼가
도록 한다.

③ 수험표는 상의 왼쪽 가슴 부분에 붙이고, 신분증을 지참하여 참석

수험표 및 신분증을 지참하지 않은 경우에는 면접평가에 참석할 수조차 없으므로 빠뜨리
지 않도록 주의한다.

02 면접평가 시험장별 평가

(1) 제1시험장 – 집단토론(2개조 1실)

① 보통 3명이 1조로 이루어져 면접을 진행하게 된다. 수험번호가 가장 빠른 사람이 조장을
맡게 되는데 조장은 입퇴실 시 면접관들에게 '차렷'과 '경례'의 구령을 해야 하고 모든 질
문에 가장 먼저 대답하게 된다.

② 집단토론의 경우에는 보통 2개 조 6명이 함께 진행하는 토론방식이다. 일단 빈 교실로
안내를 받아 토론 준비를 하게 되는데 총 여섯 개의 책상이 배치되어 있고 각 좌석에는
A4 용지와 볼펜 한 자루가 비치된다. 주제는 응시자 중 한 사람이 제비뽑기 형식으로 뽑
아서 결정하는 것이 보통이다.

③ 준비시간은 대략 10분 정도 주어지고 각자 찬성과 반대 입장에서 토론 내용을 정리하여
준비한다.

④ 준비가 끝나면 면접장에 입실하게 되는데 책상 없이 의자 6개에 수험번호대로 착석한다.
면접관이 시험방법에 대해 간략하게 이야기를 하고 나면 바로 시작된다. 1인당 2분씩 발
언 기회가 주어지고 각자 입장 발표 후 토론을 시작한다. 의견 발표 시 2분이란 시간은
정확히 2분을 말하는 것으로 시간에 주의한다. 면접관 중 1명이 초시계로 시간을 체크하
고 있기 때문에 거기에 신경이 분산되면 더 떨리고 실수할 가능성이 높으므로 주의한다
(면접장에 따라 1분만 주어지는 경우도 있다).

⑤ 토론 주제로는 "정부의 개발 사업과 환경 문제 찬반", "북의 로켓발사와 우리 정부의 대
응" 등 시사 현안은 물론, "이순신 장군의 리더십 평가" 등 리더 관련 내용도 주어질 수
있다. 또 두 가지 주제를 뽑아 이 중에 한 개를 선택할 수 있게 하기도 한다.

⑥ 집단토론에서는 무조건 두 번은 발언을 해야 한다. 훈육관은 무조건 한 번 이상 발언해

야 한다고 하지만 처음 시작 시 본인 입장을 발표하는 발언 기회가 주어지므로 한 번은 발언한다. 따라서 좋은 점수를 얻기 위해서는 두 번 발언을 해야 하는데 토론에 들어가게 되면 발언 기회를 얻는 것은 본인이 하기 나름이다. 다른 지원자의 주장에 대한 반박을 한 번은 해야 한다는 점에 유의하면서 10분의 준비시간에 자신의 의견 정리뿐 아니라 상대방의 예상되는 의견에 대한 반박 논리를 한 가지는 준비하도록 하자.

평가 항목	착안점	평가 및 배점				
		수 (10점)	우 (8점)	미 (6점)	양 (4점)	가 (2점)
표현력 (30점)	적절한 어휘를 구사하며 표현은 간결하고 명확한가?					
	발음이 분명하며 이해하기 쉽게 표현하는가?					
	시선은 안정되어 있으며 자세는 침착한가?					
논리성 (30점)	주제를 정확히 이해하고 있으며 논점을 유지하는가?					
	주장 내용이 논리적이며 합당한 근거를 제시하는가?					
	타인 주장의 핵심을 이해하고 합당하게 대응하며 순발력있는 판단을 하는가?					
사회성 (30점)	토론의 진행에 협조하며 분위기를 리드하는가?					
	토론을 진행하면서 남에게 합리적인 결론을 유도하는가?					
	다른 참여자의 의견을 경청하는가?					

(2) 제2시험장 – 지원동기, 성장환경(가족 사항), 희생정신(봉사 사례)

① 일반적인 개인면접의 형식과 동일하고 3명의 면접관이 각각 서로 다른 질문을 하게 된다.

② 여기서는 지원동기, 성장환경, 희생정신에 대한 질문을 받게 되는데 자주 나오는 질문으로는 "지원동기", "앞으로의 계획", "봉사활동 사례와 느낀점", "개인의 장단점", "국가관", "종교관", "기억에 남는 슬펐던 일" 등이 있다.

③ 제2시험장에서 받게 되는 질문의 바탕이 되는 것은 바로 본인이 작성한 지원서이다. 의외로 지원서에 작성한 내용을 제대로 기억하지 못하는 경우가 많은데 지원서 작성 내용은 필수 암기사항이다. 질문이 확실시되는 자기소개, 지원동기 등은 미리 대본으로 만들어 언제 어느 때고 자동으로 나올 수 있을 정도로 암기해서 가는 것이 좋다.

(3) 제3시험장 – 신체균형/자세(O다리), 발성과 발음(dB체크)

① 별도의 책상이나 의자는 없고 일어선 채로 면접을 진행한다.

② 사시, O다리, 귀걸이 착용 여부, 문신, 발성, 발음, 걸음걸이, 제자리뛰기, 팔들어올리기 등을 살펴본다.

③ 측정항목 중 특별히 어려울 것은 없으나 걸음을 걸을 때 바닥을 보게 되면 일자로 걸어지지 않으므로 정면을 응시하는 것이 좋다.

④ 발성과 발음의 측정 기회는 단 한 번이고, 면접관이 소리측정 기계를 들고 있다가 성량을 측정한다. 측정 시 벽면에 보면 구령이 보통 네 가지 정도가 준비되어 있는데 예를 들면 다음과 같은 것이다. – "바람아 불어라"

(4) 제4시험장 – 종합판정

면접 방식은 순발력과 재치를 요구하는 빠른 단답형 형식으로 이루어진다. 보통 3명의 면접관이 앉아 있고 순서대로 한 명씩 질문을 하게 된다. 자주 나오는 질문은 다음과 같다.

① 어떻게 알고 지원했는가?

② 우리의 주적은 누구인가?

③ 부사관이란 무엇인가?

④ 군인이란 무엇인가?

⑤ 장래희망은 무엇인가?

⑥ 자신을 상품으로 내놓았을 때, 자신의 뭘 팔겠는가?

⑦ 북한에 대한 자신의 견해는?

⑧ 최근 이슈되고 있는 ○○○에 대해 자신의 견해를 밝혀보시오.

⑨ 본인이 지금 가장 잘 할 수 있는 것 한 가지를 말해 보시오.

⑩ 우리나라 군사문화에 대한 자신의 견해를 밝혀보시오.

⑪ 본인의 전공과 부사관 선발과의 연관성에 대해 말해 보시오.

⑫ 면접을 본 소감과 마지막으로 하고 싶은 말이 있으면 해보시오.

이 정도의 질문에 대해서는 미리 답변을 준비해야 한다. 이 중에서도 ①과 ②는 100% 나오는 질문이다. 우리의 주적은 무조건 "북한"이라는 점에 주의해서 답한다.

⑥번과 같이 갑자기 순발력을 요구하는 질문을 받을 수 있다. 이때 당황하지 말고 본인의 생각을 차분히 대답하는 것이 중요하다. 어떤 질문에도 당황하지 않도록 해야 하지만 사실 어떤 질

문이 나올지 모르므로 평소 순발력이 많이 떨어지는 사람은 너무 당황스러워 질문에 답하지 못할 경우도 있다. 이를 대비하기 위해 어떻게 답변할 것인지를 준비해 가는 것도 한 방법이다. 실제로 갑자기 "새우깡을 좋아합니까?"라는 질문으로 순발력과 재치를 테스트한 경우도 있다.

Part 5

실전모의고사

제1회 실전모의고사

제2회 실전모의고사

제1회 실전모의고사

정답 및 해설 : P 500

[1교시] 언어능력 총 25문항, 제한시간 20분

01 ~ 03 | 다음 중 밑줄 친 부분의 의미가 다른 것을 고르시오.

01
① 남자가 주변<u>머리</u>가 없어서 큰일이구나.
② 구두쇠는 대부분 인정<u>머리</u>가 없다.
③ 빨리 가고 싶다고 안달<u>머리</u>를 내었다.
④ 어느새 귀밑<u>머리</u>가 하얗게 변했다.
⑤ 아주머니는 참 주책<u>머리</u>가 없다.

02
① 그 <u>사이</u>에 나를 찾아 온 사람이 없었니?
② 그와는 전부터 가까이 지내는 <u>사이</u>이다.
③ 우리 일의 고비는 오늘 내일 <u>사이</u>이다.
④ 눈 깜짝할 <u>사이</u>에 지나가 버렸다.
⑤ 그 아이가 나간 <u>사이</u>에 가방을 열어보았다.

03
① 요즈음 <u>세계</u> 경제는 아주 복잡하다.
② 빙하기에는 눈으로 온 <u>세계</u>가 덮여 있었다.
③ 건실한 기업은 <u>세계</u>가 균형을 이루고 있다.
④ 생물 <u>세계</u>는 먹이사슬로 구성되어 있다.
⑤ 원시 인간의 사회는 약육강식의 <u>세계</u>라 할 수 있다.

04~07 | 주어진 문장의 밑줄 친 어휘, 어구와 같은 의미로 쓰인 것을 고르시오.

04

그는 신발을 <u>벗어</u> 신발장에 넣었다.

① 그는 열흘만 지나면 병역의 의무를 <u>벗는다</u>.
② 혐의를 <u>벗고</u> 출감하다.
③ 모자와 장갑을 <u>벗어</u> 책상 위에 두었다.
④ 번데기가 허물을 <u>벗고</u> 나비가 되다.
⑤ 신참의 때를 <u>벗으려면</u> 1년은 걸린다.

05

다른 사람들에게 주목을 <u>받다</u>.

① 그는 대학원에 진학해 석사 학위를 <u>받았다</u>.
② 날아오는 공을 한 손으로 <u>받다</u>.
③ 선생님에게서 가르침을 <u>받다</u>.
④ 회사에서 월급을 <u>받다</u>.
⑤ 그녀는 밝은 옷이 잘 <u>받는다</u>.

06

학교는 입학 지원자의 감소로 존폐 <u>문제</u>가 거론되었다.

① <u>문제</u>의 정답을 맞히다.
② 이것이 바로 그 <u>문제</u>의 소설이다.
③ <u>문제</u>에 부딪히다.
④ 그는 늘 <u>문제</u>를 일으키는 학생이다.
⑤ 실업 <u>문제</u>가 심각하다.

07 | 불빛이 <u>세서</u> 눈을 뜨기 어렵다.

① 머리가 허옇게 <u>세다</u>.
② 열을 <u>셀</u> 때까지 대답하지 않으면 더 이상 기회가 없다.
③ 투수가 공을 <u>세게</u> 던지다.
④ 오늘은 바람이 <u>세게</u> 분다.
⑤ 물이 <u>세서</u> 빨래를 해도 때가 잘 지지 않는다.

08~10 | 다음 밑줄 친 부분과 가장 가까운 의미를 지닌 것을 고르시오.

08 | 설마 그가 <u>입을 씻고</u> 모른 체 하지는 않겠지.

① 말을 하지 아니하다.　　　② 같은 의견을 말하다.
③ 말을 함부로 옮기다.　　　④ 말만 그럴듯하게 잘하다.
⑤ 시치미를 떼다.

09 | 그는 자신의 모습이 <u>면구한</u> 듯이 고개를 숙이고 머리를 긁적거렸다.

① 약하다.　　　　　　② 보잘것없다.
③ 부끄럽다.　　　　　④ 쓸쓸하다.
⑤ 자랑스럽다.

10 | 그는 밥 한 공기를 <u>눈 깜짝할 사이</u>에 먹어 치웠다.

① 찰나　　　　② 태연　　　　③ 어색
④ 민망　　　　⑤ 불쾌

11~13 | 주어진 지문의 밑줄 친 ㉠과 같은 의미로 사용된 것을 고르시오.

11

책임에 따른 책망에는 타책과 자책, 두 종류가 있다. 타책이 일이 잘 성사되지 않은 책임을 다른 사람이나 환경에 ㉠ 돌리는 것이라면, 자책은 그 책임을 스스로에게 돌리는 것이다. 성공한 사람들은 한 사람의 예외도 없이 자책하는 사람이다. 이들은 고민할 만큼 고민하고 필요하다면 다른 사람의 도움을 받기도 하지만, 처음부터 실패한 원인을 다른 사람의 탓으로 돌리지 않는다.

① 이웃에게 이사 떡을 돌리다.
② 제발 말을 돌리지 말고 용건만 간단하게 말해라.
③ 화제를 다른 것으로 돌리려고 애를 썼다.
④ 자신의 실수를 동료에게 돌리다.
⑤ 결재를 내일로 돌리다.

12

옛날 황희 정승이 공사를 마치고 퇴장하니, 그 딸이 마중하여 묻기를, "아버지, 이라는 벌레를 아시지요? 이가 어디에서 생깁니까? 옷에서 생기지요?"

"그렇지."

딸이 웃으며 말하기를 "내가 참말로 이겼다."

며느리가 ㉠ 묻기를, "이가 피부에서 생기는 것이지요?"

"옳고 말고."

며느리가 웃으며 말하기를,

"누가 대감더러 슬기롭다 말할 것입니까? 시비곡직을 다투는 데 양쪽 모두 옳다고 하시니."

황 정승이 어이가 없어 빙그레 웃으며 말하기를,

"너희들 이리 오너라 . 무릇 이란 벌레는 피부가 아니면 태어나지 못하고 옷이 아니면 붙어 있지 못하기 때문에 두 사람의 말을 다 옳다고 한 것이니라. 그렇긴 하여도 옷을 농 안에 넣어 두어도 또한 거기에 이가 있으며, 너희들이 발가벗고 있더라도 오히려 가려울 것이니라. 피부에 땀냄새가 물씬물씬 나고 옷에 풀냄새가 풀풀 나는 것 중에 어느 한 쪽에 떨어지지 않고, 어느 한 편에 붙지도 않는 바로 피부와 옷의 중간에 있느니라."

① 친구에게 문제 푸는 방식에 대해 <u>묻다</u>.

② 이번 조사 과정에서는 모든 부서에 그 책임 소재를 <u>묻겠습니다</u>.

③ 나는 접어 든 우산에 <u>묻은</u> 물을 홱홱 뿌리면서 집으로 돌아왔다.

④ 밥을 식지 않게 아랫목에 <u>묻다</u>.

⑤ 지친 몸을 침대에 <u>묻다</u>.

13

> "장인님! 인젠 저……"
>
> 내가 이렇게 뒤통수를 긁고, 나이가 찼으니 성례를 시켜줘야 하지 않겠느냐고 하면 대답이 늘,
> "이 자식아! 성례구 뭐구 미처 자라야지!"하고 만다.(중략)
>
> "제에미 키두"하고 논둑에다 침을 툇, 뱉는다. 아무리 잘 봐야 내 겨드랑이 밑에서 넘을락말락 밤낮 요 모양이다. 개 돼지는 푹푹 크는데 왜 이리도 사람은 안 크는지, 한동안 머리가 아프도록 궁리도 해 보았다. 아하, 물동이를 자꾸 이니까 뼈다귀가 움츠라드나 보다 하고 내가 넌즈시 그 물을 대신 길어도 주었다. 뿐만 아니라 나무를 하러 가면 서낭당에 돌을 올려놓고 '점순이의 키 좀 크게 해 줍소사. 그러면 담엔 떡 갖다 놓고 고사드립죠니까.'하고 치성도 한두 번 드린 것이 아니다. 어떻게 돼 먹은 킨지 이래도 막무가내니……
>
> 　그래 내 어저께 싸운 것이지 결코 장인님이 밉다든다 해서가 아니다. 모를 붓다가 가만히 생각을 해 보니까 또 ㉠ <u>싱겁다</u>. 이 벼가 자라서 점순이가 먹고 좀 큰다면 모르지만 그렇지도 못한 걸 내 심어서 뭘 하는 거냐. 해마다 앞으로 축 거불지는 장인님의 아랫배(가무 먹는 걸 <u>모르고</u> 냇병이라나, 그 배)를 불리기 위하여 심곤 조금도 싶지 않다.

① 그는 괜히 <u>싱겁게</u> 잘 웃는다.

② 물을 많이 넣어 국이 <u>싱겁다</u>.

③ 약을 재탕하면 <u>싱겁게</u> 된다.

④ 아무도 대꾸가 없자 그는 좀 <u>싱거워진</u> 모양이었다.

⑤ 그 사진은 잡지 표지치고는 좀 <u>싱겁다</u>.

14~15 | 다음 지문의 ( ) 안에 알맞은 말을 순서대로 나열한 것을 고르시오.

14

전세 마련도 쉽지 않았다. 도시근로자가 (　　) 모아 서울 25평형(평균가 1억 1,325만 원)짜리 전셋집을 (　　) 필요한 (　　)은 총 3년으로 연 대비 3개월이 (　　), 32평형은 4년 5개월로 6개월 (　　).

① 월급을 – 준비하는 데 – 시간 – 길어졌고 – 짧아졌다
② 임금을 – 마련하는 데 – 기간 – 늘어났고 – 길어졌다
③ 월급을 – 마련하는 데 – 시간 – 길어졌고 – 늘었다
④ 월급을 – 마련하는 데 – 기간 – 길어졌고 – 늘었다
⑤ 임금을 – 마련하는 데 – 기한 – 길어졌고 – 늘어났다

15

영어 사교육을 (　　) 시기에 사교육비를 월 30만 원 이상을 쓰는 학생들은 33.5%가 초등학교 입학 전이라고 답했다. 10만 원 미만인 학생들은 12.7%만 초등학교 입학 전이라고 했고, 18.1%는 학교수업 외엔 배운 적이 없다고 대답했다. (　　) 초등 3~4학년에 (　　) 시작하는 아이들이 36.8%로 가장 많았다. 4학년 이전이라는 (　　) 78.3%로 가장 많았다. 17.4%는 입학 이전부터 (　　) 답했다.

① 시작하는 – 평균적으로는 – 처음 – 대답이 – 배웠다고
② 배우는 – 전체적으로는 – 처음 – 응답이 – 알았다고
③ 알아가는 – 평균적으로는 – 처음 – 대답이 – 알았다고
④ 시작하는 – 전체적으로는 – 처음 – 대답이 – 외웠다고
⑤ 시작하는 – 전체적으로는 – 처음 – 응답이 – 배웠다고

16 다음 글에서 추론할 수 있는 진술로 가장 옳은 것을 고르시오.

비행기는 하늘을 나는 새와 바다 속을 유영하는 물고기를 보고 모양새를 창안해 냈다고 한다. 최초의 비행기는 새를 모방함으로써 하늘을 날 수 있게 되었다. 그러나 비행기의 엔진이 점차 강력해짐에 따라 새의 날개가 지닌 양력(揚力)쯤은 별로 중요하지가 않게 되었다. 초보 단계의 비행기 설계에서는 어떻게 바람의 힘을 이용하는가 하는 문제가 커다란 과제였지만, 더 발달된 비행기에서는 어떻게 바람의 영향을 덜 받고 날 수 있는가 하는 문제가 중요한 과제로 부각되었던 것이다. 이 때 비행기는 오징어의 추진 원리를 응용했다. 오징어는 힘차게 물을 분사해 얻어진 힘으로 물살을 가르고 나아가는데, 이것을 본떠서 비행기의 날개를 좀 더 작게 만들어 뒤에 다는 방식으로 디자인의 진보가 이루어졌다. 비행기를 만들 때에는 하늘에 떠 있어야 한다는 대전제에 충실해야 하므로, 모양새보다는 기능에 충실해질 수밖에 없었다. 따라서 비행기의 작은 날개조차도 철저하게 기능 위주로 설계된 것이다.

① 초보 단계에서는 어떻게 바람의 영향을 덜 받고 날 수 있는가가 문제로 부각되었다.
② 비행기 디자인은 날개를 크게 만드는 방식으로 발전되었다.
③ 비행기를 만들 때에는 하늘에 떠 있는 것에 충실해야 한다.
④ 최초의 비행기는 물고기를 모방함으로써 만들어졌다.
⑤ 초기의 비행기는 기능보다는 모양새에 중점을 두고 제작하였다.

17 다음 글의 내용과 일치하지 않는 것을 고르시오.

초창기 판유리의 제조 공정은 '원료 배합 → 용융 → 성형 → 서랭* → 연마 → 광택'의 과정을 거쳤다. 이 제조 방법은 각 공정이 서로 분리되어 있었을 뿐 아니라 숙련공 의존도가 매우 높았기 때문에 생산 비용 또한 높을 수밖에 없었다. 그런데 1880년경 탱크가마 기술이 개발됨으로써 판유리 제조 공정에 일대 혁신이 일어났다. 판유리 제조에서 최초의 기술 혁신으로 손꼽히는 이 기술은 한 쪽에서 판유리의 원료를 주입하면 다른 쪽에서 액체 유리가 나와 주형(鑄型)으로 가도록 탱크가마를 설계함으로써, 원료 배합과 용융을 하나의 공정으로 묶어 버렸다. 그 결과 생산성은 두 배로 향상되었고,

숙련공 의존도도 그만큼 감소하였다.

　1959년경에 또 한 번의 도약이 있었는데, 필킹턴이라는 유리 제조 업체가 개발한 플로트 공정이 그것이다. 이 공정에서는 탱크가마에서 나온 녹은 유리가 곧바로 주석 욕탕 위를 지나도록 만들었다. 그리고 주석 욕탕 위를 통과하는 녹은 유리는 판유리 모양으로 성형되면서 점점 앞으로 나아가, 서랭 터널 속에서 롤러에 의해 운반되어 절단되기 전의 상태로 배출된다. 주석 욕탕 덕분에 연마나 광택 과정이 필요 없어진 이 혁신적인 공정에서는 원료 배합 및 용융, 성형, 서랭의 세 단계가 연속적인 하나의 공정이 되었다. 그 결과 생산성이 현저히 증가하면서, 생산 라인의 길이를 절반 이상 줄일 수 있었고, 노동 비용의 80%, 에너지 비용의 50%를 절감할 수 있었다.

　하지만 기술 혁신을 통한 생산성 향상 시도가 곧바로 수익성 증가로 이어지는 것은 아니다. 기술 혁신 과정에서 비용이 급격히 증가하거나 생각지도 못한 위험이 수반되는 경우가 종종 있기 때문이다. 만약 필킹턴 사 경영진이 플로트 공정의 총개발비를 사전에 알았더라면 기술 혁신을 시도하지 못했을 것이라는 필킹턴 경(卿)의 회고는 이를 잘 보여 준다. 필킹턴 사는 플로트 공정의 즉각적인 활용에도 불구하고 그동안의 엄청난 투자 때문에 무려 12년 동안 손익 분기점에 도달하지 못했다고 한다.

* 서랭(徐冷) : 서서히 냉각시킴

① 플로트 공정 활용이 곧바로 수익성 증가로 이어지지 않은 것은 과다한 투자비 때문이다.

② 플로트 공정이 개발되자 필킹턴 사는 곧바로 기존의 공정을 플로트 공정으로 교체했다.

③ 필킹턴 사는 플로트 공정 개발비를 회수하는 시간이 그렇게 오래 걸릴 줄 미처 예상하지 못했다.

④ 기술 혁신 비용에 관한 정확한 정보가 있었다면 필킹턴 사는 아마 플로트 공정 개발에 착수하지 않았을 것이다.

⑤ 필킹턴 사가 아니더라도 새로운 유리 제조 공정의 필요성을 알고 있었던 누군가가 플로트 공정을 개발했을 것이다.

18 다음 글의 제목(또는 주제)으로 적절한 것을 고르시오.

논문을 작성할 때, 필자의 논지를 증명하기 위한 논거나 남의 글에 대한 비판의 자료로 삼기 위해 문헌이나 다른 사람의 논저에서 정보를 가져오는 것을 인용이라고 한다. 논문의 목표는 필자가 정립한 가설을 관련 자료에 의해 입증함으로써 객관적이고, 타당성 있게 독창적인 이론을 수립하는 것이라고 할 수 있다. 또한, 논문은 선행 연구에 기초하여 새로운 견해를 제시하는 것이란 점에서, 논문을 작성하는 과정에서는 다양한 참고자료와 다른 사람의 글이 인용되기 마련이다. 논문의 생명은 독창성이라고 할 수 있는데 이런 독창성이 충분한 객관성을 확보하여 설득력을 얻기 위해서는 적절한 인용이 필요하다. 즉, 자신과 동일한 입장에 있는 권위 있는 주장이나 구체적인 자료를 인용하여 자신의 논지를 입증할 수도 있고, 자신과 다른 입장에 서 있는 사람의 글을 인용하여 이를 해석하고 비판함으로써 자신의 논의를 보다 선명하게 전개할 수도 있다.

① 인용의 필요성   ② 인용의 비윤리성
③ 인용의 개념과 목적   ④ 인용과 독창성의 문제
⑤ 인용의 비판성

19 다음 제시문의 논증 구조를 잘 파악하고 있는 것을 고르시오.

㉠ 임대료는 임금처럼 경제성장률을 따라 커지는 게 원칙이다. 이것을 분양 당시 계약조건으로 넣어야 한다.

㉡ 지대시장제는 임대료를 매년 시장가치대로 징수하는 것이다.

㉢ 곧 토지임대료는 시장가격에 준하며(90∼100% 선으로 하고) 100%를 넘지는 않는다는 것을 엄격하게 정하고 지키는 것이다.

㉣ 시장 임대료의 90%만 징수해도 이 제도는 큰 효과를 볼 수 있다.

① ㉠은 ㉣과 반의관계이다.   ② ㉢은 ㉡과 반의관계이다.
③ ㉠과 ㉢은 대등한 관계이다.   ④ ㉣은 ㉢과 반의관계이다.
⑤ ㉣은 ㉠과 대등한 관계이다.

20

가. 임금 노동자의 정당한 몫은 어디까지냐는 게 그것이다.

나. 그래서 이공계 인력 육성을 고려하면서 절충을 모색해야 한다는 지적들이 나오곤 한다.

다. 논란에서 가장 두드러진 쟁점은 국가 경쟁력과 개인의 권리 사이의 충돌이다.

라. 기업이나 연구소가 임금을 지급했다는 이유로 노동자들의 지식과 창조적 산물 전체 또는 대부분의 권리를 주장할 수 있는 건가?

마. 하지만 이 논란엔 더 보편적인 쟁점이 밑에 깔려 있다.

① 나-마-다-라-가　　　　② 다-나-마-가-라
③ 다-마-가-라-나　　　　④ 나-다-마-라-가
⑤ 라-가-나-다-마

21

가. 따라서 증세는 집권세력에게 정치적 타격을 주게 될 가능성이 높다.

나. 그러나 양극화는 구조적 경제 변화의 산물이라는 점에서 세제개편만으로는 한계가 있다.

다. 증세가 사회복지 강화에 필요한 재정의 확대를 가능하게 한다는 점에서는 유효한 수단이다.

라. 증세가 결국은 소득이 100% 노출되는 봉급생활자의 호주머니를 주된 대상으로 삼게 된다는 점에서 그 피해는 봉급생활자 전반에 파급될 소지가 크다.

① 가-다-라-나　　　　② 다-나-가-라
③ 나-다-가-라　　　　④ 라-가-다-나
⑤ 다-가-라-나

22 다음 제시된 문장에 이어지는 글의 순서로 가장 적절한 것을 고르시오.

> 그러므로 어느 의미에서는 고정불변(固定不變)의 신비(神秘)로운 전통이라는 것이 존재(存在)한다기보다 오히려 우리 자신이 전통을 찾아내고 창조(創造)한다고도 할 수가 있다. 따라서 과거에는 훌륭한 문화적 전통의 소산(所産)으로 생각되던 것이, 후대(後代)에는 버림을 받게 되는 예도 허다하다.
>
> 가. 비단, 연암의 문학만이 아니다.
>
> 나. 연암의 문학은 바로 그러한 예인 것이다.
>
> 다. 한편, 과거에는 돌보아지지 않던 것이 후대에 높이 평가(評價)되는 일도 한두 가지가 아니다.
>
> 라. 우리가 현재 민족 문화의 전통과 명맥(命脈)을 이어준 것이라고 생각하는 것이 모두 그러한 것이다.
>
> 마. 신라(新羅)의 향가(鄕歌), 고려(高麗)의 가요(歌謠), 조선시대(朝鮮時代)의 사설시조(辭說時調), 백자(白瓷), 풍속화(風俗畫) 같은 것이 다 그러한 것이다.

① 가-나-다-라-마 ② 나-가-다-마-라

③ 다-나-가-라-마 ④ 라-가-나-다-마

⑤ 다-나-라-가-마

23 다음 글에 이어질 내용으로 가장 적절한 것을 고르시오.

> 인류는 그동안 물질의 풍요로움과 생활의 편리함만을 추구하며 살아 왔으며, 20세기의 과학기술은 이러한 보편적인 인류의 욕구를 충족시키기 위한 물질문명의 발달에만 그 목표를 두고 발전해 왔다. 따라서 과학 기술자는 물질문명의 발달에 기여한 바도 크지만, 그에 못지 않게 환경오염 문제를 유발한 책임도 있다고 하겠다.

① 환경오염 문제에 관한 구체적인 해결방안도 역시 과학 기술자들이 제시할 수 있을 것이다.

② 과학 기술자들이 야기한 환경문제 때문에 파국을 맞이할 것이다.

③ 이제는 물질문명의 발달을 목표로 삼아서는 안 된다.

④ 과학 기술자는 물질문명의 발달에 기여한 바가 적다.

⑤ 환경오염으로 인한 구체적인 피해 사례를 한번 알아보자.

24 다음 제시문과 동일한 오류를 범하고 있는 것을 고르시오.

> 시험 전에 치즈를 먹었더니 시험점수가 생각보다 잘 나왔다. 다음에도 시험 전에 치즈를 먹으면 시험 점수는 걱정 없을 것이다.

① "나는 이번에 입사할거야. 지원한 회사의 회장님이 우리 작은 아버지시거든."

② "내가 이번 일에 관해 발설하면 사회적으로 큰 파장이 있을 수 있어."

③ "잠을 자기 전에 손톱을 깎았더니 잠이 잘 왔다. 다음에 잠이 안 와도 손톱을 깎으면 잠이 올 것이니 문제 없을 것이다."

④ "저는 어렸을 적부터 홀로 힘들게 살아왔습니다. 어쩔 수 없이 생긴 일이니 이번 한 번만 눈 감아 주십시오."

⑤ "너는 그런 말할 자격 없어. 넌 더하더라."

25 다음 개요를 보고 글의 통일성을 고려할 때, 내용상 어울리지 않는 문장을 고르시오.

> 논제 – 고용 없는 성장의 원인과 대응 방안
>
> 서론 : 고용 없는 성장이 현실이다. … ①
>
> 본론 : 1. 고용 없는 성장의 원인
>
>   1) 기업의 이익을 위하여 고용 창출보다는 고용 없는 성장을 추구해야 한다. … ②
>
>   2) 고용 없는 성장은 기업의 생존 전략이다. … ③
>
>   2. 고용 없는 성장의 대응 방안 … ④
>
>   1) 고용 없는 성장은 궁극적으로 기업의 생존 기반을 없앤다. … ⑤
>
> 결론 : 고용 창출은 사회의 유지를 위해 반드시 필요한 조건이다.

2교시 자료해석   총 20문항, 제한시간 25분

01 다음 그림은 우리나라 도시와 농촌의 인구 구조 변화에 대한 자료이다. 다음 중 옳지 않은 것은?

● **그림** 인구 구성비 ●

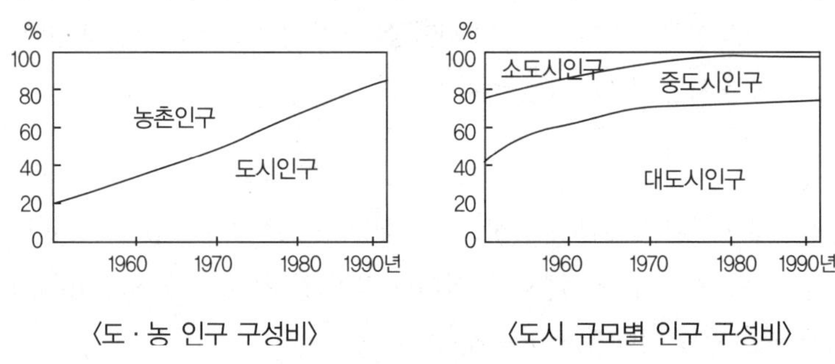

● **표** 인구 이동률 추이 ●

(단위 : %)

구분	1960년대	1970년대	1980년대	1990년대
농촌 ⇨ 도시	0.7	10.0	9.0	8.5
도시 ⇨ 도시	4.0	5.0	10.0	12.5
농촌 ⇨ 농촌	0.1	0.2	0.2	0.3
도시 ⇨ 농촌	0.2	0.8	3.8	4.0
전체(총 인구 이동률)	5.0	16.0	23.0	25.3

* 인구 이동률 = (이동 인구수/5세 이상 인구수)×100

① 1970년대는 이촌향도현상이 주된 인구 이동의 원인이었지만, 1980년 이후로는 인구 이동 중 도시 간 이동이 가장 큰 비중을 차지하였다.

② 도시 중에서 중도시의 인구 구성비는 큰 변화가 없지만, 소도시의 인구비중은 줄어들고 대도시의 인구비중은 늘어나고 있다.

③ 매 기간 농촌에서 농촌으로의 인구 이동 유형이 가장 낮은 비율을 차지한다.

④ 1990년대에는 농촌에서 도시로 이동한 사람보다 도시에서 농촌으로 이동한 사람이 더 많았다.

02 다음은 세계 어느 지역들의 1년간 기수를 나타낸 표이다. 다음 중 옳지 않은 것은?

● 세계 각 지역의 기온 및 강수량 ●

구분		1월	2월	3월	4월	5월	6월	7월	8월	9월	10월	11월	12월	전년
(가)지역	평균기온(℃)	20.1	23.2	27.7	30.3	30.8	30.2	29.2	29.1	29.0	27.9	24.7	20.7	26.9
	강수량(mm)	15.1	24.2	32.8	56.4	123.5	291.7	374.9	345.7	295.9	133.4	23.2	12.3	1729.1
(나)지역	평균기온(℃)	-2.5	-0.3	5.2	12.1	17.4	21.9	24.9	25.4	20.8	14.4	6.9	0.2	12.2
	강수량(mm)	21.6	23.6	45.8	77.0	102.0	133.3	327.9	348.0	137.6	49.3	53.0	24.9	1344.2
(다)지역	평균기온(℃)	9.5	9.7	11.8	15.3	20.2	24.6	26.9	26.6	23.3	18.4	14.4	11.4	17.7
	강수량(mm)	46.1	51.1	43.3	29.2	18.6	10.7	4.5	4.5	12.1	51.6	53.8	66.1	391.6

① (가)와 (나)지역은 여름철 강수량이 많은 것으로 보아 쌀농사에 적합한 고온다습한 기후인 것으로 보인다.

② (가)지역은 1년 내내 기온의 차이는 별로 없으나, 계절에 따라 강수량의 차이가 크게 난다.

③ (다)지역은 여름철에 고온건조하고 겨울철에 다습한 지중해성 기후의 특징을 보인다.

④ 여름(8월 기준)과 겨울(1월 기준)의 기온 차가 큰 순서대로 나열하면 (나)→(가)→(다)의 순이다.

03 다음 표의 내용을 해석한 것 중 적절하지 않은 것은?

(단위 : 천 명)

구분	1980년	2005년	2026년
0 ~ 14세	12,951	9,240	5,796
15 ~ 64세	23,717	34,671	33,618
65세 이상	1,456	4,383	10,357
총인구	38,124	48,294	49,771

① 1980년과 비교해서 2005년 65세 이상 인구도 늘어났지만 15~64세 인구도 늘어났다.

② 1980년과 비교해서 2005년 총인구 증가의 주요 원인은 65세 이상의 인구 증가이다.

③ 1980년에서 2005년까지 총인구 변화보다 2005년에서 2026년까지 총인구 변화가 작을 전망이다.

④ 2005년과 비교해서 2026년에는 0~14세의 인구 감소율보다 65세 이상의 인구 증가율이 더 클 전망이다.

04 다음 표는 사회지표 중 고령취업자에 관한 통계자료이다. 다음의 자료에 대한 해석으로 옳지 않게 추론한 것을 고르시오.

● 고령취업자 수 및 고령취업자 비율 ●

(단위 : 천 명, %)

연도	고령취업자 수	고령취업자 비율				
		계	남	여	농가	비농가
2001년	1,688	11.3	10.8	12.0	24.3	6.8
2002년	2,455	13.6	13.1	14.3	35.9	8.3
2003년	3,069	15.0	14.4	16.0	46.5	10.1
2004년	3,229	15.5	15.0	16.2	48.2	10.7
2005년	3,465	16.3	15.9	17.1	50.2	11.6
2006년	3,273	16.4	15.9	17.0	52.0	10.9
2007년	3,351	16.5	15.8	17.5	53.0	11.4

* 고령취업자 비율 = (고령취업자 수/전체 취업자 수)×100%

① 2007년 비농가에서의 고령취업자의 비율은 11.4%로, 취업자 열 명 중 한 명은 고령자이다.

② 2007년 고령취업률은 농가보다 비농가에서 훨씬 낮다.

③ 2001년 이후 고령취업률의 남녀비교를 살펴보면 여성이 남성보다 높다.

④ 2007년 고령취업자 중 농가취업자의 수가 전체의 약 82%를 차지한다.

05 다음 〈보기〉는 국가별 연구개발 예산의 연도별 변동현황에 관한 자료이다. 표에서 A~E에 해당하는 국가들을 순서대로 나열한 것은?

구분	A	B	C	D	E	영국	평균
1985년	274	4,675	33,319	4,735	7,809	7,110	8,557
1990년	418	7,212	52,141	9,847	9,144	6,726	14,248
1995년	1,026	13,267	63,810	15,547	14,334	8,629	19,435
2000년	2,574	26,574	68,791	22,077	17,337	8,903	24,376
2005년	2,793	30,476	78,664	14,998	12,067	9,936	24,822

㉠ 일본과 독일의 연구개발 예산은 처음에는 비슷한 수준이었으나 시간이 지날수록 격차가 벌어졌다.

㉡ 한국과 일본은 해당 기간 연구개발 예산의 증가율이 아주 높은 편이다.

㉢ 일본과 미국을 제외한 다른 나라들은 한 번도 각 국가 평균 연구개발 예산수준을 넘지 못하였다.

㉣ 프랑스는 현재 독일의 연구개발 예산수준과 가장 비슷하다.

　　A　　B　　C　　D　　E
① 한국 – 독일 – 일본 – 미국 – 프랑스
② 한국 – 일본 – 미국 – 독일 – 프랑스
③ 일본 – 한국 – 미국 – 프랑스 – 독일
④ 미국 – 프랑스 – 독일 – 한국 – 일본

06 다섯 가지 홍차에 대한 소비자 선호도 조사를 정리한 자료이다. 조사는 541명의 동일한 소비자를 대상으로 1차와 2차 구매를 통해 이루어졌다. 이 자료의 설명으로 옳은 것으로만 묶인 것은?

(단위 : 명)

1차 구매	2차 구매					총계
	A사	B사	C사	D사	E사	
A사	93	17	44	7	10	171
B사	9	46	11	0	9	75
C사	17	11	155	9	12	204
D사	6	4	9	15	2	36
E사	10	4	12	2	27	55
총계	135	82	231	33	60	541

㉠ 대부분 소비자가 그들의 취향에 맞는 홍차를 꾸준히 선택하고 있다.

㉡ 1차에서 A사 제품을 구매한 소비자가 2차 구매에서 C사 제품을 구입하는 경우가 그 반대의 경우보다 더 적다.

㉢ 전체적으로 C사 제품을 구입하는 소비자가 제일 많다.

① ㉠　　　② ㉡, ㉢　　　③ ㉢　　　④ ㉠, ㉢

07 다음 〈표〉는 시도별 지가변동률과 순전입인구 및 주택건설실적 관련 자료이다. 이에 대한 설명으로 〈보기〉 중 옳지 않은 것을 모두 고르면?

● **표1** 시도별 지가변동률 ●

(단위 : %)

구분	1996	1997	1998	1999	2000	2001	2002
전국	0.95	0.31	−13.60	2.94	0.67	1.32	8.98
서울	0.94	0.29	−16.25	2.66	0.05	1.89	15.81
부산	0.40	−0.90	16.52	1.24	−0.53	0.49	3.28
인천	0.78	0.28	−13.79	3.51	1.07	1.77	11.51
광주	1.16	0.67	−10.25	1.30	−0.31	−0.37	1.03
경기도	1.20	1.65	−14.65	4.52	1.92	1.91	13.06

* 지가변동률은 전년대비임

● **표2** 시도별 순전입인구 ●

(단위 : 명)

구분	1996	1997	1998	1999	2000	2001	2002
서울	−211,237	−178,319	−134,013	−81,122	−46,939	−113,949	−106,421
부산	−47,245	−44,437	−40,921	−33,357	−43,694	−41,188	−49,442
인천	12,338	27,040	20,811	1,810	13,165	1,117	230
광주	90	7,425	2,513	2,853	−14	−121	4,355
경기도	252,669	213,748	122,488	174,134	184,026	248,947	315,782

* 순전입인구 = 전입자 − 전출자

● **표3** 시도별 주택건설실적 ●

(단위 : 호)

구분	1996	1997	1998	1999	2000	2001	2002
전국	592,132	596,435	306,031	404,715	433,488	529,854	666,541
서울	104,801	70,446	28,994	61,460	96,936	116,590	159,767
부산	42,600	35,468	21,125	17,319	21,603	38,580	66,400
인천	27,232	19,671	9,042	9,253	20,471	54,547	55,008
광주	16,920	28,311	7,113	6,777	7,935	9,582	20,835
경기도	139,894	139,253	110,633	166,741	123,578	133,259	141,473

─ 보 기 ─

ㄱ. 서울의 지가변동률은 전국의 지가변동률보다 매년 낮았다.

ㄴ. 2000년 이후 서울, 부산, 인천, 광주, 경기도의 지가는 매년 상승하였다.

ㄷ. 1996년부터 2002년까지 서울, 부산, 인천, 광주, 경기도의 연도별 순전입인구의 합은 항상 0보다 컸다.

ㄹ. 1999년 이후 경기도의 순전입인구당 주택건설실적은 지속적으로 감소하고 있다.

① ㄱ   ② ㄴ   ③ ㄱ, ㄴ, ㄷ

④ ㄴ, ㄷ, ㄹ

08 다음 〈그림〉은 국내 정보통신기술 관련 연구개발 활동에 대한 자료이다. 이에 대한 〈보기〉의 설명 중 옳은 것을 모두 고르면?

● 그림1 주체별 특허출원 현황 ●

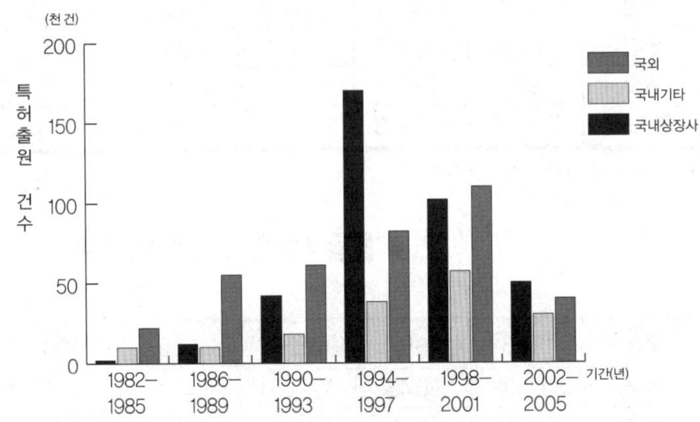

● 그림2 국내 기업의 연구개발 자체부담금 및 정부보조금 ●

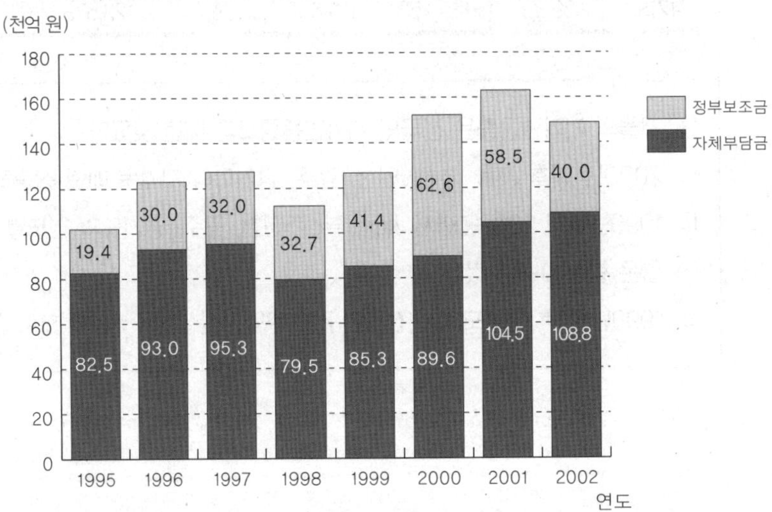

※ 전체 연구개발비 = 자체부담금 + 정부보조금

● 보 기 ●

ㄱ. 정보통신기술 관련 특허출원 전체 건수는 1994~1997년에 가장 많았고 이후 매 기간 감소하였다.

ㄴ. 1994~1997년 이후 매 기간 국내상장사의 정보통신기술 관련 특허출원 건수가 국외에 의한 것보다 많았다.

ㄷ. 전체 연구개발비에서 차지하는 국내 기업의 자체부담금 비율은 1995년 이후 2001년까지 지속적으로 상승하였다.

ㄹ. 전체 연구개발비 중 정부보조금이 차지하는 비율이 가장 높았던 해는 2000년이다.

① ㄱ, ㄴ   ② ㄱ, ㄷ   ③ ㄱ, ㄹ
④ ㄴ, ㄷ

09 다음 〈표〉는 1916~1932년 우리나라 농가호수의 지주, 자작농, 자 · 소작 겸작농, 소작농 구성비에 관한 자료이다. 〈보고서〉의 내용을 참고하여 A, B, C, D에 알맞은 농가유형을 고르면?

● 농가유형별 농가호수 구성비 ●

(단위 : %)

연도＼농가유형	A	B	C	D
1916	20.1	2.5	40.6	36.8
1918	19.6	3.4	39.3	37.7
1920	19.5	3.3	37.4	39.8
1922	19.7	3.7	35.8	40.8
1924	19.5	3.8	34.5	42.2
1926	19.1	3.8	32.5	44.6
1928	18.3	3.7	32.0	46.0
1930	17.6	3.6	31.0	47.8
1932	16.3	3.5	25.4	54.8

※ 조사 기간 동안 전체 농가호수는 변화가 없었음

┌─ 보고서 ───

　일제는 1918년에 완료된 토지조사 과정에서 신고주의원칙에 따라 개인명의의 신고만 인정하고 공유지는 신고를 받아주지 않았다. 그리고 많은 농가는 복잡한 신고절차와 유언비어 등으로 신고를 하지 못하여 토지소유권을 상실하게 되었다.

　토지분배의 불균형은 계속되어 대부분의 토지를 소수집단인 지주가 차지하였으며, 과다한 소작료와 관습적인 규제로 인하여 농민계층은 해가 갈수록 어려운 처지에 처하게 되었다.

　농민소유의 토지는 갈수록 줄어들었으며, 농민들은 자작농업만으로는 생계유지가 곤란하여 자·소작을 겸하는 경우가 더 많았다. 심지어, 지주의 토지에 대한 배타적 권리로 인하여 소작권을 임의로 교체당하기도 하였다.

　농민들은 토지소유권뿐만 아니라 관습상의 영구경작권마저 박탈당하여 기한부계약의 소작농으로 전락하는 사례가 증가하였다.

	A	B	C	D
①	소작농	지주	자작농	자·소작겸작농
②	자작농	지주	소작농	자·소작겸작농
③	자·소작겸작농	지주	자작농	소작농
④	자작농	지주	자·소작겸작농	소작농

10 연구원 M은 학생들의 연습횟수가 수행평가의 결과에 미치는 영향을 알아보기 위하여 A~D반 전원을 대상으로 연구하였다. 다음 〈표〉는 〈작성요령〉에 따라 연구 결과를 학급별로 작성한 것이다. 이에 대한 〈보기〉의 설명 중 옳은 것을 모두 고르면?

───● 작성요령 ●───

(가) ~ (바)에는 조건에 해당하는 인원수를 기입한다. 예를 들어, 연습횟수가 1회인 학생 중 수행평가를 통과한 학생 수는 (가)에, 실패한 학생 수는 (라)에 기입한다.

		연습횟수		
		1회	2회	3회
수행평가	통과	(가)	(나)	(다)
	실패	(라)	(마)	(바)

● 학급별 수행평가 결과 ●

(단위 : 명)

학급	(가)	(나)	(다)	(라)	(마)	(바)	총 인원
A반	6	6	6	3	9	10	40
B반	8	7	10	2	6	8	41
C반	7	8	9	6	5	3	38
D반	3	6	7	6	8	10	40

───● 보 기 ●───

ㄱ. A반의 경우 연습횟수가 많은 집단일수록 집단별 수행평가 통과율이 낮아진다.

ㄴ. A반의 전체 수행평가 통과율은 D반의 전체 수행평가 통과율보다 낮다.

ㄷ. 전체 수행평가 통과율이 가장 높은 학급은 C반이다.

ㄹ. D반의 경우 연습횟수가 많은 집단일수록 집단별 수행평가 통과율이 높아진다.

① ㄱ, ㄷ   ② ㄴ, ㄹ   ③ ㄱ, ㄴ, ㄷ

④ ㄱ, ㄷ, ㄹ

11 표준 업무시간이 80시간인 업무를 각 부서에 할당해 본 결과, 다음과 같은 결과를 얻었다. 어느 부서의 업무효율이 가장 높은가?

● 부서별 업무시간 분석결과 ●

부서명	투입인원(명)	개인별 업무시간 (시간)	회의	
			횟수(회)	소요시간(시간/회)
A	2	41	3	1
B	3	30	2	2
C	4	22	1	4
D	3	27	2	1

$*$ 1) 업무효율 $= \dfrac{\text{표준 업무시간}}{\text{총 투입시간}}$

2) 총 투입시간은 개인별 투입시간의 합임

개인별 투입시간 = 개인별 업무시간 + 회의 소요시간

3) 부서원은 업무를 분담하여 동시에 수행할 수 있음

4) 투입된 인원의 개인별 업무능력과 인원당 소요시간이 동일하다고 가정함

① A   ② B   ③ C   ④ D

12 다음은 우리나라 여성의 경제활동에 대한 2003년 분석 보고서의 일부이다. 다음 보고서를 작성하는 데 사용되지 않은 자료는?

> **보고서**
>
> 1970년대 이후 상승해 온 여성의 경제활동 참가율은 1997년 말 IMF 외환위기로 인하여 1998년에 주춤하였으나 이후 계속 상승하고 있다. 최근에 여성의 경제활동이 증가한 것은 특히 20대 후반 여성의 경제활동 참가율이 상승하였기 때문인 것으로 추정된다. 한편 2003년 여성의 경제활동 참가율을 연령별로 살펴보면, 20대 후반부터 30대 초반까지 줄어들고 30대 후반에 증가하다가 40대 후반에 다시 감소하는 M자 곡선의 형태를 보인다. 30대 초반 여성의 경제활동 참가율 감소는 30세를 전후한 여성의 출산 및 자녀양육에 대한 부담과 관련된 것으로 보인다. 특히, 이러한 경향은 여성의 경제활동 참가에 대해 긍정적이면서도 자녀양육이 주요 고려사항이 되는 사회적 분위기를 반영하는 것으로 판단된다.

① 혼인형태별 평균연령

(단위 : 세)

연도	평균 초혼연령			평균 이혼연령			평균 재혼연령		
	여성	남성	남녀차	여성	남성	남녀차	여성	남성	남녀차
1985	23.4	26.4	3.0	31.3	35.6	4.3	–	–	–
1990	24.8	27.8	3.0	32.7	36.8	4.1	34.0	38.9	4.9
1995	25.4	28.4	3.0	34.6	38.4	3.8	35.6	40.4	4.8
2000	26.5	29.3	2.8	36.6	40.1	3.5	37.5	42.1	4.6
2002	27.0	29.8	2.8	37.1	40.6	3.5	37.9	42.2	4.3
2003	27.3	30.1	2.8	37.9	41.3	3.4	38.3	42.8	4.5

② 여성의 연령별 경제활동 참가율

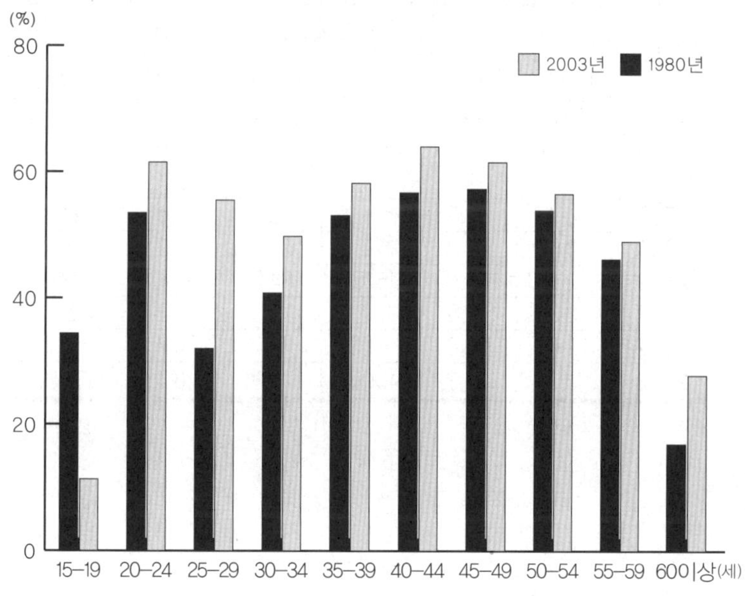

③ 경제활동 참가율 및 실업률

(단위 : %)

연도	전체		여성		남성	
	경제활동 참가율	실업률	경제활동 참가율	실업률	경제활동 참가율	실업률
1970	57.6	4.4	39.3	2.8	77.9	5.3
1995	61.9	2.1	48.4	1.7	76.4	2.3
1996	62.1	2.0	48.9	1.6	76.2	2.4
1997	62.5	2.6	49.8	2.3	76.1	2.8
1998	60.6	7.0	47.1	5.7	75.1	7.8
1999	60.6	6.3	47.6	5.1	74.4	7.2
2000	61.0	4.1	48.6	3.3	74.2	4.7
2001	61.3	3.8	49.2	3.1	74.2	4.3
2002	61.9	3.1	49.7	2.5	74.8	3.5
2003	61.4	3.4	49.9	3.1	74.6	3.6

④ 연령별 출산율 및 합계출산율

(단위 : 명)

연도	연령별 출산율(여성 천 명당)							합계출산율 (가임여성 1명당)
	15~19	20~24	25~29	30~34	35~39	40~44	45~49	
1970	19.3	192.8	320.1	205.4	105.8	46.0	13.1	4.53
1980	12.9	141.4	244.1	106.6	30.6	8.5	2.0	2.83
1990	4.2	83.2	169.4	50.5	9.6	1.5	0.2	1.59
1992	4.7	82.8	188.9	65.1	12.6	1.8	0.2	1.78
1995	3.6	62.9	177.1	69.6	15.2	2.3	0.2	1.65
2000	2.5	39.0	150.6	84.2	17.4	2.6	0.2	1.47
2001	2.2	31.6	130.1	78.3	17.2	2.5	0.2	1.30
2002	2.6	26.6	111.3	75.0	16.7	2.4	0.2	1.17
2003	2.7	24.3	100.5	73.0	16.4	2.5	0.2	1.13

13 다음 〈표〉는 1921~1930년 우리나라의 대일무역 현황을 나타낸 자료이다. 이를 바탕으로 작성한 그래프 중 옳지 않은 것은?

● 우리나라의 대일무역 현황 및 국내총생산 ●

(단위 : 회)

연도	대일수출액(천엔)	대일수입액(천엔)	대일무역총액(천엔)	대일무역 총액 지수	국내총생산(천엔)
1921	197	156	353	100	1,299
1922	197	160	357	101	1,432
1923	241	167	408	116	1,435
1924	306	221	527	149	1,573
1925	317	234	551	156	1,632
1926	338	248	586	166	1,601
1927	330	269	599	170	1,606
1928	333	295	628	178	1,529
1929	309	315	624	177	1,483
1930	240	278	518	147	1,158

$$* \; 대일무역 \; 총액지수 = \frac{당해연도 \; 대일무역총액}{1921년 \; 대일무역총액} \times 100$$

① 당해연도 국내총생산 대비 당해연도 대일무역총액

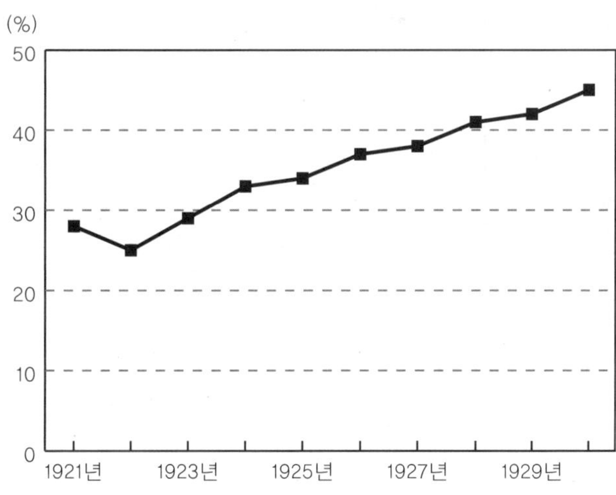

② 연도별 대일무역수지(대일수출액 − 대일수입액)

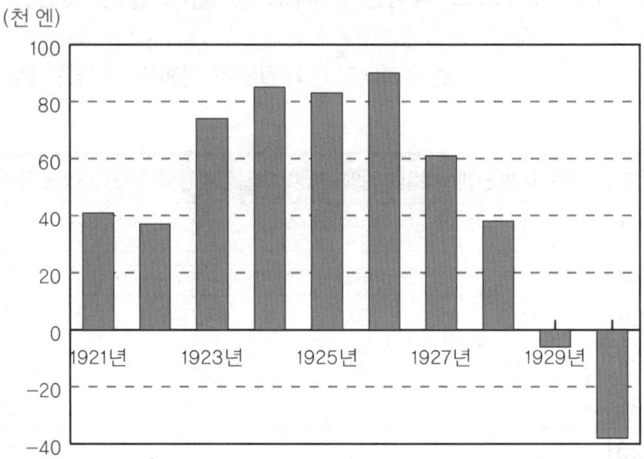

③ 당해연도 국내총생산 대비 당해연도 대일수입액

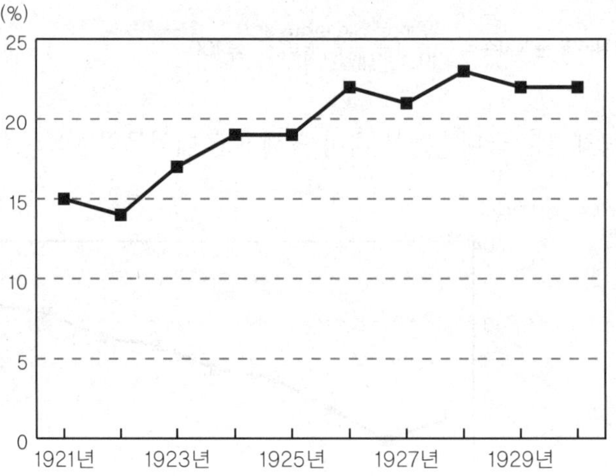

④ 전년 대비 대일무역총액지수 증감률

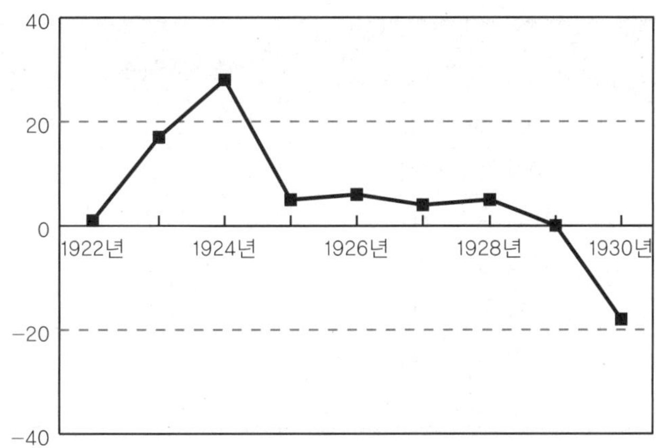

14 다음은 저작물 구입 경험이 있는 초 · 중 · 고등학생 각각 1,000명을 대상으로 저작물 구입 실태에 관한 설문조사를 실시한 결과이다. 이를 바탕으로 작성한 다음 〈보고서〉 내용 중 옳은 것을 모두 고르면?(단, 설문 참여자는 모든 문항에 응답하였다)

● 저작물 구입 경험 현황 ●

(단위 : %)

종류 \ 학교급	초등학교	중학교	고등학교
음악	29.3	41.5	58.6
영화, 드라마, 애니메이션 등 영상물	31.2	34.3	39.6
컴퓨터 프로그램	45.6	45.2	46.7
게임	58.9	57.7	56.8
사진	16.2	20.5	27.3
만화/캐릭터	73.2	53.3	62.6
책	68.8	66.3	82.8
지도, 도표	11.8	14.6	15.0

* 설문조사에서는 구입 경험이 있는 모든 저작물 종류를 선택하도록 하였음

● 정품 저작물 구입 현황 ●

(단위 : %)

정품 구입 횟수 비율 \ 학교급	초등학교	중학교	고등학교
10회 중 10회	35.3	55.9	51.8
10회 중 8~9회	34.0	27.2	25.5
10회 중 6~7회	15.8	8.2	7.3
10회 중 4~5회	7.9	4.9	6.8
10회 중 2~3회	3.3	1.9	5.0
10회 중 0~1회	3.7	1.9	3.6
전체	100.0	100.0	100.0

― 보고서 ―

본 조사결과에 따르면, (ㄱ) 전반적으로 '만화/캐릭터'는 초등학생이 중학생이나 고등학생보다 구입 경험의 비율이 높은 것으로 나타났으며, '컴퓨터 프로그램'이나 '게임'은 학교급 간의 차이가 모두 2% 미만이다. (ㄴ) 위 세 종류를 제외한 나머지 항목에서는 모두 고등학생이 중학생이나 초등학생에 비해 구입 경험의 비율이 높았다. (ㄷ) 초 · 중 · 고 각각 응답자의 절반 이상이 모두 정품만을 구입했다고 응답하였다. 특히, (ㄹ) 모두 정품으로 구입했다고 응답한 학생의 비율은 중학교에서 가장 높으며, (ㅁ) 10회 중 3회 이하로 정품을 구입하였다고 응답한 학생의 비율이 가장 높은 학교급과 가장 낮은 학교급 간의 해당 응답 학생 수 차이는 40명 이상이다.

① ㄱ, ㄴ   ② ㄷ, ㄹ   ③ ㄴ, ㄷ, ㅁ

④ ㄴ, ㄹ, ㅁ

15 다음은 A도시와 다른 도시 간의 인구이동량과 거리를 나타낸 것이다. 인구가 많은 도시부터 적은 도시 순으로 바르게 나열한 것은?

● 도시 간 인구이동량과 거리 ●

(단위 : 천 명, km)

도시 간	인구이동량	거리
A ↔ B	60	2
A ↔ C	30	4.5
A ↔ D	25	7.5
A ↔ E	55	4

* 두 도시 간 인구이동량 $= k \times \dfrac{\text{두 도시 인구의 곱}}{\text{두 도시 간의 거리}}$, (k는 양의 상수임)

① B→C→D→E   ② E→D→C→B   ③ D→E→C→B

④ E→D→B→C

16 다음 도표는 성인의 문해율 및 문맹 청소년에 관한 자료이다. 이에 대한 〈보기〉의 설명 중 옳은 것을 모두 고르면?

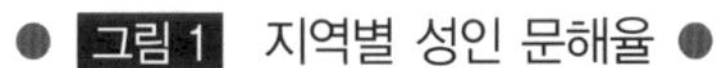

● 그림1 지역별 성인 문해율 ●

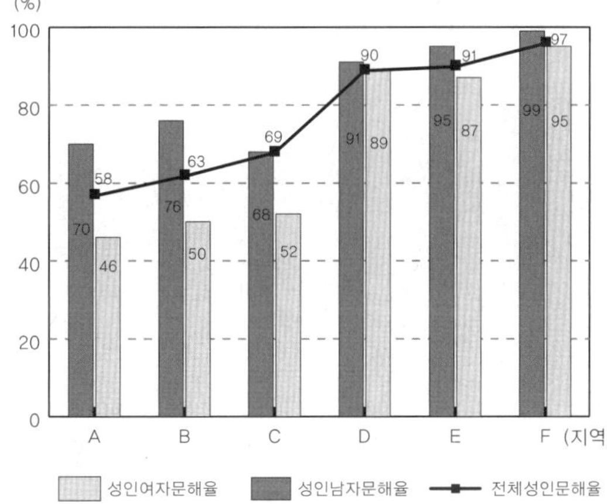

* 문해율(%)=100−문맹률(%)

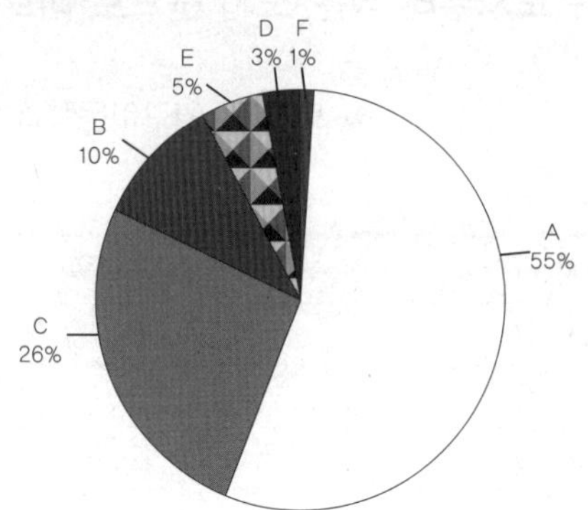

보 기

ㄱ. 성인 남자 문맹률이 높은 지역일수록 문맹 청소년 수가 많다.

ㄴ. A지역의 경우, 성인 남자 문맹자 수는 성인 여자 문맹자 수보다 많다.

ㄷ. 남녀 간 성인 문해율의 차이가 가장 큰 지역은 B지역이다.

ㄹ. A지역의 문맹 청소년 수는 C지역의 문맹 청소년 수의 2배 이상이다.

ㅁ. 성인 여자 문맹률이 두 번째로 높은 지역은 문맹 청소년 수가 전체 지역 중에서 두 번째로 많다.

① ㄱ, ㄴ 　　　② ㄷ, ㄹ 　　　③ ㄱ, ㄴ, ㅁ

④ ㄴ, ㄷ, ㄹ

17 다음 〈표〉는 냉장고, 세탁기, 에어컨, 오디오, TV 등 5개 제품의 생산 및 내수 현황을 나타낸 것이다. 〈보기〉의 설명을 참고하여 A, B, C, D, E에 해당하는 제품을 순서대로 바르게 나열한 것은?

● 5개 제품의 생산 및 내수 현황 ●

(단위 : 만 대)

제품 \ 구분	생산		내수	
	2004년 5월	2005년 5월	2004년 5월	2005년 5월
A	347	397	163	215
B	263	293	133	163
C	385	359	103	158
D	150	157	72	77
E	161	59	151	126

보 기

- 2005년 5월에 냉장고, 세탁기, TV는 전년동월에 비해 생산과 내수 모두 증가하였다.
- 2005년 5월에 에어컨은 전년동월에 비해 생산은 감소하였으나 내수는 증가하였다.
- 2005년 5월에 전년동월에 비해 생산이 증가한 제품 가운데 생산증가대수 대비 내수증가대수의 비율이 가장 낮은 제품은 세탁기이다.
- 2005년 5월에 전년동월 대비 생산 증가율이 가장 높은 제품은 TV이다.

	A	B	C	D	E
①	TV	냉장고	에어컨	세탁기	오디오
②	냉장고	TV	오디오	에어컨	세탁기
③	세탁기	TV	오디오	냉장고	에어컨
④	TV	세탁기	에어컨	냉장고	오디오

18 다음 〈표〉는 그리스, 독일, 룩셈부르크, 미국, 일본 등 5개국의 휴대전화 이용률과 건강비용 지출에 관한 자료이다. 〈보기〉의 설명을 참고하여 B와 C에 해당하는 국가를 바르게 나열한 것은?

● **표1** 5개국의 휴대전화 이용률 현황 ●

국가	A	B	C	D	E
이용률	56	79	70	97	99

* 이용률=국민 100명당 가입자수

● **표2** 5개국의 1인당 건강비용 지출 현황 ●

(단위 : 달러, %)

1인당 건강비용 \ 국가	A	B	C	D	E
지출액	5,635	3,050	2,110	2,000	3,230
지출비율	15.0	11.1	7.9	9.9	6.1

* 1인당 건강비용 지출비율(%) = $\dfrac{\text{1인당 건강비용 지출액(달러)}}{\text{1인당 GDP(달러)}} \times 100$

— 보 기 —

• 일본의 휴대전화 이용률은 미국보다 높고 그리스보다 낮다.
• 미국의 1인당 건강비용 지출액은 그리스의 2배 이상이다.
• 독일과 룩셈부르크의 1인당 건강비용 지출액의 합은 1인당 건강비용 지출액이 가장 많은 국가보다 작다.
• 독일의 1인당 건강비용 지출비율은 5개국 중에서 가장 낮다.

	B	C
①	그리스	일본
②	일본	룩셈부르크
③	룩셈부르크	일본
④	일본	그리스

19 다음은 일제강점기의 기아, 변사자, 자살자에 대한 〈보고서〉의 일부이다. 〈보고서〉를 작성하는 데 있어서 올바르게 인용된 자료는?

보고서

기아(棄兒 : 버려진 아이), 변사자(뜻밖의 재난으로 죽은 자), 자살자 등은 한 사회에서 살아가는 사람들의 사회경제적인 불평·불만을 보여 주는 지표가 될 수 있다. 일제강점기에는 일반 민중들의 경제적 처지가 곤란해졌을 뿐만 아니라 가뭄·홍수 등의 자연재해까지 잦았기 때문에 생계대책이 막막한 가운데 기아가 속출했다. 또한, 변사자와 자살자의 수도 증가하였다.

기아는 1910년 이후 매년 증가하여 1932년에는 여아가 200명이 넘었으며 남아도 150명을 넘어 심각한 사회문제로 대두되었다. 1925년 이후에는 매년 기아 중 여아가 남아보다 많았다.

변사자는 1910년 2천여 명 정도에 지나지 않았으나 1915년 6천여 명으로 증가했고 1930년 이후에는 1만 명을 넘어섰다. 이를 민족별로 분석하면 1910년부터 변사자 중 조선인이 90% 이상을 차지했다. 또한, 외국인 변사자는 지속적으로 늘어난 반면, 일본인 변사자는 1930년을 제외하고는 1910년보다 항상 적었다. 변사자의 성별 비율은 매년 남자가 여자보다 높았으며 남녀의 격차도 매년 증가했다.

자살자는 1910년 500명을 넘지 않았으나 1915년에는 1,000명을 넘었으며 1935년 3,000명을 초과했다. 연령별 자살자 수를 5년마다 조사한 결과, 1910년을 제외하고는 30세 이상 60세 미만의 자살자가 가장 많았다. 성별에 따른 자살자의 비율은 매년 남자가 여자보다 높았다.

---

① 자살자의 연령별 추이

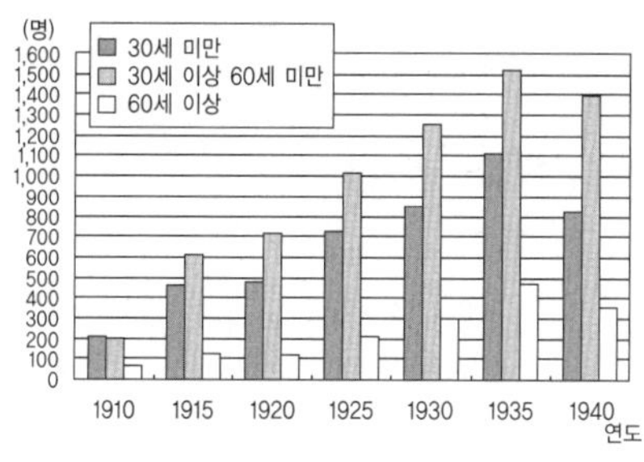

② 자살자의 성별 추이

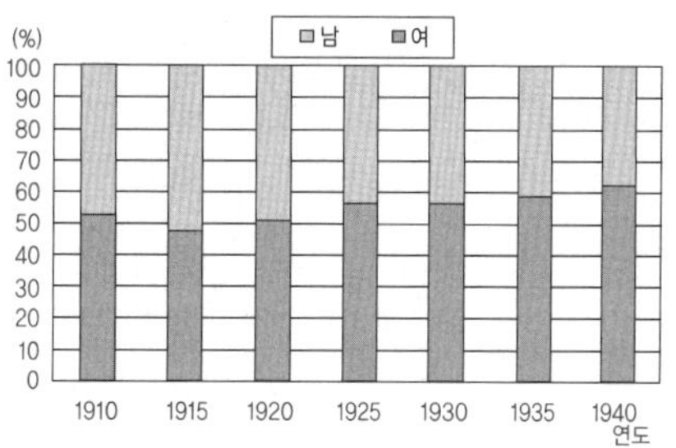

③ 변사자의 민족별 추이

(단위 : 명)

연도 \ 민족	조선인	일본인	외국인	합계
1910	1,760	293	22	2,075
1915	5,873	230	40	6,143
1920	5,381	229	43	5,653
1925	7,879	266	32	8,177
1930	11,056	390	62	11,508
1935	11,469	285	75	11,829
1940	11,343	221	87	11,651

④ 변사자의 성별 추이

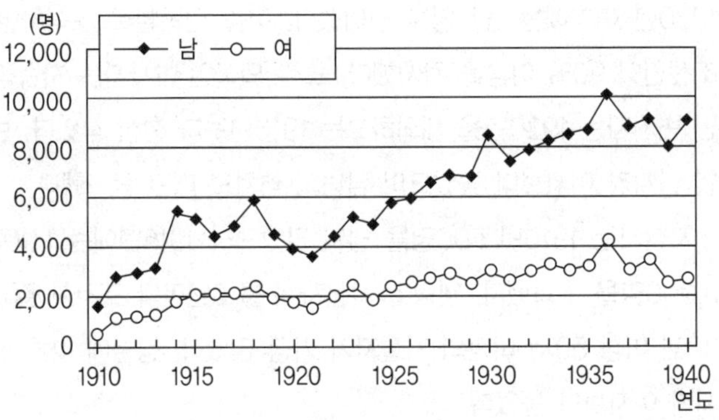

20 다음은 A도서관에서 특정시점에 구입한 도서 10,000권에 대한 5년간의 대출현황을 조사한 자료이다. 이에 대한 〈보기〉의 설명 중 옳지 않은 것을 모두 고르면?

● 도서 10,000권의 5년간 대출현황 ●

(단위 : 권)

대출횟수 \ 조사대상기간	구입~1년	구입~3년	구입~5년
0	5,302	4,021	3,041
1	2,912	3,450	3,921
2	970	1,279	1,401
3	419	672	888
4	288	401	519
5	109	177	230
계	10,000	10,000	10,000

보 기

ㄱ. 구입 후 1년 동안 도서의 절반 이상이 대출되었다.

ㄴ. 도서의 약 40%가 구입 후 3년 동안 대출되지 않았으며, 도서의 약 30%가 구입 후 5년 동안 대출되지 않았다.

ㄷ. 구입 후 1년 동안 1회 이상 대출된 도서의 70% 이상이 단 1회 대출되었다.

ㄹ. 구입 후 1년 동안 도서의 평균 대출횟수는 약 0.78이다.

ㅁ. 구입 후 5년 동안 적어도 2회 이상 대출된 도서의 비율은 전체 도서의 약 30% 이다.

① ㄱ, ㄷ　　　　② ㄱ, ㄹ　　　　③ ㄴ, ㄹ　　　　④ ㄴ, ㅁ

3교시 | 공간능력

총 18문항, 제한시간 10분

01~06 | 다음 입체도형의 전개도로 알맞은 것은?

- 입체도형을 전개하여 전개도를 만들 때, 전개도에 표시된 그림(예 : ⊟, ▥ 등)은 회전의 효과를 반영함. 즉, 본 문제의 풀이과정에서 보기의 전개도 상에 표시된 "⊟"와 "▥"은 서로 다른 것으로 취급함.
- 단, 기호 및 문자(예 : ☎, ♤, ♨, K, H)의 회전에 의한 효과는 본 문제의 풀이과정에 반영하지 않음. 즉, 입체도형을 펼쳐 전개도를 만들었을 때에 "☎"의 방향으로 나타나는 기호 및 문자도 보기에서는 "☎" 방향으로 표시하며 동일한 것으로 취급함.

01

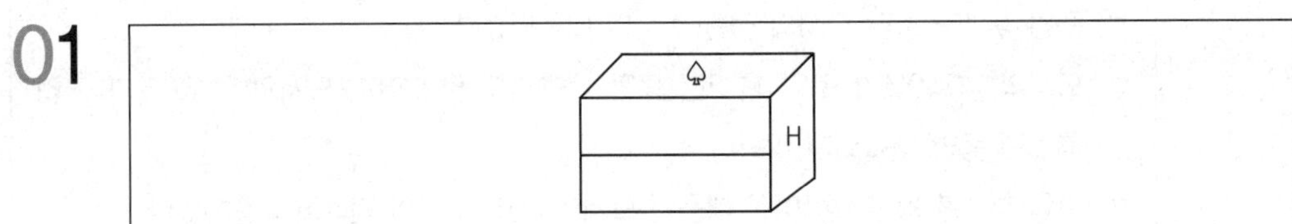

① 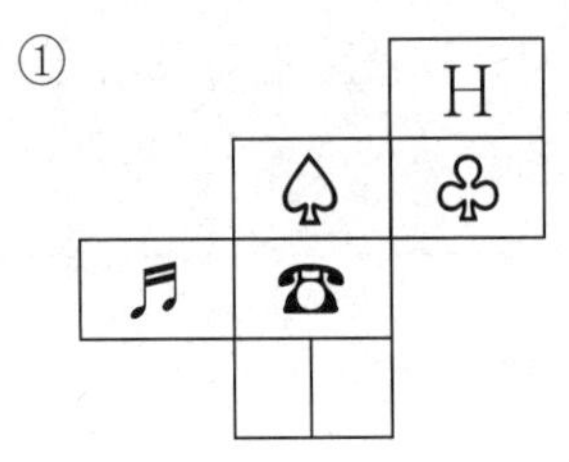

② 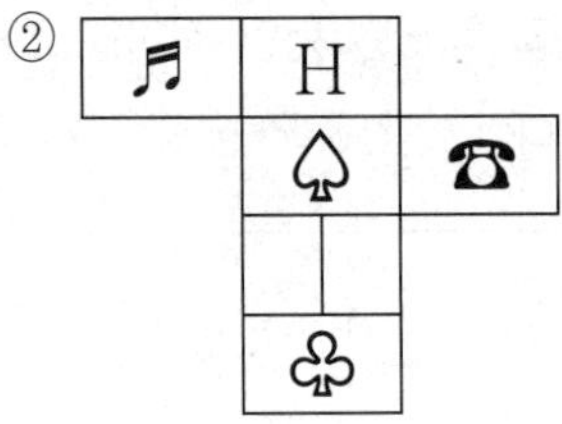

③ 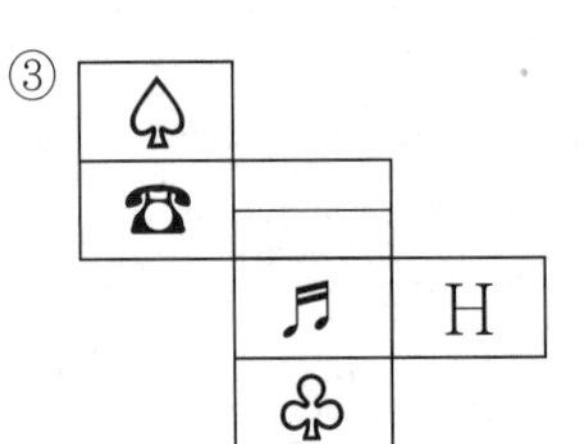

④ 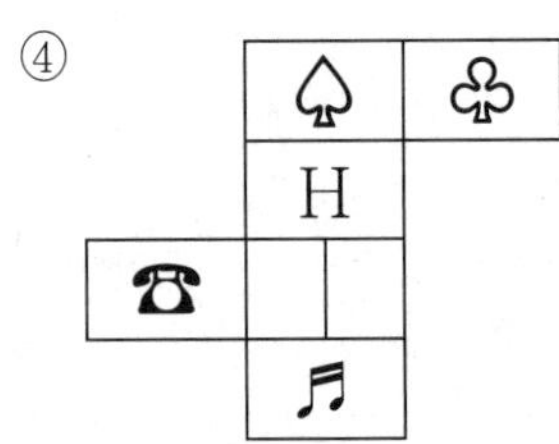

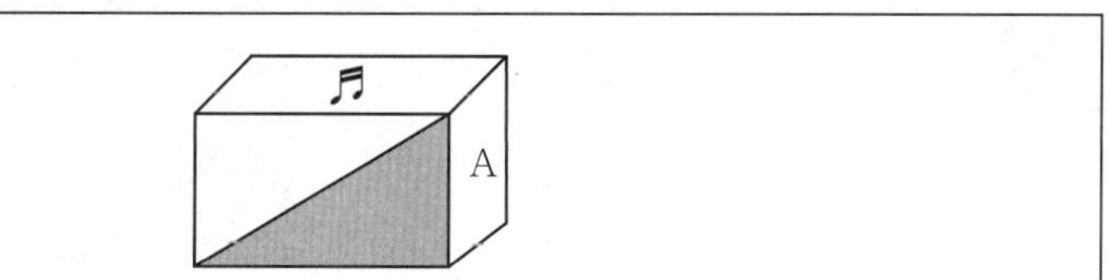

02

① 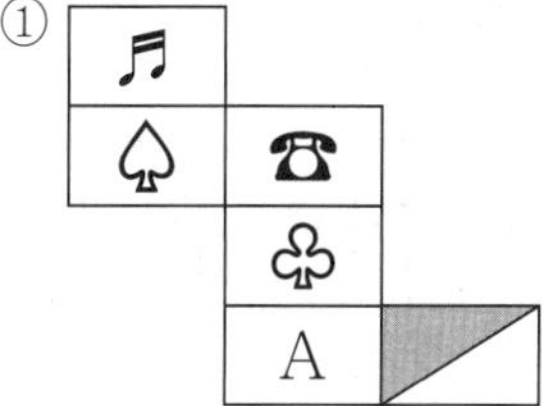

② 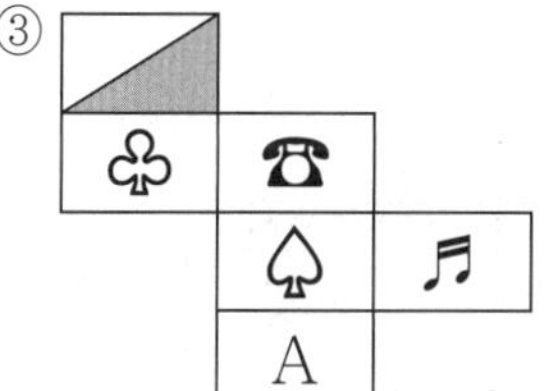

③

④

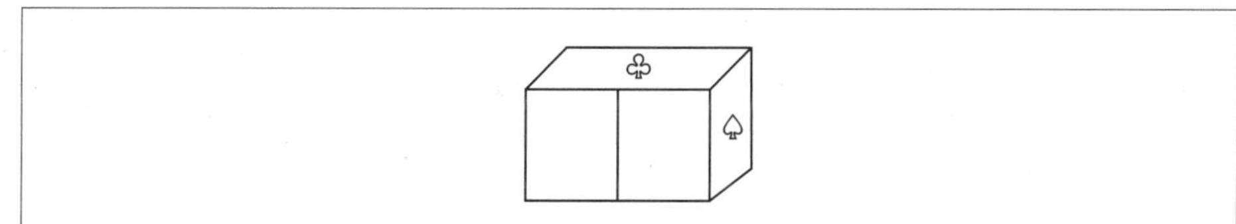

03

① 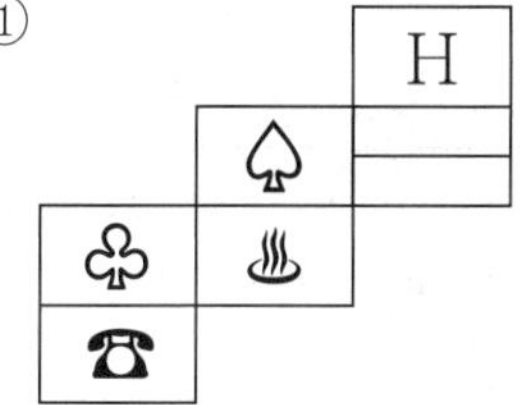

② 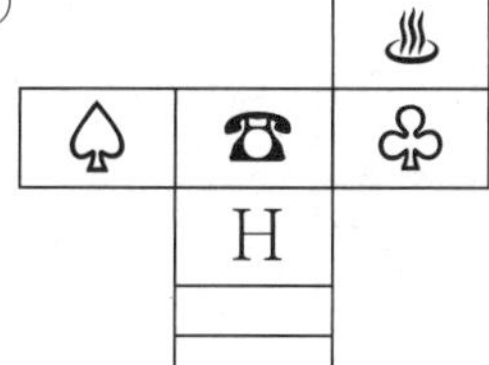

③ 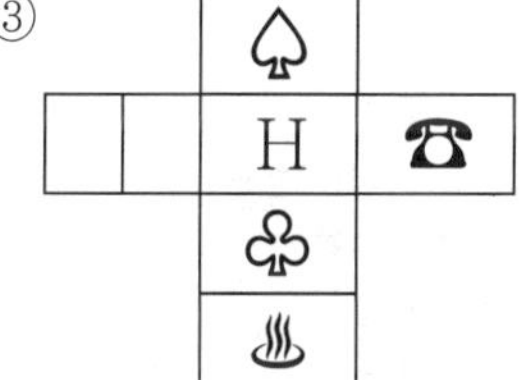

④ 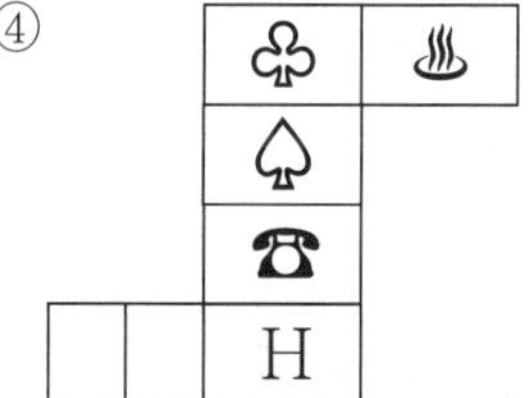

04

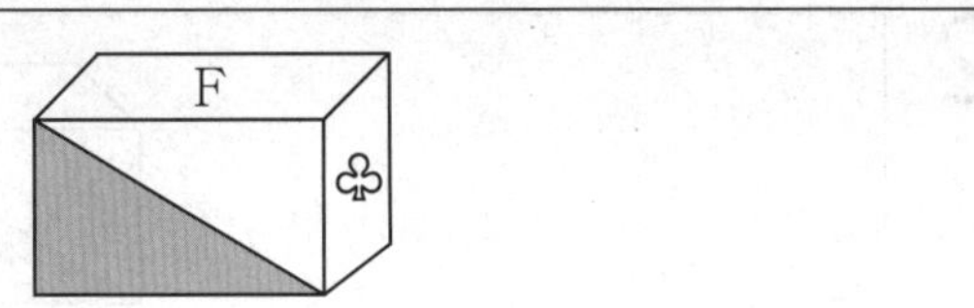

① 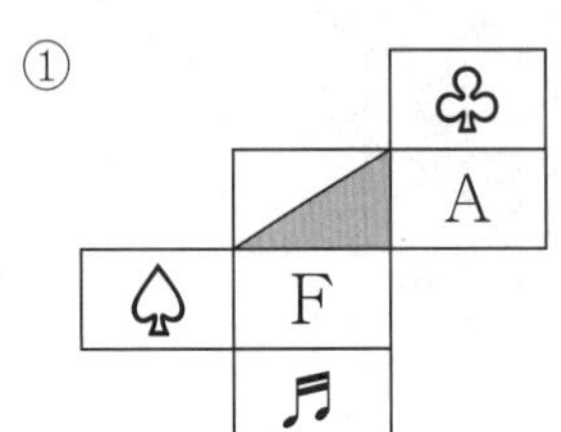

② 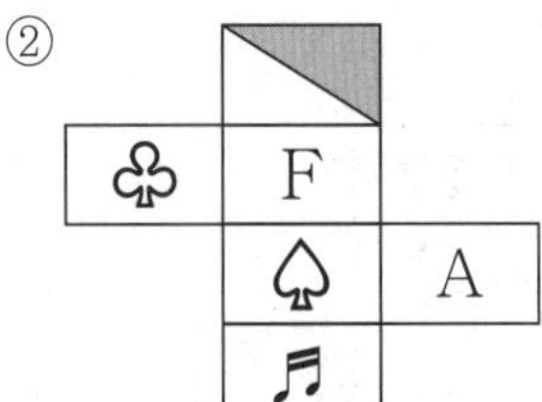

③ 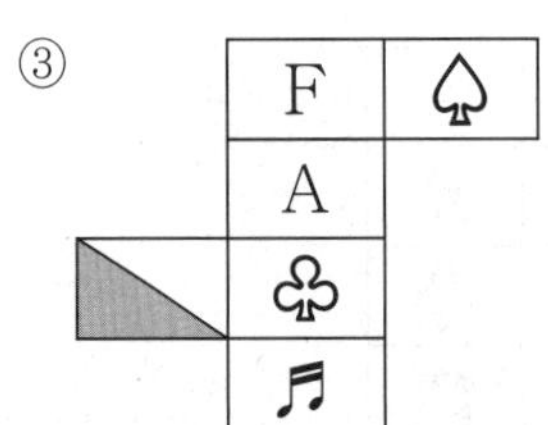

④ 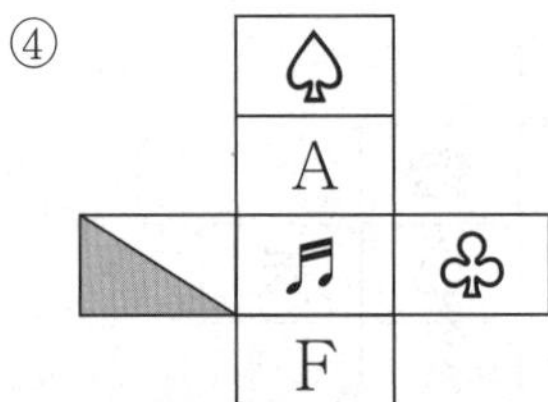

05

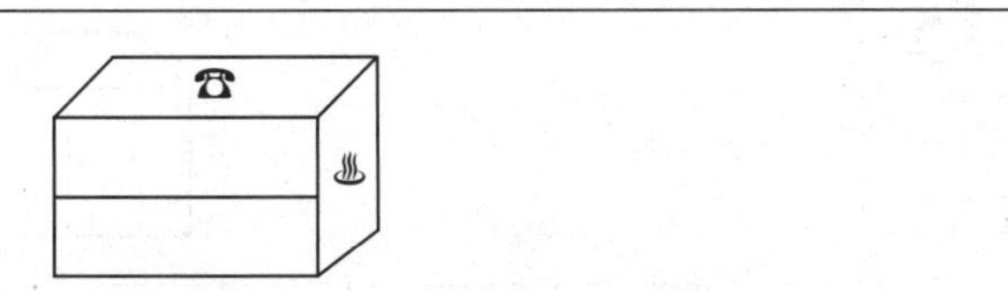

① 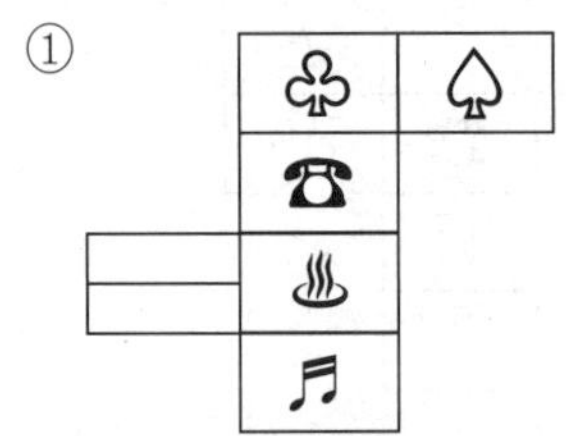

② 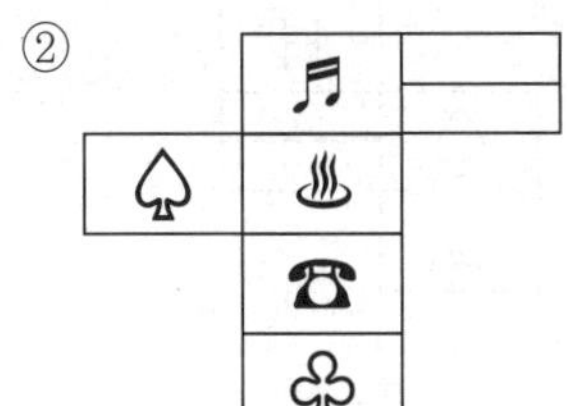

③ 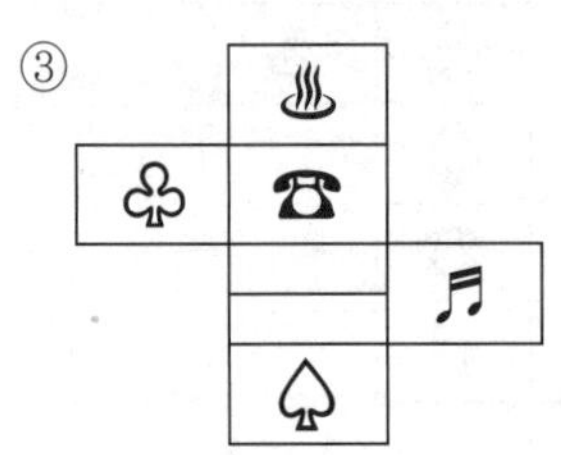

④ 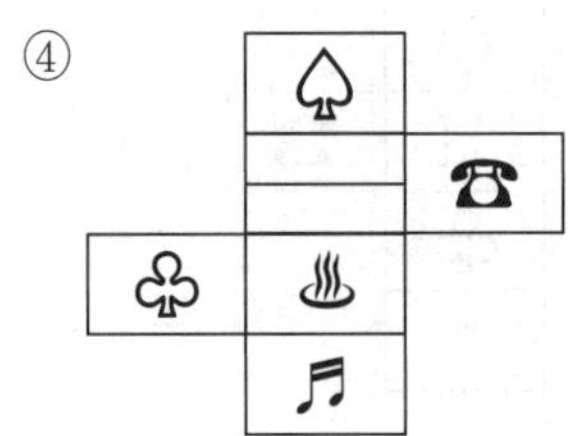

06

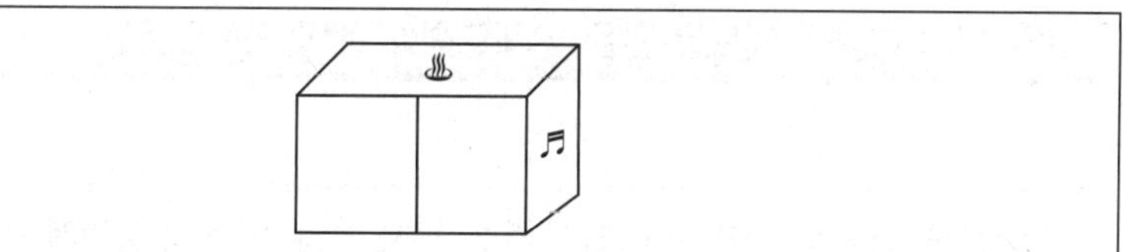

① 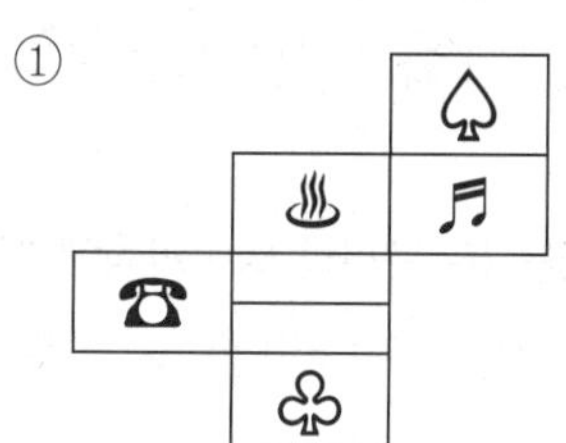

② 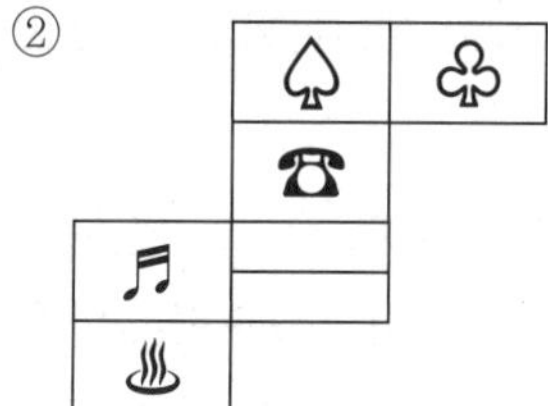

③ 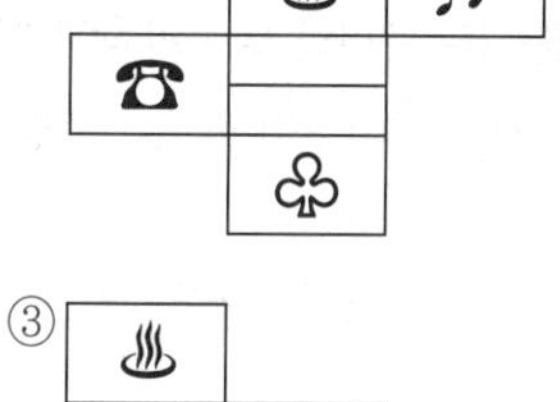

④ 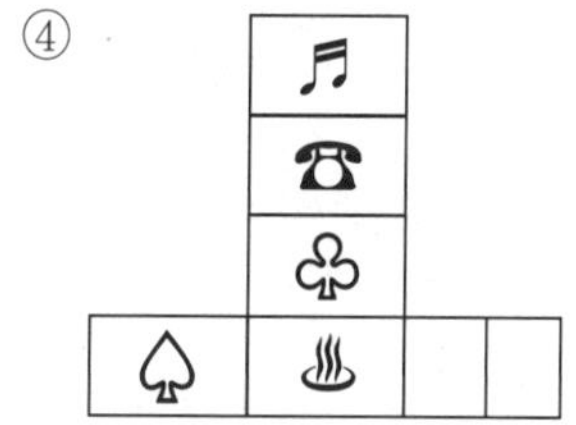

07~12 | 다음 전개도로 만든 입체도형에 해당하는 것은?

- 전개도를 접을 때 전개도의 그림, 기호, 문자가 입체도형의 겉면에 표시되는 방향으로 접음.
- 전개도를 접어 입체도형을 만들 때, 전개도에 표시된 그림(예 : ⊟, ⊞ 등)은 회전의 효과를 반영함. 즉, 본 문제의 풀이과정에서 보기의 전개도에 표시된 "⊟"와 "⊞"은 서로 다른 것으로 취급함.
- 단, 기호 및 문자(예 : ☎, ♤, ♨, K, H)의 회전에 의한 효과는 본 문제의 풀이과정에 반영하지 않음. 즉, 전개도를 접어 입체도형을 만들었을 때에 "☎"의 방향으로 나타나는 기호 및 문자도 보기에서는 "☎" 방향으로 표시하며 동일한 것으로 취급함.

07

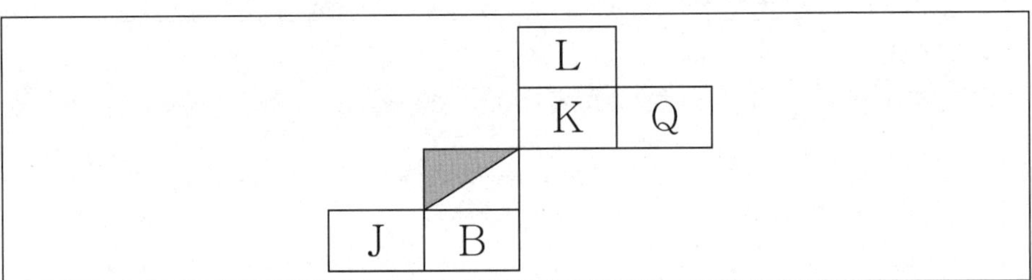

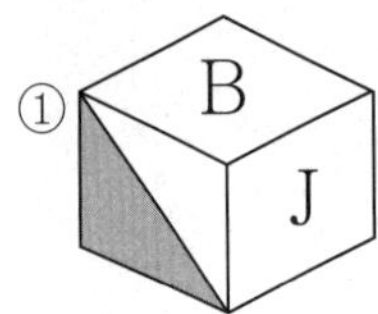
①

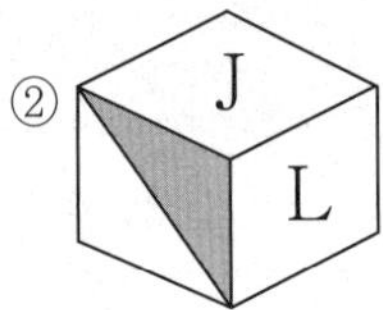
②

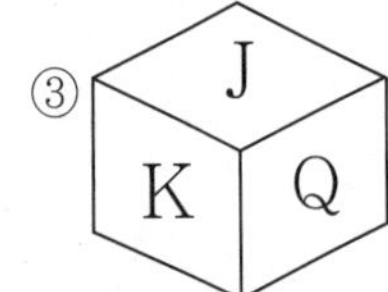
③

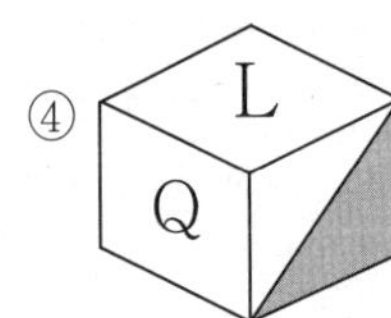
④

08

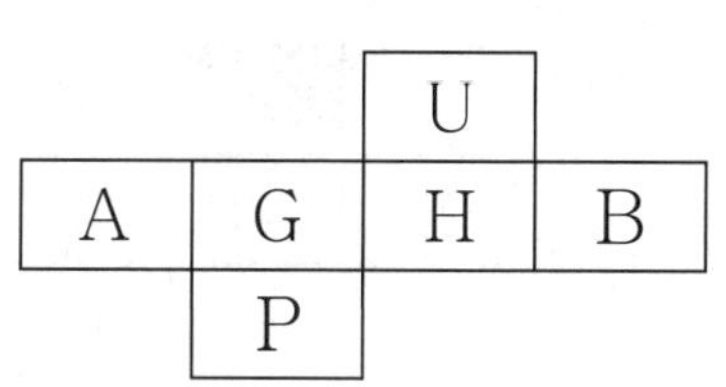

① 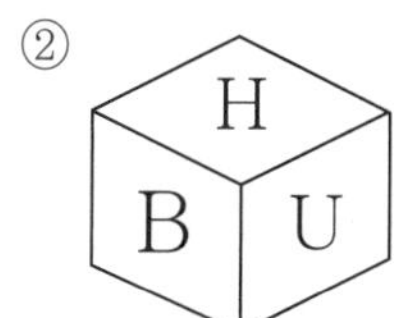

③ 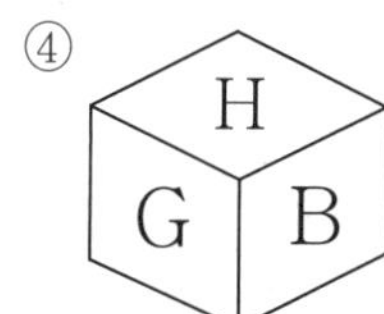

09

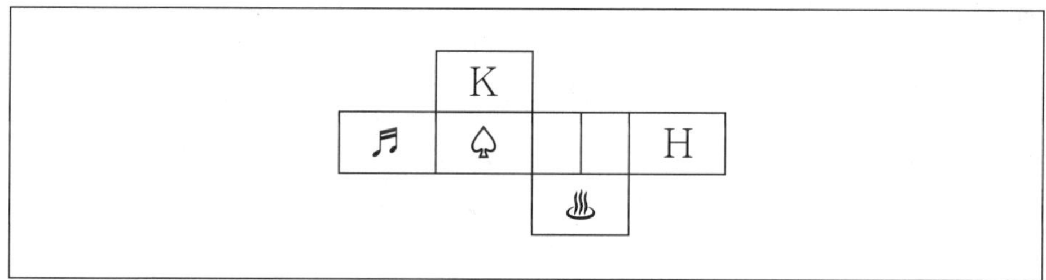

① 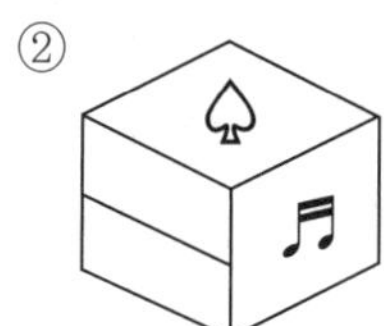

④ 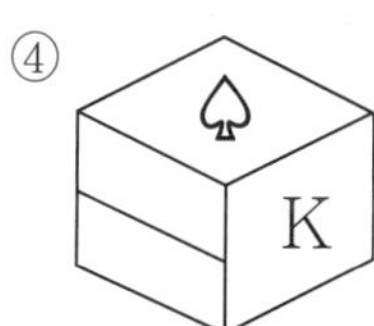

10

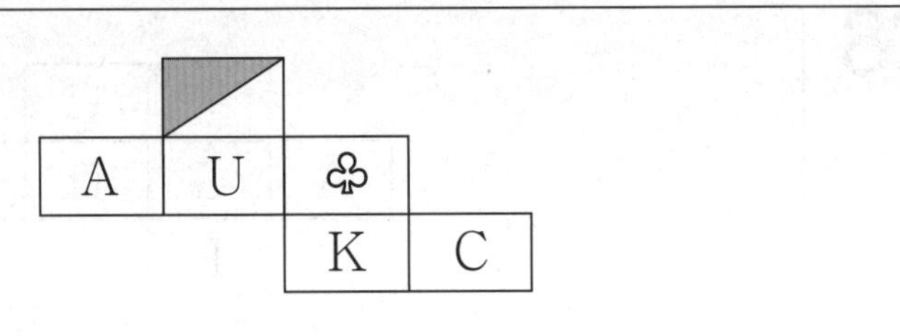

① 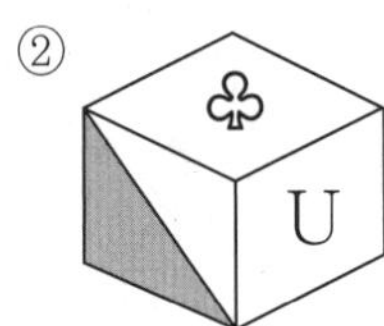

② 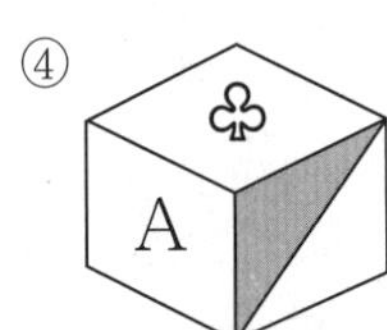

③ ④

11

① 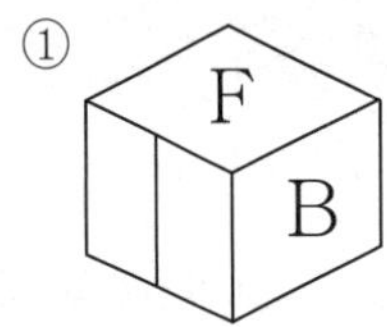

② 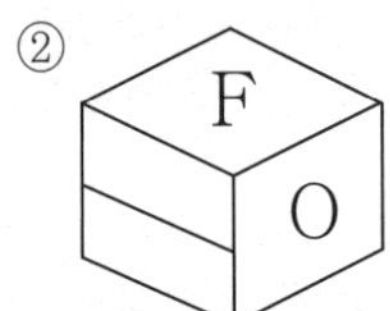

③ 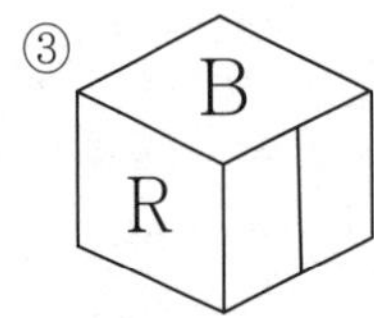

④ 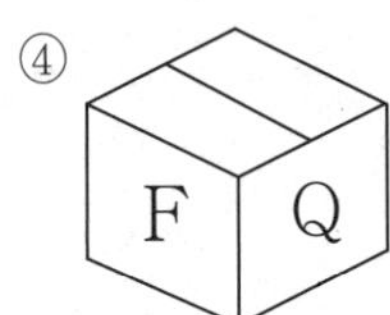

12

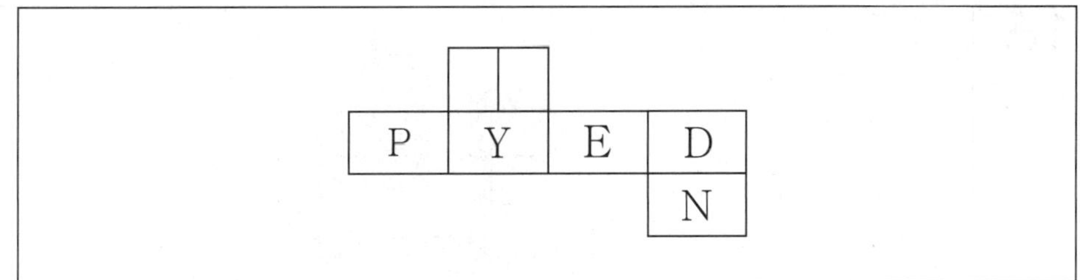

① 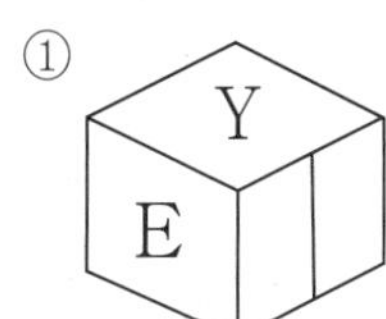

② 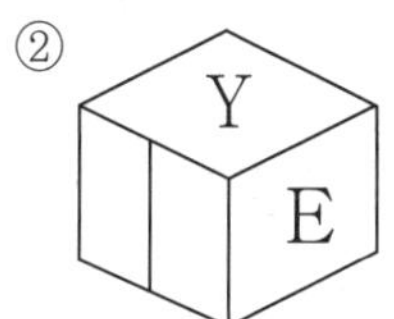

③ 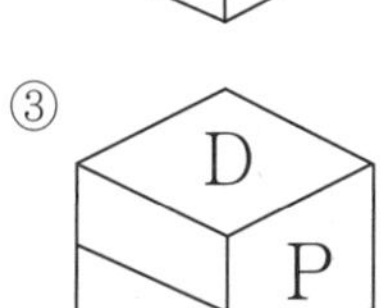

④ 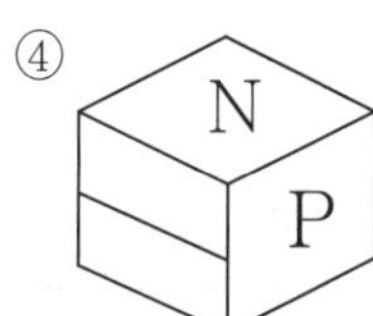

13~15 | 아래에 제시된 그림과 같이 쌓기 위해 필요한 블록의 수는?

• 블록은 모양과 크기가 모두 동일한 정육면체임

13

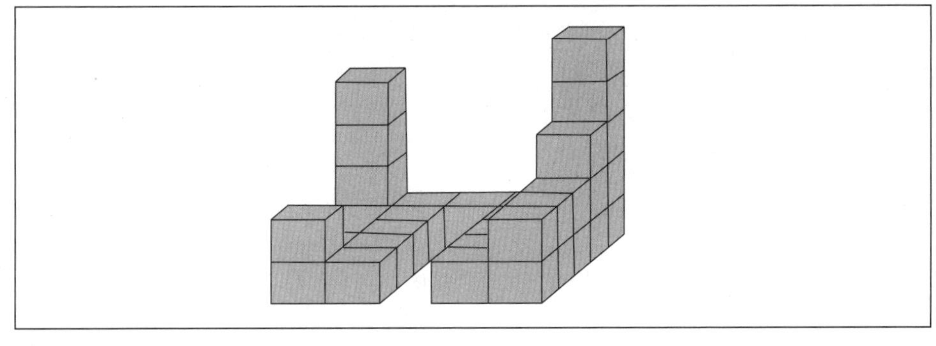

① 32　　　② 33　　　③ 34　　　④ 35

14

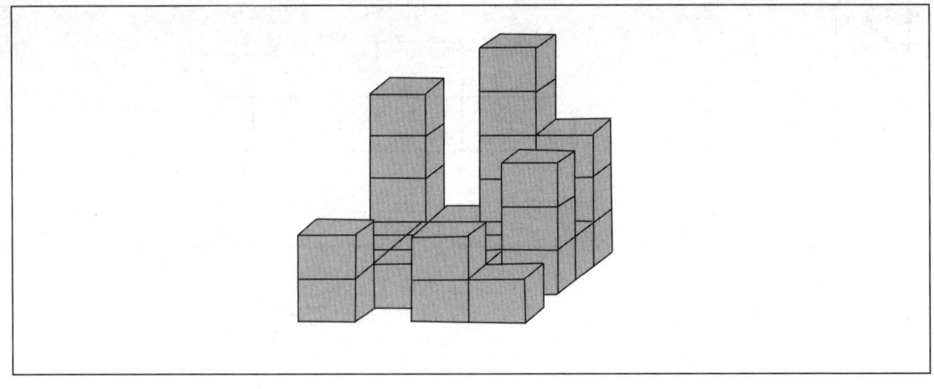

① 30   ② 31   ③ 33   ④ 35

15

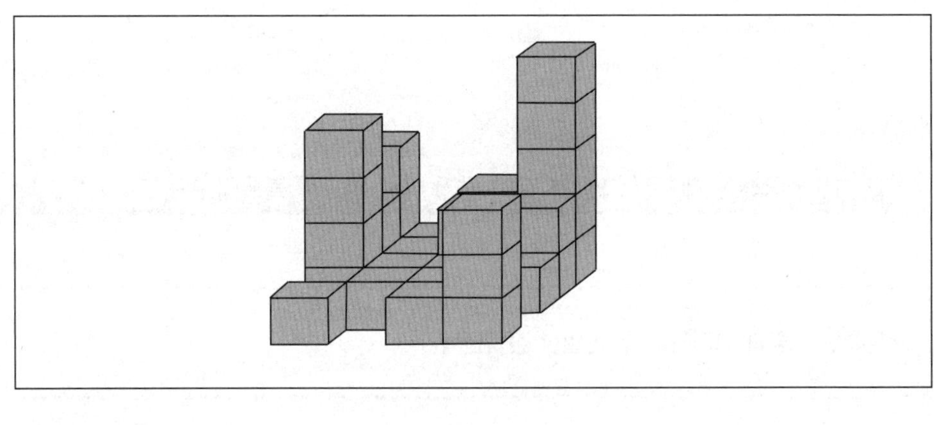

① 21   ② 32   ③ 33   ④ 34

16~18 | 아래에 제시된 블록을 화살표가 표시된 방향에서 바라봤을 때의 모양으로 알맞은 것은?

- 블록은 모양과 크기가 모두 동일한 정육면체임.
- 바라보는 시선의 방향은 블록의 면과 수직을 이루며 원근에 의해 블록이 작게 보이는 효과는 고려하지 않음.

16

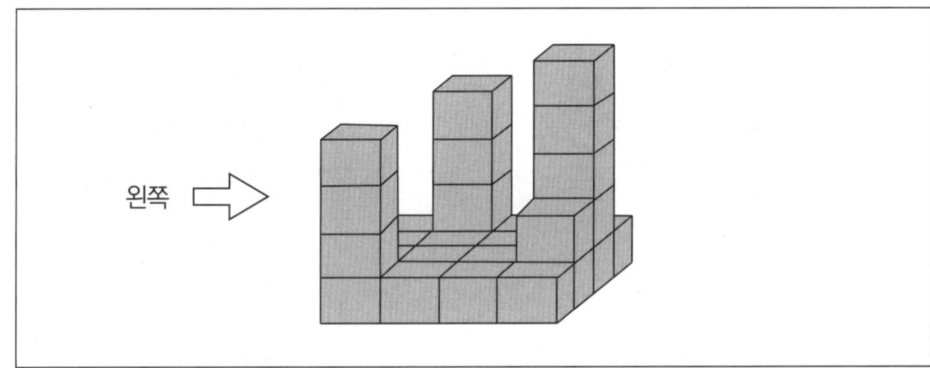

① 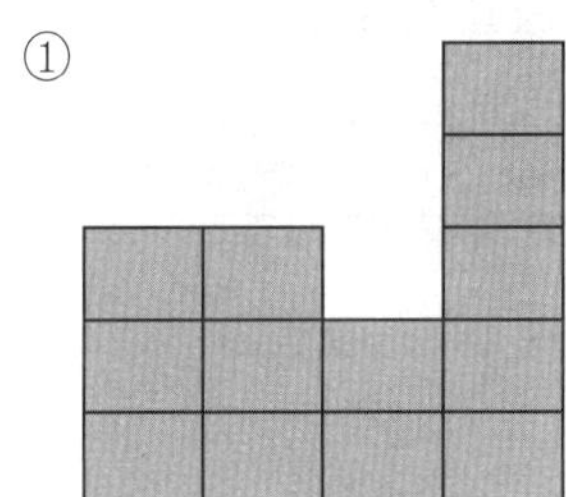

② 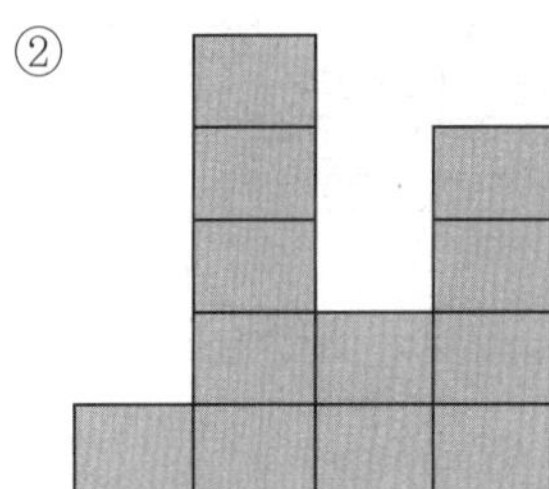

③ 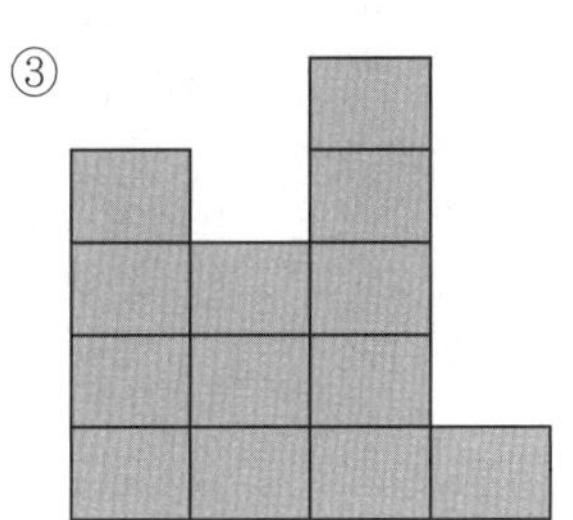

④ 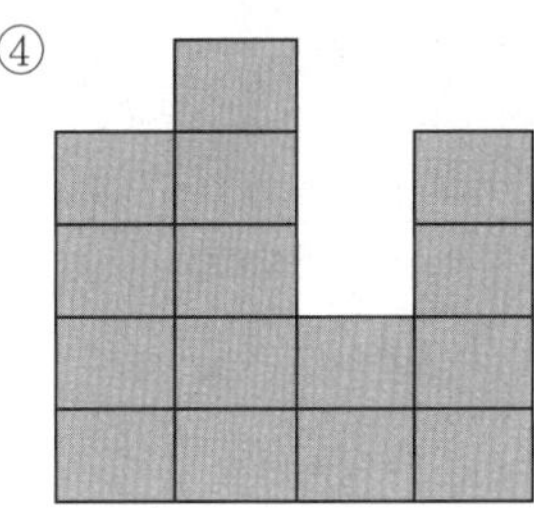

17

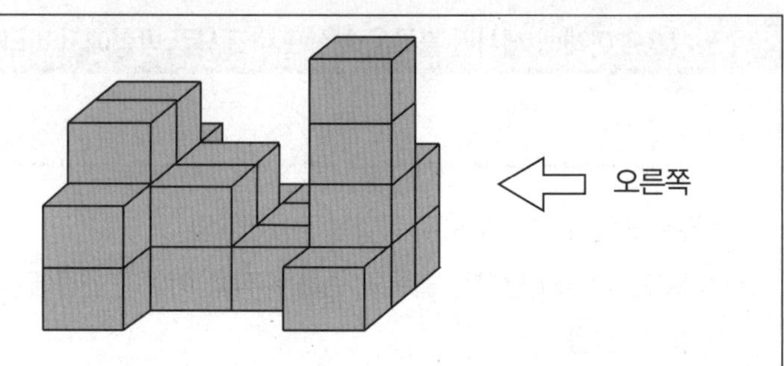

① 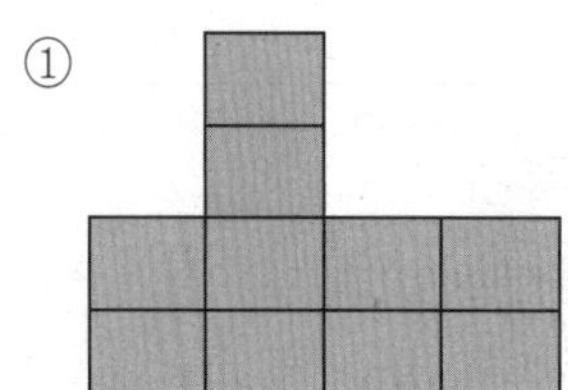

② 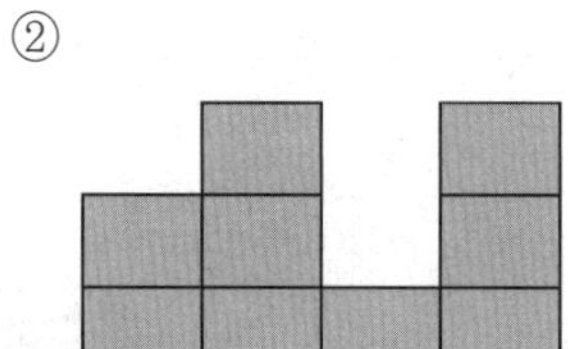

③ 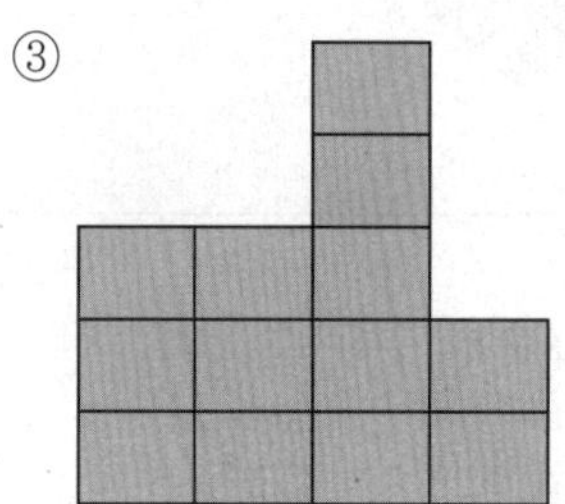

④ 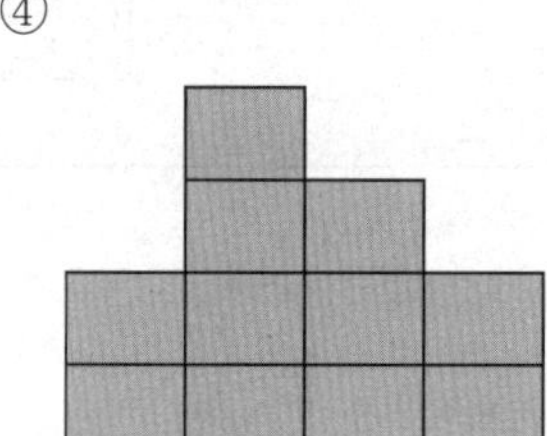

18

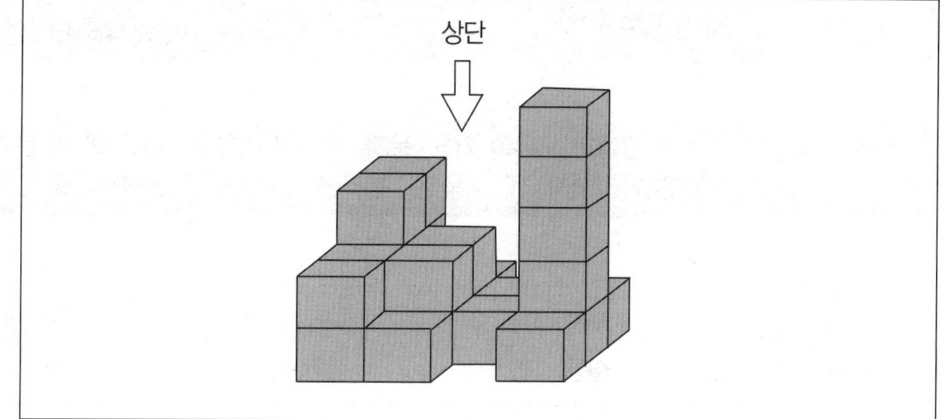

① 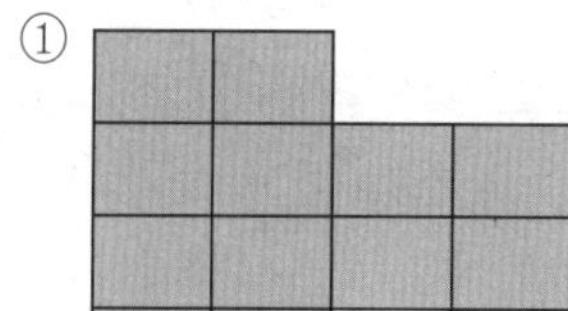

② 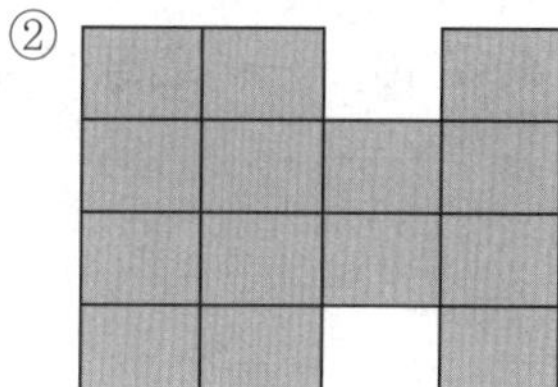

③ 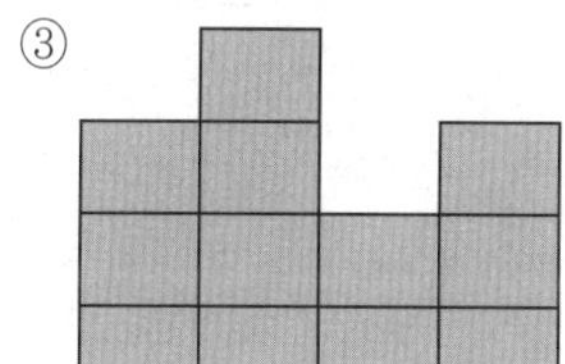

④ 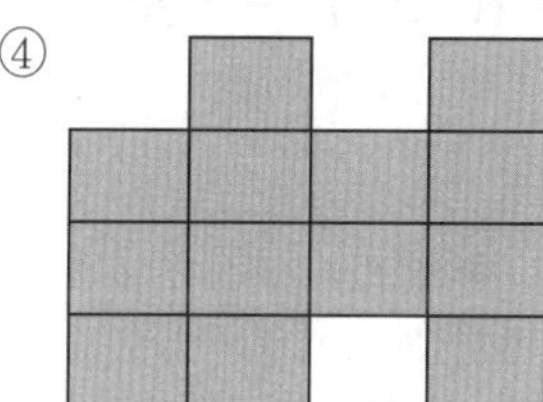

[**4**교시] 지각속도   총 30문항, 제한시간 3분

01~05 | 다음 〈보기〉의 왼쪽과 오른쪽 기호, 문자, 숫자의 대응을 참고하여 각 문제의 대응이 같으면 답안지에 '① 맞음'을, 틀리면 '② 틀림'을 선택하시오.

● 보 기 ●

| 가방 = 4 | 모자 = 9 | 칫솔 = 11 | 전화 = 10 |
| 물통 = 17 | 필통 = 25 | 종이 = 31 | 연필 = 53 |

01   25 9 4 17 10   –   연필 모자 가방 물통 전화   ① 맞음   ② 틀림

02   31 53 11 10 17   –   종이 연필 칫솔 전화 물통   ① 맞음   ② 틀림

03   9 17 53 11 4   –   모자 물통 연필 종이 가방   ① 맞음   ② 틀림

04   17 11 10 17 53   –   물통 칫솔 전화 물통 연필   ① 맞음   ② 틀림

05   53 10 9 25 11   –   연필 전화 칫솔 필통 칫솔   ① 맞음   ② 틀림

06 ~ 09 | 각각의 기호가 〈보기〉와 같은 단어를 의미한다면, 다음과 같은 순서로 기호가 제시되었을 때 가장 적절하게 해석된 것을 고르시오.

보 기

◁ = 도서관, ▷ = 병원, ♤ = 학교, ♡ = 집, ♧ = 문구점, ⊙ = 공원

06

♤ → ▷ → ♡

① 학교에 갔다가 병원에 들러 집으로 갔다.

② 학교에 갔다가 도서관에 들러 병원으로 갔다.

③ 도서관에 갔다가 공원에 들러 집으로 갔다.

④ 도서관에 갔다가 집에 들러 공원으로 갔다.

⑤ 병원에 갔다가 문구점에 들러 집으로 갔다.

보 기

♥ = 선물, ◆ = 버스, ♧ = 백화점, ☿ = 시장, ⊙ = 넥타이, ▲ = 집

07

♥ → ♧ → ◆ → ⊙ → ▲

① 선물을 포장하러 백화점에 갔다가 근사한 넥타이를 산 뒤 집으로 향했다.

② 선물을 사려고 백화점으로 가는 버스를 탄 뒤 넥타이를 사고 집으로 돌아왔다.

③ 버스를 타고 백화점으로 가려다가 도중에 시장에서 내려 넥타이를 샀다.

④ 선물을 포장하러 백화점에 가는 길에 버스 정류장에서 넥타이를 잃어버렸다.

⑤ 넥타이를 사려고 백화점에 가는 길에 서점에 들러 선물을 샀다.

보 기

!= 사과, @= 토마토, #= 딸기, $= 포도, %= 고추, ^= 밤, &= 수박, *= 참외, ₩= 귤, ?= 파인애플

08

^ ₩ @ # % !

① 수박, 사과, 바나나, 참외, 포도, 밤
② 귤, 토마토, 고추, 사과, 딸기, 밤
③ 밤, 귤, 토마토, 딸기, 고추, 사과
④ 귤, 고추, 딸기, 사과, 밤, 포도
⑤ 밤, 파인애플, 귤, 고추, 밤, 사과

보 기

㉠= 무, ㉡= 나, ㉢= 밤, ㉣= 라, ㉤= 사, ㉥= 가, ㉦= 대

09

㉢ ㉡ ㉠ ㉥ ㉣ ㉤ ㉦

① 가사대나무라밤
② 나무가라대사밤
③ 밤무나가사대라
④ 밤나무가라사대
⑤ 나무밤라사가대

10~14 | 다음에서 각 문제의 왼쪽에 표시된 기호, 문자, 숫자의 개수를 모두 고르시오.
(단, 영어는 대소문자를 구분하지 않음)

10

!

&@!#&$!*)$!@&^%!@!@%&()%##$^&#$&+|#$@!@

① 3개
② 4개
③ 5개
④ 6개
⑤ 7개

11 C qcvcebapcinqncjkdbcguzuicsdpciaznlinqwiczckadcac

① 7개 ② 11개 ③ 13개
④ 15개 ⑤ 17개

12 4 10025794548153120684094051035016740516087409840451

① 5개 ② 8개 ③ 9개
④ 11개 ⑤ 13개

13 E 가는 토끼 잡으려다 잡은 토끼 놓친다.

① 2개 ② 3개 ③ 5개
④ 6개 ⑤ 9개

14 R Birds of a feather flock together.

① 1개 ② 2개 ③ 3개
④ 4개 ⑤ 5개

15 ~ 18 | 다음 각각에 열거된 단어 중 〈보기〉와 일치하는 단어의 개수를 구하시오.

보 기

주문 주소 주장 주모 주목 주량 주제
주몽 주접 주주 주식 주사 주총 주민

15

주주 주막 주판 주제 주모

① 1개　　　　② 2개　　　　③ 3개
④ 4개　　　　⑤ 5개

16

주석 주문 주목 주지 주도

① 1개　　　　② 2개　　　　③ 3개
④ 4개　　　　⑤ 5개

보 기

가방 가수 가식 가장 가재 가채 가사
가위 가점 가슴 가요 가문 가게 가랑

17

가재 가요 가방 가증 가게

① 1개　　　　② 2개　　　　③ 3개
④ 4개　　　　⑤ 5개

18

| 가정 가위 가증 가게 가마 |

① 1개　　　　　② 2개　　　　　③ 3개
④ 4개　　　　　⑤ 5개

19 ~ 20 | 다음에 제시된 기호, 문자, 숫자가 다른 것을 찾으시오.

19

$$6CO_6 - 12H_2O \rightarrow C_6H_{12}O_6 + 6O_2 + 6H_2O$$

① $6CO_6 - 12H_3O \rightarrow C_6H_{12}O_6 + 6O_2 + 6H_2O$　　② $6CO_6 - 12H_2O \rightarrow C_6H_{12}O_6 + 6O_2 + 6H_2O$
③ $6CO_6 - 12H_2O \rightarrow C_6H_{12}O_6 + 6O_2 + 6H_2O$　　④ $6CO_6 - 12H_2O \rightarrow C_6H_{12}O_6 + 6O_2 + 6H_2O$
⑤ $6CO_6 - 12H_2O \rightarrow C_6H_{12}O_6 + 6O_2 + 6H_2O$

20

| 後生可畏(후생가외) |

① 後生可畏(후생가외)　　② 後生可畏(후생가외)　　③ 後生加畏(후생가외)
④ 後生可畏(후생가외)　　⑤ 後生可畏(후생가외)

21 ~ 22 | 다음에 제시된 기호, 문자, 숫자가 같은 것을 찾으시오.

21

| ▤ b ↘ ▥ ↗ ◑ π ∃ Ⓚ ☎ ♥ |

① ▤ b ↘ ▥ ↗ ◑ π ∃ Ⓚ ☎ ♥　　② ▤ b ↘ ▥ ↗ ◑ π ∃ Ⓚ ☏ ♥
③ ▤ b ↘ ▥ ↗ ◐ π ∃ Ⓚ ☎ ♥　　④ ▤ b ↘ ▤ ↗ ◑ π ∃ Ⓚ ☎ ♥
⑤ ▤ b ↘ ▥ ↗ ◑ π ∈ Ⓚ ☎ ♥

22

텔레비전의순기능과역기능

① 텔레비전의순기능과역기능　　　② 텔레비전의순기능과영기능
③ 텔레비전으순기능과역기능　　　④ 텔레비전의순기능과역기능
⑤ 텔레비전의순가능과역기능

23~26 | 제시된 문자 및 기호열을 오른쪽의 문자 및 기호부터 왼쪽으로 다시 배열한 것을 고르시오.

23

ⴸⴺⴻⴺⴸ∧ⴽ⅃⅃∨ⴺ∀

① ∀ⴺ∧∨⅃⅃ⴽⴺⴽⴻⴸⴺ　　　② ∀ⴺ∧∨⅃⅃ⴽ∧ⴽⴻⴸⴺ
③ ∀ⴺ∧∨⅃⅃∧ⴽⴺⴽⴻⴸⴺ　　　④ ∀ⴺ∧⅃⅃∨ⴽ∧ⴽⴻⴸⴺ
⑤ ∀ⴺ∧⅃⅃ⴽ∧∧ⴽⴻⴸⴺ

24

이기상과이맘으로

① 로오맘이과상기이　　　② 로으앙이과상기이
③ 로으맘이와상기이　　　④ 로으맘이과상니이
⑤ 로으맘이과상기이

25

가갸거겨고교구규그기

① 가그규구교고겨거갸가   ② 기그구규교고겨거갸가
③ 기그규구교고겨거갸가   ④ 기그규구고교겨거갸가
⑤ 기그규구교고겨거가가

26

71152751892053

① 53208915271571   ② 35029815728704
③ 35028915725117   ④ 35029815725119
⑤ 35029815725117

27 ~ 28 | 다음의 기호들이 〈보기〉와 같이 각각의 숫자를 의미할 때, 아래 기호를 사용한 연산식의 답으로 옳은 것을 고르시오.

보 기

$$○ = 1, ◇ = 2, □ = 3, ☆ = 4, △ = 5, ◎ = 6$$

27

□+△-○

① 8   ② 7   ③ 6   ④ 5   ⑤ 4

28

◇×☆+◎

① 8   ② 10   ③ 12   ④ 14   ⑤ 16

29 ~ 30 | 〈보기 1〉의 기호를 〈보기 2〉의 기호로 바꿀 경우, 주어진 문제를 바르게 바꾼 것을 고르시오.

● 보기 1 ●

☆	★	○	●	◎	◇	◆	□	■	△
▲	▽	▼	▷	▶	♤	♠	♡	♥	♧

● 보기 2 ●

24	9	31	28	3	19	6	81	79	4
78	15	25	40	17	26	32	11	8	2

29

★ ◎ □ ● ☆ ♤ ■

① 9 3 81 28 24 26 79　　　　② 9 3 79 28 24 26 81
③ 3 9 81 28 24 26 79　　　　④ 79 28 24 3 81 26 9
⑤ 9 3 28 81 24 26 79

30

○ ▶ ◇ ♥ ♧ ▲ ★

① 31 28 19 8 2 78 9　　　　② 31 17 19 8 2 78 9
③ 31 17 19 3 2 78 9　　　　④ 31 19 17 8 2 78 4
⑤ 17 19 8 2 78 9 31

[5교시] 국사   총 20문항, 제한시간 25분

01 병인양요에 대한 설명으로 옳은 것은?

① 병인박해에서 미국 신부 9명과 수천 명의 신도들이 처형당하였다.

② 여재현은 병인양요 때, 한성근은 신미양요 때 활약하였다.

③ 러시아는 병인박해를 구실로 7척의 군함을 파견하여 강화읍을 점령하였다.

④ 대원군의 천주교 탄압이 원인이 되었다.

02 갑오개혁과 동학농민운동에서 공통적으로 제기된 개혁안으로 옳은 것은?

① 과부가 된 여성의 재가를 허용한다.

② 각 도의 각종 세금은 화폐로 내게 한다.

③ 죄인 자신 이외의 모든 연좌율을 폐지한다.

④ 공채이든 사채이든 기왕의 것은 모두 무효로 한다.

03 다음 각 조약과 관련한 설명으로 옳지 않은 것은?

> ㉠ 조선국은 부산 외에 두 곳의 항구를 개항하고 일본인이 와서 통상을 하도록 허가한다.
>
> ㉡ 조선국이 어느 때든지 어느 국가나 어느 나라 상인에게 본 조약에 의하여 부여되지 않는 어떤 특혜를 허가할 때는 이와 같은 특혜는 미합중국의 관민과 상인 및 공민에게도 무조건 균점된다.
>
> ㉢ 북경과 한성, 양화진에서 청과 조선 양국 상인의 무역을 허용한다. 지방관이 발행한 여행 허가증이 있으면 내지 행상도 할 수 있다.

① ㉠ – 부산에 이어 목포, 인천이 차례로 개항되었다.

② ㉡ – 강화도 조약과 달리 관세 조항이 들어 있었다.

③ ㉢ – 조선에서 청 상인과 일본 상인의 경쟁이 격화되었다.

④ ㉠, ㉡, ㉢ – 조선에 불리한 불평등 조약이었다.

04 다음을 발표할 당시 추진된 사회 개혁으로 옳지 않은 것은?

> 1. 청국에 의존하려는 마음을 버리고 확실히 자주 독립하는 기초를 확고히 세울 것.
> 2. 왕실 전범을 제정하여 왕위의 계승과 종실, 외척의 구별을 밝힐 것.
> 3. 대군주가 정전에서 일을 보되, 정사를 친히 각 대신에게 물어 재결하며 왕비와 후궁, 종실과 척신이 간여하지 못하게 할 것.
> 4. 왕실 사무와 국정 사무를 모름지기 나누어 서로 혼합하지 아니할 것.
> 5. 의정부와 각 아문의 직무 권한을 명확히 제정할 것.
> 6. 인민에 대한 조세 징수는 법령으로 정해서 명목을 덧붙여 함부로 거두지 말 것.
>
> (중략)

① 왕권을 축소시키고 의정부와 6조를 개편한 8개 아문의 실권을 높였다.

② 과거제도를 폐지하였다.

③ 공사노비를 폐지하였다.

④ 금본위제에 입각한 화폐 제도를 실시하였다.

05 다음 자료와 가장 밀접한 역사적 사건은?

> 새로 만든 국기를 묵고 있는 누각에 달았다. 기는 흰 바탕으로 네모졌는데 세로는 가로의 5분의 2에 미치지 못하였다. 중앙에는 태극을 그려 청색과 홍색으로 색칠을 하고 네 모서리에는 건(乾)·곤(坤)·감(坎)·이(離)의 4괘(四卦)를 그렸다.

① 김윤식 등이 근대식 무기 제조 기술과 군사 훈련법을 배웠다.

② 김홍집 등이 『조선책략』을 가져와 국제 정세의 이해에 기여하였다.

③ 김옥균 등이 일본에서 차관 교섭을 벌이고 구미 외교 사절과 접촉하였다.

④ 박정양 등이 일본 정부 기관의 사무와 시설을 조사하고 시찰 보고서를 올렸다.

06 다음의 비문과 관련된 지역과 관계있는 내용은?

> 청나라 오라총관 목극등(穆克登)이 성지(聖旨)를 받들고 변경을 답사하여 이곳에 와서 살펴보니 서쪽은 압록이 되고 동쪽은 토문(土門)이 되므로 분수령 위의 돌에 새겨 기록한다.

① 대한제국 정부는 어윤중을 간도 관리사로 임명하여 한인 보호에 힘썼다.
② 민주공화국제와 대통령제를 채택한 정부를 수립하였다.
③ 이상설과 이동휘를 정·부통령으로 하는 대한 광복군 정부라는 독립군 조직을 만들었다.
④ 일제는 만주로 군대를 보낼 구실을 만들기 위해 훈춘 사건을 조작하였다.

07 다음은 항일의병운동의 시기별 특징을 설명한 것이다. 각 시기에 일어난 사실로 옳게 짝지어진 것은?

> ㉠ 존왕양이를 내세우며 지방관아를 습격하여 단발을 강요하는 친일 수령들을 처단하였다.
> ㉡ 일본의 외교권 박탈을 계기로 국권 회복을 위한 무장 항전을 전개하였다.
> ㉢ 유생과 군인, 농민, 광부 등 각계각층을 포함하여 전력이 향상된 의병은 일본군과 직접 전투를 벌였다.

① ㉠의 시기에 민종식은 1천여 의병을 이끌고 홍주성을 점령하였다.
② ㉡의 시기에 평민 출신 의병장 신돌석이 처음으로 등장하여 강원도와 경상도의 접경지대에서 크게 활약하였다.
③ ㉢의 시기에 최익현은 정부 진위대와의 전투에 임해서 스스로 부대를 해산하고 체포당하였다.
④ ㉠, ㉡, ㉢은 위정척사사상을 가진 유생들이 주도하였다.

08 다음 표는 항일의병의 전투상황을 나타낸 것이다. 표에 나타난 시기의 의병활동에 대한 설명으로 옳지 않은 것은?

연도	전투횟수	참가의병수
1907(8~12월)	323	44,116
1908	1,452	69,832
1909	898	25,763
1910	147	1,891
1911(1~6월)	33	216

① 해산된 군인의 합류로 전투력이 크게 향상되었다.

② 일본의 '남한 대토벌 작전'으로 인해 의병 투쟁은 크게 타격을 받았다.

③ 전국의 의병부대가 연합전선을 형성하여 서울 진공 작전을 시도하였다.

④ 평민 출신 의병장인 신돌석이 등장하여 호남지역에서 유격전을 벌였다.

09 다음의 조약과 관련된 설명으로 옳은 것은?

㉠ 한 · 일 신협약	㉡ 기유각서
㉢ 한 · 일 의정서	㉣ 제1차 한 · 일 협약

① ㉠ - 재정고문에 일본인 메가다, 외교고문에는 미국인 스티븐스가 임명되었다.

② ㉡ - 일제는 사법권과 경찰권을 박탈하였다.

③ ㉢ - 일본의 동의 없이는 제3국과 조약을 체결할 수 없게 되었다.

④ ㉣ - 차관을 일본인으로 임명하는 차관통치가 실시되어 행정권을 박탈당했다.

10 1919년 3 · 1운동 전후의 국내외 정세에 대한 설명으로 옳지 않은 것은?

① 일본은 시베리아에 출병하여 러시아 영토의 일부를 점령하고 있었다.

② 러시아에서 볼셰비키가 권력을 장악하여 사회주의 정권을 수립하였다.

③ 미국의 윌슨 대통령이 민족자결주의를 내세워 전후 질서를 세우려 하였다.

④ 산동성의 구 독일 이권에 대한 일본의 계승 요구는 5 · 4운동으로 인해 파리강화회의에서 승인받지 못하였다.

11 아래의 『조선사』와 『한국통사』에 대한 설명으로 옳지 않은 것은?

> 『한국통사』는 간행 직후 중국·노령·미주의 한국인 동포들은 물론이고 국내에서도 비밀리에 대량 보급되어 민족적 자부심을 높여 주고 독립 투쟁정신을 크게 고취하였다. 일제는 이에 매우 당황하여 1916년 조선반도편찬위원회를 설치하고 『조선사(朝鮮史)』 37책을 편찬하였다.

① 『조선사』 편찬자들은 조선의 역사를 정체성, 타율성으로 설명하려 하였다.
② 『한국통사』의 저자는 우리의 민족정신을 '혼'으로 파악하였다.
③ 『조선사』 편찬의 목적은 식민통치를 효율적으로 실시하려는 것이었다.
④ 『한국통사』의 저자는 『조선사연구초』도 집필하여 민족정기를 선양하였다.

12 ㉠, ㉡ 사론에 대한 설명으로 옳지 않은 것은?

> ㉠ 역사란 무엇이뇨. 인류 사회의 아(我)와 비아(非我)의 투쟁이 시간에서 발전하여 공간까지 확대하는 심적 활동의 기록이니, 세계사라 하면 세계 인류의 그리 되어 온 상태의 기록이며, 조선사라 하면 조선 민족이 그리 되어 온 상태의 기록이니라.
> ㉡ 한국사는 역사적 발전 단계를 거치지 못하여 근대로의 이행에 필수적인 봉건사회를 거치지 못하고 전근대 단계에 머물러 있어 사회 경제적으로 낙후한 상태다.

① ㉠과 같은 입장에서 쓰인 대표적인 사서로 박은식의 『한국독립운동지혈사』가 있다.
② ㉠의 저자는 묘청의 난을 '조선 역사상 일천년래 제일대사건'이라고 칭하였다.
③ ㉡ 사론의 주창자들은 식민주의 사관의 정체성 이론을 반박하였다.
④ ㉡의 사관에 입각해서 조선사편수회의 『조선사』가 집필되었다.

13 다음을 발표한 인물에 대한 설명으로 옳은 것은?

> 과거 1년간 우리 민족 내부의 정치 운동은 민족적 자주성을 망각한 채 편파적인 노선을 걸어왔습니다. 즉, 일부 노선은 친소·반미의 행동이라고, 또 일부 노선은 친미·반소의 행동이라며 서로 비판하면서 편을 가르고 민족상잔의 투쟁을 계속하여 왔습니다. 이 두 노선은 우리 민족의 자주적 입장을 망각한 것으로 민족의 통일 단결을 파괴하는 것입니다. 또한, 좌우 양익의 협조에 의한 민주주의 임시 정부의 수립을 저지하는 것이며, 미·소 양국의 조선 문제에 관한 진정한 협조를 방해하는 것입니다. 이러한 편파적인 노선이 있다면 우리는 이를 철저히 청산하는 데서 비로소 민족의 자주 독립을 목표로 한 민주 단결 노선을 확립할 수가 있다고 생각합니다.

① 한국독립당을 창당하였다.
② 남한만의 단독 정부 수립 필요성을 제기하였다.
③ 대한민국 초대 부통령으로 선출되었다.
④ 신한청년당에서 활동하며 파리강화회의에 파견되었다.

14 다음은 어느 민족 운동가의 약력이다. ㉠에 들어갈 활동으로 올바른 것은?

1919년 만주 지린성에서 윤세주 등과 조선 의열단 조직
1932년 난징으로 이동, 이후 조선 혁명 간부 학교 창립
1935년 민족 혁명당 조직
1938년 조선 민족 전선 연맹 결성, 조선 의용대 창설
1942년 (㉠   )
1958년 북한에서 숙청됨

① 국내 민족주의자 및 공산주의자들과 손을 잡고 함경도 보천보를 습격하였다.
② 조선 독립 동맹이 이끄는 조선 의용군에 흡수되어 태평양 전쟁에 참전하였다.
③ 중국의 국공 내전에 참전하였다가 그 뒤 북한으로 들어가 인민군으로 편입되었다.
④ 일부 병력을 이끌고 한국 광복군에 합류하여 광복군의 조직과 병력이 증강되었다.

15 다음과 같은 내용의 선언문들을 시기 순으로 바르게 나열한 것은?

㉠ 이제 새 시대의 진군을 알리는 민주 정의의 횃불이 올랐다. 정의 사회를 구현하고 통일 민주 복지 국가를 건설하는 우리의 꿈을 실현할 민족 대행진이 시작되었다.
㉡ 우리는 4·13 호헌 조치가 무효임을 전 국민의 이름으로 선언하며 이 땅에 민주 헌법이 서고 민주 정부가 확고히 수립될 때까지 이 운동을 전개할 것이다.
㉢ 우리는 국민의 자유를 억압하는 긴급조치를 철폐하고 국민의 의사가 자유로이 표현될 수 있도록 언론·출판의 자유를 국민에게 돌리라고 요구한다.
㉣ 오늘 이 자리에 모인 우리들은 한마음 한뜻으로 전국 교직원 노동조합의 결성을 위해 힘차게 나아갈 것을 엄숙히 선언한다.

① ㄷ - ㄱ - ㄴ - ㄹ　　　　② ㄷ - ㄴ - ㄱ - ㄹ
③ ㄱ - ㄷ - ㄹ - ㄴ　　　　④ ㄱ - ㄹ - ㄴ - ㄷ

16 **1945년 12월에 개최된 모스크바 3상회의에 대한 설명으로 옳지 않은 것은?**

① 회의에서 미국은 한국의 즉시 독립을, 소련은 4개국 신탁통치를 제안하였다.

② 김구, 이승만 등은 격렬한 신탁통치 반대 운동을 펼쳤다.

③ 회의의 결정에 따라 미국, 소련 양국군 대표로 구성된 공동위원회가 개최되었다.

④ 조선공산당은 모스크바 3상회의의 지지 시위를 벌였다.

17 **다음 자료와 관련된 설명으로 옳지 않은 것은?**

> 제1조 일본 정부와 통모하여 한일 합병에 적극 협력한 자, 한국의 주권을 침해하는
> 　　　조약 또는 문서에 조인한 자와 모의한 자는 사형 또는 무기징역에 처하고 그
> 　　　재산과 유산의 전부 혹은 2분지 1 이상을 몰수한다.
> 제3조 일본 치하 독립 운동자나 그 가족을 악의로 살상 박해한 자 또는 이를 지휘한
> 　　　자는 사형, 무기 또는 5년 이상의 징역에 처하고 그 재산의 전부 혹은 일부를
> 　　　몰수한다.

① 독립을 방해할 목적으로 단체를 조직했다면 10년 이하의 징역과 재산의 몰수 등이
　 가능했다.

② 기술관을 포함하여 고등관 3등급 이상의 관공리는 공소시효 경과 전에는 공무원 임
　 용이 불허되었다.

③ 반민족행위를 조사하기 위해 특별조사위원회를 설치하였다.

④ 일본 정부로부터 작위를 받은 자는 무기 또는 5년 이상의 징역과 재산·유산의 몰수
　 등이 가능했다.

18 다음에서 설명하는 정권 시기의 통일을 위한 노력으로 옳은 것은?

> 한반도의 평화를 정착시킬 여건을 조성하기 위하여 북한이 미국·일본 등 우리 우방과의 관계를 개선하는 데 협조할 용의가 있으며 소련·중국을 비롯한 사회주의국가들과의 관계개선을 추구한다고 발표하였다. 1988년 서울 올림픽 개최에서는 소련과 헝가리 등 구 공산권 국가들이 참가한 것을 계기로 이들 나라에 대한 본격적인 외교관계 수립이 시작되었다.

① 남북 정상 간의 회담을 통해 남북 관계의 기본 방침을 발표하였다.
② 자주, 평화, 민족 대단결을 원칙으로 하는 성명을 발표하였다.
③ 남북 이산가족 상봉이 최초로 이루어졌다.
④ 남북한이 유엔에 동시가입 하였다.

19 중국은 고구려사를 중국사로 편입하기 위해 '동북공정'이란 학술프로젝트를 통해 고구려사를 왜곡하고 있다. 다음 내용 중 중국의 주장이 아닌 것은?

① 고구려는 중국 땅에 세워졌다.
② 고구려는 독립국가가 아니라 중국의 지방정권이다.
③ 고구려 민족은 중국 고대의 한민족이다.
④ 수·당과 고구려의 전쟁은 국가 간 국제전쟁이다.

20 울릉도와 독도에 대한 설명으로 옳지 않은 것은?

① 세종실록지리지와 (신증)동국여지승람에는 울릉도와 우산도(독도)에 관한 기록이 있다.
② 조선 숙종 때 안용복은 일본으로 건너가 울릉도와 우산도(독도)가 조선의 영토임을 주장하였다.
③ 19세기 말 조선 정부는 울릉도 경영에 적극 나서면서 타지 주민들의 울릉도 이주를 금지하였다.
④ 대한제국기에는 울릉도를 울도군으로 승격시키고 관할구역으로 석도(독도)를 함께 규정하였다.

[6교시] 영어 총 25문항, 제한시간 30분

01 다음 밑줄 친 숙어의 의미를 표현하는 단어는 무엇인가?

> I was <u>in two minds</u> about whether to go with him.

① unsure　　　② pleased　　　③ convinced　　　④ mischievous

02 다음 빈칸에 들어갈 말로 가장 적절한 것은?

> A : Do you think I could do well on the quiz tomorrow?
>
> B : Definitely, ＿＿＿＿＿＿ you read chapter one.

① despite　　　② provided　　　③ although　　　④ unless

03 다음 글을 읽고 어법상 옳지 않은 것은?

> Between ① <u>she and her husband</u> there have been nothing but arguments; ② <u>this</u> is a situation ③ <u>which</u> is strikingly ④ <u>typical</u> of most modern marriage.

04 다음 중 어법상 옳지 않은 것은?

① Please explain to me how to join a tennis club.

② She never listens to the advice which I give it to her.

③ The bank violated its policy by giving loans to the unemployed.

④ The fact that he is a foreigner makes it difficult for him to get a job.

05 다음 빈칸에 들어갈 말을 알맞게 연결한 것은?

> • A coffee plant can grow ＿＿ a height of thirty feet.
>
> • I can count ＿＿ my parents to help me in an emergency.
>
> • The accident clearly resulted ＿＿ your carelessness.

① on － on － in　　② to － on － in　　③ to － on － from　　④ on － to － from

06 다음 빈칸에 들어갈 말로 가장 적절한 것은?

The number of employees who come ㉠ _________ has ㉡ _________ increased.

① ㉠ late – ㉡ lately
② ㉠ latter – ㉡ late
③ ㉠ lately – ㉡ latter
④ ㉠ late – ㉡ latter

07 다음 빈칸에 들어갈 말로 가장 적절한 것은?

Staff members are being asked to postpone any vacations _______________ the entire project has been completed.

① during
② until
③ because
④ since

08 다음 밑줄 친 부분의 의미와 가장 가까운 것은?

Female police officers <u>make up</u> 13 percent of the police force.

① constitute
② appear
③ design
④ resign

09 다음 글이 주는 분위기로 가장 적절한 것은?

A devastated-looking man knocks on the door of a woman known for her charity. "Please, ma'am," he says when she opens up, "Can you help this poor, tragic family down the block? The father just lost his job, and his wife is too ill to work. They're about to be turned out into the cold streets unless someone can pay their rent." "That's the worst thing I've ever heard in my life!" says the woman. "May I ask who you are?" "Their landlord."

① gloomy
② mysterious
③ festive
④ humorous

10 다음 글은 무엇에 대하여 쓴 것인가?

They comprise two parts, linked together by a chain or a hinge. A key is used to lock them so that the restrained person is unable to move his or her wrists more than a few centimeters apart, making many tasks difficult or impossible. This is usually done to prevent suspected criminals from escaping police custody.

① Warrants　　　　　　　② Seesaws

③ Handcuffs　　　　　　　④ Wristwatches

11 다음 빈칸에 들어갈 말로 가장 적절한 것은?

According to World Health Organization statistics, China is the only country in the world where more women commit suicide than men. Every year, 1.5 million women attempt to take their own lives, and 150,000 succeed in doing so. The problem _________________ in rural areas where the suicide rate is three times higher than in the cities.

① is worse　　　　　　　② is getting better

③ is over　　　　　　　④ is trivial

12 다음 글의 요지로 가장 적합한 것은?

The roots of a tree make it strong because they bring water and food from the soil to the tree. The tree's roots help it to stay straight in wind and rain. A human being's roots come from his or her culture. One generation passes them on to the next. These roots are important because they make us strong.

① How to grow trees.　　　　② What roots of a tree do.

③ When human's roots are important.　　④ Why culture is important.

13 다음 빈칸에 들어갈 말로 가장 적절한 것은?

Do you know the reason why the pyramids were constructed? The ancient Egyptian kings are well-known for preparing large tombs before they passed away. The Egyptians believed that kings became gods after they died, and that pyramids were used like palaces for the dead. Thus, god-kings were buried with their belongings because the Egyptians assumed that kings' ________________ went on like the days they were alive.

① throne　　　② servants　　　③ pyramids　　　④ afterlives

14 다음 빈칸에 들어갈 말로 가장 적절한 것은?

There have been ________________ associated with cheerleading. On March 5, 2006, a cheerleader at Southern Illinois University fell off a human pyramid during a cheerleading performance at a basketball game between Southern Illinois University and Bradley University at the Scottrade Center. She leaned backward and fell off the third tier of a pyramid. Her continued performance from the stretcher as she was carried off the court made big news nationwide.

① privileges　　　② age-restrictions　　　③ dangers　　　④ interests

15 다음 글의 요지로 가장 적합한 것은?

When the British learned that Hitler was ready to invade England, Prime Minister Winston Churchill quickly called a meeting of the British War Ministry. At the beginning of the meeting, Churchill stood at the head of the table. He raised his right hand in the Nazi salute. He said, "Gentlemen, I am Adolf Hitler. You are the members of the German War Council. Today we shall make final plans to invade England." His plan worked. For the entire meeting, the statesmen thought like Germans. And in the end, the Germans did not defeat the English.

① The pen is mightier than the sword.　　② Every cloud has a silver lining.
③ Put yourself in others' shoes.　　④ You can't eat your cake and have it too.

16 다음 글의 요지로 가장 적절한 것은?

After a terrible car crash, Steve has become a believer in buckling up. His girlfriend, who was also in the car, was killed. According to a recent study, teens especially are far less likely to be buckled up in fatal crashes. It is estimated that seat belts can save the lives of 45 percent of those involved in car wrecks severe enough to cause driver death. That message, however, is not getting through to teens. Teens are less likely than adults to wear seat belts, and they are paying with their lives.

① Car crashes can be caused by many factors.

② Adults are more likely to wear seat belts.

③ More teenagers should buckle up.

④ Adults are responsible for teenagers'lives.

17 다음 글을 읽고 내용 흐름상 가장 어색한 부분은 무엇인가?

There are many advantages in telecommuting. ① There will be less traffic if many people work at home. ② This will reduce gasoline consumption which in turn results in less air pollution. ③ Moreover, more workers with disabilities can be hired. ④ Furthermore, many gas stations will have to close.

18 다음 밑줄 친 부분의 의미로 가장 알맞은 것은?

A : Mr. and Mrs. Edwards have such wonderful children!

B : Sure, they do.

A : Their children are very well mannered!

B : That's true.

A : And they are so friendly to everybody in the neighborhood.

B : I couldn't agree with you more.

① I am not quite sure.　　　② I feel the same way.

③ Be my guest.　　　④ It's nice talking to you.

19~20 | 다음 글을 읽고 물음에 답하시오.

The Tory government wants to hold the line on taxes while pumping more money into health care and education in a budget that bleeds red ink. The 2010–11 financial blueprint projects a ㉠ deficit of over $4.7 billion, which would be the largest in Alberta's history, while cranking up spending on operating expenses by 5.6%, outstripping both population growth and inflation. Up to 250 provincial employees could also lose their jobs in the new fiscal year as the province continues to tighten ㉡ ___________ . It would be the largest round of government layoffs Alberta has seen since the 1990s.

19 ㉠의 뜻과 가장 유사한 것을 본문에서 고른 것은?

① inflation　　　② fiscal　　　③ red ink　　　④ cranking up

20 ㉡에 들어갈 내용으로 가장 잘 어울리는 것은?

① protecting health care
② the most innovative economy in Canada
③ advanced infrastructure in North America
④ its financial belt

21 다음 글의 주제로 가장 적절한 것은?

There are many things in other cultures which it is easy to adjust to, many things which are difficult. In some cases refusing to adjust yourself to some element of a different culture can also endanger your life. In Ethiopia, for example, to refuse food is dangerous. Food is so precious there that to refuse any food offered to you is a tremendous insult and the person offering the food could get angry enough to do you injury. Regardless of whether it is easy or difficult to adjust, however, I think that one's life is enriched by exposure to other cultures. This has certainly been the case in my life. I'm a much better person thanks to the experiences I have shared with the people of other cultures I have encountered.

① Adjusting to other cultures is a difficult job.
② We shouldn't make little of other cultures in any respect.
③ In any cultures, it is allowed to refuse any food when you are full.
④ The more experiences about various cultures one has, the richer one's life becomes.

22 밑줄 친 (A)가 가리키는 바를 본문에서 바르게 찾은 것은?

In discussing the relative difficulties of analysis which the exact and inexact sciences face, let me begin with an analogy. Would you agree that (A) swimmers are less skillful athletes than runners because swimmers do not move as fast as runners? You probably would not. You would quickly point out that water offers greater resistance to swimmers than the air and ground do to runners. Agreed, that is just the point. In seeking to solve their problems, the social scientists encounter greater resistance than the physical scientists. By that I do not mean to belittle the great accomplishments of physical scientists who have been able, for example, to determine the structure of atom without seeing it. That is a tremendous achievement; yet in many ways it is not so difficult as what the social scientists are expected to do.

① runners

② social scientists

③ physical scientists

④ athletes

23 다음 글의 마지막에 느꼈을 I의 심경으로 가장 적절한 것은?

To my mother, it was a big occasion to give me a ride to the college for my freshman year. She wore one of her "outfits" a purple pantsuit, a scarf, high heels, and sunglasses, and she insisted that I wear a white shirt and a necktie. "You're starting college, not going fishing," she said. Together we would have stood out badly enough in Pepperville Beach, but remember, this was college in the mid−60s, where the less correctly you were dressed, the more you were dressed correctly. So when we finally got to campus and stepped out of our Chevy station wagon, we were surrounded by young women in sandals and peasant skirts, and young men in tank tops and shorts, their hair worn long over their ears. And there we were, a necktie and a purple pantsuit, and I felt, once more, that my mother was shining ridiculous light on me.

① fascinated

② delighted

③ embarrassed

④ indifferent

24 다음 글의 어조로 가장 알맞은 것은?

Will you get more sick if you exercise while you have a cold? In one experiment, a team of researchers injected a group of fifty students with rhinovirus, and then had part of the group run, climb stairs, or cycle at moderate intensity for forty minutes every other day, while the second group remained relatively sedentary. They found that the exercise regimen neither eased nor worsened symptoms of the common cold. Several similar studies conducted elsewhere have found the same thing. Doctors refer to a good rule of thumb as the neck check. It's safe to exercise if you have only "above the neck" symptoms, like a runny nose or sneezing. If your symptoms are "below the neck" — a fever or diarrhea — you're better off sitting it out for a few days.

*rhinovirus 감기의 주된 바이러스

① humorous
② emotional
③ persuasive
④ informative

25 다음 글의 목적으로 가장 적절한 것은?

I was not aware that the quality of university education in England is in decline until I read your article. The situation appears similar in Japan, where I lecture in English. I find many students ill-prepared for university education. Many lack the necessary intellectual abilities, while many more have very little interest in actually learning anything. Why do parents pay so much money for an education when their children are too lazy to study? Parents often force their children into university not to challenge them academically but simply for the social prestige and reputation associated with certain universities.

① 대학생들의 수업 참여도를 높이려고
② 자녀교육에 대한 부모의 잘못된 가치관을 지적하려고
③ 고등교육의 질을 향상시키는 프로그램을 제안하려고
④ 사회적 신분과 대학 순위 간의 상관관계를 설명하려고

제2회 실전모의고사

🔍 정답 및 해설 : P 509

[1교시] 언어능력　　　　　총 25문항, 제한시간 20분

01~03 | 다음 중 밑줄 친 부분의 의미가 다른 것을 고르시오.

01
① 내일 <u>다시</u> 만납시다.
② 죽었던 사람이 <u>다시</u> 살아났습니다.
③ <u>다시</u> 한 번 말해 주십시오.
④ 나는 시험에 <u>다시</u> 도전할 것입니다.
⑤ 앞으로는 <u>다시</u> 안 하겠습니다.

02
① 문학은 우리의 현실 생활과 분리될 수 없는 <u>관계</u>에 있다.
② 하수도 공사 <u>관계</u>로 통행에 불편을 끼쳐 대단히 죄송합니다.
③ 두 사람은 친구의 관계를 넘어 애인의 <u>관계</u>로 발전하게 되었다.
④ 농민과 노동자 사이의 강력한 유대를 통하여 농촌과 도시의 동맹 <u>관계</u>가 이루어졌다.
⑤ 요즘 사람들은 맺었던 <u>관계</u>를 깨는 데 익숙하다.

03
① 그 문제는 중요한 일이다 <u>보니</u> 거듭 생각할 수밖에 없다.
② 그는 언제나 상대를 만만하게 <u>보는</u> 나쁜 버릇이 있다.
③ 날씨가 꽤 좋을 것으로 <u>보고</u> 우산을 놓고 나왔다.
④ 어쩐지 그의 행동을 실수로 <u>보아</u> 줄 수가 없었다.
⑤ 이 사태를 적당히 <u>보아</u> 넘길 수는 없다.

04~07 | 주어진 문장의 밑줄 친 어휘, 어구와 같은 의미로 쓰인 것을 고르시오.

04

> 적의 작전을 <u>읽다</u>.

① 그 사람은 내 마음을 훤히 <u>읽고</u> 있었다.
② 아버지께서 신문을 <u>읽고</u> 계신다.
③ 체온계의 눈금을 <u>읽다</u>.
④ 다음 수를 <u>읽기</u>가 쉽지 않다.
⑤ 화가의 필법을 <u>읽다</u>.

05

> 이번에 서울 올라가면 그 돈은 즉시 우편으로 <u>부쳐</u> 드리리다.

① 나는 아직도 그에게는 실력이 <u>부친다</u>.
② 짐을 외국으로 <u>부치다</u>.
③ 안건을 회의에 <u>부치다</u>.
④ 회의 내용을 극비에 <u>부치다</u>.
⑤ 삼촌 집에 숙식을 <u>부치다</u>.

06

> 떨어져 나간 조각들을 제자리에 잘 <u>맞춘</u> 다음에 접착제를 사용하여 붙였다.

① 친구와 답을 <u>맞추어</u> 보았다.
② 힘들게 나사를 <u>맞추었다</u>.
③ 영화에서 여배우가 남자 배우에게 입을 <u>맞추었다</u>.
④ 우선 차례를 <u>맞추어</u> 보도록 하자.
⑤ 시간에 <u>맞추어</u> 전화를 하다.

07

자정에 <u>이르러서야</u> 집에 돌아왔다.

① 형이 엄마에게 내가 벽에 낙서한 것을 <u>일렀다</u>.
② 올해는 예년보다 첫눈이 <u>이른</u> 감이 있다.
③ 약속 장소에 <u>이르렀다</u>.
④ 죽을 지경에 <u>이르다</u>.
⑤ 친구에게 약속 시간을 <u>일러</u> 주었다.

08~10 | 다음 밑줄 친 부분과 가장 가까운 의미를 지닌 것을 고르시오.

08

너는 정말 <u>발이 짧다</u>.

① 근심이 많다.　　　　　　　② 마음을 놓다.
③ 먹을 복이 없다.　　　　　　④ 활동 범위가 좁다.
⑤ 아는 사람이 적다.

09

이번 시험에서 또 <u>미역국을 먹었다</u>.

① 낙방하다.　　　　　　　　② 생일상을 받다.
③ 시험에 합격하다.　　　　　④ 끊어지다.
⑤ 간절히 기다리다.

10

그는 조용히 다른 사람의 말에 <u>귀를 기울였다</u>.

① 양해　　　　　　② 경청　　　　　　③ 이해
④ 감청　　　　　　⑤ 주해

11~13 | 주어진 지문의 밑줄 친 ㉠과 같은 의미로 사용된 것을 고르시오.

11

전통은 물론 과거로부터 이어 온 것을 말한다. 이 전통은 대체로 그 사회 및 구성원(構成員)인 개인(個人)의 몸에 ㉠ 배어 있는 것이다. 그러므로 스스로 깨닫지 못하는 사이에 전통은 우리의 현실에 작용(作用)하는 경우가 있다. 그러나 과거에서 이어 온 것을 무턱대고 모두 전통이라고 한다면, 인습이라는 것과의 구별(區別)이 서지 않을 것이다. 우리는 인습을 버려야 할 것이라고 생각하지만, 계승해야 할 것이라고는 생각하지 않는다.

여기서 우리는, 과거에서 이어 온 것을 객관화(客觀化)하고 이를 비판(批判)해야 한다. 그 비판을 통해서 현재(現在)의 문화창조(文化創造)에 이바지할 수 있다고 생각되는 것만을 우리는 전통이라고 불러야 할 것이다. 이같이, 전통은 인습과 구분될 뿐더러, 또 단순한 유물(遺物)과도 다르다. 현재의 문화를 창조하는 일과 관계가 없는 것을 우리는 문화적 전통이라고 부를 수가 없기 때문이다.

① 장난기가 배어 있다
② 담배 냄새가 옷에 배었다.
③ 아이를 배다.
④ 잡은 고기에 알이 배어 있었다.
⑤ 일이 손에 배다.

12

오늘도 친구들과 야유회를 약속한 까닭에 예와 같이 이 찰밥을 싸서 손에 들고 나선 것이다. 밥을 ㉠ 들고 퇴를 내려서며 문득 부엌문 쪽을 둘러봤다. 새벽에 숯불을 피우시던 어머니의 모습이 눈앞에 떠오르다가 안개처럼 사라져 버린다. 슬픈 일이다. 손에 밥은 들려 있건만 그 어머니가 없다.

어머니는 새벽녘에 손수 숯불을 불어가며 찰밥을 싸 주고 기대하며 기르시던 그 아들에게서 무엇을 얻으셨던가? 그는 매일매일 그래도 당신 아들만이 남다른 출세를 하리라고 믿고 그의 구차한 여생을 한 줄기 희망으로 살아왔건만 그의 아들은 좀체 출세하지 않았다. 스스로 고난의 길을 걷고만 있지 아니했던가. 어머니는 운명하시는 순간에도 그 아들의 손을 꼭 잡았다. 먼 길을 떠나던 그 순간에도 아들에 대한 희망을 놓치지 않고 웃음을 보이려 했다.

① 이 나물 반찬도 좀 <u>들어</u> 보세요. ② 안으로 <u>드시지요</u>.
③ 신부가 꽃을 손에 <u>들고</u> 서 있다. ④ 개인 사업에는 돈이 많이 <u>든다</u>.
⑤ 고생길에 <u>들었구나</u>.

13

　며칠 전 거리에서 우연히 한 청년을 만났다. 그는 나를 반기어 다방으로 끌어다 놓고, 이 이야기 저 이야기 하던 끝에 돌연히 충고하여, "병환이 그러시니만치 돌아가시기 전에 얼른 걸작을 쓰셔야지요?" 하고는 껄걸 웃는 것이었다.

　나는 못 들은 척하고 옆에 놓인 얼음 냉수를 들어 쭈욱 마셨다. 왜냐하면 그는 귀여운 정도를 넘을 만큼 그렇게 자만스러운 인물이었기 때문이다. 남을 충고함으로써 뒤로 자기 자신을 높이고, 거기에서 어떤 만족을 느끼는 그런 부류의 사람이었던 까닭이다.

　얼마 지난 뒤에야 나는 입을 열어 물론 나의 병이 쉬이 나을 것은 아니나, 어쩌면 성한 그대보다 좀 더 오래 살는지 모른다. 그리고 성한 그대보다 좀 더 오래 살 수 있는 이것이 결국 나의 병일는지 모른다고 하고, 그러니 "그대도 자신의 생활을 게을리 하지 마시고 성실히 사시기 바랍니다." 하였다.

　그러고 보니, '유정이! 너도 어지간히 사람은 버렸구나.' 기운 없이 고개를 숙였을 때 무거운 고독과 아울러 슬픔이 등 뒤로 내려침을 느꼈다. 그러나 나는 아직 ㉠ <u>버리지</u> 않았다.

　작년 봄 내가 달포 남짓 몹시 앓았을 때 의사를 찾아가니, 그 의사의 말이 "돌아오는 가을을 넘기기가 어렵다." 하였다. 말하자면 요양을 잘 하더라도 위험하다는 눈치였다. 그러나 나는 술을 마음껏 마셨다. 연일 주야로 원고와 다투었다. 이러고도 그 가을을 무사히 넘기고 그 다음 가을, 즉 올가을을 앞에 두고 이렇게 기다리고 있는 것이다. 과학도 얼마만치는 농담임을 알았다.

① 쓰레기는 용도와 재질에 따라 분리하여 버려야 한다.
② 난 죽을 때까지 그림 그리는 일만은 버리지 않을 거요.
③ 어린애에게 그런 것을 가르치다니, 애를 버릴 작정이오?
④ 목숨을 버리는 것은 삶을 적극적으로 개척하는 자세가 아니오.
⑤ 남을 멸시하는 악습을 버리지 않는 한 출세하기는 힘들게다.

14~15 | 다음 지문의 (   ) 안에 알맞은 말을 순서대로 나열한 것을 고르시오.

14

증권선물거래소에 따르면 올해 각종 테마를 (   ) 7개 종목군 68개 종목의 주가 등락을 조사한 결과, 전체적으로 작년 말 대비 이달 19일 현재 212.00%의 주가 상승률을 나타냈다. 이는 시장 평균 상승률 142.15%를 크게 앞서는 (   ), 특히 엔터테인먼트주의 경우 3.4분기를 (   ) 매 분기 폭등세를 (   ) 연간 전체로는 355.89%의 높은 주가 상승률을 (   ).

① 형성한 – 수치로 – 포함하고는 – 지속해 – 보여주었다

② 만든 – 양으로 – 배제하고는 – 유지해 – 출시하였다

③ 형성한 – 수치로 – 제외하고는 – 지속해 – 나타냈다

④ 만든 – 양으로 – 배제하고는 – 보존해 – 공개했다

⑤ 준비한 – 수로 – 포함하고는 – 지속해 – 드러냈다

15

현재 설치돼 있는 CCTV도 내년 3월 말까지는 모두 (   ) 사용을 전면 (   ) 하고 이를 어기면 위반 정도에 따라 개선명령과 15일~1개월 영업정지, 업소 폐쇄 명령이 내려진다. 그러나 이런 내용이 제대로 (   ) 않아 대부분 업소는 관련 규정이 생긴 (   ) 모르고 있어 각 지방자치단체는 계도 활동에 비상이 (   ).

① 철거하거나 – 금지해야 – 알려지지 – 공지조차 – 잡혔다

② 폐쇄하거나 – 금지해야 – 알려지지 – 진실조차 – 걸렸다

③ 뜯거나 – 멈춰야 – 홍보되지 – 공지조차 – 잡혔다

④ 철거하거나 – 중단해야 – 홍보되지 – 사실조차 – 걸렸다

⑤ 폐쇄하거나 – 중단해야 – 홍보되지 – 진실조차 – 열렸다

16 다음 글에서 추론할 수 있는 진술로 가장 옳은 것을 고르시오.

> 그녀는 저녁 10시면 잠이 들었다. 퇴근을 하고 집에 돌아오면 아주 오랫동안 샤워를 했다. 한 달에 수도 요금이 5만 원 이상 나왔고, 생활비를 줄이기 위해 휴대폰을 정지시켰다. 일주일에 한 번씩 고향에 있는 어머니에게 전화를 드렸고, 매달 말일에는 고시공부를 하는 동생에게 50만 원을 온라인으로 송금했다. 의사로부터 신경성 위염이라는 진단을 받은 후로는 밥을 먹을 때 꼭 백 번씩 씹었다. 밥을 먹고 30분 후에는 약을 먹었다. 그녀는 8년째 도서관에서 일했지만, 정작 자신은 책을 읽지 않았다.

① 그녀는 8년째 도서관에서 고시공부를 하고 있다.
② 그녀는 신경성 위염 때문에 식사 후에는 약을 먹는다.
③ 그녀는 휴대폰 요금이 한 달에 5만 원 이상 나오자 정지시켰다.
④ 그녀는 일주일에 한 번씩 어머니에게 온라인으로 용돈을 보내 드렸다.
⑤ 퇴근을 하고 저녁 10시가 되면 샤워를 하였다.

17 이 글에서 글쓴이가 궁극적으로 말하고자 하는 것은?

> 나라를 다스리는 사람은 임금과 더불어 하늘이 준 직분을 행하는 것이니 재능이 없어서는 안 된다. 하늘이 인재를 내는 것은 본디 한 시대의 쓰임을 위해서이다. 그래서 하늘이 사람을 낼 때에 귀한 집 자식이라고 하여 풍부하게 주고, 천한 집 자식이라 하여 인색하게 주지는 않는다. 그래서 옛날의 어진 임금은 이런 것을 알고 인재를 더러 초야(草野)에서도 구하고, 더러 항복한 오랑캐 장수에서도 뽑았으며, 더러 도둑 중에서도 끌어올리고, 더러 창고지기를 등용키도 했다. 이들은 다 알맞은 자리에 등용되어 재능을 한껏 펼쳤다. 나라가 복을 받고 치적(治績)이 날로 융성케 된 것은 이 방법을 썼기 때문이다.
>
> 중국같이 큰 나라도 인재를 빠뜨릴까 걱정하여 늘 그 일을 생각한다. 잠자리에서도 생각하고 밥 먹을 때에도 탄식(歎息)한다.
>
> 어찌하여 숲속과 연못가에 살면서 큰 보배를 품고도 팔지 못하는 자가 수두룩하고 영걸찬 인재가 하급 구실아치 속에 파묻혀서 끝내 그 포부를 펴지 못하는가? 정말 인재를 모두 얻기도 어렵거니와 모두 거두어 쓰기도 또한 어렵다.

① 나라에서 등용하는 인재는 되도록 많아야 한다.
② 편견에 사로잡혀 인재를 몰라보는 일이 없어야 한다.
③ 여자들도 재능에 따라 출사할 수 있도록 도와야 한다.
④ 참다운 인재를 구하기 위해서는 임금이 직접 나서야 한다.
⑤ 중국과의 교류를 활성화하여 중국의 인재를 활용해야 한다.

18~19 | 다음 글의 제목(또는 주제)으로 적절한 것을 고르시오.

18

양분법적 사고라 함은 모든 것을 두 부류로 나누어 생각하는 것을 말한다. "희다"와 "검다", "좋다"와 "나쁘다"처럼 양분법적 사고는 대상을 두 무리로 나누고 그 어느 하나에 속하는 것으로 판단하게 된다. 이 같은 생각이 다양하게 변화하지 못한 채 굳어지게 되면, 모든 사람들은 적과 동지로 나누려고 한다. 그 결과로 오는 것이 이른바 흑백논리이다.

세상에는 선한 것과 선한 것끼리의 대립이나 대결도 있을 수 있다. 취미가 다양하듯이 가치관도 다양할 수 있으며, 또 다양해야 하는 것이다. 그렇기 때문에, 여럿이 더불어 살아가는 이 세상에서 양분법적 사고는 조화를 깨뜨리는 요소가 된다. 다채롭고 다양한 삶을 영위하기 위해서는 양분법적 사고가 지양되어야 한다.

① 양분법적 사고라 함은 모든 것을 두 부류로 나누어 생각하는 것이다.
② 양분법적 사고는 곧 흑백논리이다.
③ 양분법적 사고는 여럿이 더불어 살아가는 이 세상에서 조화를 깨뜨리는 요소가 된다.
④ 양분법적 사고는 다양한 삶을 위해 지양되어야 한다.
⑤ 양분법적 사고는 다양성을 인정하고 있다.

19

한국말은 한국 사람이면 누구나가 다 알아들을 수 있는 것이며, 또 그래야 한다. 이것이 한국말의 이상적인 모습이다. 한국말은 한국 국민의 의사 전달의 도구로서 존재하기 때문이다. 이 이상적인 한국말의 모습을 추구하기 위해서 우리는 지역적 차이나 개인적 차이를 초월한 표준말을 제정하고, 이것을 모든 국민에게 가르치게 되는 것이다.

그런데 여기 일부 한국 사람에게만 통용될 수 있는 어려운 한자말이 섞여 있어서는 그 말은 이상적 한국말의 모습에서 멀어진다. 또 여기 일본말 찌꺼기가 아직 남아서, 공과 대학 졸업생이 공장에 가서 당황하게 되어서는, 그 말은 바른 한국말이라 할 수 없다. 운동 경기의 중계 방송을 듣고, 저것도 한국말일까 의심이 나도록 서양말 투성이가 되어서는 그것은 한국말의 본연의 자세가 아니다.

말에 의한 생각의 교환은 생각의 개인적 차이를 조절하고, 한국민으로서의 통일감을 북돋우게 된다. 그런데 일반 국민에게 제대로 이해되지 않는 외래말, 외국말이 뒤섞여 있어서는 국민 사이에 감정의 단절이 생겨나고, 따라서 국민 안에 계층이 생겨나게 된다.

물론 사회적 계층에 따라 말이 약간 달라지는 것은 어디서나 볼 수 있는 현상이긴 하지만, 이것은 사회적으로 바람직한 일이 아니며, 더구나 언어에 의해 이러한 사회적 계층 사이의 단절을 촉구하는 결과가 되어서는 안 될 것이다.

① 국어 순화는 왜 해야 하는가　　② 국어와 민족의식의 관계

③ 표준말은 왜 써야 하는가　　④ 언어와 사회적 계층

⑤ 표준말 제정의 필요성

20～21 | 다음 제시된 글의 순서를 가장 올바르게 배열한 것을 고르시오.

20

가. 지금 상태를 내버려두면 머잖아 천연가스 비상사태가 우려된다.

나. 여기에다 국내시장 자유화 추세에 따라, 한 에너지원의 수급불안을 다른 것으로 대체하여 방지하는 위기관리형 수급체계까지 약화됐다.

다. 무엇보다 가스 확보 전략에 대한 근본적인 재고가 시급하다.

라. 필요하다면 국익 차원에서 에너지를 확보하고자 국영회사를 앞세우는 프랑스, 중국 등 경쟁국의 사례를 원용해야 한다.

마. 예컨대 액화천연가스 수급비상을 전력산업이 막아주는 보완체계가 무너졌다.

① 가-다-나-라-마　　② 마-나-가-다-라

③ 나-라-마-가-다　　④ 다-가-나-라-마

⑤ 나-마-가-다-라

21

가. 1970년대까지만 해도 재정정책은 자본주의 경제의 안정적 성장에서 중요한 역할을 담당했다.

나. 과잉유동성 문제는 중앙은행의 독립성보다는 거시정책의 패러다임 변화라는 관점에서 접근해야 한다.

다. '인위적' 과잉유동성 문제는 '인위적' 경기부양책에 대한 거부와 관련이 있다.

라. 이제 경기안정의 부담을 통화정책이 떠안게 되고, 중앙은행은 과거에 비해 훨씬 더 경기에 민감하게 반응한다.

마. 하지만 이후 재정정책 회의론과 함께 '작은 정부론' 그리고 '균형재정론'의 새로운 시대정신이 된다.

① 다-가-나-라-마 ② 가-마-나-다-라
③ 다-나-가-마-라 ④ 가-라-마-다-나
⑤ 나-가-다-라-마

22 다음 제시된 문장이 들어가기에 가장 적절한 곳을 고르시오.

이러한 상황에서도 미국 내에서는 알코올이 완전히 사라질 것이라는 예측이 강했다.

금주법은 미국 전역에서 술의 제조와 유통, 판매 그리고 술의 수입과 수출 등 술에 관한 모든 것을 금지한 법이다. (가) 그러나 하루아침에 사람들의 습관을 바꾸기에는 무리가 많았다. (나) 한편 이 법을 수호하기 위한 예산은 터무니없이 적어, 금주법은 그 이상적인 취지에도 불구하고 많은 문제를 내포하고 있었다. (다) 하지만 현실은 그 반대였다. (라) 금주법이 발효됨과 동시에 몰래 술을 만들어 파는 밀주사업이 황금알을 낳는 사업이 되었던 것이다. (마)

① (가) ② (나) ③ (다)
④ (라) ⑤ (마)

23 다음 글에 이어질 내용으로 가장 적절한 것을 고르시오.

> 우리 사회는 정보의 기술적 측면의 교육에만 관심을 기울인 나머지 윤리적 측면을 소홀히 한 점을 언급한 바 있다. 그러나 더 큰 문제는 정보 윤리의 필요성을 어느 정도 인식하고 있으면서도 무엇을 어떻게 가르쳐야 할 것인지 명확한 기준이 제시되지 못하였다는 점이다. 다행히 최근 들어 법적 대응이나 기술적 대응이 가지고 있는 한계를 인식하면서 교육적 대응이 보다 중요한 대응책으로 부각되고 있다. 즉, 학생들에게 정보화 사회에서 가장 기본이 되는 윤리와 가치관을 교육함으로써 보다 근본적으로 정보사회의 역기능을 줄이고자 하는 방안이 대두되고 있다. 정보사회에서 새롭게 요구되는 정보 윤리의 패러다임은 아동기에서부터 체계적인 교육을 통해 점진적으로 성숙시키고 내면화시켜야 한다. 따라서 국가차원에서 적극적으로 정보 윤리의 평생교육체계를 정비하고 이에 대한 재정적, 제도적 지원을 우선 과제로 삼아야 할 것이다.

① 정보 윤리 교육의 문제점   ② 정보 윤리 교육의 필요성
③ 정보 윤리 교육에서 학교의 역할   ④ 정보 윤리 교육에서 국회의 역할
⑤ 정보 윤리 교육의 역기능

24 다음 제시문과 동일한 오류를 범하고 있는 것을 고르시오.

> 철수는 우등상을 받았으므로 열심히 공부했음에 틀림이 없다. 따라서 영희에게 우등상을 주면 열심히 공부할 것이다.

① 저수지에서 떠온 물 한 컵을 실험해 보았는데, 그것은 마셔도 안전한 물로 판정되었다. 당국은 그 저수지의 물 전부를 마셔도 안전하다는 결론을 내렸다.
② 부지런한 농부들은 모두 많은 소를 갖고 있다. 이제 이 마을의 게으른 농부들에게 소를 많이 주어 부지런한 농부가 되게 하자.
③ 일의 끝은 그 일의 완성이다. 삶의 마지막은 죽음이다. 따라서 죽음은 삶의 완성이다.
④ 아기들이 홍역을 앓을 때마다 그들의 몸에 붉은 반점이 나타난다. 또한 아기들의 체온이 높이 올라간다. 고열 때문에 붉은 반점이 나타나는 것이 분명하다.
⑤ 철수는 참 정직한 녀석이야. 자기가 직접 그렇게 말했어. 그 정직한 애가 거짓말을 할 리가 없지 않겠니?

25 다음 개요를 보고 글의 통일성을 고려할 때, 내용상 어울리지 않는 문장을 고르시오.

제목 – 청소년의 체력 증진 방안이 시급히 요구된다.

서론 : 최근 청소년의 체력 약화가 심각한 문제가 되고 있다.

본론 : 1. 청소년 체력 저하 현상

　　　　　1) 체력 저하 문제에 대한 인식 부족 … ①

　　　 2. 청소년 체력 강화를 위한 대책

　　　　　1) 청소년 체육 시설 확충 … ②

　　　　　2) 체력 향상 프로그램 참여 … ③

　　　　　3) 규칙적인 운동 습관 … ④

　　　　　4) 수면 시간 연장을 통한 체력 향상 … ⑤

결론 : 청소년의 체력 향상을 위한 다양한 프로그램과 시설확충이 시급하다.

2교시 **자료해석** 총 20문항, 제한시간 25분

01 다음은 여러 가지 암과 관련된 진료건수를 나타내는 자료이다. 아래의 (표)를 바탕으로 그림의 A~E에 들어갈 병명을 찾으시오.

구분	1995년	2000년	2003년
췌장암	4,454건	7,962건	11,987건
폐암	26,515건	47,939건	65,167건
대장암	14,071건	32,750건	58,794건
유방암	8,869건	19,559건	34,952건
갑상선암	3,206건	5,956건	11,397건
난소암	6,100건	10,366건	13,635건
간암	24,919건	43,206건	53,818건

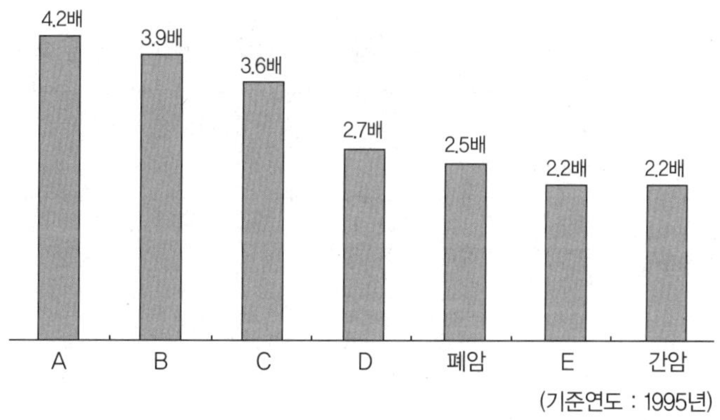

   A   B   C   D   E

① 췌장암 – 대장암 – 유방암 – 갑상선암 – 난소암
② 췌장암 – 유방암 – 대장암 – 갑상선암 – 난소암
③ 대장암 – 췌장암 – 유방암 – 난소암 – 갑상선암
④ 대장암 – 유방암 – 갑상선암 – 췌장암 – 난소암

02 다음 표들은 우리나라의 의료수준을 가늠하게 하는 신생아사망률에 관한 자료 (2014년)이다. 이에 대한 설명으로 옳은 것은?

● 표1 생후 1주일 이내 성별, 생존기간별 신생아사망률 ●

생존기간	남		여	
	명	%	명	%
1시간 이내	31	2.7	35	3.8
1~11시간	308	26.5	249	27.4
12~23시간	97	8.3	78	8.6
24~47시간	135	11.6	102	11.2
48~71시간	166	14.3	114	12.5
72~167시간	272	23.4	219	24.1
미상	153	13.2	113	12.4
전체	1,162	100.0	910	100.0

● 표2 산모연령별 신생아사망률 ●

산모연령	출생아수	신생아사망률(%)
19세 미만	6,356	8.8
20~24	124,956	6.3
25~29	379,209	6.8
30~34	149,760	9.4
35~39	32,560	13.5
40세 이상	3,977	21.9
전체	696,818	7.7

① 생후 48시간 이내 여자신생아 사망률은 남자신생아 사망률보다 낮다.

② 생후 1주일 내 신생아 사망 수가 가장 많은 산모 연령대는 40세 이상이다.

③ 생후 1주일 내 신생아 사망 중 둘째 날 신생아의 사망률은 약 13.1%이다.

④ 생후 1주일 내에서 첫째 날의 남자신생아 사망률은 약 35%이다.

03

다음은 2005년부터 2010년까지 분야별 문화예산의 변화 추세를 나타낸 표이다. 아래 표에 대한 설명으로 맞는 것을 모두 고르시오.

구분	합계	문예진흥	관광	문화산업	문화재
2005년	4,848	3,050	292	160	1,346
2006년	6,647	3,237	789	1,001	1,620
2007년	9,639	4,237	1,057	1,787	2,558
2008년	10,458	4,346	1,912	1,475	2,725
2009년	12,155	5,014	2,189	1,958	2,994
2010년	13,182	5,435	2,474	1,890	3,383

㉠ 이 기간 동안 문화예산의 네 가지 분야 중 문화산업이 차지하는 비중은 매년 최저 수준이었다.

㉡ 이 기간 동안 예산 증가율이 가장 높았던 분야는 문화산업이다.

㉢ 2005년부터 문화예산은 점점 증가하였으나 2010년으로 와서는 예산이 줄어들었다.

㉣ 2010년 전체 문화예산에서 문화재 예산이 차지한 비율은 2005년에 비해 감소하였다.

㉤ 문예진흥 예산의 경우 전체 문화예산에서 차지하는 비율은 늘 가장 높았으나 그 증가율은 가장 낮다.

① ㉠, ㉣
② ㉢, ㉣
③ ㉠, ㉡, ㉢
④ ㉡, ㉣, ㉤

04 다음은 인천광역시 내의 각 자치단체 홈페이지에 게재된 글의 성격을 분석한 결과이다. 다음 중 옳지 않은 것은?

● 지역별 게시글의 성격 ●

(단위 : 건수, %)

| 구분 | | 게시글의 성격 | | | | | | | | | | 계 | |
| | | 문의 | | 청원 | | 문제 지적 | | 정책제안 | | 기타 | | | |
		건수	%	건수	%	건수	%	건수	%	건수	%	건수	%
지역	시 본청	123	36.1	87	25.5	114	33.4	10	2.9	7	2.1	341	33.1
	중구	20	37.7	17	32.1	13	24.5	1	1.9	2	3.8	53	5.1
	동구	14	43.8	9	28.1	7	21.9	–	–	2	6.3	32	3.1
	남구	22	24.7	25	28.1	32	36.0	7	7.9	3	3.4	89	8.6
	연수구	6	16.7	15	41.7	14	38.9	1	2.8	–	–	36	3.5
	남동구	21	22.8	31	33.7	39	42.4	–	–	1	1.1	92	8.9
	부평구	29	28.7	28	27.7	41	40.6	1	1.0	2	2.0	101	9.8
	계양구	13	15.3	40	47.1	30	35.3	2	2.4	–	–	85	8.2
	서구	50	32.5	34	22.1	65	42.2	–	–	5	3.2	154	14.9
	강화군	17	44.7	8	21.1	8	21.1	3	7.9	2	5.3	38	3.7
	옹진군	6	60.0	–	–	3	30.0	1	10.0	–	–	10	1.0
계		321	31.1	294	28.5	366	35.5	26	2.5	24	2.3	1,031	100

① 전체 게시글의 빈도는 문의, 문제 지적, 청원, 정책제안, 기타의 순서로 많다.

② 전체에서 문의의 비중이 가장 높은 지역은 옹진군이다.

③ 시 본청을 제외하고 정책제안이 가장 많은 곳은 남구이다.

④ 계양구가 청원이 차지하는 비중이 가장 높다.

05 다음 그림과 표는 전체 TV 시장과 디지털 TV 시장의 매출액과 성장 추이 및 TV 크기별 시장점유율에 관한 자료이다. 이에 대한 〈보기〉의 설명 중 옳은 것을 모두 고르면?

● TV 크기와 종류별 시장점유율 ●

구분		프로젝션 TV	PDP TV	LCD TV	브라운관 TV
대형	2005년	76	24	–	–
	2006년	47	51	2	–
중형	2005년	23	68	9	–
	2006년	13	74	13	–
소형	2005년	–	17	60	23
	2006년	–	5	81	14

● 전체 TV 시장과 디지털 TV 시장의 매출액 ●

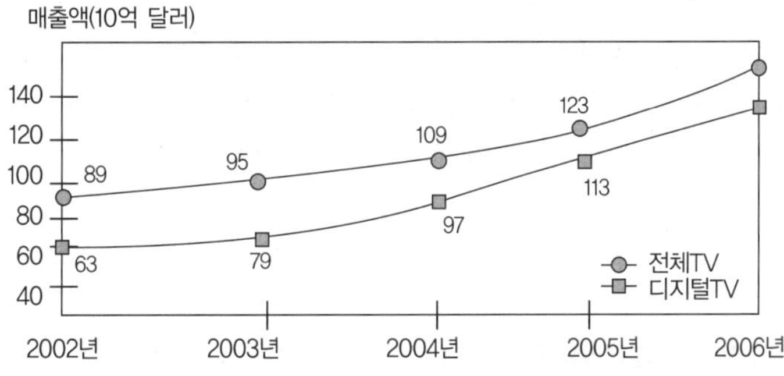

─● 보 기 ●─

㉠ 전체 TV 시장 및 디지털 TV 시장의 매출액 규모는 연간 10% 이상 지속적으로 증가하였다.

㉡ 전체 TV 시장 매출액에서 디지털 TV 시장 매출액이 차지하는 비율이 지속적으로 증가하여, 2005년부터 90%를 상회하였다.

㉢ 2005년과 2006년의 TV 크기별 시장점유율을 보면 소형에서는 LCD TV의 시장점유율이 가장 높고, 중형 이상에서는 PDP TV의 시장점유율이 가장 높았다.

㉣ 2005년에 비해 2006년에 소형 PDP TV의 시장점유율은 감소하였으나, 중형 이상 PDP TV의 시장점유율은 증가하였다.

㉤ 2005년에 비해 2006년에 시장점유율 감소폭이 가장 큰 제품은 소형에서는 브라운관 TV이고, 중형 이상에서는 프로젝션 TV이다.

① ㉠, ㉢　　　② ㉠, ㉣　　　③ ㉡, ㉣　　　④ ㉡, ㉤

06 다음은 2010년 통계청에서 발표한 '학교급별 사교육 참여 실태'의 결과이다. 다음 설명 중 적절하지 않은 것은?

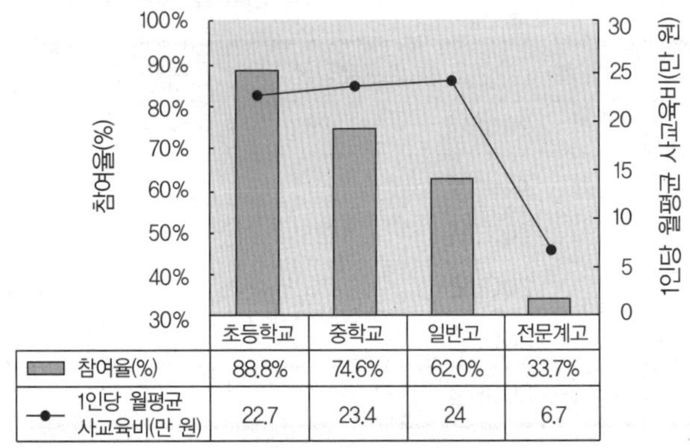

구분	초등학교	중학교	일반고	전문계고
참여율(%)	88.8%	74.6%	62.0%	33.7%
1인당 월평균 사교육비(만 원)	22.7	23.4	24	6.7

① 2010년에 사교육을 받는 중학생의 수는 사교육을 받는 고등학생 수보다 더 많다.

② 1인당 월평균 사교육비는 일반고 학생이 가장 많다.

③ 초등학생 200명당 평균 170명 이상이 사교육을 받는다.

④ 전문계고 학생 1인당 월평균 사교육비는 6만 7천 원이다.

07 다음 표는 기업체의 신규 사원 채용 시 선발 도구에 대한 것이다. 다음 설명 중 옳은 것을 고르면?

(단위 : %)

구분	대졸 신규 사원 채용 시 선발 도구(중복 응답)			
	면접	필기시험	인 · 적성 검사	교수 추천
전체	97.8	13.5	27.5	53
일반기업	93.6	12.5	34.5	54.8
공기업	100	64.2	57.4	32.8
벤처기업	96.9	5.8	21.3	65.7
외국기업	91.4	29.7	38.7	51.4
기관, 단체	100	31	54	56
기타	99.9	15.9	38.7	33.3

① 벤처 기업은 교수 추천이 가장 중요하다.

② 공기업의 경우 면접은 중요하지 않다.

③ 일반 기업의 경우 필기시험이 인·적성검사보다 중요하다.

④ 외국 기업의 경우 면접과 교수 추천이 필기시험과 인·적성검사보다 상대적으로 중요하다.

08 다음은 선거운동기간 중 전국 성인남녀 1,200명을 조사하여 신문과 TV에서 정치광고를 본 후 응답자들이 지지정당을 바꾼 경우만을 나타낸 것이다. 〈보기〉의 설명 중 옳은 것을 모두 고르면?

● 정치광고에 따른 지지정당 변화 ●

(단위 : 명)

광고 전 선택정당 / 광고 후 선택정당	A당		B당		C당		전체
	신문	TV	신문	TV	신문	TV	
A당	–	–	6	16	12	52	86
B당	11	29	–	–	9	28	77
C당	9	25	5	8	–	–	47
전체	20	54	11	24	21	80	210

＊ 이득은 지지자 수가 늘어난 것을 의미하며, 손해는 지지자 수가 줄어든 것을 의미함

─● 보 기 ●─

ㄱ. 신문과 TV 광고를 합해서 볼 때 가장 큰 손해를 본 정당은 C당이다.

ㄴ. TV 광고를 통해서 가장 큰 이득을 본 정당은 A당이다.

ㄷ. A당은 TV 광고를 통해서는 이득을 보았지만 신문 광고를 통해서는 손해를 보았다.

ㄹ. 신문 광고를 통해 가장 큰 이득을 본 정당은 B당이다.

① ㄱ, ㄴ　　　　② ㄱ, ㄷ　　　　③ ㄴ, ㄹ　　　　④ ㄱ, ㄷ, ㄹ

09 다음은 음식점 선택의 5개 속성별 중요도 및 이들 속성에 대한 A와 B음식점의 성과도에 관한 자료이다. 이에 대한 〈보기〉의 설명 중 옳은 것을 모두 고르면?

● 음식점 선택의 속성별 중요도 및 음식점별 성과도 ●

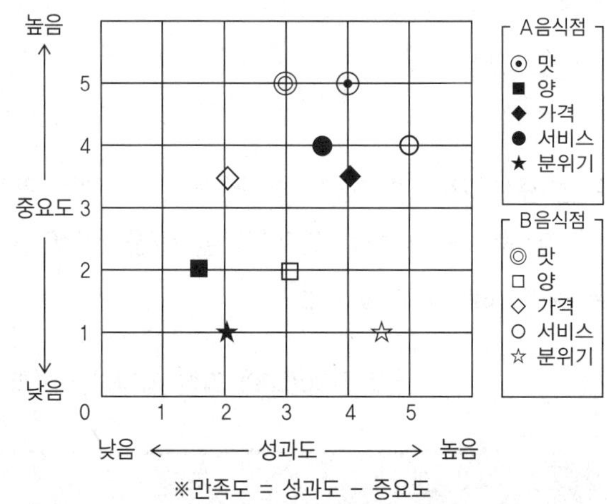

보 기

ㄱ. A음식점은 3개 속성에서 B음식점보다 성과도가 높다.

ㄴ. 만족도가 가장 높은 속성은 B음식점의 분위기 속성이다.

ㄷ. A음식점과 B음식점 사이의 성과도 차이가 가장 큰 속성은 가격이다.

ㄹ. 중요도가 가장 높은 속성에서 A음식점이 B음식점보다 성과도가 높다.

---

① ㄱ, ㄴ　　　② ㄱ, ㄹ　　　③ ㄴ, ㄷ　　　④ ㄴ, ㄹ

10 다음 〈표〉는 루마니아, 불가리아, 세르비아, 체코, 헝가리 등 5개국의 GDP 대비 산업 생산액 비중에 관한 자료이다. 〈보기〉의 설명을 참고하여 B, E에 해당하는 국가를 바르게 나열한 것은?

● 국가별 GDP 대비 산업 생산액 비중 ●

(단위 : %)

국가＼산업	농업	제조업	서비스업	합
A	14	54	32	100
B	5	35	60	100
C	4	36	60	100
D	3	29	68	100
E	1	25	74	100

─ 보 기 ─

- 세르비아와 루마니아 각국의 GDP 대비 제조업 생산액 비중을 합하면 헝가리의 GDP 대비 제조업 생산액 비중과 같다.
- 세르비아와 불가리아 각국의 GDP 대비 농업 생산액 비중을 합하면 체코의 GDP 대비 농업 생산액 비중과 같다.

	B	E
①	체코	세르비아
②	세르비아	불가리아
③	불가리아	세르비아
④	체코	루마니아

11 다음은 처리주체별 감염성 폐기물의 처리현황에 대한 자료이다. 이 자료로부터 알수 있는 것을 〈보기〉에서 모두 고르면?

● 2010년 감염성 폐기물 처리현황 ●

(단위 : 톤)

폐기물 종류	2009년 이월량	발생지 자체 처리	위탁처리					미처리
			소계	소각	멸균분쇄	재활용	화장장	
합계	70	2,929	31,088	16,108	14,659	226	95	33
조직물류	4	45	877	575	0	226	76	1
폐합성 수지류 등	66	2,884	30,211	15,533	14,659	0	19	32

* 1) 감염성 폐기물은 위탁 처리되거나 발생지에서 자체 처리되며, 미처리량은 그 다음 해로 이월됨
  2) 감염성 폐기물 처리방식에는 소각, 멸균분쇄, 재활용, 화장장이 있음
  3) 전년도로부터 이월된 폐기물은 당해년도에 모두 처리됨

─● 보 기 ●─

ㄱ. 2010년에 발생한 감염성 폐기물의 양

ㄴ. 2010년 감염성 폐기물의 처리율

ㄷ. 2010년 감염성 폐기물의 소각 처리율

ㄹ. 2010년 조직물류 폐기물의 위탁 처리율

ㅁ. 2009~2010년 감염성 폐기물 처리율 증감

① ㄱ, ㄴ, ㄷ　　　　② ㄱ, ㄴ, ㄹ　　　　③ ㄱ, ㄷ, ㅁ
④ ㄴ, ㄹ, ㅁ

12 다음은 2005년 말 납김치 파동 전후 가정의 김치 조달경로에 대한 설문조사 자료이다. 이에 대한 〈보기〉의 설명 중 옳은 것을 모두 고르면?

● 납김치 파동 전후 가정의 김치 조달경로 ●

(단위 : %)

파동 전 \ 파동 후	담가 먹음	얻어 먹음	사 먹음
담가 먹음	56.5	1.4	0.7
얻어 먹음	7.4	27.2	0.7
사 먹음	2.8	0.9	2.4

※ 김치 조달경로는 담가 먹음, 얻어먹음, 사 먹음으로 분류되며, 각 가정은 3가지 조달경로 중 1가지만 선택

보 기

ㄱ. 조사대상 가정 중 86.1%는 납김치 파동 전후의 김치 조달경로에 변화가 없다.

ㄴ. 납김치 파동 후 담가 먹는 가정의 비율과 얻어먹는 가정의 비율은 파동 전에 비해 증가하였으나 사 먹는 가정의 비율은 파동 전에 비해 감소하였다.

ㄷ. 납김치 파동 전 담가 먹던 가정 중 90% 이상은 김치파동 후에도 담가 먹는다.

ㄹ. 납김치 파동 전 사 먹던 가정 중 파동 후 담가 먹는 가정으로 변화한 비율은 납김치 파동 전 사 먹던 가정 중 파동 후 얻어먹는 가정으로 변화한 비율보다 3배 이상 크다.

ㅁ. 납김치 파동 전 얻어먹던 가정 중 파동 후 담가 먹는 가정으로 변화한 비율은 납김치 파동 전 사 먹던 가정 중 파동 후 담가 먹는 가정으로 변화한 비율보다 크다

① ㄱ, ㄹ   ② ㄴ, ㄷ   ③ ㄱ, ㄷ, ㄹ

④ ㄱ, ㄷ, ㅁ

13 다음 〈표〉는 1970년부터 2000년까지 우리나라 교육수준별 범죄자 현황을 나타낸 것이다. 이에 대한 해석으로 옳지 않은 것은?

● 연도별 · 교육수준별 범죄자 현황 ●

(단위 : %, 명)

구분\n연도	교육수준별 범죄자 비율					범죄자 수
	무학	초등학교	중학교	고등학교	대학 이상	
1970	12.4	44.3	18.7	18.2	6.4	252,229
1975	8.5	41.5	22.4	21.1	6.5	355,416
1980	5.2	39.5	24.4	24.8	6.1	491,699
1985	4.2	27.6	24.4	34.3	9.5	462,199
1990	3.0	18.9	23.8	42.5	11.8	472,129
1995	1.7	11.4	16.9	38.4	31.6	796,726
2000	1.7	11.0	16.3	41.5	29.5	1,036,280

① 2000년의 경우 교육수준이 초등학교 이하인 범죄자 비율은 1970년의 1/4 이하인 반면 교육수준이 고등학교 이상인 범죄자 비율은 1970년의 2.5배 이상이다.

② 1980년의 경우 교육수준이 고등학교 이상인 범죄자 수는 교육수준이 중학교 이하인 범죄자 수보다 많았다.

③ 교육수준이 중학교인 범죄자가 전체에서 차지하는 비율은 1980년까지 증가하였으나 1990년 이후에는 감소하였다.

④ 2000년의 경우 교육수준이 중학교 이하인 범죄자 수는 1970년에 비해 증가하였다.

14 다음은 각 국가들이 동일한 총생산량을 산출하기 위해 투입한 노동량과 자본량을 그림으로 나타낸 것이다. 총생산량, 노동량 및 자본량은 달러 단위로 환산한 것이다. 다음 그림에 대한 해석으로 옳지 않은 것은?

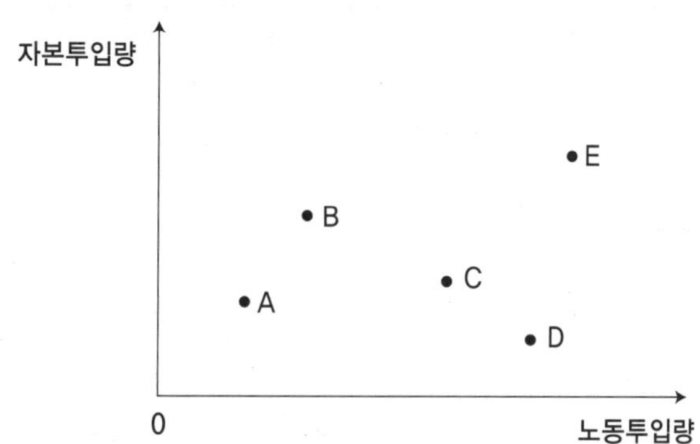

* 1) 자본생산성 = $\dfrac{\text{총생산량}}{\text{자본투입량}}$

2) 노동생산성 = $\dfrac{\text{총생산량}}{\text{노동투입량}}$

* 한 국가가 다른 국가보다 생산성이 높다는 것은 자본생산성과 노동생산성이 모두 높은 경우를 의미함

① A국은 B국보다 생산성이 높다.

② A국은 C국보다 자본생산성이 높다.

③ 노동생산성이 가장 낮은 국가는 E국이다.

④ 생산성이 가장 낮은 국가는 E국이고, 가장 높은 국가는 A국이다.

15 다음 〈표〉는 P 마을 주민들을 대상으로 오염된 우물물을 마셨는지의 여부와 질병이 발생했는지의 여부를 조사한 결과이다. 〈표〉에 근거한 해석 중 옳은 것을 〈보기〉에서 모두 고르면?

● 오염된 물을 마셨는지 여부와 질병발생 여부 ●

사람번호	오염된 물을 마셨는지 여부	질병발생 여부
1	아니오	예
2	아니오	예
3	아니오	예
4	예	예
5	아니오	아니오
6	예	예
7	아니오	아니오
8	예	예
9	아니오	아니오
10	예	예

* 조사된 10명은 P 마을을 대표한다고 가정함

보 기

ㄱ. 질병발생자의 비율이 오염된 물을 마신 사람의 비율보다 크다.

ㄴ. 오염된 물을 마신 사람 중에서 질병에 걸린 사람 비율은 오염된 물을 마시지 않은 사람 중에서 질병에 걸린 사람 비율의 2배이다.

ㄷ. P 마을 인구가 100명이라면 오염된 물을 마신 사람 중 질병에 걸린 사람은 오염된 물을 마시지 않은 사람 중 질병에 걸린 사람보다 10명 더 많다.

① ㄱ　　　② ㄱ, ㄴ　　　③ ㄱ, ㄷ　　　④ ㄱ, ㄴ, ㄷ

16 다음 〈그림〉은 네 가지 자동차 모델의 2014년도 월별 판매량을 나타낸 것이다.
〈보기〉의 설명을 통해 A, B, C, D에 해당하는 모델을 바르게 짝지은 것은?

● 2014년도 월별 자동차 판매량 ●

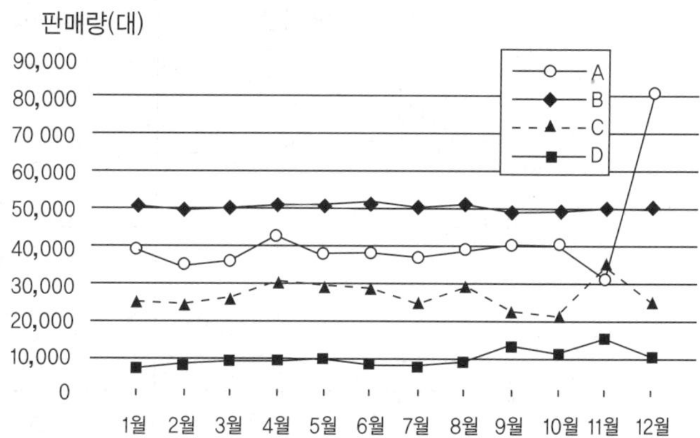

─● 보 기 ●─

ㄱ. 11월에 '제브라'와 '마니타'는 전월보다 판매량이 증가하였다.

ㄴ. 12월 '그랑죠'의 판매량은 1월에 비하여 2배 이상이 되었다.

ㄷ. '오메가'는 다른 모델들에 비해 월별 판매량 변화가 비교적 작았다.

ㄹ. '마니타'는 1년 내내 '그랑죠'보다 월별 판매량이 적었다.

	A	B	C	D
①	그랑죠	오메가	제브라	마니타
②	그랑죠	오메가	마니타	제브라
③	오메가	그랑죠	마니타	제브라
④	오메가	그랑죠	제브라	마니타

17 다음은 J씨의 하루 동안 활동경로를 나타낸 그림이다. 이에 대한 〈보기〉의 설명 중 옳은 것을 모두 고르면?

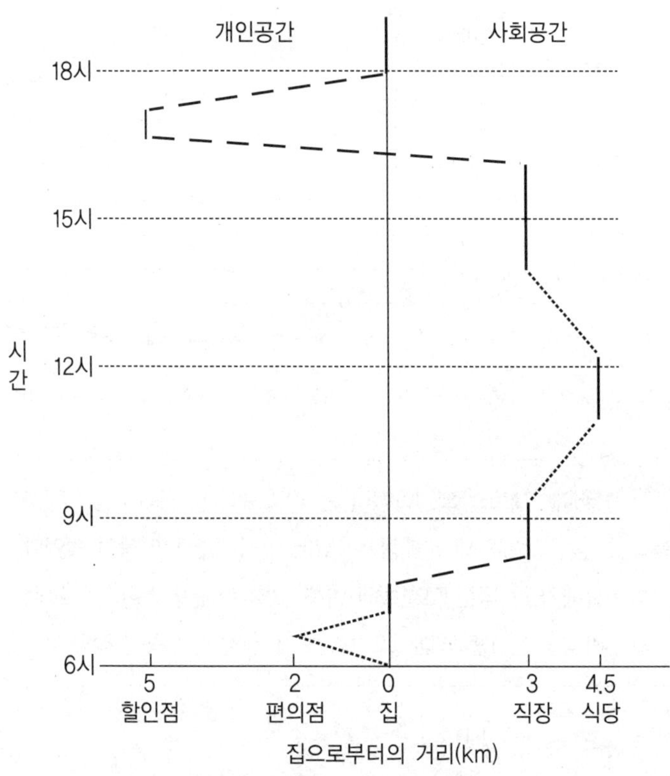

* 집을 중심으로 한 좌우의 각 지점은 개인공간(할인점, 편의점)과 사회공간(직장, 식당)으로 구분한 것임

> **보 기**
> ㄱ. 오전 중에 집 → 편의점 → 직장 → 식당의 경로로 이동하였다.
> ㄴ. 할인점과 직장 사이의 거리가 할인점과 편의점 사이의 거리보다 더 멀다.
> ㄷ. 집과 편의점 사이, 직장과 식당 사이는 각각 도보로 이동하였다.
> ㄹ. 직장에서 식당으로 가는 데 걸린 시간이 집에서 직장으로 가는 데 걸린 시간보다 더 길다.

① ㄱ, ㄴ   ② ㄱ, ㄷ   ③ ㄴ, ㄷ

④ ㄷ, ㄹ

18 다음 〈표〉는 A~E 다섯 명이 서로에게 직접 소식을 전달하는 관계를 나타낸 것이다. 이에 대한 〈보기〉의 설명 중 옳지 않은 것을 모두 고르면?

● A~E의 소식 전달 여부 ●

구분		전달받는 사람				
		A	B	C	D	E
전달하는 사람	A	–	0	1	1	0
	B	0	–	1	1	0
	C	0	0	–	1	0
	D	1	0	0	–	1
	E	1	1	0	0	–

＊ 1) 전달하는 사람 기준으로 0은 직접 전달하지 않음을, 1은 직접 전달함을 의미함
　 2) A~E 다섯 명은 그들 이외의 사람들과는 소식을 주고받지 않음

───● 보 기 ●───

ㄱ. B가 전달받은 소식은 다른 사람을 거쳐도 A에게 전달될 수 없다.

ㄴ. 가장 많은 사람으로부터 소식을 직접 전달받는 사람은 D이다.

ㄷ. C는 E가 전달하는 소식을 B를 통해서만 전달받을 수 있다.

ㄹ. E가 전달받은 소식은 B와 C를 순서대로 거쳐 D에게 전달될 수 있다.

ㅁ. D와 E를 제외하고는 A에게 직접 소식을 전달하는 사람이 없다.

① ㄱ, ㄷ　　　　　② ㄱ, ㄹ　　　　　③ ㄴ, ㅁ

④ ㄱ, ㄴ, ㄷ

19 다음은 유비쿼터스 사회 발전 현황에 대한 보고서의 일부이다. 〈보고서〉의 내용을 작성하는 데 직접적인 근거로 활용되지 않은 자료는?

● 보고서 ●

한국은 경제가 빠르게 발전하면서 2000년대 들어 인구 100명당 초고속 인터넷 이용자수가 세계에서 가장 많은 국가가 되었다. 또한 1999년에 한국의 이동전화 가입자 수는 유선전화 가입자 수를 추월하여 2005년 현재 전 인구의 3/4이 이동전화를 사용하고 있다. 2000년 이후 전세계적으로도 이동전화 가입자 수가 급속히 증가하여, 현재는 많은 국가에서 이동전화 가입자 수가 유선전화 가입자 수를 추월하였다.

이동전화로 시작된 모바일 통신서비스혁명은 단말기 한 대로 세계 어느 곳에서도 통화가 가능한 시대를 열어놓고 있다. 또한 무선인터넷 이용도 점차 일상화되고 있으며, 전체 인터넷 이용률에서 차지하는 비중도 2004년 12월 22.7%에서 2005년 6월 27.9%로 증가하였다. 경제활동 분야에서는 특히 금융거래의 온라인화 및 전자상거래의 약진이 돋보이는데, 1997년에 도입된 인터넷뱅킹의 비중이 2005년 들어 창구서비스 비중에 육박할 정도로 성장하였다.

---

① 국내 인터넷 이용자 현황

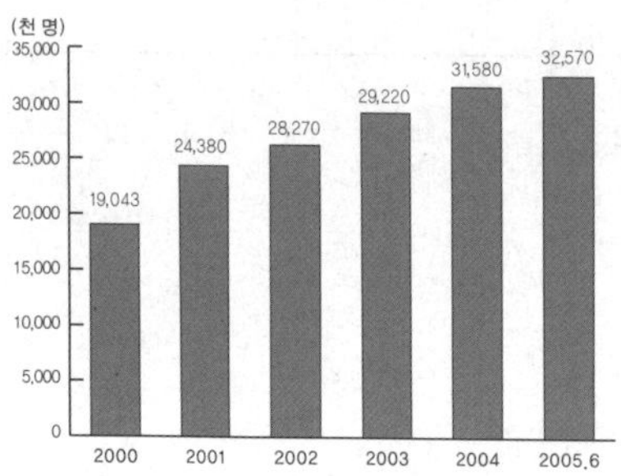

② 국내 금융 서비스 채널별 업무처리 비중의 변화

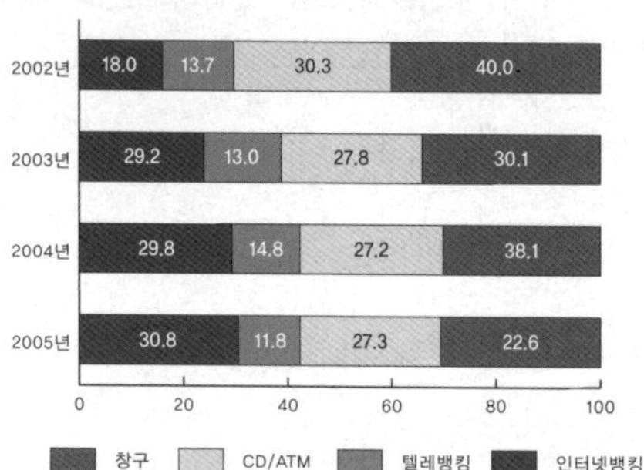

③ 국내 무선인터넷 이용률의 증가

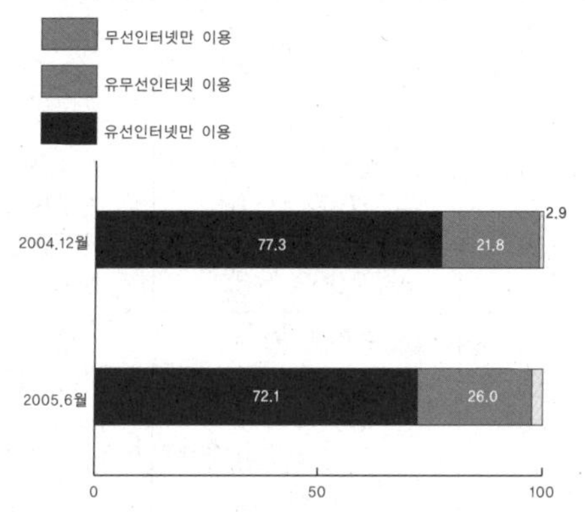

④ 이동전화의 유선전화 가입자 수 추월시점

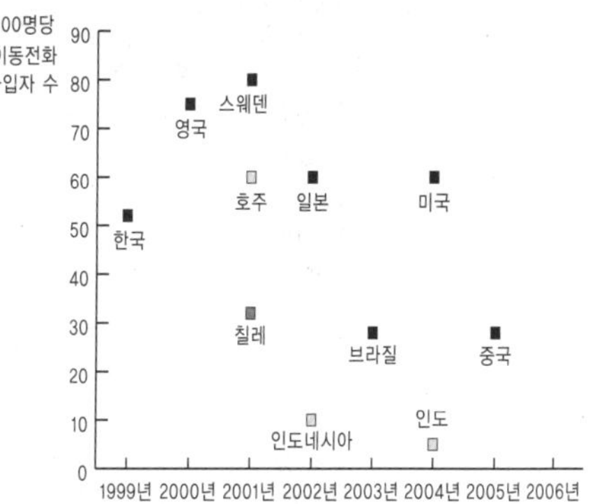

20 다음 〈표〉는 증권시장을 통한 자금조달 추이와 증권거래소 시장의 거래실적 추이에 대한 자료이다. 이에 대한 설명으로 〈보기〉에서 옳은 것을 모두 고르면?

● 표1 증권시장을 통한 자금조달 추이 ●

(단위 : 억 원, %)

연도 \ 구분	주식	회사채	합계
1991	2,768 (30.7)	6,246 (69.3)	9,014 (100.0)
1992	4,790 (21.0)	18,040 (79.0)	22,830 (100.0)
1993	8,407 (23.5)	27,288 (76.5)	35,695 (100.0)
1994	77,700 (64.7)	42,443 (35.3)	120,143 (100.0)
1995	29,178 (20.8)	110,835 (79.2)	140,013 (100.0)
1996	23,508 (17.4)	111,373 (82.6)	134,881 (100.0)
1997	62,621 (23.8)	200,332 (76.2)	262,953 (100.0)
1998	52,858 (15.0)	299,025 (85.0)	351,883 (100.0)
1999	141,580 (20.2)	559,703 (79.8)	701,283 (100.0)
2000	143,486 (19.6)	586,628 (80.4)	730,114 (100.0)

● 표2 증권거래소 시장의 주식과 채권 거래실적 추이 ●

(단위 : 억 원, %)

연도 \ 구분	주식	회사채	합계
1991	19,735 (24.0)	62,457 (76.0)	82,192 (100.0)
1992	31,182 (58.1)	22,500 (41.9)	53,682 (100.0)
1993	95,981 (75.2)	31,699 (24.8)	127,680 (100.0)
1994	204,939 (73.9)	72,383 (26.1)	277,322 (100.0)
1995	543,545 (94.4)	32,503 (5.6)	576,048 (100.0)
1996	906,244 (99.3)	6,050 (0.7)	912,294 (100.0)
1997	2,297,720 (99.5)	11,689 (0.5)	2,309,409 (100.0)
1998	1,426,422 (99.0)	13,784 (1.0)	1,440,206 (100.0)
1999	1,928,452 (99.2)	15,488 (0.8)	1,943,940 (100.0)
2000	6,271,329 (95.8)	271,696 (4.2)	6,543,025 (100.0)

— 보 기 —

ㄱ. 증권시장을 통한 자금조달액의 전년대비 증가액이 가장 큰 해는 1999년이다.

ㄴ. 증권시장을 통한 자금조달액 중에서 회사채에 대한 주식의 비율이 가장 큰 해는 1994년이다.

ㄷ. 주식 거래실적과 채권 거래실적의 차이가 가장 작은 해는 1992년이다.

ㄹ. 증권시장을 통한 자금조달액이 전년도에 비해 늘어나면 증권거래소 시장의 주식과 채권의 거래실적도 각각 늘어난다.

① ㄱ, ㄴ 　　② ㄱ, ㄴ, ㄷ 　　③ ㄱ, ㄷ, ㄹ

④ ㄴ, ㄷ, ㄹ

(3교시) 공간능력 　　총 18문항, 제한시간 10분

01~06 | 다음 입체도형의 전개도로 알맞은 것은?

- 입체도형을 전개하여 전개도를 만들 때, 전개도에 표시된 그림(예 : ⊟, ⊞ 등)은 회전의 효과를 반영함. 즉, 본 문제의 풀이과정에서 보기의 전개도에 표시된 "⊟"와 "⊞"은 서로 다른 것으로 취급함.
- 단, 기호 및 문자(예 : ☎, ♤, ♨, K, H)의 회전에 의한 효과는 본 문제의 풀이과정에 반영하지 않음. 즉, 입체도형을 펼쳐 전개도를 만들었을 때에 "☎"의 방향으로 나타나는 기호 및 문자도 보기에서는 "☎" 방향으로 표시하며 동일한 것으로 취급함.

01

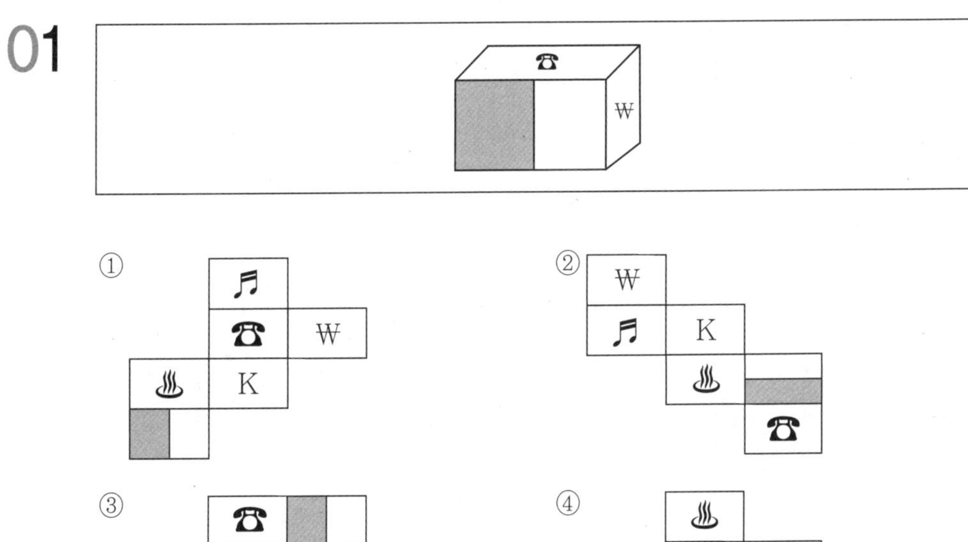

02

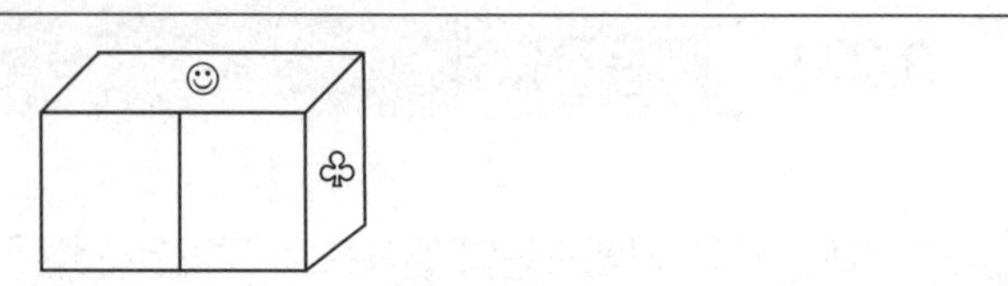

① 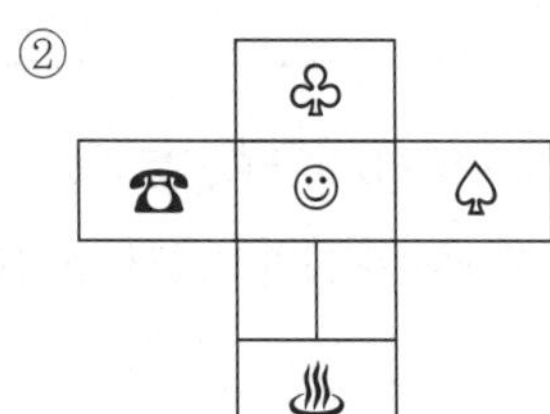

②

③ 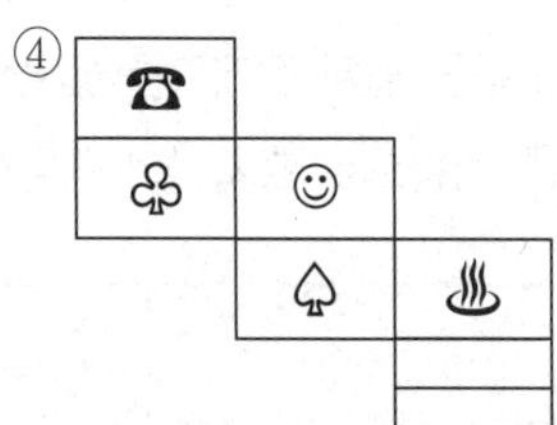

④

03

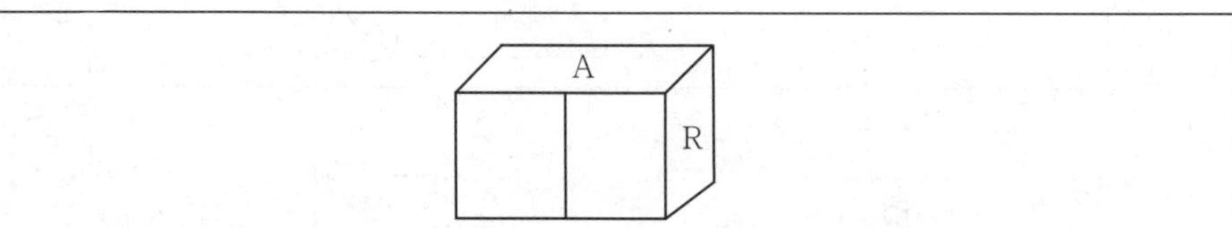

① 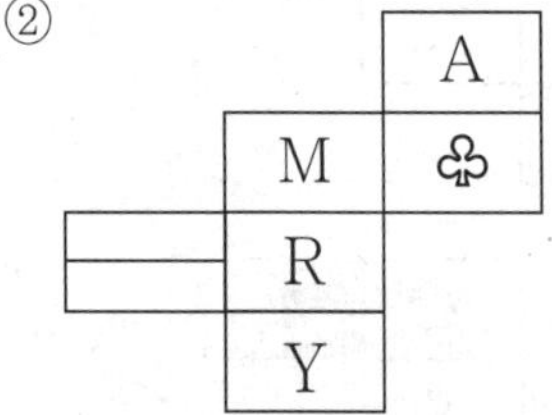

②

③ 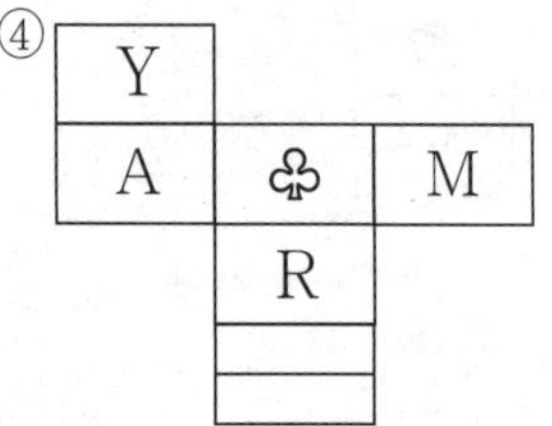

④

04

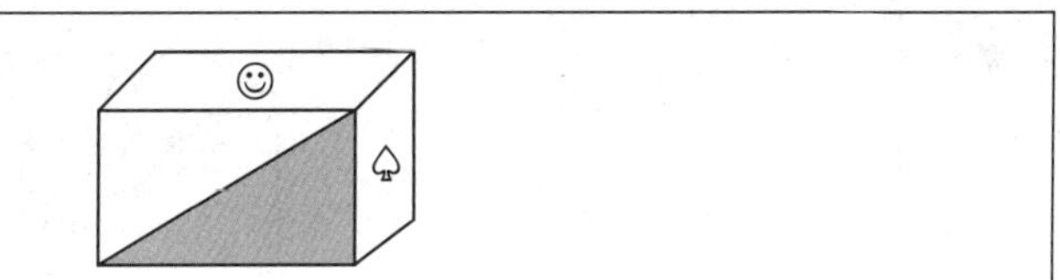

① 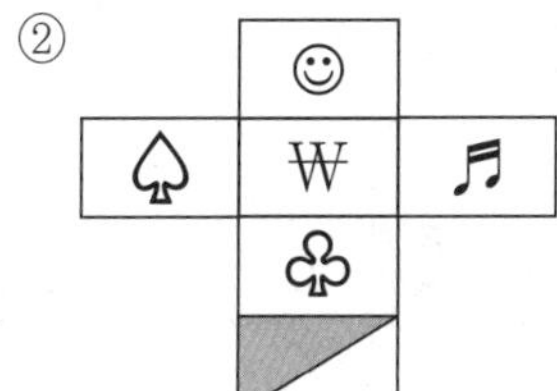

②

③ 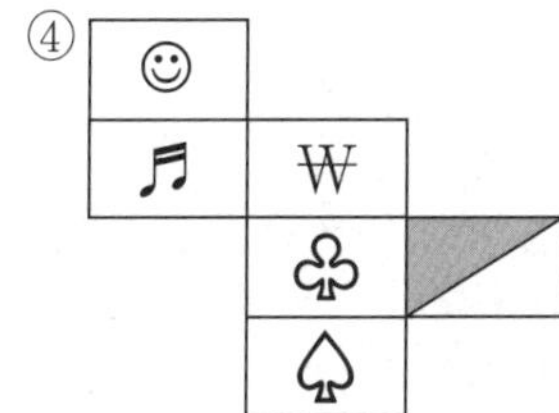

④

05

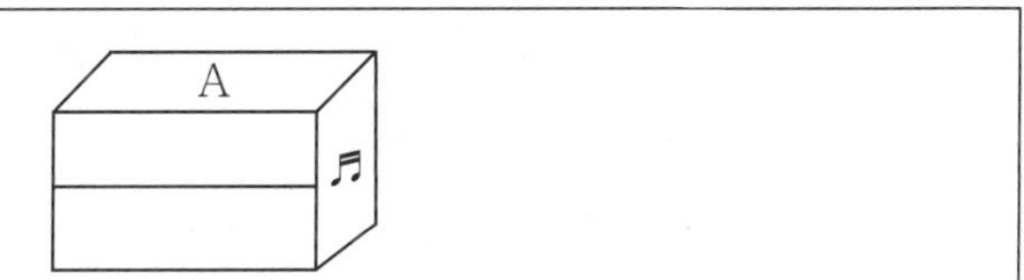

① 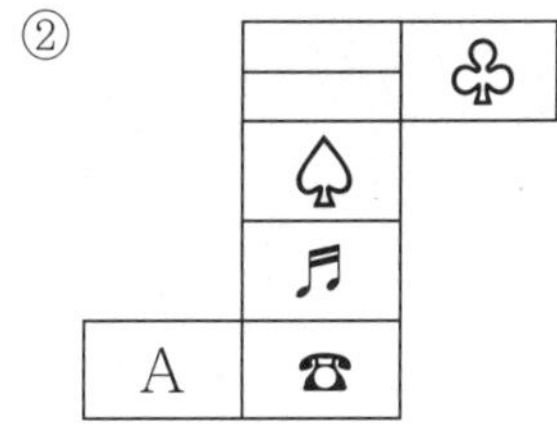

②

③ 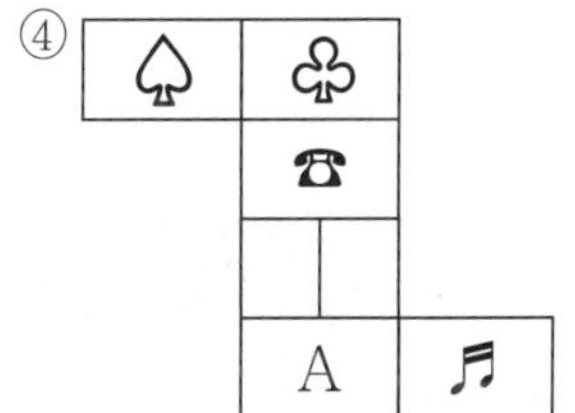

④

06

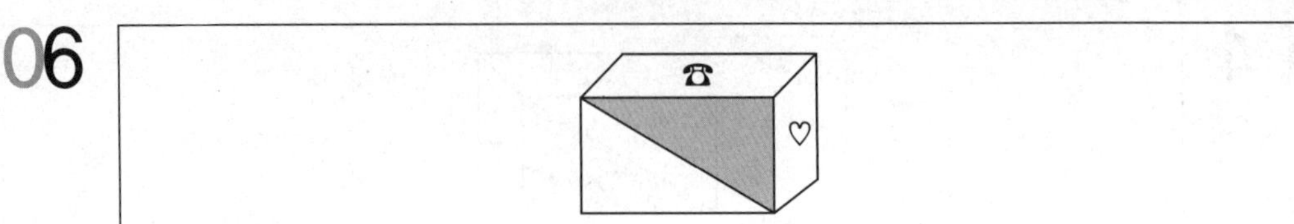

① 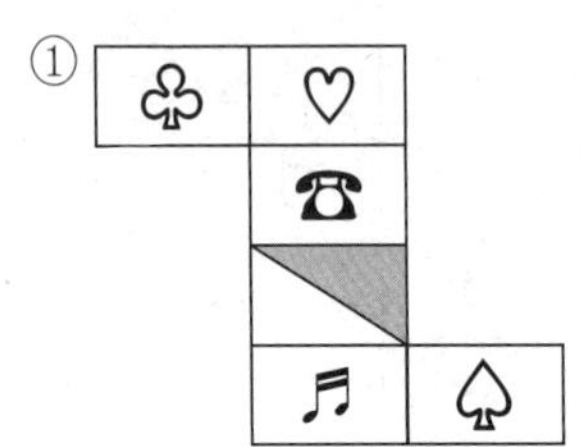

② 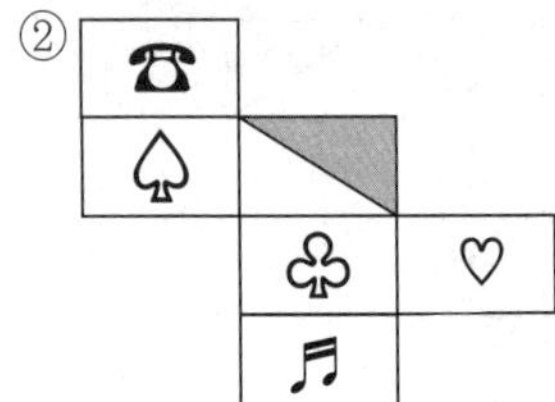

③ 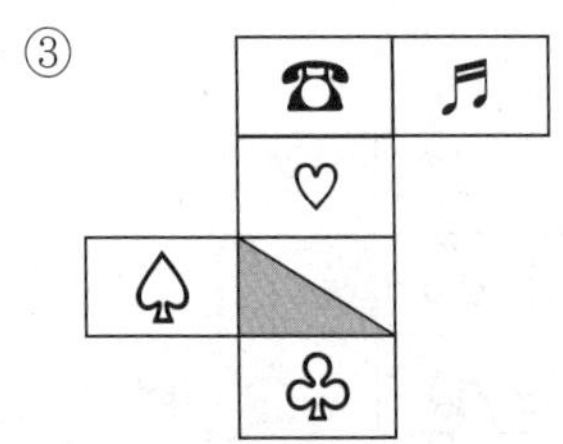

④ 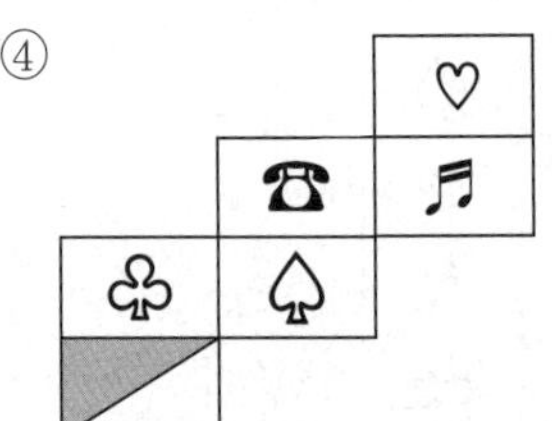

07~12 | 다음 전개도로 만든 입체도형에 해당하는 것은?

- 전개도를 접을 때 전개도의 그림, 기호, 문자가 입체도형의 겉면에 표시되는 방향으로 접음
- 전개도를 접어 입체도형을 만들 때, 전개도에 표시된 그림(예 : ⊟, ⊡ 등)은 회전의 효과를 반영함. 즉, 본 문제의 풀이과정에서 보기의 전개도에 표시된 "⊟"와 "⊡"은 서로 다른 것으로 취급함.
- 단, 기호 및 문자(예: ☎, ♤, ♨, K, H)의 회전에 의한 효과는 본 문제의 풀이과정에 반영하지 않음. 즉, 전개도를 접어 입체도형을 만들었을 때에 "☎"의 방향으로 나타나는 기호 및 문자도 보기에서는 "☎" 방향으로 표시하며 동일한 것으로 취급함.

07

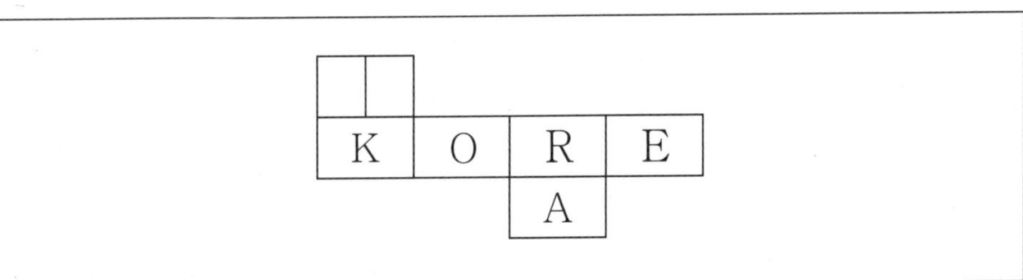

① 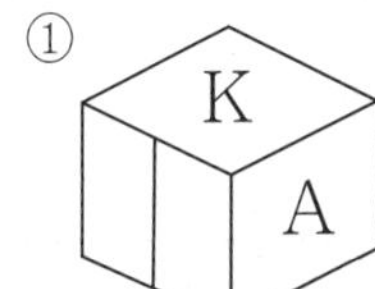

③ 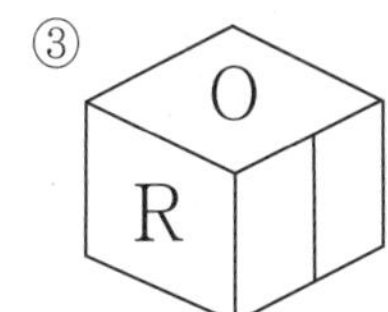

② 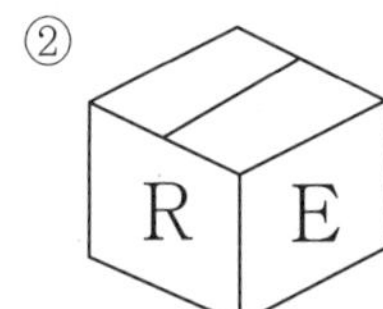

④ 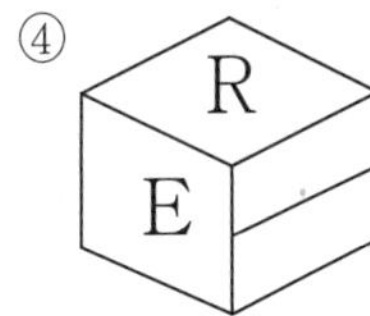

08

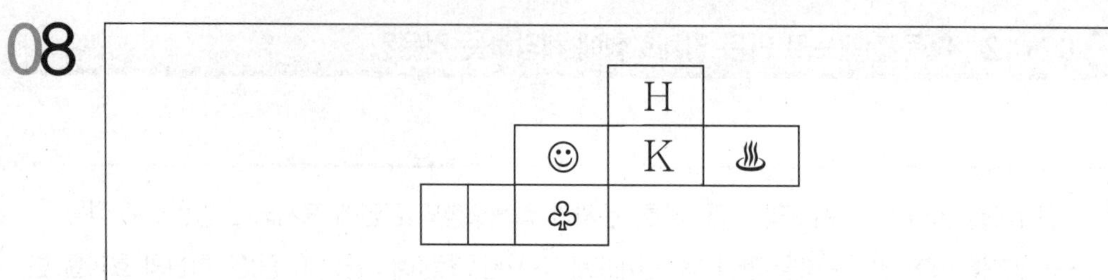

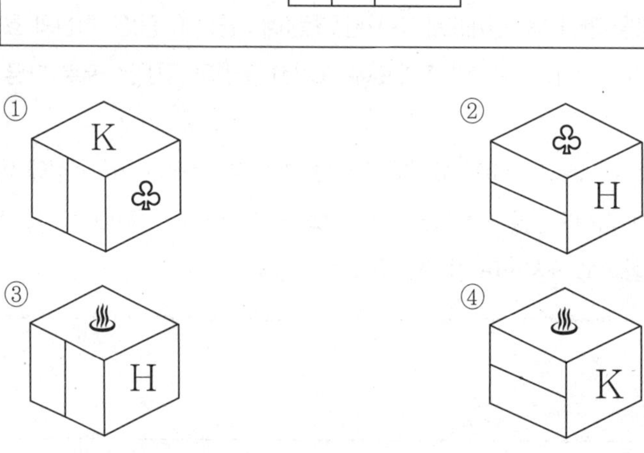

09

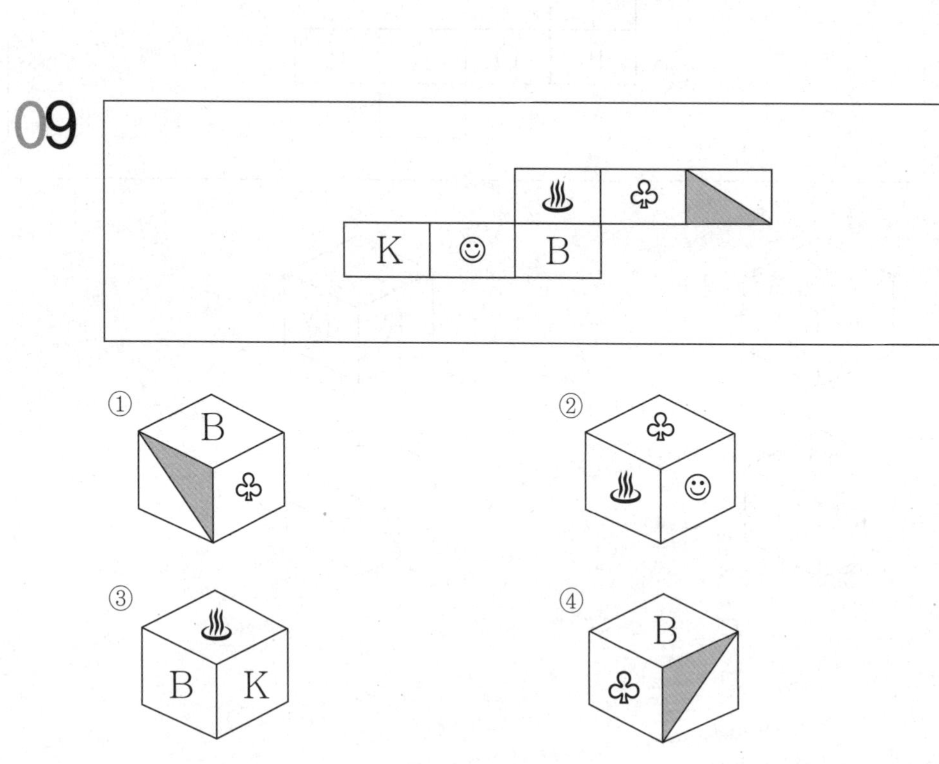

10

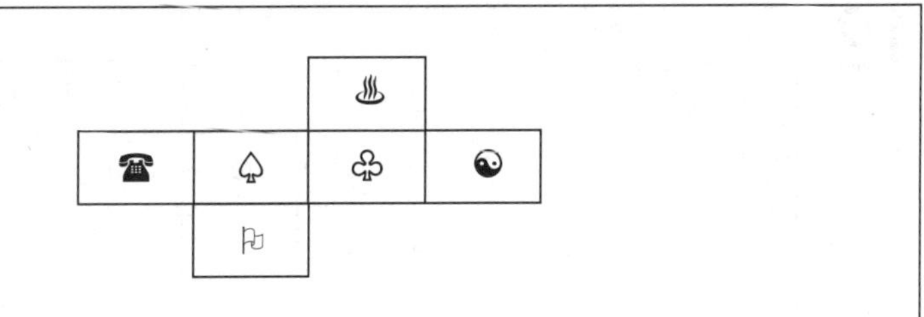

① 

② 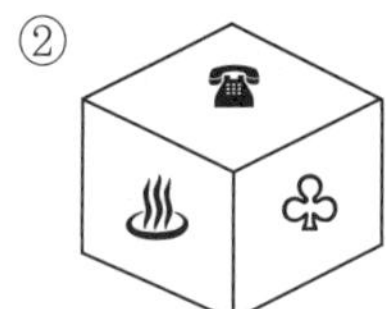

③ 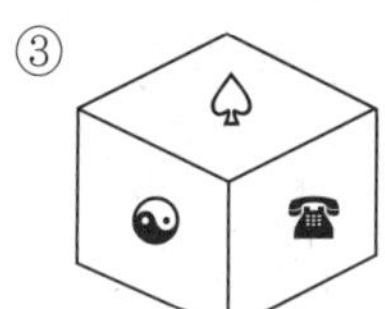

④ 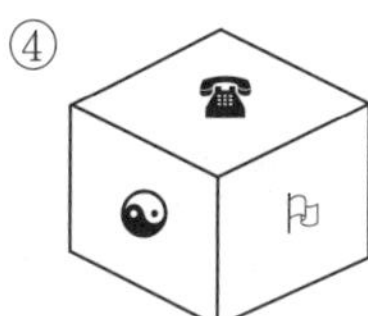

11

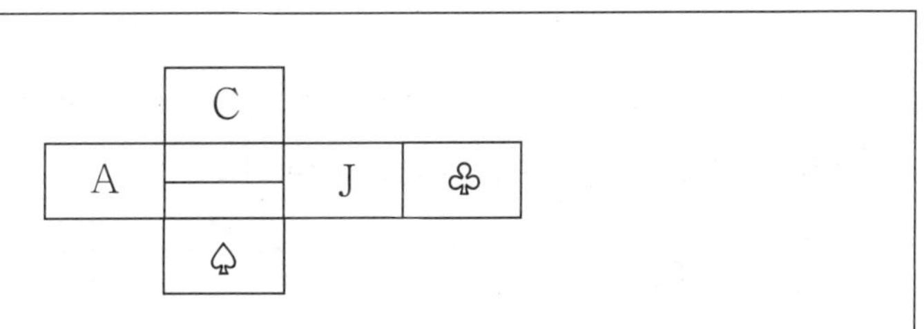

① 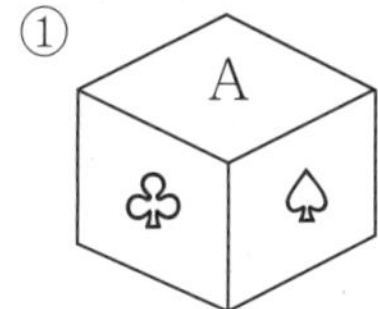

② 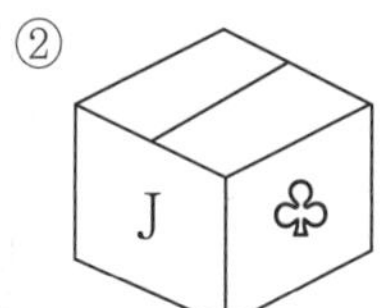

③ 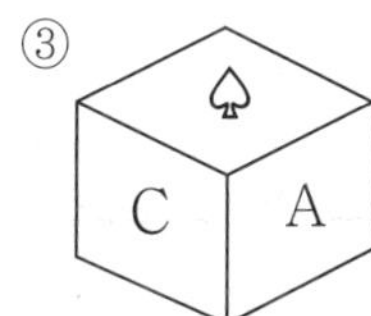

④ 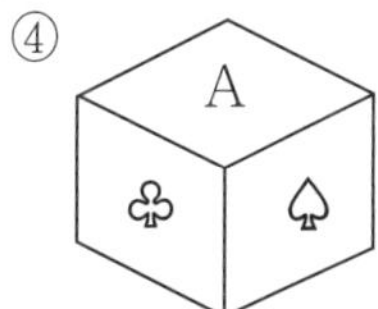

12

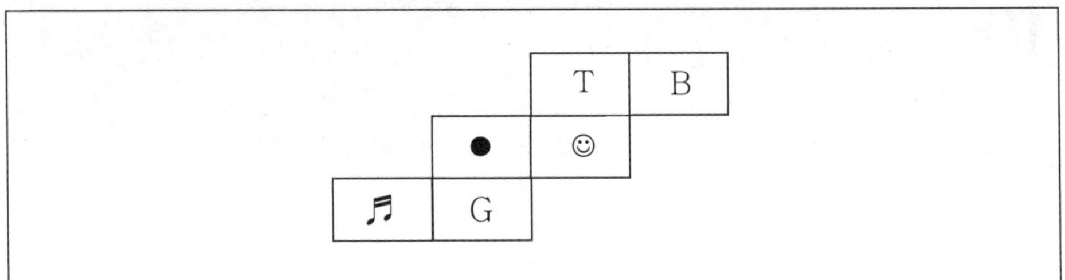

① 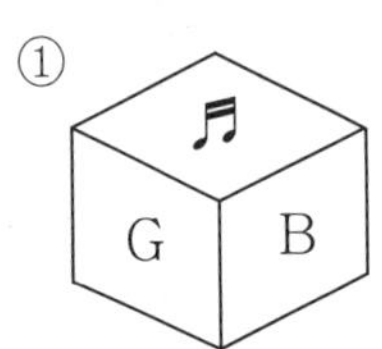

② 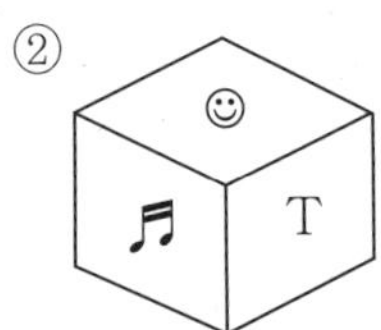

③ 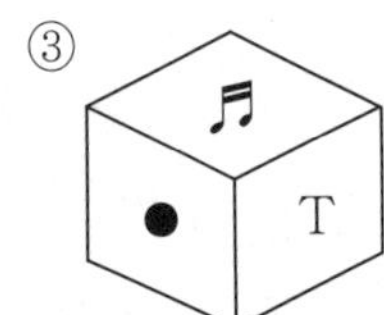

④ 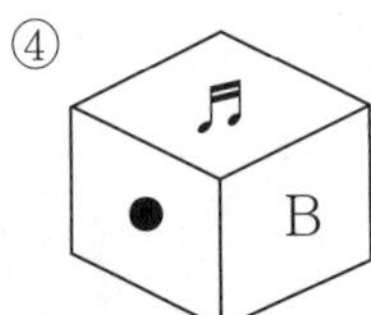

13~15 | 아래에 제시된 그림과 같이 쌓기 위해 필요한 블록의 수는?

- 블록은 모양과 크기가 모두 동일한 정육면체임

13

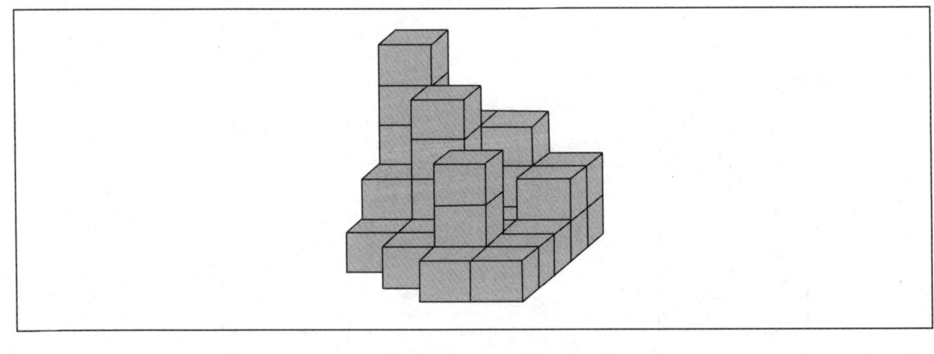

① 31　　　　② 32　　　　③ 33　　　　④ 34

14

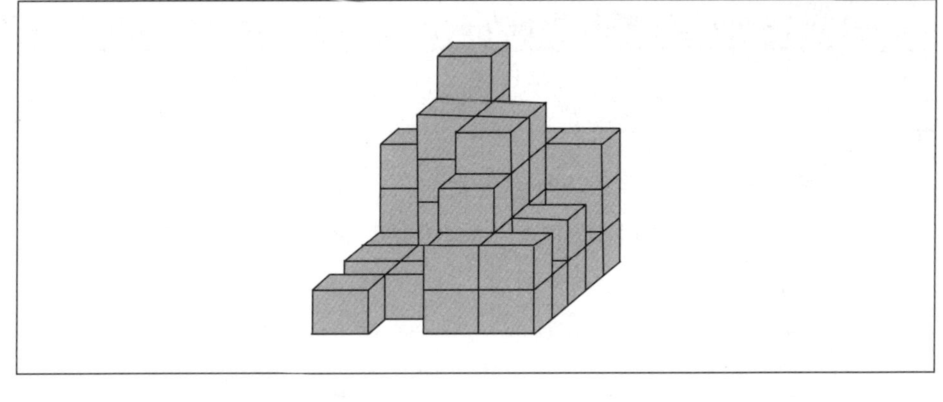

① 40   ② 42   ③ 43   ④ 45

15

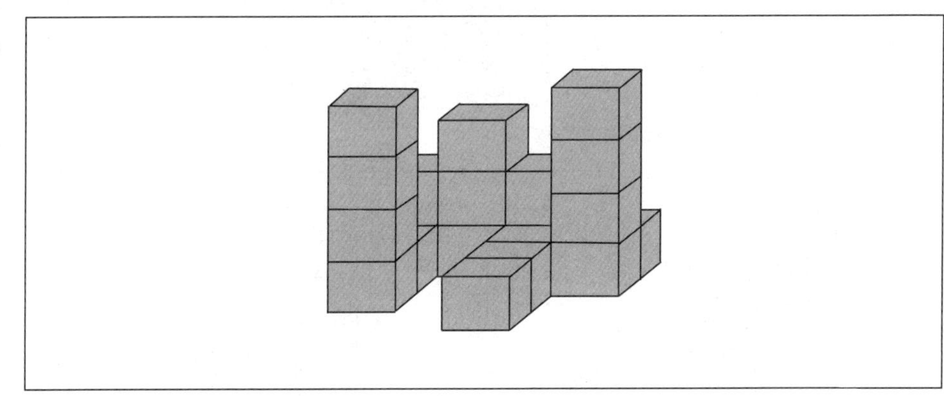

① 18   ② 20   ③ 21   ④ 23

16~18 | 아래에 제시된 블록을 화살표가 표시된 방향에서 바라봤을 때의 모양으로 알맞은 것은?

- 블록은 모양과 크기가 모두 동일한 정육면체임
- 바라보는 시선의 방향은 블록의 면과 수직을 이루며 원근에 의해 블록이 작게 보이는 효과는 고려하지 않음

16

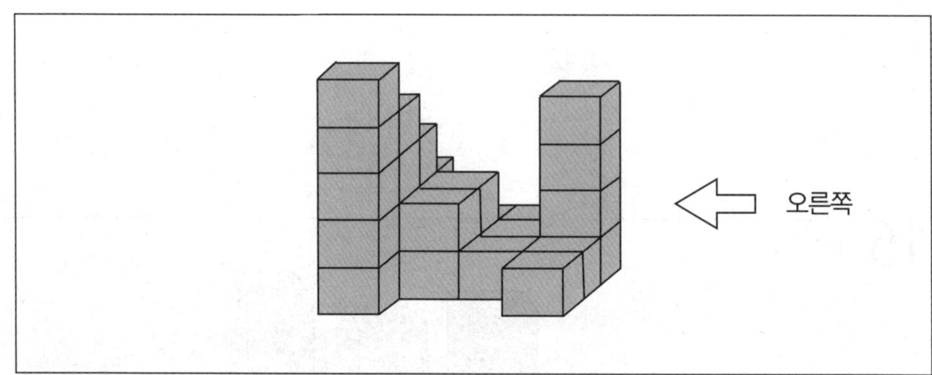

① 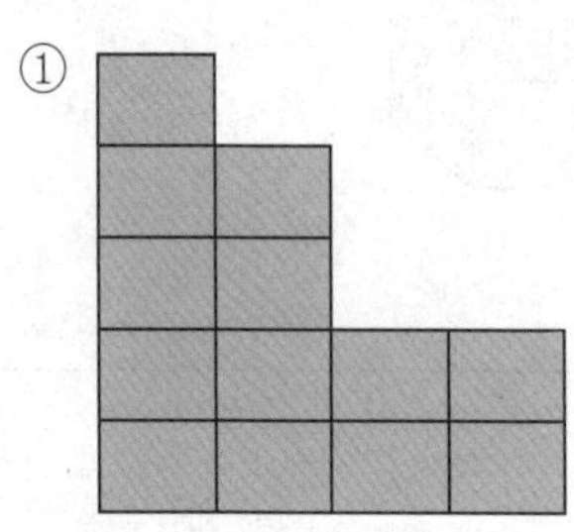

② 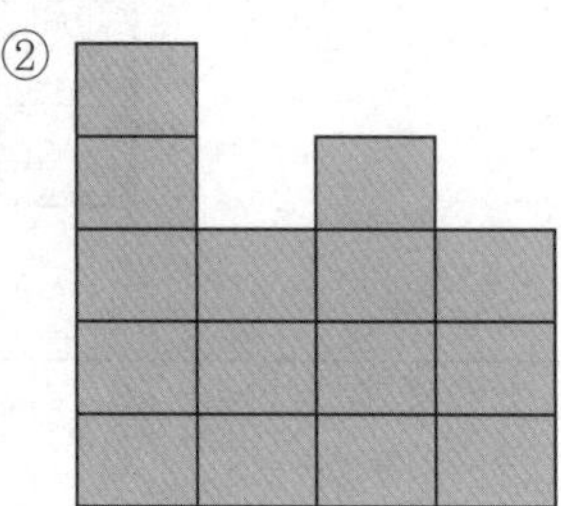

③ 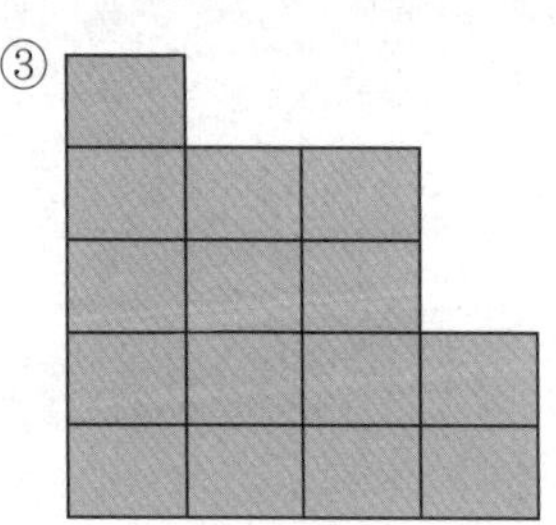

④ 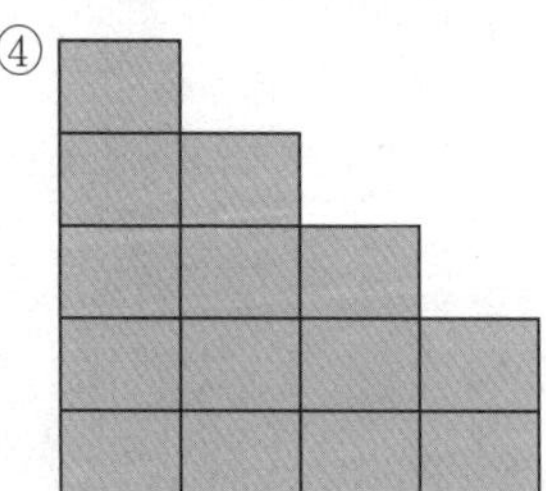

17

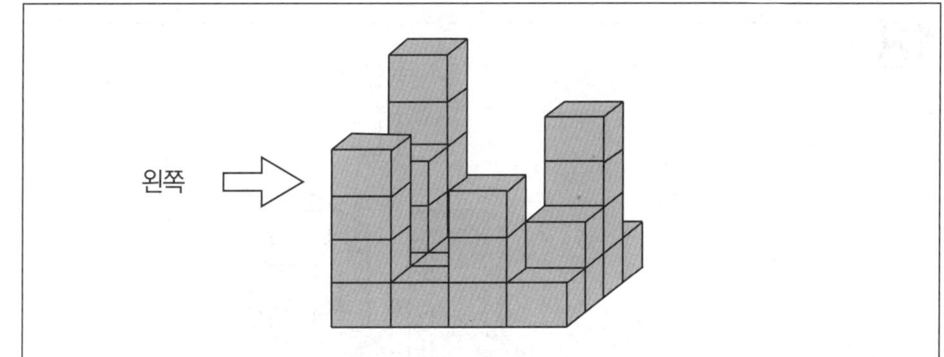

① 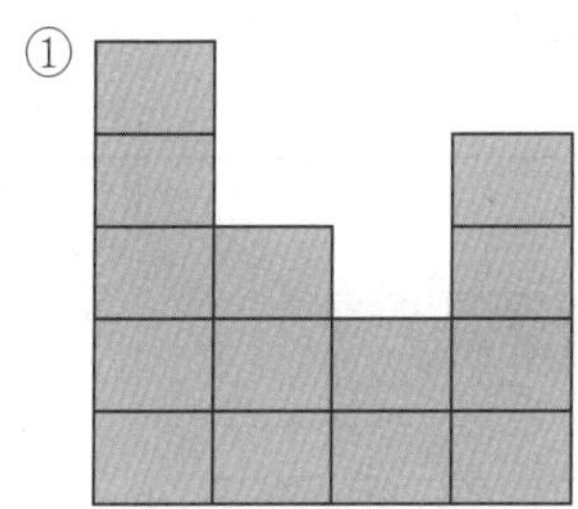

② 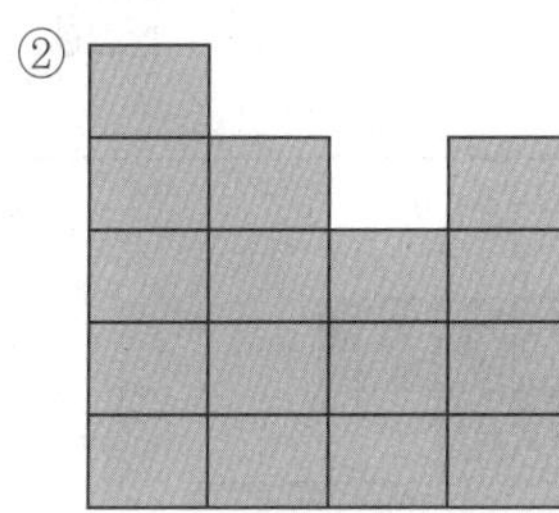

③ 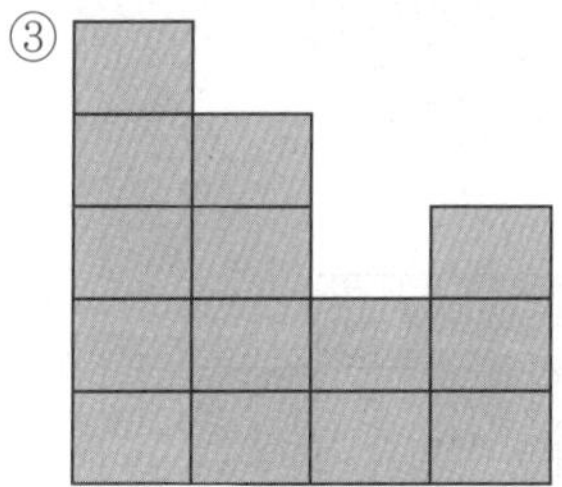

④ 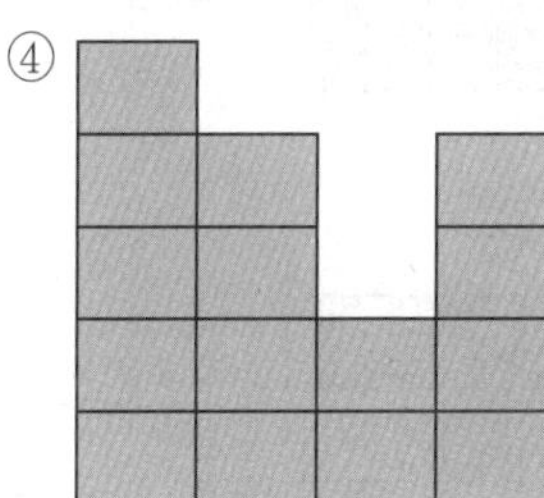

18

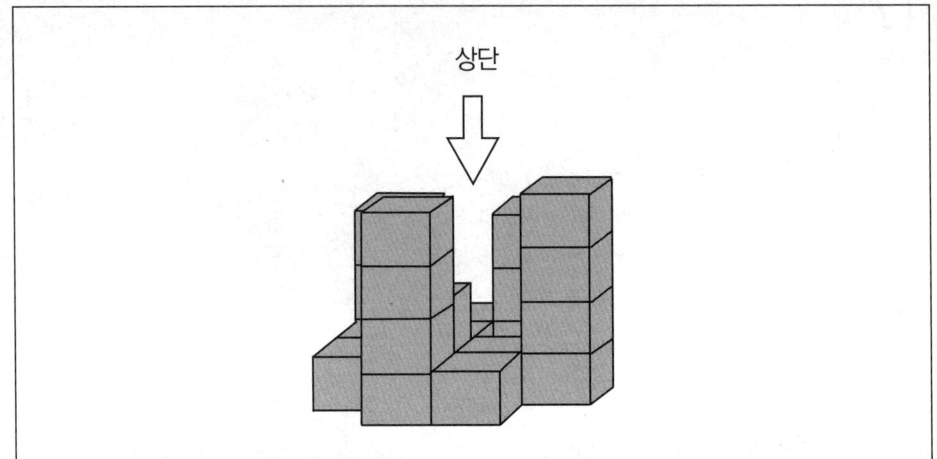

① 

② 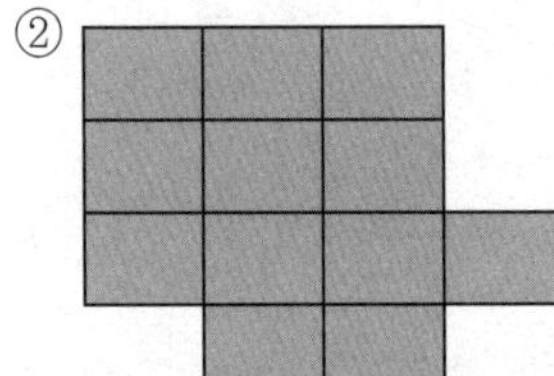

③ 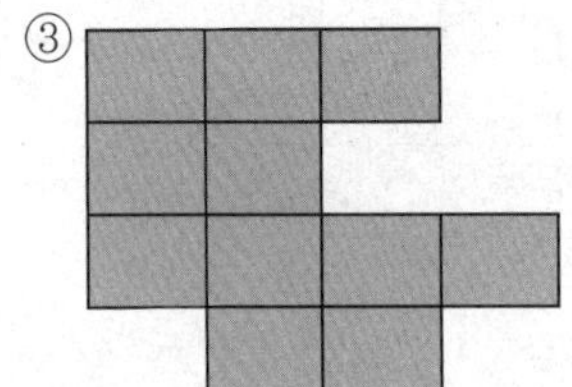

④ 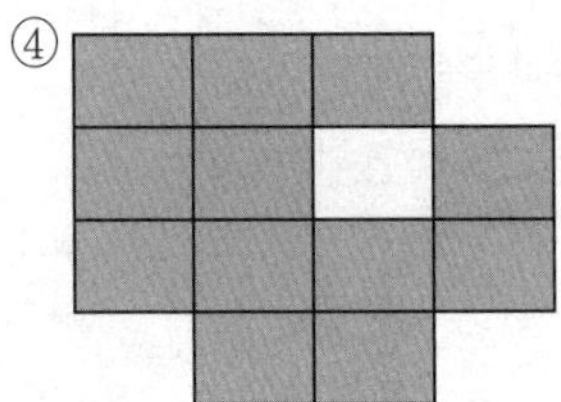

[4교시] 지각속도

총 30문항, 제한시간 3분

01~05| 다음 〈보기〉의 왼쪽과 오른쪽 기호, 문자, 숫자의 대응을 참고하여 각 문제의 대응이 같으면 답안지에 '① 맞음'을, 틀리면 '② 틀림'을 선택하시오.

보기

▲ = A	◎ = C	◖◗ = E	◈ = G
▼ = B	■ = D	☆ = F	◙ = H

01 A D G C E — ▲ ■ ◈ ◎ ◖◗ 　　　① 맞음　　② 틀림

02 B H A E D — ▼ ◙ ◈ ◖◗ ■ 　　　① 맞음　　② 틀림

03 F E H A C — ☆ ◖◗ ◙ ▲ ◎ 　　　① 맞음　　② 틀림

04 E B D A H E G — ▼ ◖◗ ■ ▲ ◙ ◖◗ ◈ 　　　① 맞음　　② 틀림

05 F C H A E G E — ☆ ◎ ◙ ▲ ◖◗ ◈ ◖◗ 　　　① 맞음　　② 틀림

06~09 | 각각의 기호가 〈보기〉와 같은 단어를 의미한다면, 다음과 같은 순서로 기호가 제시되었을 때 가장 적절하게 해석된 것을 고르시오.

06

보 기

| A = 정지 | C = 좌회전 | E = 통과 |
| B = 우회전 | D = 직진 | F = 건널목 |

$$A \rightarrow B \rightarrow E$$

① 정지했다가 좌회전해서 통과하기
② 우회전해서 정지했다가 통과하기
③ 우회전해서 정지했다가 좌회전하기
④ 정지했다가 우회전해서 통과하기
⑤ 좌회전했다가 우회전해서 정지하기

07

보 기

☆ = 은행, ♠ = 엄마, ♧ = 달리기, ‰ = 산책, ♫ = 공원, ◑ = 강아지

$$♠ \rightarrow ☆ \rightarrow ◑ \rightarrow ♫$$

① 강아지를 데리고 은행에 갔다가 엄마와 함께 공원에 갔다.
② 엄마와 함께 공원에 갔다가 강아지를 데리고 산책을 했다.
③ 엄마 심부름으로 공원에 갔다가 강아지를 데리고 은행에 갔다.
④ 공원에서 달리기를 한 후, 엄마 심부름으로 은행에 갔다.
⑤ 엄마 심부름으로 은행에 갔다가 강아지를 데리고 공원에 갔다.

08

⊙ = 단무지, ◈ = 김, ▣ = 호박, ◑ = 햄, ◐ = 시금치,
▦ = 된장, ◁ = 밥, ◀ = 마늘, ♠ = 감자, ♡ = 우엉

⊙ ◁ ◈ ◑ ♡ ◐

① 된장, 호박, 감자, 김, 햄, 마늘　　② 단무지, 햄, 김, 밥, 우엉, 시금치
③ 단무지, 밥, 김, 햄, 우엉, 시금치　　④ 된장, 호박, 밥, 마늘, 감자, 우엉
⑤ 단무지, 밥, 김, 시금치, 우엉, 햄

09

☆ = 국어, ★ = 수학, ○ = 과학, ● = 체육, ◎ = 영어,
◇ = 음악, ◆ = 미술, □ = 도덕, ■ = 가정, △ = 사회

★ ◇ ● ☆ △ ◎

① 수학, 음악, 체육, 국어, 사회, 영어　　② 과학, 음악, 체육, 국어, 사회, 영어
③ 영어, 사회, 국어, 체육, 음악, 수학　　④ 수학, 음악, 체육, 국어, 사회, 과학
⑤ 수학, 영어, 체육, 국어, 사회, 과학

10~14 | 다음에서 각 문제의 왼쪽에 표시된 기호, 문자, 숫자의 개수를 모두 고르시오.
（단, 영어는 대소문자를 구분하지 않음）

10

ㅗ

빈 손으로 왔다가 빈 손으로 돌아간다.

① 1개　　② 2개　　③ 3개
④ 4개　　⑤ 5개

11 | ※ | ※ ☎ ✢ ✳ ✲ ⚜ ❋ ✱ ❀ ❆ ❍ ♨ ◕ ❈ |

① 1개　　② 2개　　③ 3개　　④ 4개　　⑤ 5개

12 | 6 | 688457913506405167048489284572064579120 65 |

① 1개　　② 3개　　③ 5개　　④ 7개　　⑤ 9개

13 | ㅓ | 감나무 밑에 누워서 홍시 떨어지기를 기다린다. |

① 2개　　② 3개　　③ 4개　　④ 5개　　⑤ 6개

14 | T | DNPHIBNJSTFOSJXKYOAPONFKXNHNBUWROBSDLF |

① 1개　　② 2개　　③ 3개　　④ 4개　　⑤ 5개

15~18 | 다음 각각에 열거된 단어 중 〈보기〉와 일치하는 단어의 개수를 구하시오.

─● 보 기 ●─

마차 마부 마적 마수 마마 마님 마을
마비 마찰 마약 마술 마침 마대 마질

15

마법 마부 마지 마직 마분

① 1개   ② 2개   ③ 3개   ④ 4개   ⑤ 5개

16

마차 마비 마수 마대 마질

① 1개   ② 2개   ③ 3개   ④ 4개   ⑤ 5개

보 기

도로 도적 도술 도포 도리 도면 도읍
도형 도끼 도의 도역 도움 도편 도둑

17

도로 도편 도역 도란 도랑

① 1개   ② 2개   ③ 3개   ④ 4개   ⑤ 5개

18

도적 도포 도리 도읍 도면

① 1개   ② 2개   ③ 3개   ④ 4개   ⑤ 5개

19~20 | 다음에 제시된 기호, 문자, 숫자가 다른 것을 찾으시오.

19

수평의별칭이장끼이다.

① 수평의별칭이장끼이다.
② 수평의별칭이장끼이다.
③ 수평의별칭이장끼이다.
④ 수평의별칭이장끼이다.
⑤ 수평의별칭이장기이다.

20

$$1234 \times 5680 = 7009120$$

① $1234 \times 5680 = 7009210$
② $1234 \times 5680 = 7009120$
③ $1234 \times 5680 = 7009120$
④ $1234 \times 5680 = 7009120$
⑤ $1234 \times 5680 = 7009120$

21~22 | 다음에 제시된 기호, 문자, 숫자가 같은 것을 찾으시오.

21

내일또는모레쯤에는올거야.

① 내일또는모레쯤에는올거야.
② 내일도는모레쯤에는올거야.
③ 내일또는모래쯤에는올거야.
④ 내일또는모레쯤에는올꺼야.
⑤ 내일또는모레쯤에는올거아.

22

이파리 – 사글세 – 지게꾼 – 깍두기

① 이파리 – 삭을세 – 지게꾼 – 깍두기 ② 이바리 – 사글세 – 지게꾼 – 깍두기
③ 이파리 – 사글세 – 지게꾼 – 깍뚜기 ④ 이파리 – 사글세 – 지게군 – 깍두기
⑤ 이파리 – 사글세 – 지게꾼 – 깍두기

23~26 | 제시된 문자 및 기호열을 오른쪽의 문자 및 기호부터 왼쪽으로 다시 배열한 것을 고르시오.

23

감자자두사과앵두미역

① 미역두앵과사두자자감 ② 역미두앵과사두자자감
③ 역미두앵사과두자자감 ④ 역미앵주과사두자자감
⑤ 역미두앵과사두자감자

24

1024 × 2501 = 2561024

① 4201625 = 1052 × 4201 ② 4201652 – 1052 × 4201
③ 4201652 = 1952 × 4201 ④ 4201652 = 1052 × 3201
⑤ 4201652 = 1052 × 4201

25

00180146070042

① 24107064108100　　② 24017064108100

③ 24007061408100　　④ 24007064108100

⑤ 24007064101800

26

abcdefghijklmn

① mnlkjihgfedcba　　② nmikjihgfedcba

③ nmlkjihgfedcba　　④ nmlkjihgfedbca

⑤ nmlkijhgfedcba

---

27 ~ 28 | 다음의 기호들이 〈보기〉와 같이 각각의 숫자를 의미할 때, 아래 기호를 사용한 연산식의 답으로 옳은 것을 고르시오.

보 기

▨ = 2, ▦ = 4, ▦ = 6, ▤ = 8, ▥ = 10, ■ = 12

27

$$■ ÷ (▦ + ▨)$$

① 2　　② 4　　③ 6　　④ 8　　⑤ 10

28

$$▤ + ▥ × ▦$$

① 20　　② 26　　③ 32　　④ 48　　⑤ 54

29~30 | 〈보기 1〉의 기호를 〈보기 2〉의 기호로 바꿀 경우, 주어진 문제를 바르게 바꾼 것을 고르시오.

● 보기 1 ●

☆	★	○	●	◎	◇	◆	□	■	△
▲	▽	▼	▷	▶	♤	♠	♡	♥	♧

● 보기 2 ●

24	9	31	28	3	19	6	81	79	4
78	15	25	40	17	26	32	11	8	2

29

$$▷ \quad ◇ \quad ▲ \quad ♠ \quad △ \quad ♧ \quad ▶$$

① 28 19 78 32 4 2 17　　② 15 19 78 32 4 2 17

③ 40 19 48 32 4 2 17　　④ 40 19 78 32 4 2 17

⑤ 19 78 32 4 2 17 40

30

$$● \quad ▼ \quad ◇ \quad ◆ \quad ▼ \quad ♡ \quad ♥$$

① 24 25 19 6 25 11 8　　② 28 15 19 6 25 11 8

③ 28 25 9 16 25 11 8　　④ 28 25 19 6 25 19 8

⑤ 28 25 19 6 25 11 8

[5교시] 국사　　　　　　　　　　　　총 20문항, 제한시간 25분

01 다음 사료에서 주장하는 바와 입장이 같은 것은?

> 군신, 부자, 부부, 붕우, 장유의 윤리는 하늘에서 얻은 것이고, 인간의 본성에 부여된 것으로서 천지를 통하는 만고불변의 이치입니다. 그리고 위에 존재하는 것으로서 도(道)가 됩니다. 이에 대해 배, 차, 군대, 농업, 기계 등 백성을 편하고 국가를 이롭게 하는 것들은 외형적인 것으로 기(器)가 됩니다. 신이 변혁을 꾀하고자 하는 것은 기이지 도가 아닙니다.

① 안으로는 탐학한 관리의 머리를 베고 밖으로는 횡포한 강적의 무리를 구축하자.
② 서양 오랑캐가 침범하는데도 싸우지 않으면 화친하는 것이요, 화친을 주장하는 것은 나라를 팔아먹는 것이다.
③ 저들의 종교는 사악하다. 하지만 저들의 기술은 이롭다. 종교는 배척하되 기술을 본받는 것은 함께할 수 있다.
④ 강화가 한번 이루어지면 사악한 서적과 천주의 초상화가 함께 들어와 사악한 기운이 온 나라를 덮게 될 것이다.

02 다음 연설문과 가장 관련이 깊은 역사적 사실은?

> 나는 대한의 가장 천한 사람이고 무지몰각합니다. 그러나 충군애국의 뜻은 대강 알고 있습니다. 이에 나라에 이롭고 백성을 편안하게 하는 길은 관과 민이 합심한 연후에야 가능하다고 생각합니다.

① 우정국 개국 축하연을 계기로 정변을 일으켰다.
② 유교문화를 수호하고, 서양과 일본문화를 배척하였다.
③ '헌의 6조'를 고종에게 올려 시행 약속을 받았다.
④ 구식군대가 신식군대에 비해 차별을 받게 되자 폭동을 일으켰다.

03 근대에 설립된 학교들을 설립된 순서대로 바르게 나열한 것은?

① 이화학당 – 육영공원 – 오산학교 – 경신학교

② 육영공원 – 배재학당 – 이화학당 – 동문학

③ 원산학사 – 배재학당 – 흥화학교 – 경신학교

④ 동문학 – 배재학당 – 흥화학교 – 오산학교

04 다음은 항일의병운동이 일어난 배경을 정리한 것이다. 각 의병운동에 관한 설명 중 옳은 것을 〈보기〉에서 모두 고른 것은?

> (가) 명성 황후 시해와 단발령 실시에 항거하여 일어났다.
> (나) 고종의 강제 퇴위와 군대 해산을 계기로 일어났다.
> (다) 외교권을 빼앗고, 통감부를 설치한 것을 계기로 확산되었다.

> ㉠ (가) – (나) – (다) 순으로 의병운동이 전개되었다.
> ㉡ (나)의 의병은 13도 창의군을 결성하고 서울 진공 작전을 시도하였다.
> ㉢ (다)의 의병 때 평민 출신 신돌석의 활약이 두드러졌다.
> ㉣ (다)의 의병은 (나)에 비해 전투력이 한층 강화되었다.

① ㉠, ㉡　　　　　　　　　　② ㉡, ㉢

③ ㉠, ㉡, ㉢　　　　　　　　④ ㉡, ㉢, ㉣

05 다음 조약들을 순서대로 바르게 나열한 것은?

> ㉠ 을사조약　　　　　　㉡ 제2차 영·일 동맹
> ㉢ 포츠머스 강화 조약　㉣ 가쓰라·태프트 밀약

① ㉠ – ㉡ – ㉢ – ㉣　　　　② ㉡ – ㉣ – ㉢ – ㉠

③ ㉢ – ㉠ – ㉡ – ㉣　　　　④ ㉣ – ㉡ – ㉢ – ㉠

06 다음 제시된 내용이 발표된 시기의 식민 통치에 대한 설명으로 옳은 것은?

> 1. 회사의 설립은 조선 총독의 허가를 받아야 한다.
>
> 2. 조선 외에서 설립한 회사가 조선에 본점이나 지점을 설치하고자 할 때는 조선 총독의 허가를 받아야 한다.
>
> 5. 회사가 본령이나 본령에 의거하여 발하는 명령과 허가 조건에 위반하거나 공공 질서와 선량한 풍속에 반하는 행위를 할 때 조선 총독은 사업의 정지, 지점의 폐쇄, 회사의 해산을 명할 수 있다.

① 갑신정변 당시 폐지된 태형(笞刑) 제도가 부활되었다.

② 고등경찰제를 실시하여 감시와 탄압을 강화시켰다.

③ 보안법·신문지법 등에 의해 우리 민족의 언론·출판·결사의 자유가 박탈당하였다.

④ 관리나 교원에게 제복을 입히고 칼을 차게 하였다.

07 1923년 1월 신채호는 의열단 요청에 따라 '조선혁명선언'을 발표하였다. 독립운동과 관련하여 신채호가 이 글에서 주장한 내용은?

① 내정독립론, 참정권론, 자치론, 문화운동 등의 노선을 일본과 타협해야 한다고 주장하였다.

② 이민족 통치, 특권계급, 경제약탈제도, 사회적 불평등, 노예적 문화 사상 등 5가지를 파괴의 대상으로 열거하였다.

③ 민중 직접 폭력 혁명을 주장하였으나 직접적인 행동을 촉구한 것은 아니었다.

④ 외교론과 준비론을 통해 혁명을 일으켜야 한다고 주장하였다.

08 다음 주장을 배격하면서 나타난 민족 운동은?

> 지금의 조선 민족에게는 왜 정치적 생활이 없는가? 일본이 조선을 병합한 이래로 조선인에게는 모든 정치 활동을 금지한 것이 첫째 원인이다. 지금까지 해온 정치 운동은 모두 일본인을 적대시하는 운동뿐이었다. 이런 종류의 운동은 해외에서나 할 수 있는 일이고, 조선 내에서는 허용되는 범위 내에서 일대 정치적 결사를 조직해야 한다는 것이 우리의 주장이다.
>
> 이광수, 『민족적 경륜』

① 신간회가 조직되었다.　　② 조선사 편수회가 조직되었다.

③ 실력 양성 운동이 전개되었다.　　④ 해외에서 독립운동기지가 건설되었다.

09 다음과 같은 조선 교육령이 발표된 때와 가장 가까운 시기에 시행한 일제의 정책은?

> 제1조　소학교는 국민 도덕의 함양과 보통의 지능을 갖게 함으로써 충량한 황국 신민을 육성하는 데 있다.
>
> 제13조　심상 소학교 교과목은 수신, 국어(일어), 산술, 국사, 지리, 이과, 직업, 도화이다. 조선어는 수의(隨意 : 선택) 과목으로 한다.

① 토지조사사업을 실시하여 소작농들의 경작권을 박탈하였다.

② 관세 철폐령을 내려 일본 상품의 조선 진출의 길을 확대하였다.

③ 한국인의 전시 동원을 위한 국가 총동원령을 발표하였다.

④ 징병제를 실시하여 20만여 명의 조선 청년들을 징집하였다.

10 일제 시기의 경제정책에 관한 설명으로 옳지 않은 것은?

① 일제는 산미증산계획을 이루기 위해 지주제를 철폐하였다.

② 일제는 1930년대 이후에 조선의 공업구조를 군수공업체제로 바꾸었다.

③ 일제의 토지조사사업으로 많은 양의 토지가 총독부 소유지로 편입되었다.

④ 일제는 1910년에 회사령을 공포하여 조선인의 회사 설립을 통제하였다.

11 1942년 중국 화북지방에서 결성된 조선독립동맹에 대한 설명으로 옳은 것은?

① 조선의용군을 거느리고 중공군과 연합하여 항일전쟁에 참가하였다.

② 조국광복회를 결성하고 보천보 전투를 수행하였다.

③ 중국 국민당군과 합세하여 중국 각 지역에서 항일투쟁을 전개하였다.

④ 시베리아 지방으로 이동하여 소련군과 합세하여 정탐활동을 전개하였다.

12 다음의 상황을 극복하기 위해 실시한 우리 정부의 정책과 그 영향에 관한 설명으로 옳은 것은?

〈1945년 말 현재 남한의 토지 소유 상황〉

(단위 : 만 정보)

구분	답	전	계
농경지	128(100%)	104(100%)	232(100%)
소작지	89(70%)	58(56%)	147(63%)
전(前) 일본인 소유	18	5	23
조선인 지주 소유	71	53	124
자작지	39(30%)	46(44%)	85(37%)

① 유상몰수, 무상분배 방식이었다.

② 임야 등 비경지는 대상에서 제외하였다.

③ 신한공사를 핵심 추진 기관으로 삼았다.

④ 북한의 토지 개혁에 커다란 영향을 주었다.

13 다음의 발언을 한 ㉠, ㉡ 정치인에 대한 설명으로 옳은 것은?

> ㉠ 이제 우리는 무기 휴회된 미·소 공동 위원회가 재개될 기색도 보이지 않으며, 통일 정부를 고대하나 여의케 되지 않으니, 우리는 남방만이라도 임시 정부 혹은 위원회 같은 것을 조직하여 38 이북에서 소련이 철퇴하도록 세계 공론에 호소하여야 될 것이니 여러분도 결심하여야 될 것이다.
>
> ㉡ 현시에 있어서 나의 유일한 염원은 3천만 동포와 손을 잡고 통일된 조국의 달성을 위하여 공동 분투하는 것뿐이다. 이 육신을 조국이 수요(需要)로 한다면 당장에라도 제단에 바치겠다. 나는 통일된 조국을 건설하려다 38도선을 베고 쓰러질지언정 일신에 구차한 안일을 취하여 단독 정부를 세우는 데는 협력 하지 아니하겠다.

① ㉠은 신한청년당의 대표로 활동하였다.

② ㉡은 독립촉성중앙협의회 대표로 활약하였다.

③ ㉠, ㉡은 신탁 통치 실시를 반대하였다.

④ ㉠, ㉡은 좌우 합작 운동에 적극 참여하였다.

14 다음 자료와 관련된 설명으로 옳은 것은?

> 공동위원회의 역할은 조선인의 정치적 · 경제적 · 사회적 진보와 민주주의 발전 및 조선 독립 국가 수립을 도와줄 방안을 만드는 것이다. 또한, 조선 임시 정부 및 조선민주주의 단체를 참여시키도록 한다. 공동위원회는 미 · 영 · 소 · 중 4국 정부가 최고 5년 기간의 4개국 통치 협약을 작성하는 데 공동으로 참작할 수 있는 제안을 조선 임시 정부와 협의하여 제출해야 한다.

① 카이로 선언의 원칙을 구체적으로 실행에 옮기기 위한 방안에서 나온 것이다.

② 미국의 즉각적인 독립안과 소련의 신탁통치안이 대립하면서 나온 절충안이었다.

③ 공동위원회에서 소련은 표현의 자유를 내세워 모든 단체의 회담 참여를 주장하였다.

④ 한반도 내의 좌익 세력은 좌우합작위원회를 구성하여 회의결과를 총체적으로 지지하였다.

15 4 · 19 혁명의 영향으로 볼 수 없는 것은?

① 내각책임제 정부와 양원제 의회가 출범하였다.

② 반민족행위자에 대한 처벌법이 제정되었다.

③ 부정축재자에 대한 처벌 요구가 높아졌다.

④ 통일에 관한 논의가 활발하게 제기되었다.

16 다음 각 시기의 경제적 변화를 바르게 설명한 것은?

① 대한민국 정부 수립~4 · 19 혁명 : 경제 개발 5개년 계획이 실행되었다.

② 4 · 19 혁명~5 · 16 군사정변 : 유상매수, 유상분배를 원칙으로 한 농지개혁이 이루어졌다.

③ 5 · 16 군사정변~10월 유신 : 국내의 값싼 노동력을 이용한 소비재 수출 산업에 힘을 쏟았다.

④ 10월 유신~5 · 18 민주화 운동 : 저금리 · 저유가 · 저달러의 3저 호황으로 비약적인 성장을 하였다.

17 다음의 내용을 담은 선언과 관련이 없는 사실은?

> • 대통령 직선제 개헌을 통한 평화적 정부 이양 보장
>
> • 대통령 선거법 개정을 통한 공정한 경쟁 보장
>
> • 김대중 사면 복권과 시국 관련 사범 석방
>
> • 지방자치 및 교육자치 실시
>
> • 정당의 건전한 활동 보장

① 5년 단임의 대통령 직선제를 기본으로 하는 새 헌법이 마련되었다.

② 박종철이 경찰의 고문으로 사망한 사실이 알려지면서 정국은 대결국면으로 치달았다.

③ 4 · 13호헌조치가 발표되어 민주화의 요구가 외면당했다.

④ 대통령선거에서 민정당 후보 노태우가 당선되었다.

18 다음 내용과 직접적으로 관련된 사건에 대한 설명으로 옳은 것은?

> • 통일 문제를 협의하기 위한 공식 대화 기구인 남북조절위원회 구성
>
> • 남북한 정권 모두 이를 정치적으로 이용하여 장기 집권체제 구축
>
> • 남북회담용 직통전화의 가설
>
> • 북한에 대한 호칭을 괴뢰에서 북한으로 변경

① 닉슨 독트린 발표 후 한반도 평화 정착, 남북 교류 협력, 총선거 등을 주요내용으로
하는 평화 통일 구상이 발표되었다.

② 남북한 당국은 남북 분단 이후 처음으로 자주 · 평화 · 민족 대단결의 3대 통일 원칙
을 담은 성명을 발표하였다.

③ 남북 사이의 화해와 불가침 및 교류 협력에 관한 합의서를 채택하였다.

④ 남과 북은 나라의 통일 문제를 우리 민족과 주변 강국 간의 합의를 거쳐 해결해 나가
기로 합의하였다.

19 중국은 '동북공정'이란 연구과업을 통해 고구려 역사를 중국사로 편입시키는 역사왜곡을 진행하고 있다. 이들이 주장하는 내용이 아닌 것은?

① 고구려 민족은 중국 고대민족 중 하나이다.

② 고구려는 중국 땅에 세워졌다.

③ 수 · 당과 고구려의 전쟁은 중국 국내전쟁이었다.

④ 왕씨 고려는 고구려를 계승한 국가이다.

20 밑줄 친 '섬'과 관련한 설명으로 옳은 것은?

> ㉠ 그 섬과 우리와의 거리는 160리쯤이고 조선과의 거리는 40리쯤이다. 일찍이 조선의 땅임에 의심할 여지가 없으나, 우리가 만약 병력으로써 임한다면 무엇을 얻지 못하겠는가? 다만 쓸모없는 조그마한 섬을 가지고 이웃 나라와의 우호 관계를 잃는 것은 좋은 계책이 아니다. 『대마도주 종의진(宗義眞)』
>
> ㉡ 북위 37도 9분, 동경 131도 55분, 오키도에서 서북으로 85리에 있는 이 섬을 죽도라 칭하고, 지금부터 시마네현 소속 오키도사의 소관으로 한다. 이 뜻을 관내에 고시토록 하라. 『일본 내무대신 훈령』

① 박정희 정부 때 민간인의 출입을 통제하였다.

② 이종무가 활약하여 토벌하였다.

③ 신라 지증왕 때 이사부가 신라영토에 귀속시켰다.

④ 이중하가 관리로 임명되어 우리 영토임을 주장하였다.

[6교시] 영어   총 25문항, 제한시간 30분

01 주어진 문장 다음에 이어질 글의 순서로 올바른 것은?

> "Cloud seeding" is a process used by several western state governments and private businesses, such as ski resorts, to increase the amount of rainfall or snow over a certain area.

> ㉠ Then they measure a storm's clouds for temperature, wind, and composition. When the meteorologists determine that conditions are right, pilots are sent to "seed" the clouds with dry ice (frozen carbon dioxide). An aircraft flies above the clouds and dry ice pellets are dropped directly into them. Almost immediately, the dry ice begins attracting the clouds' moisture, which freezes to the dry ice's crystalline structure.
>
> ㉡ Meteorologists use radar, satellites, and weather stations to track storm fronts.
>
> ㉢ Precipitation drops from the clouds to the earth in the form of rain or snow.

① ㉢ - ㉡ - ㉠   ② ㉡ - ㉢ - ㉠

③ ㉡ - ㉠ - ㉢   ④ ㉠ - ㉡ - ㉢

02 다음 밑줄 친 단어 (A)와 뜻이 통하지 않는 단어는?

> Any headache can make you miserable, but a migraine can be excruciating. More than 28 million Americans suffer from migraine headaches. Their frequency and severity varies from person to person, but they strike women three times more often than men. And if there is a history of migraine in your family, there is an 80 percent chance you will have them as well. It's important for migraine sufferers to avoid certain triggers, smoking, or certain foods that may have triggered their headaches in the past. Regular aerobic exercise is highly recommended to reduce (A) <u>tension</u> and to help prevent migraines.

① strain   ② anxiety

③ calmness   ④ nervousness

03 다음 각 문장 중 밑줄 친 단어의 쓰임이 적절치 않은 것은?

① I can watch TV and talk on the phone <u>at the same time</u>.

(나는 동시에 TV도 보고 전화도 할 수 있어.)

② We offer a wide <u>arrange</u> of skincare products.

(저희는 다양한 종류의 스킨 케어 제품들을 보유하고 있습니다.)

③ I am sorry to <u>bother</u> you, but what time do you think you'll be done with your work?

(귀찮게 해서 미안하지만, 몇 시쯤 일이 끝날 거 같아?)

④ Can you make <u>sure</u> he gets the message?

(그 사람에게 메시지를 꼭 전달해 주시겠습니까?)

04 다음 주어진 문장들을 문맥상 가장 적절한 순서로 배열한 것은?

> ㉠ It is caused by factories that burn coal, oil or gas.
>
> ㉡ The wind often carries the smoke far from these factories.
>
> ㉢ Acid rain is a kind of air pollution.
>
> ㉣ These factories send smoke high into the air.

① ㉢ → ㉠ → ㉣ → ㉡　　　　② ㉡ → ㉠ → ㉢ → ㉣

③ ㉢ → ㉣ → ㉡ → ㉠　　　　④ ㉡ → ㉢ → ㉠ → ㉣

05 다음 글의 밑줄 친 ①~④ 중 어법상 잘못된 것은?

> Among the most tragic accidents are ① <u>those involving</u> guns. Each year, about five thousand people under the age of twenty die because of firearms. One in ten of these deaths is said to be accidental, many of them caused by children who find ② <u>loading guns</u> in their homes. Nearly half of all American households have guns, and often, instead of being locked up, they are just hidden or even left in a drawer, filled with ammunition. Accidental gun injuries have become so ③ <u>prevalent</u> that the American Medical Association advises doctors to make a point of talking with patients who are gun owners about using safety locks on their guns and storing ammunition ④ <u>separately</u>.

06 빈칸에 어울리는 속담으로 가장 적절한 것은?

You're aware of the health benefits of eating fresh vegetables, you have the space for a small garden, but just don't know where to start? Look no further. Here's all you need to know to put fresh, crisp vegetables on your dinner table.

First, think small. _________________________ . It's like starting out an exercise program by running five miles the first day. You get tired, sore and you quit. Likewise, if you plant a huge garden the first year, you'll curse, cuss and turn your sore back on gardening for good. So, if you're new to gardening, start off with a garden no larger than 8×10. You can always expand later if you can't get enough of those fresh, crispy vegetables.

Choose a location that receives as much sun as possible throughout the day. Northern gardeners should insist on full sun. Now you're ready to work up the soil. You can rent a rear tine tiller or borrow one from a friend or neighbor for this task.

① The grass is always greener on the other side of the fence.

② Scratch my back and I'll scratch yours.

③ You reap what you sow.

④ Don't bite off more than you can chew.

07 다음 글을 쓴 사람의 심정으로 가장 알맞은 것은?

Rainforests are home to more than half of the world's plants and animals. Rainforests used to cover as much as 14% of the Earth's land. Now they cover less than 6%. The problem is that the rainforests are being destroyed. The amount being destroyed each minute would fill 20 football fields. And about 50,000 species of rainforest animals and plants are disappearing every year. This means they will all be gone by the time you grow up unless we save them with your help!

① exited   ② pleasant

③ relieved   ④ worried

08 다음 글의 전개 방식으로 가장 적절한 것은?

With the arrival of twentieth-century technology, medical professions were able to think seriously about creating artificial replacements for damaged human hearts that no longer functioned effectively. In 1957, Dr. Willem Kolff created the first artificial heart and implanted it in a dog, who promptly died from the experiment. Still, animal research continued, and, in 1969, Dr. Denton Cooley implanted the first artificial heart into the body of a human. The device, made largely of plastic, only had to function for a brief period of time, while the patient awaited a transplanted human heart. In 1979, Dr. Robert Jarvik patented the first artificial heart. Three years later, the Jarvik heart, as it came to be called, was implanted in the body of Barney Clark, a retired dentist dying of heart disease. Clark lived for 112 days after the surgery, and his survival raised hopes for the future success of artificial hearts.

① time order
② cause and effect
③ classification
④ definition

09 밑줄 친 빈칸에 들어가기에 가장 적절한 단어는?

Q : When praised, Koreans often insist they did nothing deserving of praise. Why do you do this instead of accepting the praise and saying Thank you?

A : This is done out of ____________; in other words, we feel like we are not deserving of so much praise. However, don't think that Koreans really dislike being praised. Even though were act this way, we very much appreciate the compliment.

① responsibility
② modesty
③ condemnation
④ confidence

10 다음 글에서 밑줄 친 This가 가리키는 것으로 가장 적절한 것은?

This is a gift given by physical or legal persons, typically for charitable purposes and/or to benefit a cause. This may take various forms, including cash, services, new or used goods including but not limited to clothing, toys, food, vehicles, it also may consist of emergency, relief or humanitarian aid items, development aid support, and can also relate to medical care needs as i.e. blood or organs for transplant. Charitable gifts of goods or services are also called gifts in kind.

① operation　　　② donation　　　③ fund　　　④ volunteering

11 글의 흐름상 다음 문장이 들어가기에 가장 적절한 곳은?

This is the keystone.

The Romans have just invented a new building technique: the arch. It is the strongest way to support walls and bridges. A master builder explains the process. ㉠ "First, take some stone blocks and shape them as wedges. ㉡ Take another stone and shape it to fit perfectly in the middle of the arch. ㉢ Use wood to hold the wedges together until the keystone can be placed in the middle. ㉣ Finally, put stones on top of the wedges and build up the entire wall."

① ㉠　　　② ㉡　　　③ ㉢　　　④ ㉣

12 다음 글의 빈칸에 들어갈 말로 가장 적절한 것은?

Increasing numbers of Americans are turning to hypnosis to stop smoking or to lose weight. Similarly, arthritis sufferers are using acupuncture, an ancient method of Chinese healing, to gain some relief from their pain. Cancer patients have also been using nontraditional treatments like creative visualization to fight their disease. Some cancer sufferers, for example, imagine themselves as huge and powerful sharks. They imagine their cancer cells as much smaller fish that easily fall prey to the larger and more dangerous sharks. Even some businesses are supporting nontraditional medical treatments and encouraging employees to use ________________ to ward off migraine headaches and high blood pressure.

① mediation   ② meditation

③ mutilation   ④ medication

13 다음 글의 주제로 가장 적절한 것은?

> Infants spend most of their days fast asleep. In the period immediately after birth, newborns sleep an average of sixteen hours per day. But the amount they sleep decreases steadily with each passing month. By the age of six months, babies average about thirteen to fourteen hours of sleep per day. By twenty-four months, they average only eleven or twelve hours per day. In short, babies sleep a lot, but the amount of sleep they need decreases over time.

① reasonable amount of sleep   ② the sleep patterns of infants

③ the habits of newborns   ④ the development of infants

14 밑줄 친 부분의 어법상 쓰임이 바르지 않은 것은?

> For instance, American college students expect to live longer, stay ① <u>married longer</u>, and travel to Europe more often than average. They believe they are more likely to have a gifted child, ② <u>to own</u> their own home, and to appear in the newspaper, and less likely to have a heart attack, venereal disease, a drinking problem, an auto accident, a broken bone, or gum disease. Americans of all ages expect their futures to be an improvement on their presents, and although citizens of other nations are not quite optimistic as Americans, they also tend to imagine that their futures will be brighter than ③ <u>that</u> of their peers. These overly optimistic expectations about our personal futures are not easily ④ <u>undone</u>: Experiencing an earthquake causes people to become temporarily realistic about their risk of dying in a future disaster, but within a couple of weeks even earthquake survivors return to their normal level of unfounded optimism.

① married   ② to own

③ that   ④ undone

15 다음 글의 밑줄 친 빈칸에 들어가기에 적절한 단어는?

Take the case of two people who are watching a football game. One person, who has very little understanding of football, sees merely a bunch of grown men hitting each other for no apparent reason. ______________ person, who loves football, sees complex play patterns, daring coaching strategies, effective blocking and tackling techniques, and zone defenses with "seams" that the receivers are trying to "split" Both persons have their eyes glued to the same event, but they are perceiving two entirely different situations. The perceptions differ because each person is actively selecting, organizing, and interpreting the available stimuli in different ways.

① Other ② Some
③ The other ④ This one

16 필자가 주장하는 바로 가장 적절한 것은?

Among life's cruelest truths is this one: Wonderful things are especially wonderful the first time they happen, but their wonderfulness wanes with repetition. Just compare the first and last time your child said "Mama" or your partner said "I love you" and you'll know exactly what I mean. When you have an experience — hearing a particular sonata, making love with a particular person, watching the sun set from a particular window of a particular room — on successive occasions, we quickly begin to adapt to it, and the experience yields less pleasure each time. Psychologists call this habituation, economists call it declining marginal utility, and the rest of us call it marriage.

① 성공적인 대화는 공감을 바탕으로 이루어진다.
② 아무리 좋은 일도 반복되면 식상해진다.
③ 치밀한 계획을 세우자.
④ 성공은 좌절을 극복함으로써 얻을 수 있다.

17 ㉠, ㉡, ㉢에 들어갈 말로 가장 적절하게 짝지어진 것은?

Clouds darken from a pleasant soft white just before rain begins to fall because they absorb more light. Clouds normally appear white when the light that strikes them is ㉠ <u>concentrated/scattered</u> by the small ice or water particles from which they are composed. However, when the size of these ice and water particles ㉡ <u>decreases/increases</u>—as it does just before clouds begin to deposit rain this scattering of light is increasingly ㉢ <u>replaced/developed</u> by absorption. As a result, much less light reaches the observer on the ground below and the clouds look darker.

	㉠		㉡		㉢
①	concentrated	…	decreases	…	developed
②	scattered	…	increases	…	replaced
③	concentrated	…	increases	…	developed
④	scattered	…	decreases	…	replaced

18 다음 글의 흐름으로 보아 밑줄 친 단어의 쓰임이 적절하지 않은 것은?

For everywhere we look, there is work to be done. The state of the economy ① <u>calls for</u> action, bold and swift, and we will act not only to create new jobs, but to lay a new foundation for growth. We will build the roads and bridges, the electric grids and digital lines that ② <u>bolster</u> our commerce and bind us together. We will restore science to its rightful place, and wield technology's wonders to ③ <u>erode</u> health care's quality and lower its cost. We will harness the sun and the winds and the soil to fuel our cars and ④ <u>run</u> our factories. And we will transform our schools and colleges and universities to meet the demands of a new age. All this we can do. And all this we will do.

① calls for　　　　② bolster
③ erode　　　　④ run

19

다음 글의 빈칸에 들어갈 연결어로 가장 적절한 것은?

In order to live well after you stop working, you should begin saving for retirement early. Experts suggest that after you retire, you will need 75 percent to 80 percent of your salary to live on every month. ________________, if you make $3,000 per month while working, you will need between $2,250 and $2,400 per month to live on during retirement. This calculation assumes that you have no mortgage on a house to continue paying, or any other major expenses. However, many retired people now rent their housing, and so they will pay more money in housing costs over time. Older people now also have to spend more on health care because they live longer; many people in developed countries now live into their eighties or nineties.

① Conversely   ② Likewise

③ In other words   ④ Furthermore

20

다음 글의 밑줄 친 빈칸에 들어가기에 가장 적절한 것은?

We normally think of the expressions on our face as the reflection of an inner state. I feel happy, so I smile. I feel sad, so I frown. Emotion goes inside–out. Emotional contagion, though, suggests that the opposite is also true. If I can make you smile, I can make you happy. If I can make you frown, I can make you sad. Emotion, in this sense, goes outside–in. If we think about emotion this way — as outside–in, not inside–out — it is possible to understand how some people can have an enormous amount of ________________ over others. Some of us, after all, are very good at expressing emotions and feelings, which means that we are far more emotionally contagious than the rest of us.

① feelings   ② actions

③ fluency   ④ influence

21 다음 밑줄 친 부분에 들어갈 주제문으로 옳은 것은?

_______________ The type most people think of immediately is alcoholism. People who cannot stop drinking until they become intoxicated have an addiction that is usually as much physical as psychological. Another example is an addiction to gambling. Some people are so drawn to the possibility of 'striking it rich' that they gamble even their rent and food budget and become penniless in their search for fortune. Another type of addictive behavior is overeating. To compensate for some psychological problems in their lives, some people eat much more than needed to satisfy their hunger. Even though they aren't in the least hungry, they can't resist reaching for one more slice of pizza or piece of cake. Psychiatrists often treat patients with addictive behaviors that are ruining their lives.

① Alcoholism is hard to heal.

② Everybody has some kinds of addictions.

③ Addictions are really dangerous.

④ There are many different kinds of addictions.

22 다음 글의 요지로 옳은 것은?

Can we eliminate pollution altogether? Probably not. Today we pollute with everything we do, so total elimination would require drastic measures. Every power plant would have to shut down. Industries would have to close. We would have to leave all our automobiles in the garage. Every bus and truck and airplane would have to stop running. There would be no way to bring food to the cities. There would be no heat and no light. Under these conditions, our population would die in a short time.

Since such a drastic solution is impossible, we must employ determined public action. We can reduce pollution, even if we can't eliminate it altogether. But we must all do our part. Check your car to see if the pollution control device is working. Reduce your use of electricity. Is air conditioning really necessary? Don't dump garbage or other waste on the land or in the water. Demand that government take firm action against polluters. We can have a clean world or we can do nothing. The choice is up to you.

① Because individuals cannot find a drastic solution, we must demand that government take firm action against polluters.

② We can reduce pollution, even if we can't eliminate it altogether.

③ There would be no way to bring our polluted world back to a clean one.

④ We must do all our part to find out any drastic measure against pollution.

23 다음 글의 제목으로 가장 옳은 것은?

In 1859, when Henry Dunant witnessed the Battle of Solferino, he was moved by the suffering of the victims of warfare and came up with the idea to create national relief societies. Four years later in 1863, four citizens of Geneva convened a meeting to discuss the idea. It was attended by specialists from 16 countries and resulted in the adoption of ten resolutions which gave rise to the Red Cross. The Swiss government then convened a diplomatic conference in Geneva in August 1864 where delegates of 12 participating countries adopted the Geneva Convention for the Amelioration of the Condition of the Wounded in Armies in the Field. The Convention recognized the red cross on a white background as a protective emblem to be used by all armies for identifying their medical personnel, hospitals and ambulances.

① What the extent of damage in the Battle was like.

② How the Red Cross has changed over the years.

③ What the guidelines for the wounded in the field are.

④ How the Red Cross came about.

24 다음 글의 제목으로 가장 옳은 것은?

Can you imagine a car race in which not a single car uses gasoline? Recently, twenty-five such cars went to Australia for the first solar car race across a continent. It was a long, hard contest. Sun-powered cars are not as fast as regular ones. As a result, the racers often got stuck in traffic. In addition, the cars lost all their power when it got dark. Still, the racers made terrific time. The winner, the Sunraycer, from the United States, made the 1,940-mile trip in just five days. Do not expect to see one of these sunlight specials in your own driveway soon, though. Sun-powered cars are expensive. The Sunraycer cost over $ 9 million!

① Racing with the Sun.
② Building Pollution-Free Cars.
③ Using Gasoline-Powered Cars.
④ Winning the First Solar Car Race.

25 다음 글의 제목으로 가장 적절한 것은?

Are you keen to discover new music, but put off by most of the stuff you hear? Then visit MusicAll. It's a cunning website that allows users to recommend music to one another based on shared tastes. As a member you upload a playlist of your own favorite tunes: the site then makes recommendations based on the music enjoyed by other people who also like those tracks. It will also make suggestions based on what you're listening to at the time; you can listen to clips of the recommendations to see whether they appeal. If so, you can download them for free. The more you put into the site, the more useful it becomes.

① Music Can Contribute To Your Life.
② What You'd Like To Recommend For A Change.
③ Share Opinions about Music at the Website.
④ How To Make An Appealing Website.

제 1 회 정답 및 해설

1교시 | 언어능력
p. 354

Answer									
01 ④	02 ②	03 ③	04 ③	05 ③	06 ⑤	07 ④	08 ⑤	09 ③	10 ①
11 ④	12 ①	13 ④	14 ④	15 ⑤	16 ③	17 ⑤	18 ③	19 ③	20 ②
21 ④	22 ③	23 ①	24 ③	25 ②					

01 ④ 사람이나 동물의 목 위의 부분. 눈, 코, 입 따위가 있는 얼굴을 포함하며 머리털이 있는 부분을 이른다.
①·②·③·⑤ '비하'의 뜻을 더하는 접미사

02 ② 서로 맺은 관계 또는 사귀는 정분
①·③·④·⑤ 한 때로부터 다른 때까지의 동안

03 ③ 한 회계연도나 한 해의 세입과 세출을 계산함
①·②·④·⑤ 온 세상, 전 인류사회, 한 무리

04 ③ 사람이 자기 몸 또는 몸의 일부에 착용한 물건을 몸에서 떼어 내다.
① 의무나 책임 따위를 면하게 되다.
② 누명이나 치욕 따위를 씻다.
④ 동물이 껍질, 허물, 털 따위를 갈다.
⑤ 사람이 어리숙하거나 미숙한 태도를 생활의 적응을 통하여 없애다.

05 ③ 다른 사람이나 대상이 가하는 행동, 심리적인 작용 따위를 당하거나 입다.
① 점수나 학위 따위를 따다.
② 공중에서 밑으로 떨어지거나 자기 쪽으로 향해 오는 것을 잡다.
④ 다른 사람이 주거나 보내오는 물건 따위를 가지다.
⑤ 색깔이나 모양이 어떤 것에 어울리다.

06 ⑤ 논쟁, 논의, 연구 따위의 대상이 되는 것
① 해답을 요구하는 물음
② 세상의 이목이 쏠리는 것
③ 해결하기 어렵거나 난처한 대상 또는 그런 일
④ 귀찮은 일이나 말썽

07 ④ 물, 불, 바람 따위의 기운이 크거나 빠르다.
① 머리카락이나 수염 따위의 털이 희어지다.
② 사물의 수효를 헤아리거나 꼽다.
③ 힘이 많다.
⑤ 물에 광물질 따위가 섞여 쓰기에 나쁘다.

08 입을 씻다 : 이익 따위를 혼자 차지하거나 가로채고서는 시치미를 떼다.

09 면구하다 : 낯을 들고 대하기에 부끄러운 데가 있다.

10 눈 깜짝할 사이 : 매우 짧은 순간

11 ④ 다른 사람에게 책임이나 공로를 넘기다.
① 어떤 물건을 나누어 주거나 배달하다.
② 완곡하게 말하다.
③ 화제를 다른 내용으로 바꾸다.
⑤ 뒤로 미루다.

12 ① 무엇을 밝히거나 알아내기 위하여 상대편의 대답이나 설명을 요구하는 내용으로 말하다.
② 어떠한 일에 대한 책임을 따지거나 추궁하다.
③ 가루, 풀, 물 따위가 그보다 큰 다른 물체에 들러붙거나 흔적이 남게 되다.
④ 물건을 흙이나 다른 물건 속에 넣어 보이지 않게 쌓아 덮다.
⑤ 의자나 이불 같은 데에 몸을 푹 깊이 기대다.

13 ④ 어떤 행동이나 말, 글 따위가 흥미를 끌지 못하고 흐지부지하다.
① 사람의 말이나 행동이 상황에 어울리지 않고 다소 엉뚱한 느낌을 준다.
② 음식의 간이 보통 정도에 이르지 못하고 약하다.
③ 술이나 담배나 한약 따위의 맛이 약하다.
⑤ 물건이나 그림의 배치에 빈 곳이 많아 야물지 못하고 엉성하다.

14 도시근로자가 '월급'을 모아서 전셋집을 '마련하는 데'
필요한 '기간'은 총 3년으로 연초 대비 3개월이 '길어
졌고' 32평형은 4년 5개월로 6개월 '늘었다'.

15 영어 사교육을 '시작하는' 시기에 사교육비를 월 30
만원 이상을 쓰는 학생들은 33.5%가 초등학교 입학
전이라고 답했다. '전체적으로는' 초등 3~4학년에 '처
음' 시작하는 아이들이 36.8%로 가장 많았다. 4학년
이전이라는 '응답이' 78.3%로 가장 많았다. 17.4%는
입학 이전부터 '배웠다고' 답했다.

16 ③ 비행기를 만들 때에는 하늘에 떠 있어야 한다는 대
전제에 충실해야 한다.
① 초보 단계의 비행기 설계에서는 어떻게 바람의 힘
을 이용하는가 하는 문제가 커다란 과제였다.
② 오징어를 본떠 비행기의 날개는 작게 만들어 뒤쪽
에 다는 방식으로 디자인의 진보가 이루어졌다.
④ 최초의 비행기는 새를 모방함으로써 하늘을 날 수
있게 되었다.
⑤ 비행기를 만들 때에는 하늘에 떠 있어야 한다는 대
전제에 충실해야 하므로, 모양새보다는 기능에 충실
해질 수밖에 없었다.

17 '플로트 공정'은 '새로운 유리 제조 공정'이 아니라,
서로 분리되어 있던 '기존의 공정'을 연속적인 하나의
공정으로 만든 것이다. 그리고 지문은 새로운 기술 혁
신을 통한 생산성 향상 시도가 쉽지 않은 일임을 강조
하기 위해 언급한 사례이므로, 그 필요성을 알고 있는
누군가가 플로트 공정을 개발했을 거라는 추측은 자연
스럽지 않다.

18 지문은 인용의 개념에 관한 설명으로 시작하고 있다.
선행 연구에 기초하여 독창적인 이론을 수립하는 논문
의 목적과 관련하여 인용의 목적 역시 선행 연구를 비
판하거나 자신의 논지를 강화하기 위함에 있음을 아울
러 밝히고 있다. ①의 인용의 필요성은 단락의 전체 내
용을 포괄하지 못하므로 정답이 될 수 없다.

19 ㉠과 ㉢은 대등한 관계이고, ㉠은 ㉡의 원인이다.

20 먼저 쟁점에 대해서 이야기하는 '다'가 먼저 오고, 그
로 인해 나오는 지적들에 관한 언급이 있는 '나'가 다
음으로 와야 한다. 여기서 다시 '다'의 쟁점보다 밑에
있는 쟁점에 대한 언급이 있는 '마'가 와야 하고, 다음
으로 그 쟁점이 무엇인지 말해주는 '가'가 와야 한다.
노동자들의 몫에 관한 질문인 '라'가 그 다음으로 와
야 한다.

21 먼저 봉급생활자 전반에 파급될 소지가 큰 것에 대한
언급이 있는 '라'가 먼저 오고, 그에 따라 어떤 영향이
있는지에 대한 언급이 있는 '가'가 그 다음에 와야 한
다. 앞 문장에 언급된 증세의 유효함을 언급하는 '다'
가 오고, 다음으로 한계를 말한 '나'가 와야 한다.

22 '가'는 '나'에 대해 첨가해 주는 내용이고, '나'는 '다'
의 구체적인 사례이며, '라'는 '가'와 '나'를 일반화시
킨 것이고, '마'는 '라'의 구체적인 사례이다. 따라서
'나'와 '마'가 각각 '다'와 '라'의 뒤에 들어가야 하며,
'가'는 '나'에 대한 첨가 사항이기 때문에 '나'의 뒤에
나와야 한다. 그런데 '다'는 '가'의 바로 앞에서 언급
하고 있는 '후대에는 버림을 받게 되는 예도 허다하
다'와 역접의 관계에 있는 진술로 <보기> 중 맨 앞에
나와야 한다. 따라서 다-나-가-라-마의 순서가 되
어야 적절하다.

23 문제점(과학기술 발달에 따른 환경오염 문제)이 제시
되고 있으니까, 이 글 다음에는 해결책이 제시되는 것
이 적절하다.

24 ③ 거짓 원인의 오류
① 사적 관계에 호소하는 오류
② 공포에 호소하는 오류
④ 동점심에 호소하는 오류
⑤ 피장파장의 오류

25 ②에서는 기업의 이익을 위해 고용 없는 성장을 추구
해야 한다고 주장하고 있는데 이는 고용 창출을 지향
해야 한다는 개요의 내용과 상반되는 주장이다.

GO **2교시 ｜ 자료해석**　　　　　　　　　　　　p. 366

Answer									
01 ④	02 ④	03 ②	04 ④	05 ②	06 ④	07 ③	08 ③	09 ④	10 ①
11 ④	12 ①	13 ③	14 ④	15 ②	16 ②	17 ①	18 ②	19 ①	20 ①

01 ④ 도시를 떠나 농촌으로 이주하는 역이촌향도도 늘어나고 있지만, 아직까지는 농촌에서 도시로 이주하는 이촌향도가 더 많다.

02 여름(8월 기준)과 겨울(1월 기준)의 기온 차는 (가) 지역이 −9℃, (나) 지역이 −27.9℃, (다) 지역이 −17.1℃로 가장 큰 지역에서부터 (나)→(다)→(가)의 순이다.

03 ② 1980년과 비교해서 2005년 총인구 증가의 주요 원인은 15~64세 인구의 증가(10,954명)이다.

04 ④ 2007년 고령취업자 중 농가취업자의 수가 전체의 약 53%를 차지한다.

05 ㉠ 일본, 독일 : B, D

㉡ 한국, 일본 : A, B → 한국 : A, 일본 : B, 독일 D

㉢ 일본, 미국 : B, C → 미국 : C

㉣ 프랑스, 독일 : D, E → 프랑스 : E

따라서 표에서 A~E에 해당하는 국가들을 순서대로 나열하면 한국 – 일본 – 미국 – 독일 – 프랑스의 순이다.

06 ㉠ (○) 1차에서 구입한 제품을 2차에도 구입한 소비자의 수가 많은 것으로 보아 대부분의 소비자들이 그들의 취향에 맞는 홍차를 꾸준히 선택하고 있음을 알 수 있다.

㉡ (×) 1차에서 A사 제품을 구매한 소비자가 2차 구매에서 C사 제품을 구입하는 경우는 44명이고, 그 반대의 경우는 17명으로 더 많다.

㉢ (○) 총계를 보면 C사 제품을 구입하는 소비자가 가장 많다.

07 ㉡ (×) 〈표1〉에서 1996~2000년까지는 전국의 지가변동률이 서울의 지가변동률보다 높았으나, 2001년부터는 서울의 지가변동률이 전국의 지가변동률보다 높다.

㉠ (×) 서울, 인천, 경기도는 2000년 이후 지가가 매년 상승했으나, 부산은 2000년에, 광주는 2000년, 2001년에 오히려 내려갔다.

㉢ (×) 〈표2〉에서 1998년에 순전입인구의 합은 0이하이다.

㉣ (○) 〈표2〉와 〈표3〉을 비교해 보면,

	1999	2000	2001	2002
경기도 순전입 인구당 주택건설실적	166,741 / 174,134	123,578 / 184,026	133,259 / 248,947	141,473 / 315,782

분자보다 분모의 증가율이 크므로 지속적으로 감소하고 있다.

08 ㉠ (○) 〈그림1〉에서 1994~1997년을 보면 특허출원 전체 건수가 확연히 많은 것을 알 수 있으며, 그 이후 계속 감소하였다.

㉡ (×) 〈그림1〉에서 1998~2001년의 기간에는 국외에 의한 특허출원 건수가 국내상장사의 출원건수보다 더 많다.

㉢ (×) 〈그림2〉에서 자체부담금 비율은 1995~2000년까지 하락하다가 2001년부터 다시 상승하였다.

㉣ (○) 〈그림2〉에서 정부보조금 비율이 가장 높았던 해는 41.2%인 2000년이다.

09 보고서에 지주는 소수집단이라고 하였으므로 B이다. 또 '소작농으로 전락하는 사례가 증가' 이므로 소작농은 계속 증가하고 있으며, D만 꾸준히 증가하고 있으므로 소작농은 D이다. 마지막으로 '자작농업만으로는 생계유지가 곤란하여 자·소작을 겸하는 경우가 더 많았다.' 고 했으므로 A는 자작농, C는 자·소작 겸작농이다.

10 ㉠ (○) A반의 경우, 연습횟수가 많을수록 통과율이 낮아진다.

㉡ (×) A반의 통과율은 D반의 통과율보다 높다.

㉢ (○) A반과 D반은 1/2보다 적으므로 제외하고, B반과 C반을 비교해 본다. B반 대비 C반의 통과율에서 분자의 감소율(=1/25)보다 분모의 감소율(=3/41)이 더 크므로 통과율은 높아진다. 따라서 C반의 통과율이 가장 높다.

㉣ (×) 연습횟수가 1회일 때보다 2회의 통과율이 높은 것을 쉽게 알 수 있다. 2회와 3회 통과율의 비교는 분모와 분자의 증가율로 비교하면 쉽게 비교할 수 있다. 분자의 증가율(=1/6)보다 분모의 증가율(=3/14)이 크므로 통과율은 낮아진다. 따라서 연습횟수가 3회일 때 통과율이 2회일 때보다 낮으며 연습횟수가 많아진다고 통과율이 높아지는 것은 아니다.

11 부서별 총 투입시간 = 투입인원×(개인별 업무시간+회의 소요시간)

A : $2 × \{41 + (3 × 1)\} = 88$

B : $3 × \{30 + (2 × 2)\} = 102$

C : $4 × \{22 + (1 × 4)\} = 104$

D : $3 × \{27 + (2 × 1)\} = 87$

D부서의 총 투입시간이 87시간으로 가장 적으므로 업무효율은 가장 높다.

12 ① (×) 보고서에는 혼인과 관련된 내용은 없다.

② (○) 보고서 두 번째 문단에서 '2003년 여성의 경제활동 참가율을 연령별로 살펴보면,~' 이 있다.

③ (○) 보고서 첫 번째 문단에서 '1970년대 이후 상승해 온 여성의 경제활동 참가율은~' 이 있다.

④ (○) '30대 초반 여성의 경제활동 참가율 감소는 30세를 전후한 여성의 출산 및 자녀양육에 대한 부담과 관련된 것~' 이 있다.

13 ③ 당해년도 국내총생산 대비 당해년도 대일수입액
= 대일수입액÷국내총생산 (그래프에 나타나는 수치와 맞지 않다. 실제 수치보다 그래프가 높게 표시되어 있다.)
① 당해년도 국내총생산 대비 당해년도 대일무역총액
= 대일 무역총액÷국내총생산
② 연도별 대일무역수지 = 대일수출액 − 대일수입액
④ 전년 대비 대일무역총액지수 증감율
= 당해 대일무역총액지수 − 전년 대일무역총액지수

14 ㉠ (×) '게임'의 초등학교와 고등학교 간의 차이는 2.1%로 2%를 초과하였다.
㉢ (×) 초등학생의 경우, 모두 정품을 구입한다는 학생은 35.3%로 절반 이하이다.

15 두 도시 인구의 곱
= (두 도시 간 인구이동량×두 도시 간의 거리) / k
각 도시의 인구수를 a, b, c, d, e라고 하고 위의 식에 대입하여 정리하면 다음과 같다.
$a \times b = 60 \times 2 / k \Rightarrow b = 120 / ak$
$a \times c = 30 \times 4.5 / k \Rightarrow c = 135 / ak$
$a \times d = 25 \times 7.5 / k \Rightarrow d = 187.5 / ak$
$a \times e = 55 \times 4 / k \Rightarrow e = 220 / ak$
각 도시의 정확한 인구수는 구할 수 없지만, 크기 비교는 가능하므로 e > d > c > b의 순으로 값이 크며, E > D > C > B순으로 인구가 많다.

16 ㉠ (×) 성인 남자 문맹률이 높은 지역 순 : C > A > B > D > E > F, 문맹 청소년 많은 지역 순 : A > C > B > E > D > F
㉡ (×) 〈그림1〉의 그래프에서 남자 문해율과 여자 문해율의 막대 중간에 있는 ◆의 수치는 남녀인구의 문해율의 평균이다. 따라서 평균을 이용하면 남녀인구의 비율을 찾을 수 있다. A지역의 경우, 평균 문해율 58은 남자 문해율 70과 여자 문해율 46의 한가운데이므로 남녀비율은 1:1이며, 결국 남녀의 인구수는 같다. 남자 문해율이 더 높으므로, 문맹자 수는 여자가 더 많다.
㉢ (○) 〈그림1〉을 보면 남녀 간 문해율 차이가 가장 큰 지역이 막대의 높이 차이가 가장 큰 지역이므로 26%의 차이를 보이는 B지역이다.
㉣ (○) 〈그림2〉를 보면 문맹 청소년의 정확한 숫자는 알 수 없지만, 비율은 알 수 있다. A지역 55%는 B지역 26%의 2배 이상이다.
㉤ (×) 〈그림1〉을 보면 성인 여자 문맹률이 두 번째로 높은 지역은 B이다. 〈그림2〉를 보면 문맹 청소년 수가 전체 지역 중에서 두 번째로 많은 지역은 C이다.

17 생산과 내수 모두 증가 : 냉장고, 세탁기, TV → A, B, D
생산은 감소, 내수는 증가 : 에어컨 → C
생산증가 제품 중 생산증가대수 대비 내수증가대수 비율이 가장 낮은 제품 : 세탁기 → D
생산 증가율 가장 높은 제품 : TV → A
A, C, D가 확정이 되었으므로, 나머지 B가 냉장고라는 것을 알 수 있고, 마지막으로 남은 E는 오디오이다.

18 보고서의 내용을 정리하면 아래와 같은 결과가 나온다. 〈표2〉에서 독일은 E임을 확인할 수 있다.
⇒ E = 독일
〈표2〉의 지출액에서 어느 한 값이 다른 값의 2배 이상이려면 그 값은 A만 가능하므로 A는 미국이며, A가 다른 한 값의 2배 이상이기 위해서는 그리스는 B 혹은 E가 될 수 없다. ⇒ A = 미국, C 또는 D = 그리스
〈표2〉를 보면 독일과 룩셈부르크의 1인당 건강비용 지출액의 합이 미국의 지출액보다 작으므로 룩셈부르크는 C 또는 D이다. ⇒ C 또는 D = 룩셈부르크
〈표1〉을 보면 일본의 휴대전화 이용률은 미국보다 높고 그리스보다 낮으므로 최저값이나 최고값이 아닌 걸 알 수 있다. ⇒ B 또는 C 또는 D = 일본
이를 정리해 보면, 룩셈부르크와 그리스는 C와 D 중 하나이다.
A와 E는 미국과 독일로 확정되었으며, C와 D는 룩셈부르크와 그리스이므로 나머지 B는 일본이다.
보고서에서 일본의 휴대전화 이용률은 그리스보다 낮다고 하였으므로 〈표1〉을 보면 그리스는 D, 룩셈부르크는 C임을 알 수 있다.

19 ② 보고서에는 '성별에 따른 자살자의 비율은 매년 남자가 여자보다 높다'고 되어있으나, 그래프에서 1915년 남자의 비율이 여자보다 낮다.
③ 보고서에는 '1910년부터 변사자 중 조선인이 90% 이상을 차지'라고 되었으나, 표에서 보면 1,760으로 조선인의 비율은 90% 미만이다. 또 '외국인 변사자는 지속적으로 늘어'라고 되었으나, 표에서 1925년에 외국인 변사자 수는 1920년에 비해 감소하였다.
④ 보고서에는 '남녀의 격차도 매년 증가'라고 되었으나, 그래프에서 보면 변사자의 남녀 격차는 증가와 감소를 반복하고 있다.

20 ㉠ (×) 구입~1년 동안 대출된 도서의 비율
= 1 − (구입~1년 동안 대출횟수가 0인 도서의 비율)
= 1 − 0.53 = 0.47(절반 이하)
㉡ (○) 구입 후 3년 동안 대출이 되지 않은 도서의 비율
$= \dfrac{4,201}{10,000} \fallingdotseq 0.40(40\%)$
구입 후 5년 동안 대출이 되지 않은 도서의 비율
$= \dfrac{3,401}{10,000} \fallingdotseq 0.30(30\%)$
㉢ (×) 구입 후 1년 동안 1회 이상 대출된 도서
= 4,698권(= 10,000 − 5,302)
구입 후 1년 동안 단 1회 대출된 도서
= 2,912권
∴ 2,912 / 4,698 = 0.62(= 62%)
㉣ (○) 구입 후 1년 동안 도서의 평균 대출횟수
$$\dfrac{\{(0 \times 5,302)+(1 \times 2,912)+(2 \times 970)+(3 \times 419)+(4 \times 288)+(5 \times 109)\}}{10,000}$$
$= \dfrac{7,806}{10,000} \fallingdotseq 0.78(회)$
㉤ (○) 구입 후 5년 동안 적어도 2회 이상 대출된
도서의 비율 $= \dfrac{\{10,000-(3,041+3,921)\}}{10,000}$
$= \dfrac{3,038}{10,000} \fallingdotseq 0.30(=30\%)$

3교시 | 공간능력
p. 390

Answer

| 01 ③ | 02 ② | 03 ④ | 04 ② | 05 ① | 06 ③ | 07 ② | 08 ② | 09 ④ |
| 10 ② | 11 ④ | 12 ① | 13 ① | 14 ② | 15 ② | 16 ④ | 17 ④ | 18 ① |

4교시 | 지각속도
p. 402

Answer

01 ②	02 ①	03 ②	04 ①	05 ②	06 ①	07 ②	08 ③	09 ④	10 ④
11 ②	12 ②	13 ①	14 ③	15 ③	16 ②	17 ④	18 ②	19 ①	20 ③
21 ③	22 ④	23 ②	24 ⑤	25 ③	26 ⑤	27 ②	28 ④	29 ①	30 ②

01 <u>25</u> 9 4 17 10 – 필통 모자 가방 물통 전화

03 9 17 53 <u>11</u> 4 – 모자 물통 연필 칫솔 가방

05 53 10 <u>9</u> 25 11 – 연필 전화 <u>모자</u> 필통 칫솔

10 &@!#&$!*)$!@&^%!@!@%&()%##$^&#$&+l#$@!@

11 *qcvcebapcinqncjkdbcguzuicsdpciaznlinqwiczck adcac*

12 100257945481531206840940510350167405160 87409840451

13 가는 토끼 잡으려다 잡은 토끼 놓친다.

14 Birds of a feather flock together.

5교시 | 국사
p. 411

Answer

| 01 ④ | 02 ① | 03 ① | 04 ④ | 05 ③ | 06 ④ | 07 ② | 08 ④ | 09 ② | 10 ④ |
| 11 ④ | 12 ③ | 13 ④ | 14 ④ | 15 ① | 16 ① | 17 ② | 18 ④ | 19 ④ | 20 ③ |

01 ① 프랑스 신부 9명과 수천 명의 신도들이 처형당하였다.
② 병인양요 때 한성근이 문수산성에서, 양헌이 정족산성에서 활약하였다.
③ 당시 프랑스는 병인박해를 구실로 7척의 군함을 파견하여 강화읍을 점령하고 서울로 진격하려 하였다.

02 ②, ③ 갑오개혁
④ 동학농민운동 폐정개혁안

03 ㉠ 강화도조약, ㉡ 조·미수호통상조약, ㉢ 상민수륙무역장정
① 강화도조약에서 부산, 원산, 인천항이 개항되었다.

04 제시된 내용은 갑오개혁 때 발표된 홍범14조의 일부 내용이다.
④ 은본위 화폐제도를 실시하였다.

05 제시된 내용은 '제물포조약' 이행을 위해 1882년에 수신사의 일원인 박영효가 일본으로 가면서 태극기를 가지고 간 기록이다.
① 영선사(1881), ② 2차 수신사(1880년), ③ 갑신정변 직전(1884년), ④ 신사유람단(1881)

06 제시된 자료의 비문은 백두산 정계비이다. 간도는 두만강과 송화강 사이에 있는 땅으로, 청과 조선은 모호한 경계를 확정하기 위해 18세기 무렵 백두산 정계비를 세웠다(1712).
① 대한제국 정부는 이범윤을 간도 관리사로 임명하여 한인 보호에 힘썼다.
② 상해에 수립된 대한민국 임시정부에 대한 설명이다.
③ 블라디보스토크의 신한촌에서 조직되었다.

07 제시된 자료에서 ㉠은 을미의병, ㉡은 을사의병, ㉢은 정미의병이다.
①, ③ 을사의병에 대한 설명이다.
④ 을사의병은 평민출신 의병장이, 정미의병은 다양한 계층의 의병장이 활약하였다.

08 제시된 자료는 정미의병(1907) 시기의 상황이다. ④의 신돌석은 을미의병(1905) 때 등장한 평민 출신 의병장이다.

09 ㉡ 기유각서(1909. 7.) : 일제는 사법권과 감옥 사무를 박탈하였다.

10 파리강화회의에서 중국의 산둥반도에 대한 독일의 이권을 일본에게 넘긴다는 협약이 맺어지자 5월 4일 베이징 대학생들을 중심으로 일본의 21개조 요구 철폐를 주장하는 대규모 시위가 열렸다.

11 ④ 『한국통사』는 박은식의 저서이고, 『조선사연구초』는 신채호의 저서이다.

12 ㉠ 민족주의 사학자 신채호의 『조선상고사(1931)』, ㉡ 일제의 식민사관인 '정체성론'
③ 정체성론을 반박한 사람은 사회경제 사학자 백남운이다.

13 자료는 1947년 김규식의 신년사이다. 김규식은 중도우파로서 모스크바 삼상회의 결정에 처음에는 반대하였으나 원문을 보고 이를 지지하면서 좌우합작운동을 전개하였다. 미 군정은 좌우합작운동을 후원하는 가운데 남조선 과도정부를 제안, 김규식을 입법의장에 임명하였다.
① 김구, ② 이승만, ③ 이시영

14 김원봉에 대한 설명이다. 1942년에 김원봉이 이끄는 조선의용대가 광복군에 흡수되었다.
① 김일성의 보천보 전투(1937)에 대한 설명이다.
② 김두봉에 대한 설명(1942)이다.
③ 일제패망 이후(1945) 조선의용대에 대한 설명이다.

15 ㉢ 민주구국선언문(1976. 3. 1.) → ㉠ 정의사회구현 선언문(전두환 정부) → ㉡ 박종철 군 고문 살인 조작·은폐 규탄 및 호헌 철폐 국민 대회 선언문(1987. 6. 10.) → ㉣ 전교조 결성(1989. 5.)

16 ① 미국은 임시정부 수립 없이 5년에서 10년 동안 4개국이 신탁통치 하자고 제안하였고, 소련은 한국의 민주주의적 임시정부 수립과 신탁통치를 5년 이내로 한정할 것을 제안했다. 미국안과 소련안을 절충하여 최고 5년 기한의 신탁통치안의 결정문이 공표되었다

17 『반민족행위처벌법』 제5조 일본치하에 고등관 3등급 이상, 훈 5등 이상을 받은 관공리 또는 헌병, 헌병보, 고등경찰의 직에 있던 자는 본법의 공소시효 경과 전에는 공무원에 임명될 수 없다. 단, 기술관은 제외한다

18 노태우 정권 시기에 대한 설명이다.
④ 남북한 유엔 동시 가입(1991)

19 중국 측은 수·당과 고구려의 전쟁을 국내전이라고 주장하고 있다.

20 19세기 말 고종 때 조선 정부는 태종 때의 공도정책을 폐지하고 주민들과 관리들을 울릉도에 이주하게 하는 등 울릉도 경영에 적극적으로 나섰다.

GO+ 6교시 | 영어 p. 419

Answer										
01 ①	02 ②	03 ①	04 ②	05 ③	06 ①	07 ②	08 ①	09 ④	10 ③
11 ①	12 ④	13 ④	14 ③	15 ③	16 ③	17 ④	18 ②	19 ③	20 ④
21 ④	22 ②	23 ③	24 ④	25 ②					

01 [해석] 나는 그와 함께 갈지 말지에 대해 두 마음이었다.
[해설] ① unsure 확실하지 않은
② pleased 기쁜
③ convinced 납득된, 믿게 된
④ mischievous 짓궂은

02 [해석] A : 내일 퀴즈에서 잘 할 수 있을 거라고 생각하세요?
B : 물론이죠, 만약 당신이 1장을 읽는다면요.
[해설] 퀴즈를 잘 맞히는 조건을 이야기하므로 if에 해당하는 종속접속사를 써야한다.
② provided (만약) ~이면

03 [해석] 그녀와 그녀의 남편 사이에, 싸움 외에는 아무것도 없었다. 이것은 대부분의 현대 결혼에 대해 놀랄 만큼 전형적인 상황이다.
[해설] 전치사 between 뒤에 she 대신 목적격 대명사인 her를 써야 한다.

04 [해석] ① 어떻게 테니스 클럽에 가입하는지 저에게 설명해주세요.
② 그녀는 결코 내가 그녀에게 하는 충고를 듣지 않는다.
③ 은행은 실업자들에게 대출을 주면서 정책을 어겼다.
④ 그가 외국인이라는 사실이 그가 직업을 얻는 것을 어렵게 한다.
[해설] ② 관계대명사 which는 give의 목적어인 advice를 대신하고 있다. 따라서 목적어 자리의 it을 삭제해야 한다.

05 [해석] • 커피 나무는 30 피트의 높이까지 자랄 수 있다.
• 나는 응급상황에서 내 부모님께서 나를 도울 거라고 믿고 의지할 수 있다.
• 사고는 분명히 당신의 부주의로부터 야기되었다.
[해설] grow to 결과, count on ~를 믿고 의지하다, result from ~으로부터 야기되어 결과로 나오다.

06 [해석] 늦게 오는 직원들의 수가 최근 들어 늘었다.
[해설] ① late 늦게, 늦은 - lately 최근에

07 [해석] 직원들은 전체 사업이 완성될 때까지 어떤 휴가도 연기하도록 요청받아왔다.
[해설] 언제까지 연기해야 하는지 말하므로 until이 필요하다.

08 [해석] 여성 경관들은 경찰력의 13퍼센트를 구성한다.
[해설] make up : 구성하다, 화해하다, 보상하다, 화장하다, 결정하다.
① 구성하다.
② 나타나다.
③ 디자인하다, 설계하다.
④ 사임하다.

09 [해석] 한 초췌해 보이는 남자가 자선으로 유명한 한 여성의 집 문을 두드린다. "부탁입니다, 부인." 그녀가 문을 열자 그기 말하기를 그녀가 문을 열 때, "당신은 이 구역 아래에 사는 불쌍하고 비극적인 가족을 도와줄 수 있나요? 아버지는 얼마 전 직장을 잃었고, 그의 부인은 너무 아파 일할 수 없답니다. 누군가가 임대료를 지불하지 않으면 추운 거리로 곧 쫓겨 날 판이에요." "그건 제가 평생 들어본 중 최악의 일이군요!" 그 여성은 말한다. "실례지만 당신은 누구시죠?" "그들의 집 주인입니다"
[해설] 맨 마지막에 landlord(임대주)라는 사실을 통해 이 글이 유머러스한 글임을 알 수 있다.

10 [해석] 이것들은 사슬이나 경첩으로 연결된 두 부분을 포함한다. 억류된 사람이 그의 손목을 몇 센티미터 이상 떨어뜨리지 못하게 하고, 많은 일들을 어렵거나 불가능하도록 그것들을 잠그기 위해 열쇠는 사용된다. 이것은 대체로 의심받는 범죄자들이 경찰 구류상태를 탈출하지 못하게 하고자 사용된다.
[해설] ① Warrant 영장
② Seesaws 시소
③ Handcuffs 수갑
④ Wristwatches 팔목시계

11 [해석] 세계 보건기구 통계수치에 따르면, 중국은 세계에서 남성보다 더 많은 여성들이 자살을 하는 유일한 국가이다. 매년, 백오십만의 여성들이 자살을 시도한다, 그리고 십오만 명이 그렇게 하는데 성공한다. 자살률이 도시보다 세 배 더 높은 시골 지역에서의 문제는 더 심각하다.
[해설] 시골이 도시보다 3배나 더 자살을 많이 하므로 당연히 더 나쁘다는 말이 필요하다.

12 [해석] 나무의 뿌리는 흙에서부터 나무로 물과 음식을 끌어와 나무를 강하게 만든다. 나무의 뿌리는 그것이 바람과 비 속에서 곧게 남아있도록 돕는다. 인간 존재의 뿌리들은 그의 문화에서 온다. 한 세대는 그것을 다음 세대로 계속 전달한다. 이러한 뿌리는 중요하다. 왜냐하면 그것이 우리를 강하게 만들기 때문이다.

[해설] 앞에서 뿌리에 대한 언급을 하고 이어 문화가 뿌리와 유사함을 말한다. 이를 통해 뿌리가 왜 중요한지를 말하고 있다.

13 [해석] 왜 피라미드가 건축되었는지 그 이유를 아는가? 고대 이집트 왕들은 그들이 사망하기 전에 큰 무덤들을 준비하는 것으로 유명하다. 이집트인들은 왕들이 사망한 후 신이 된다고 믿었다. 그리고 피라미드들은 죽은 이들을 위한 궁전처럼 사용되었다. 따라서, 왕이며 동시에 신인 이들은 그들의 소지품들과 함께 묻혔다. 왜냐하면 이집트인들은 그들이 살아있었던 날들처럼 왕들의 내세가 지속된다고 추정했기 때문이다.

[해설] ① throne 왕좌, 왕위
② servants 하인, 종복
③ pyramids 피라미드
④ afterlive 내세

14 [해석] 치어리딩과 관련된 위험들이 있어 왔다. 2006년 3월 5일에, 남부 일리노이 대학과 스캇트레이드 센터의 브래들리 대학 사이의 야구 경기의 치어리딩 공연 동안 남부 일리노이 대학의 치어리더가 인간 피라미드에서 떨어졌다. 그녀는 뒤로 몸을 젖혔다. 그리고 피라미드의 세 번째 층에서 떨어졌다. 그녀가 경기장에서 끌려 나가면서 들것 위에서까지 계속 공연하여 전국적으로 큰 뉴스를 만들었다.

[해설] 치어리더가 부상당한 내용이므로 '위험'이 필요하다.

15 [해석] 히틀러가 영국을 침공할 준비가 됐다는 것을 영국인들이 알았을 때, 수상인 윈스턴 처칠은 빠르게 영국 전쟁 부서의 회의를 소집했다. 회의의 시작에서, 처칠은 탁자의 머리에 섰다. 그는 오른손을 나치 인사처럼 들어 올렸다. 그는 말했다. "동지들, 저는 아돌프 히틀러입니다. 여러분은 독일 전쟁 위원회의 구성원들입니다. 오늘 우리는 영국을 침공할 최종 계획들을 만들 것입니다." 그의 계획은 효과를 발휘했다. 전체 회의 동안, 정치가들은 독일인처럼 생각했다. 그리고 결국, 독일은 영국인들을 패배시키지 못했다.

[해설] ① 글의 힘이 무력보다 더 강하다.
② 어려움 뒤에 좋은 날이 온다.
③ 다른 사람 입장에서 생각해 보라.
④ 둘 중 하나를 선택하라.

16 [해석] 끔찍한 교통사고 후에, 스티브는 안전띠 매기의 추종자가 되었다. 그의 여자 친구는 차 안에 함께 있다가 사망했다. 최근 연구에 따르면, 특히 십대들은 생명을 앗아가는 충돌 사고에서 안전띠를 착용하고 있을 가능성이 훨씬 적었다. 안전띠는 운전자의 사망을 야기시키기에 충분한 정도로 심한 사고에서 45%의 생명을 구할 수 있다고 추정된다. 그러나, 그 내용이 십대들에게 전달되지 않고 있다. 십대들은 성인들보다 안전띠를 착용할 가능성이 적다. 그리고 그들은 그들의 생명으로 값을 치르고 있다.

[해설] ③ 이 글의 주요 관심사는 어른이 아니라 십대로 더 많은 십대들이 안전벨트를 매야 한다.

17 [해석] 재택근무에는 많은 이점들이 있다. 만약 많은 사람들이 집에서 일하면 교통량을 줄일 수 있을 것이다. 이것은 휘발유 소비를 줄여 대기 오염을 줄이는 결과를 낳는다. 게다가, 더 많은 장애를 가진 노동자들이 고용될 수 있다. 게다가, 많은 주유소들은 문을 닫아야 할 것이다.

[해설] 주유소가 문을 닫는 것은 재택근무의 이점이 아니다.

18 [해석] A : 에드워드 부부는 정말 훌륭한 아이들을 가졌죠!
B : 물론이에요.
A : 그들의 아이들은 정말 매너가 좋아요!
B : 맞아요.
A : 그리고 그들은 동네의 모든 사람에게 너무 친절해요.
B : 100 퍼센트 동감이에요.

[해설] 'I couldn't agree with you more'와 비슷한 표현으로 That makes two of us, You're telling me 등이 있다.

19 [해석] 토리당 정부는 붉은 잉크를 피 흘리듯 흘리는 예산 속에서 더 많은 돈을 의료와 교육에 쏟아 부으면서 세금에 관한 그들의 입장을 유지하고 싶어한다. 2010년에서 2011년에 이르는 금융 청사진은 47억 달러가 넘는 적자를 예상한다. 그것은 앨버타 역사상 가장 큰 것이 될 것이다. 동시에 5.6% 정도 운영비를 끌어 올리면서 인구 증가와 인플레이션 둘 다를 추월하고 있다. 새로운 회계연도에 그 지방이 계속해서 금융 허리띠를 졸라매면서 250명에 달하는 지방 직원들은 그들의 직업을 잃을 것이다. 이것은 앨버타가 1990년대 이래로 보아온 것 중 가장 큰 정부 해고의 한 판이 될 것이다.

[해설] 회계 장부에서 흑자는 in the black, 적자는 in the red라 한다. 본문에서 bleeds red ink는 적자로 범벅인 회계장부를 갖고 있다는 말이므로 deficit과 같은 내용이다.

20 [해설] 밑줄 앞에 lose one's jobs, 밑줄 뒤에는 layoff가 나오므로 빈칸에는 긴축 정책이 나와야 한다. ①의 health care, ②의 innovative, ③의 advanced 등이 빈칸과 전혀 어울리지 않는다.

21 [해석] 다른 문화에서는 적응하기 쉬운 것도 어려운 것도 많이 있다. 어떤 경우 다른 문화의 일정한 요소에 적응하기를 거부하는 것은 당신의 삶을 위태롭게 할 수도 있다. 예를 들어, 에티오피아에서는 음식을 거절하는 것은 위험스런 일이다. 그곳에서는 음식은 너무나 소중한 것이라서 당신에게 제공된 어떤 음식이라도 거절하

는 것은 엄청난 모욕이며 음식을 제공하는 사람이 당신에게 위해를 가할 만큼 화를 낼 수도 있다. 하지만 나는 적응하기 쉽든 어렵든 상관없이 우리의 삶은 다른 문화에 노출됨으로써 풍요로워진다고 생각한다. 이런 일은 분명 나의 삶에서 풍요로운 경험이었다. 나는 내가 마주쳐 왔던 다른 문화의 사람들과 공유해 온 경험들 덕분에 훨씬 더 나은 사람이 된 것이다.

해설 tremendous : 터무니없이 큰, 굉장한, 거대한
regardless of : ~에 상관없이
encounter : 우연히 만나다, 직면하다.

22 해석 정밀과학과 비정밀과학이 가지고 있는, 분석에 있어서의 상대적 어려움에 대해 논의하면서 비유를 들어보고자 한다. 당신은 수영하는 사람들이 달리기하는 사람들보다 덜 능숙한 운동선수들이라는 데 동의하는가? 수영하는 사람들이 달리는 사람들만큼 빠르게 움직이지 못하기 때문에? 당신은 아마도 그렇지 않을 것이다. 당신은 재빨리 공기와 땅이 달리기하는 사람들에게 제공하는 것보다 물이 수영하는 사람들에게 더 큰 저항을 제공한다는 것을 지적할 것이다. 동의하며 그것이 바로 중요한 점이다. 그들의 문제들을 해결하기 위해 노력하는데 있어서, 사회학자들은 물리학자들보다 더 큰 저항에 맞닥뜨린다. 예를 들어, 이제껏 원자를 보지 않고 그것의 구조를 측정해 올 수 있었던 물리과학자들의 위대한 성취들을 작게 만들려는 것은 아니다. 그것은 대단한 성취이다 ; 그러나 많은 면에서 그것은 사회 과학자들이 하기로 기대되어지는 것만큼 그렇게 어렵지 않다.

해설 사회학자와 물리학자를 비교하고 있다. 달리기하는 사람을 물리학자라고 할 때 수영하는 사람은 사회학자를 뜻한다.

23 해석 어머니에게 있어 신입생이 된 나를 대학에 데려다 주는 것은 큰 행사였다. 어머니는 그분의 의상들 중의 한 벌인 보랏빛 바지정장을 입으시고, 스카프, 하이힐, 그리고 선글라스를 걸치셨다. 그리고 그녀는 내가 흰 셔츠를 입고 넥타이를 매야 한다고 고집하셨다. "너는 대학을 다니는 거야. 낚시를 가는게 아니라고." 그녀는 말씀하셨다. 우리가 페퍼빌 해안에서 눈에 띄었을 수도 있다. 하지만, 생각해보라. 60년대 중반의 대학이다. 품행방정하게 옷을 입지 않는 것이 더 바른 차림이었던 것이다. 그래서 우리가 마침내 캠퍼스에 도착해서 우리의 셰비 스테이션 왜건에서 내렸을 때, 우리는 샌들을 신고 농부스타일의 치마를 입은 젊은 여자들과, 소매없는 러닝셔츠에 짧은 반바지를 입은 젊은 남자

들에게 둘러싸였다. 그들의 머리는 그들의 귀 뒤로 길게 길러져 있었다. 그리고 거기에 우리는 넥타이와 보랏빛 바지정장을 입은 채 있었다. 그리고 나는 한 번 더 나의 어머니가 우스꽝스러운 빛을 나에게 비추고 있는 것을 느꼈다.

해설 ① fascinated : 매혹된
② delighted : 즐거워하는
③ embarrassed : 당황한
④ indifferent : 무관심한

24 해석 만일 당신이 감기에 걸린 동안에 운동한다면 더 아파질까? 한 실험에서, 한 팀의 연구자들이 50명의 학생들 집단에게 감기의 주된 바이러스를 주사했다. 그리고 그 집단의 일부를 달리고, 계단을 오르고 또는 적당한 강도로 40분 동안 매일 자전거를 타게 했다. 반면에 두 번째 집단은 상대적으로 앉아있게 했다. 그들은 운동요법이 보통의 감기의 증상을 완화시키지도 악화시키지도 않는 것을 알아냈다. 다른 장소에서 수행된 대부분의 비슷한 연구들도 똑같은 것을 밝혀냈다. 의사들은 목 체크로써 어림잡아 알아보는 방법을 언급한다. 만일 당신이 오로지 콧물이 흐르거나 재채기와 같은 "목 위" 증상들만 갖는다면 운동하는 것이 안전하다. 만일 당신의 증상들이 열이나 설사 같은 "목 아래" 증상이라면 며칠 동안 그것이 나갈 때까지 앉아서 기다리는 것이 더 나을 것이다.

해설 감기에 걸렸을 때 운동을 하는 것이 좋은지 가만히 앉아있는 것이 좋은지 비교한 실험 결과를 전달하고 있다.

25 해석 나는 내가 당신의 기사를 읽을 때까지 영국에서의 대학 교육의 질이 감소하고 있다는 것을 몰랐다. 그 상황은 내가 영어로 강의하고 있는 일본에서의 상황과 비슷한 듯하다. 나는 많은 학생이 대학 교육을 위해 잘 준비되어 있지 않다는 것을 안다. 많은 학생이 실제적으로 무언가를 배우는 데에 거의 관심을 갖지 않는 동안에 필요한 지적 능력들을 결여하고 있다. 왜 부모들은 그들의 아이들이 너무 게을러서 공부하지 않을 때 그렇게 많은 돈을 교육에 쓰는가? 부모들은 종종 그들에게 학구적으로 도전하지 않도록 하지만 단순히 어떤 대학들과 관련된 사회적 특권과 명성만을 위해 그들의 아이들을 대학으로 억지로 들어가게 한다.

해설 부모들이 자녀들을 학구적인 목적을 위해서가 아니라 특권과 명성만을 추구하기 위해 대학에 억지로 들어가게 한다는 내용이다.

제2회 정답 및 해설

Answer

01 ②	02 ②	03 ①	04 ①	05 ②	06 ②	07 ③	08 ③	09 ①	10 ②
11 ⑤	12 ③	13 ③	14 ③	15 ④	16 ②	17 ②	18 ④	19 ①	20 ⑤
21 ③	22 ③	23 ③	24 ②	25 ⑤					

01 ② 이전 상태로 또
① · ③ · ④ · ⑤ 다음에 또

02 ② 까닭, 때문
① · ③ · ④ · ⑤ 둘 이상의 사람, 사물, 현상 따위가 서로 관련을 맺거나 관련이 있음

03 ① 앞말이 뜻하는 상태가 뒷말의 이유나 원인이 됨을 나타내는 말
② · ③ · ④ · ⑤ 대상을 평가한다는 의미

04 ① 사람의 표정이나 행위 따위를 보고 뜻이나 마음을 알아차리다.
② 글을 보고 거기에 담긴 뜻을 헤아려 알다.
③ (기기 따위를) 판독하다, 수치를 판명하다.
④ 바둑이나 장기에서, 수를 생각하거나 상대편의 수를 헤아려 짐작하다.
⑤ (비유적으로) 그림이나 소리 따위가 전하는 내용이나 뜻을 헤아려 알다.

05 ② 편지나 물건 따위를 일정한 수단이나 방법을 써서 상대에게로 보내다.
① 모자라거나 미치지 못하다.
③ 어떤 문제를 다른 곳이나 다른 기회로 넘기어 맡기다.
④ 어떤 일을 거론하거나 문제 삼지 아니하는 상태에 있게 하다.
⑤ 먹고 자는 일을 제집이 아닌 다른 곳에서 하다.

06 ② 서로 떨어져 있는 부분을 제자리에 맞게 대어 붙이다.
① 둘 이상의 일정한 대상들을 나란히 놓고 비교하여 살피다.
③ 다른 어떤 대상에 닿게 하다.
④ 열이나 차례 따위에 똑바르게 하다.
⑤ 어떤 기준이나 정도에 어긋나지 아니하게 하다.

07 ③ 어떤 장소나 시간에 닿다.
① 어떤 사람의 잘못을 윗사람에게 말하여 알게 하다.
② 대중이나 기준을 잡은 때보다 앞서거나 빠르다.
④ 어떤 정도나 범위에 미치다.
⑤ 미리 알려 주다.

08 발이 짧다 : 먹는 자리에 남들이 다 먹은 뒤에 나타나다.

09 미역국을 먹다 : 시험에서 떨어지다.

10 귀를 기울이다 : 다른 사람의 말을 주의 깊게 듣다.

11 ⑤ 버릇이 되어 익숙해지다.
① 스며들거나 스며 나오다.
② 냄새가 스며들어 오래도록 남아 있다.
③ 배 속에 아이나 새끼를 가지다.
④ 물고기 따위의 배 속에 알이 들다. 또는 알을 가지다.

12 ③ 손에 가지다.
① '먹다' 의 높임말
② 밖에서 속이나 안으로 향해 가거나 오거나 하다.
④ 어떤 일에 돈, 시간, 노력, 물자 따위가 쓰이다.
⑤ 어떤 처지에 놓이다.

13 ③ 인생이나 장래성을 포기하다.
① 필요 없는 물건을 내던지거나 쏟거나 하다.
② 하던 일을 멈추다.
④ 죽어버리다.
⑤ 악습을 버리다.

14 올해 각종 테마를 '형성한' 7개 종목군 68개 종목의 주가 등락을 조사했다. 이는 시장 평균 상승률 142.15%를 크게 앞서는 '수치로' 특히 엔터테인먼트

주의 경우 3.4분기를 '제외하고는' 매 분기 폭등세를 '지속해' 높은 주가 상승률을 '나타냈다'.

15 설치돼 있는 CCTV도 내년 3월 말까지는 모두 '철거하거나' 사용을 전면 '중단해야' 한다. 이런 내용이 제대로 '홍보되지' 않아 대부분 업소는 관련 규정이 생긴 '사실조차' 모르고 있어 각 지방자치단체는 계도활동에 비상이 '걸렸다'.

16 ① 8년째 도서관에서 근무를 하고 있다.
③ 휴대폰은 생활비를 줄이기 위해 정지시켰지만 요금이 얼마 나왔는지는 알 수 없다.
④ 일주일에 한 번씩 동생에게 온라인으로 용돈을 송금했다.
⑤ 저녁 10시가 되면 잠이 들었다.

17 글쓴이는 영걸한 인재가 끝내 그 포부를 펼치지 못하는 현실을 비판하여, 궁극적으로는 인재를 몰라보는 일이 없도록 해야 한다는 주장을 펼치고 있다. 이를 위해 옛날 어진 임금과 중국의 인재 등용의 예를 들고 있는데, 옛날 어진 임금은 초야에서도, 항복한 장수 중에서도, 도둑이나 창고지기 중에서도 인재를 뽑았다는 것이니 이는 인재를 뽑는 데 집안이나 지역 등 편견을 두지 않았다는 것이다. 이로 보아 글쓴이는 편견에 사로잡혀 인재를 몰라보는 일이 없어야 한다는 것을 역설하고 있음을 알 수 있다.

18 제시된 글은 귀납적 구성으로 글쓴이가 글을 통하여 표현하고자 하는 중심생각, 즉 주제가 뒷부분 결론에 있다. 따라서 이 글의 주제는 ④이다.

19 지문은 국어 순화의 필요성에 대해 설명하고 있으므로 알맞은 제목은 ①이다.

20 위기관리형 수급체계까지 약화되었다는 사실을 먼저 언급하고, 그 예를 들어야 하므로 '마'가 '나' 뒤에 와

야 한다. 이런 상태가 지속되면 천연가스 비상사태가 온다는 이야기가 뒤이어 나와야 하므로 '가'가 그 다음에 와야 한다. 위기상황을 말하고 가장 중점적으로 무엇을 해야 하는지가 문맥상 이어져야 하므로 가스 확보 전략에 대한 근본적인 재고를 언급한 '다'가 와야 한다. 앞 문장과 이어지는 것으로, 즉 해결책의 일환으로 다른 나라의 사례라도 필요하다면 원용하자는 말이 나온다.

21 '다'에서 먼저 과잉유동성을 언급하고, '나'에서 다시 과잉유동성을 언급하면서 어떤 관점에서 접근해야 하는지 말하고 있다. 그 후 어떤 역할을 주었는지를 언급하는 '가'가 오는 것이 순서로 맞고, 앞서 나온 재정정책에 대한 회의론의 이야기가 나오는 것이 문맥의 흐름에 맞다. 어떤 변화가 있는지 적은 '라'가 마지막에 오는 것이 좋다.

22 제시된 문장의 '이러한 상황'에 대한 내용이 (다)의 앞에 오는 내용이고, (다)의 뒷문장은 내용을 전환하는 내용이므로 제시된 문장은 (다)의 앞에 와야 한다.

23 마지막 문장에서 정보 윤리 교육의 국가차원에서의 지원을 언급했으므로, 다음에 이어질 내용은 학교에서 정보 윤리 교육의 체제 확립이나, 정보 윤리 교육에서 학교의 역할 등이다.

24 ② 거짓 원인의 오류
① 결합의 오류
③ 애매어의 오류
④ 대등한 관계에 있는 것들을 인과관계로 묶는 오류
⑤ 순환 논증의 오류

25 수면 시간 연장을 통해 청소년들의 체력을 향상시킨다는 방안은 장기적인 체력 증진 방안에 해당하는 내용이 아니므로 적절하지 않다.

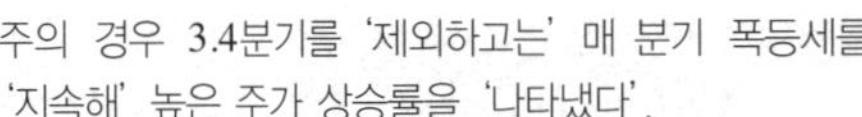

2교시 | 자료해석 p. 439

Answer									
01 ④	02 ③	03 ④	04 ①	05 ③	06 ①	07 ④	08 ④	09 ④	10 ①
11 ②	12 ③	13 ②	14 ④	15 ④	16 ①	17 ④	18 ①	19 ①	20 ②

01 • A — 대장암 : $\dfrac{58,794}{14,071}=4.1783\cdots \rightarrow$ 약 4.2배

　 • B — 유방암 : $\dfrac{34,952}{8,869}=3.9409\cdots \rightarrow$ 약 3.9배

　 • C — 갑상선암 : $\dfrac{11,397}{3,206}=3.5548\cdots \rightarrow$ 약 3.6배

　 • D — 췌장암 : $\dfrac{11,987}{4,454}=2.691\cdots \rightarrow$ 약 2.7배

　 • E — 난소암 : $\dfrac{13,635}{6,100}=2.2352\cdots \rightarrow$ 약 2.2배

02 ③ 생후 1주일 내 신생아 사망 중 둘째 날 남자신생아의 사망자 수는 135명이고, 여자신생아의 사망자 수는 102명이다. 생후 1주일 내 신생아 사망자 수는 전체 신생아 사망자 수는 총 1,162＋910＝2,072(명)에서 미상인 사망자 수를 뺀 2,072－153－113＝1,806이고, 이 중에서 237명이므로 신생아 사망률은 $\dfrac{237}{1,806}\times100=13.1229\cdots$로 약 13.1%이다.

① 생후 48시간 이내 여자신생아 사망률
＝3.8＋27.4＋8.6＋11.2＝51(%) 생후 48시간 이내 남자신생아 사망률＝2.7＋26.5＋8.3＋11.6＝49.1(%). 따라서 생후 48시간 이내 여자신생아 사망률은 남자신생아 사망률보다 높다.

② 신생아 사망률은 산모의 연령이 40세 이상일 때가 제일 높으나 전체 신생아 수에 비해 40세 이상 산모의 신생아 수가 상대적으로 제일 적으므로 옳지 않다.

④ 생후 1주일 내 남자신생아 사망자 수는 1,162－153＝1,009(명)이고, 이 중에서 첫째 날의 남자신생아 사망자 수는 31＋308＋97＝436(명)이므로 사망률은 $\dfrac{436}{1,009}\times100=43.2111\cdots$로 약 43%이다.

03 ㉠ (×) 문화산업 예산의 비중은 2005년, 2008~2010년에는 전체 문화예산에서 가장 낮았으나, 2006년과 2007년에는 관광 분야 예산보다 더 많은 규모였다.

㉡ (○) 이 기간 동안 문화산업 예산의 증가율은 다른 세분야 보다 월등히 높은 수준이었다.

㉢ (×) 2010년에 와서는 증가폭이 줄기는 했어도 예산이 줄지는 않았다.

㉣ (○) 2010년과 2005년의 문화재 예산을 절대적인 액수로 비교하면 약 2.5배로 증가하였지만 상대적인 비율로 비교하면 2005년 27.8%에서 2010년 25.7%로 약간 감소하였다.

㉤ (○) 전체 문화예산에서 문예진흥이 차지하는 비율은 62.9%(2005년), 48.7%(2006년), 44.0%(2007년), 41.6%(2008년), 41.3%(2009년), 41.2%(2010년)로 매년 가장 높은 수준이었다. 그러나 2005년부터 2010년까지 문예진흥 예산의 증가율은 78%로 네 분야 중 가장 낮은 수준이다.

04 ① 문제 지적(35.5%), 문의(31.1%), 청원(28.5%), 정책제안(2.5%), 기타(2.3%)의 순으로 많다.

05 ㉠ (×) 전체 TV 시장은 2002~2003년 동안 6% 성장했다.

㉡ (○) 2005년 전체 TV 시장 매출액에서 디지털 TV 시장 매출액이 차지하는 비율은 약 92% 정도이다.

㉢ (×) 2005년 대형 TV 시장의 시장점유율은 프로젝션 TV가 가장 높다.

㉣ (○) 2005년에 비해 2006년에 소형 PDP TV의 시장점유율은 17%에서 5%로 감소하였고, 중형 이상 PDP TV의 시장점유율은 68%에서 74%, 24%에서 51%로 증가하였다.

㉤ (×) 2005년에 비해 2006년에 시장점유율의 감소폭이 가장 큰 제품은 소형에서는 PDP TV(12%)이다.

06 ① 주어진 자료에서 중학생 수와 고등학생의 수가 구체적으로 나와 있지 않으므로 알 수 없다.

② 1인당 월평균 사교육비는 일반고 학생이 24만원으로 가장 많다.

③ 초등학생의 약 90%가 사교육을 받으므로 200명당 약 180명 정도의 학생이 사교육을 받는다.

07 ① 벤처 기업은 면접(96.9%)이 가장 중요하다.

② 공기업의 경우 면접(100%)이 가장 중요하다.

③ 일반 기업의 경우 인·적성검사(34.5%)가 필기시험(12.5%)보다 더 중요하다.

08 보기에서 이득과 손해를 제시하였으므로 광고 후의 이득과 손해를 보기 쉽게 다시 정리하면,

구분	이득		손해		합계		
	신문	TV	신문	TV	신문	TV	합계
A당	6+12=18	16+52=68	20	54	−2	14	12
B당	11+9=20	29+28=57	11	24	9	33	42
C당	9+5=14	25+8=33	21	80	−7	−47	−54

㉠ (○) A당과 B당은 각각 12와 42의 이득을 보았지만, C당은 54의 손해를 보았다.

㉡ (×) TV광고의 이득은 B당이 33으로 가장 크고, A당은 14의 이득, C당은 47의 손해를 보았다.

㉢ (○) A당은 TV광고에서 14로 이득을 보았지만 신문광고에서는 −2로 손해를 보았다.

㉣ (○) 신문 광고를 통해 가장 큰 이득을 본 정당은 9로 B당이다.

09 ⊙ (X) A음식점은 B음식점보다 맛(◉)과 가격(◆) 2개의 속성이 높다.

ⓛ (O) '만족도=성과도−중요도'이므로 성과도가 높을수록, 중요도가 낮을수록 만족도는 높다. 그래프에서 $y=x$의 선을 긋고 그 선에서 우측으로 거리가 멀어질수록 만족도가 높으며, 좌측으로 거리가 멀어질수록 만족도는 낮다. 그러므로 만족도가 가장 높은 속성은 B음식점의 분위기 속성이다.

ⓒ (X) A음식점과 B음식점의 성과도 차이가 가장 큰 속성을 찾으려면 같은 속성을 나타내는 두 점의 거리가 가장 먼 것을 찾으면 된다. 거리가 가장 먼 속성은 분위기이다.

ⓔ (O) 중요도가 가장 높은 속성은 맛이며, A음식점이 B음식점보다 성과도가 높다.

10 보기 첫 번째에서 어느 한 국가의 제조업 생산액 비중이 2개의 국가의 합과 같으려면 1가지 경우가 나온다. 29(D)+25(E)=54(A) 그러므로 A는 헝가리가 되고, D 또는 E는 세르비아와 루마니아가 된다.

보기 두 번째에선 한 국가의 농업 생산액 비중이 2개의 국가의 합과 같은 경우는 2가지가 나온다.

1) 3(D)+1(E)=4(C) ⇒ 세르비아와 불가리아에 해당하는 국가는 D 또는 E가 되는데 첫 번째 보기와 결론이 틀려지므로 이 경우는 아니다.

2) 4(C)+1(E)=5(B) ⇒ 세르비아와 불가리아에 해당하는 국가는 C 또는 E가 되는데 첫 번째 보기의 결론과 종합하면 B=체코, C=불가리아, E=세르비아가 된다.

∴ A(헝가리), B(체코), C(불가리아), D(루마니아), E(세르비아)

11 ⊙ (O) 2008년에 발생한 감염성 폐기물의 양=(발생지 자체 처리량+위탁처리량+미처리량)−2007년 이월량 = (2,929+31,088+33) − 70=33,980(톤)

ⓛ (O) 2008년 감염성 폐기물의 처리율=2008년 발생한 감염성 폐기물 처리량 / 2008년 전체 감염성 폐기물의 양 × 100 = (2008년 발생한 감염성 폐기물 처리량 + 2007년 이월량 − 미처리량) / (2008년 발생한 감염성 폐기물의 양+2007년 이월량) × 100 = (33,980+70−33)÷(33,980+70)×100 = 99.9(%)

ⓒ (X) 2008년 감염성 폐기물의 소각처리율 = (발생지 자체 소각처리 + 위탁 소각처리) / 2008년 감염성 폐기물 총처리물량 × 100 = 발생지 자체 소각처리 + 16,108 / 33,980 × 100 (∵표에서 발생지 자체 소각처리물량을 주지 않았으므로 감염성 폐기물의 소각처리율을 구할 수 없다.)

ⓔ (O) 2008년 조직물류 폐기물의 위탁 처리율 = 조직물류 위탁처리 / (조직물류 발생지 자체처리 + 조직물류 위탁처리) × 100 = 877 ÷ (45 + 877) × 100 = 95.1(%)

ⓜ (X) 2007년 대비 2008년의 처리율 증감을 알기 위해서는 2007년의 처리율을 알아야 한다. 그러나 2007년에 대한 정보는 이월량만 나와 있으므로 알 수 없다.

12 ⊙ (O) 56.5 + 27.2 + 2.4 = 86.1%

ⓛ (X) 파동 후 담가 먹는 가정의 비율은 58.6→66.7로 증가하였으나, 얻어먹는 가정의 비율은 35.3→29.5로 감소하였고 사 먹는 가정의 비율 역시 6.1→3.8로 감소하였다.

ⓒ (O) 파동 후 담가 먹는 가정 / 파동 전 담가 먹던 가정 = 56.5 / 58.6 ×100 = 96.4(%)

ⓔ (O) 파동 전 사 먹던 가정 중 파동 후 담가 먹는 가정으로 변화율 = 2.8/6.1 ……ⓐ

파동 전 사 먹던 가정 중 파동 후 얻어먹는 가정으로의 변화율 = 0.9 / 6.1 ……ⓑ

ⓐ와 ⓑ를 비교하면 분모는 같고 분자는 ⓐ가 3배 이상 크므로, 파동 후 담가 먹는 가정으로의 변화율이 3배 이상 크다.

ⓜ (X) 파동 전 얻어먹던 가정 중 파동 후 담가 먹는 가정으로의 변화율 = 7.4 / 35.3 = 0.21 ……ⓐ

파동 전 사 먹던 가정 중 파동 후 담가 먹는 가정으로의 변화율 = 2.8 / 6.1 = 0.459 ……ⓑ

13 ① • 1970년 초등학교 이하 범죄자 비율 : 12.4 + 44.3 = 56.7, 2000년 초등학교 이하 범죄자 비율 : 1.7 + 11.0 = 12.7 ⇒ 1970년 대비 2000년 비율 : 12.7 / 56.7 < 1/4

• 1970년 고등학교 이상 범죄자 비율 : 18.2 + 6.4 = 24.6, 2000년 고등학교 이상 범죄자 비율 : 41.5 + 29.5 = 71.0 ⇒ 1970년 대비 2000년 비율 : 71 / 24.6 > 2.5

② 1980년의 교육수준별 범죄자 비율을 보면 중학교 이하의 비율이 50%를 초과한다는 것을 쉽게 알 수 있다. 따라서 중학교 이하의 범죄자 수가 고등학교 이하의 범죄자 수보다 많다.

③ 1980~1985년에 최고치를 기록하고 그 후로는 감소하고 있다.

④ 1970년 범죄자 수 : 75.4% × 252,229 = 190,180명 2000년 범죄자 수 : 19% × 1,036,280 = 196,893명

14 ① (O) B국은 A국 대비 자본투입량과 노동투입량이 모두 많으므로 생산성이 A국보다 낮다.

② (O) C국은 A국보다 자본투입량이 많으므로 자본생산성이 A국보다 낮다.

③ (○) E국은 다른 모든 국가보다 노동투입량이 많으
므로 노동생산성이 가장 낮다.
④ (×) E국은 다른 모든 국가보다 자본생산성과 노동
생산성이 낮으므로 생산성이 가장 낮은 나라이
다. A국은 다른 국가 대비 노동생산성은 가장
높지만, 자본생산성은 D국보다 낮기 때문에 생
산성이 가장 높다고 할 수 없다.

15 표를 다시 정리하면,

질병에 걸린사람	오염된 물 마심	4명
	오염된 물 안마심	3명
	소계	7명
질병에 걸리지 않은 사람	오염된 물 마심	0명
	오염된 물 안마심	3명
	소계	3명
합계		10명

㉠ (○) 질병발생자의 비율 = 7/10, 오염된 물을 마신
사람의 비율 = 4/10
㉡ (○) 오염된 물을 마신 사람 중 질병에 걸린 사람의
비율 = 4/4 = 1
오염된 물을 마시지 않은 사람 중 질병에 걸린
사람의 비율 = 3/6 = 0.5
㉢ (○) • 오염된 물을 마신 사람 중 질병에 걸린 사람
수 = 오염된 물을 마신 사람수 = 40명
• 오염된 물을 마시지 않은 사람 중 질병에 걸
린 사람수 = 오염된 물을 마시지 않은 사람
수 × 3/6 = 60×1/2 = 30(명)

16 ㉡ : 12월 판매량이 1월에 비하여 2배 이상이 되는 것
은 A이다.
㉣ : 1년 내내 '그랑죠' 보다 월별 판매량이 적은 것은
D이다.
㉢ : 다른 모델들에 비해 월별 판매량 변화가 비교적
적은 것은 B이다.
㉠ : 나머지는 C인 제브라다.

17 ㉠ (×) 오전 중에 집→편의점→집→직장→식당의
경로로 이동하였다. 〈보기〉에서는 집이 빠져있다.
㉡ (×) 할인점과 직장 사이의 거리는 알 수 없다.
㉢ (○) 그림에서 이동경로가 점선(……)으로 표시된 구
간은 도보로 이동한 구간이며, 집과 편의점 사
이 그리고 직장과 식당 사이는 점선으로 표시
되어 있다.
㉣ (○) 이동하는데 걸린 시간은 y값의 증가량과 비례

의 증가량보다 크므로 시간이 더 걸린 것을 알
수 있다.

18 〈표〉를 전달하는 사람을 기준으로 다시 작성하면, (A
→ C, D), (B → C, D), (C → D), (D → A, E), (E →
A, B)이다.
㉠ (×) B → D, D → A로 거치면 B가 전달받은 소식
은 A에게 전달될 수 있다.
㉡ (○) D는 3명(A, B, C)으로부터 소식을 직접 전달
받을 수 있다.
㉢ (×) E → A, A → C의 경우를 거치면 C는 E가 전
달하는 소식을 A를 통해서도 들을 수 있다.
㉣ (○) E → B, B → C, C → D를 거치면 E가 전달받
은 소식은 B와 C를 순서대로 거쳐 D에게 전
달될 수 있다.
㉤ (○) A에게 소식을 직접 전달할 수 있는 사람은 D
와 E 뿐이다.

19 ① 국내 인터넷 이용자 현황에 대한 언급이 없다.
② 보고서에 '1997년에 도입된 인터넷뱅킹의 비중이
2005년 들어 창구서비스 비중에 육박할 정도로 성
장' 이 나온다.
③ 보고서에 '무선인터넷 이용도 점차 일상화되고 있
으며, 전체 인터넷 이용률에서 차지하는 비중도
2004년 12월 22.7%에서 2005년 6월 27.9%로 증
가' 라고 나온다.
④ 보고서에 '1999년에 한국의 이동전화 가입자 수는
유선전화 가입자 수를 추월'과 '2000년 이후 전세
계적으로도 이동전화 가입자 수가 급속히 증가하여,
현재는 많은 국가에서 이동전화 가입자 수가 유선
전화 가입자 수를 추월'이라고 나온다.

20 ㉠ (○) 〈표 1〉에서 합계 금액에서 앞 두 자리만 비교해
보면, 1999년이 전년대비 약 35조 증가하여 증
가액이 가장 크다.
㉡ (○) 〈표 1〉에서 주식의 비율이 높으면 회사채의
비율이 낮고, 반대도 성립한다. 그러므로 회사채
에 대한 주식의 비율이 가장 큰 해는 주식의
비율이 가장 높고, 회사채의 비율이 가장 낮은
해인 1994년이다.
㉢ (○) 〈표 2〉에서 주식과 채권의 거래실적에서 앞 두
자리만 비교해보면, 1992년의 차이가 가장 작
다는 것을 쉽게 알 수 있다.
㉣ (×) 〈표 1, 2〉에서 합계의 수치변화를 살펴보면, 자
금조달액은 1996년도를 제외하고는 매년 증가
하고 있으나 거래실적은 1992년, 1998년 두 차
례에 걸쳐 감소하고 있다.

3교시 | 공간능력
p. 459

Answer									
01 ④	02 ③	03 ④	04 ②	05 ①	06 ②	07 ②	08 ③	09 ①
10 ④	11 ④	12 ③	13 ③	14 ②	15 ②	16 ③	17 ④	18 ③

4교시 | 지각속도
p. 471

Answer										
01 ①	02 ②	03 ①	04 ②	05 ①	06 ④	07 ⑤	08 ⑤	09 ①	10 ⑤
11 ②	12 ③	13 ②	14 ①	15 ①	16 ⑤	17 ③	18 ⑤	19 ⑤	20 ①
21 ①	22 ⑤	23 ②	24 ⑤	25 ④	26 ③	27 ①	28 ④	29 ④	30 ⑤

02 B H A E D

04 E B D A H E G

10 빈 손으로 왔다가 빈 손으로 돌아간다.

11

12 68845791350640516704848928457206457912065

13 감나무 밑에 누워서 홍시 떨어지기를 기다린다.

14 DNPHIBNJSTFOSJXKYOAPONFKXNHNBUWR
OBSDLF

27 $12 \div (4+2) = 2$

28 $8 + 10 \times 4 = 48$

5교시 | 국사
p. 480

Answer									
01 ③	02 ③	03 ④	04 ②	05 ④	06 ④	07 ②	08 ①	09 ③	10 ①
11 ①	12 ②	13 ③	14 ①	15 ②	16 ③	17 ①	18 ②	19 ④	20 ③

01 제시된 내용은 개화사상을 주장한 곽기락의 상소문이다. 곽기락은 정신문화는 기존의 것을 지키되 발달된 문물은 서양의 것을 받아들여야 한다고 주장하였다.
① 동학사상, ② 흥선대원군의 척화비, ④ 위정척사사상

02 제시된 내용은 독립협회가 개최한 관민공동회의 첫 연설자였던 백정출신 박성춘의 연설이다. 관민공동회에서 결의된 것이 '헌의 6조'지만 시행되지는 못하였다.
① 갑신정변(1884), ② 위정척사운동, ④ 임오군란(1882)

03 ④ 동문학(1883) − 배재학당(1885) − 흥화학교(1895) − 오산학교(1907)

04 (가) 을미의병(1895), (나) 정미의병(1907), (다) 을사의병(1905)
㉠ (가) − (다) − (나)순으로 의병 운동이 전개되었다.
㉣ (나)의 의병은 (다)에 비해 전투력이 한층 강화되었다.

05 ㉣ 가쓰라 · 태프트 밀약(1905.7) − ㉡ 제2차 영일동맹(1905.8) − ㉢ 포츠머스 강화조약(1905.9) − ㉠ 을사조약(1905.11)

06 제시된 내용은 1910년에 발표된 회사령에 대한 것이다.
① 갑오개혁 당시 폐지된 태형(笞刑) 제도가 부활되었다.
② 헌병이 일반 치안 유지를 담당하는 헌병 경찰 제도가 실시되었다.
③ 1930년대 이후 일제의 식민지 정책에 해당된다.

07 ① 내정독립론, 참정권론, 자치론, 문화운동 등의 노선을 일본과 타협하거나 일제 식민통치에 기생하려는 주의라고 통렬한 비판을 가하였다.
③ 민중 직접 폭력 혁명을 주장하였고 조선총독 및 각 관공리, 일본 천황 및 각 관공리, 정탐노와 매국노, 적의 일체 시설물 등을 파괴, 암살, 폭동의 목적물이라고 하였다.
④ 외교론은 독립이 적국인의 처분으로 결정되기를 기다리는 것이고, 준비론은 실제로 가능하지 않은 착각이라고 비판하였다.

08 제시된 내용은 1924년 『민족적 경륜』에 발표된 이광수의 자치운동론을 말한다. 이에 반대한 자들은 비타협적인 민족주의를 주장하면서 민족주의 좌파가 되었고 민족주의 좌파는 사회주의자들과 손을 잡고 민족유일당 운동인 신간회를 조직(1927)하였다.

09 제시된 내용은 1938년 발표된 일제의 제3차 조선교육령이다.
① 1912년, ② 1923년, ④ 1943년

10 ① 산미증식계획은 일본 자본 및 지주를 중심으로 이루어졌으며, 일제 식민지 기간 지주제는 존속되었다.

11 ② 동북항일연군이 조국광복회와 연합하여 보천보전투를 승리로 이끌었다.
③ 대한민국 임시정부가 중국 국민당군과 합세하여 중국 각 지역에서 항일투쟁을 전개하였다.

④ 대한독립군단이 소련군과 합세하여 일본군과 교전하였다.

12 1949년에 농지개혁법이 제정되었다.
① 유상몰수, 유상분배 방식이었다.
③ 신한공사는 미 군정기 농지개혁의 주체였다.
④ 북한의 토지개혁은 1946년이다.

13 ㉠은 1946년 6월 이승만의 '정읍 발언'이고, ㉡은 1948년 2월 김구의 '3천만 동포에게 읍고함'이다.
현대사의 중요한 인물인 이승만과 김구는 모두 우익세력으로서 신탁통치 실시를 반대하였다.
① 여운형 ② 이승만 ④ 여운형, 김규식

14 제시된 내용은 모스크바 3상회의의 결정 사안이다.
② 모스크바 3상회의에서 미국은 임시정부 수립 없이 5∼10년간 신탁통치를 제안하였고, 소련은 임시정부 수립과 사회단체 참여의 신탁통치를 제안하였다.
③ 소련은 신탁통치를 지지하는 정치단체만을 협의의 대상으로 하자고 주장하였다.
④ 좌우합작위원회는 중도파 인사들이 중심이 되어 구성되었다.

15 ② 반민족행위자처벌법(1948)은 4 · 19혁명(1960) 이전의 사실이다.

16 정부 수립(1948년), 4 · 19 혁명(1960년), 5 · 16 군사정변(1961년), 10월 유신(1972년), 5 · 18 민주화 운동(1980년), 6월 민주 항쟁(1987년)
① 경제개발 5개년 계획이 수립된 것은 제2공화국이었고, 제1차 경제개발 5개년 계획이 실행된 것은 1962년 군사정부 시기였다.
② 유상매수 · 유상분배를 원칙으로 한 농지개혁법이 제정된 것은 1949년이다.
④ 저금리 · 저유가 · 저달러의 3저 호황으로 물가가 안정되고 수출이 크게 늘어나 무역 수지가 흑자로 돌아섬으로써 비약적인 성장을 한 때는 1980년대이다.

17 제시된 내용은 1987년 6 · 29선언의 내용 가운데 일부이다.
① 노태우 정부 때의 일이다.

18 제시된 내용은 7 · 4 남북공동성명(1972)이다.
① 8 · 15선언(1970)
③ 남북기본합의서(1991)

19 중국 측은 고려는 고구려 계승국이 아니라고 주장하고 있다.

20 제시된 내용은 독도와 관련된 일본 자료이다.
① 전두환 정부 때 천연기념물로 지정하여 민간인의 출입을 통제하였다.
② 숙종 때 안용복이 활약하여 우리 영토임을 확인하였다.
④ 이중하는 토문감계사로 임명되어 간도가 우리의 영토임을 주장하였다.

6교시 | 영어

Answer

01 ③	02 ③	03 ②	04 ①	05 ②	06 ④	07 ④	08 ①	09 ②	10 ②
11 ③	12 ②	13 ②	14 ③	15 ③	16 ②	17 ②	18 ③	19 ③	20 ④
21 ④	22 ②	23 ④	24 ①	25 ③					

01 [해석] "구름 씨뿌리기"는 몇몇 서양 정부에 의해 사용되는 과정이다. 그리고 어떤 지역에 강우량이나 눈의 양을 증가시키기 위해서 스키 휴양지들과 같은 사기업들에 의해서 사용된다.

ⓛ 기상학자들은 폭풍의 최전선을 추적하기 위해 레이더, 인공위성들, 그리고 기상관측소들을 이용한다.

㉠ 그리고 나서 그들은 온도와, 바람의 혼합을 위해 폭풍의 구름들을 측정한다. 기상학자들이 조건들이 적당하다고 결정하면, 비행기조종사들은 드라이아이스를 구름에 씨뿌리기 위해 보내진다. 비행기가 구름 위로 날고 드라이아이스 알갱이들이 직접적으로 구름 안으로 떨어진다. 거의 즉시, 드라이아이스는 구름의 수증기를 끌어당기기 시작한다. 구름의 수증기는 드라이아이스의 결정구조로 가서 언다.

ⓒ 침강물은 비와 눈의 형태로 구름으로부터 떨어져서 땅에 떨어진다.

[해설] ㉠ 어떤 행동이 아직 등장하지 않았으므로 then으로 바로 글을 잇기가 어색하다. ⓛ 기상학자들이 폭풍을 추적하는 얘기가 나오므로 ⓛ이 ㉠ 앞에 오는 것이 자연스럽다. ⓒ 구름 씨뿌리기가 끝난 후 구름으로부터 비나 눈이 떨어지므로 ㉠ 다음에 ⓒ이 와야 한다.

02 [해석] 그 어떤 두통도 당신을 괴롭힐 수 있지만, 편두통은 굉장히 고통스러울 수 있다. 2천 8백만 명 이상의 미국인들이 편두통으로 고생한다. 편두통의 빈도와 괴로움은 사람에 따라 다양하지만, 편두통은 남성들보다 여성들에게 세 배 더 자주 발생한다. 그리고 만일 당신의 가족 중에 편두통의 병력이 있다면, 당신 또한 편두통을 가질 80퍼센트의 가능성이 있다. 과거에 그들의 두통을 촉발시켰을 수도 있는 어떤 계기들, 흡연, 또는 어떤 음식들을 피하는 것은 편두통으로 고통받는 사람들에게 중요하다. 규칙적인 에어로빅 운동은 긴장을 줄이고 편두통을 예방하는 것을 돕기에 높이 추천된다.

[해설] tension 긴장, strain 팽팽함, anxiety 걱정 근심거리, nervousness 신경과민

03 [해설] ① at the same time 동시에

② arrange는 동사이다. '다양한 ∼들'이라는 표현은 range of sth이다.

③ bother 괴롭히다, 귀찮게 하다

④ make sure (that) ∼을 확신하다, ∼을 확인하다

04 [해석] ⓒ 산성비는 일종의 공기오염이다. ㉠ 그것은 석탄, 석유 또는 가스를 태우는 공장들에 의해 야기된다. ⓔ 이러한 공장들은 연기를 공기 중으로 높이 보낸다. ⓛ 바람은 종종 그 연기를 이 공장들로부터 멀리 떨어진 곳으로 나른다.

[해설] 지시사가 없는 ⓒ이 첫 문장으로 온다. ㉠의 it은 '산성비'이므로 ⓒ 다음에 ㉠이 온다. ⓛ에서 these factories가 나왔으므로 그 앞에 공장에 대한 이야기가 나와야 할 것이다. 그러므로 ⓔ이 ⓛ의 앞에 온다.

05 [해석] 가장 비극적인 사고들 중 하나로 총기 관련 사건을 들 수 있다. 매년, 20세 이하의 약 5천명의 사람들이 총 때문에 죽는다. 이러한 죽음의 10건 중 한 건은 우발적인 것이라 한다. 그것들 중의 많은 수는 그들의 집에서 장전된 총을 발견한 어린이들에 의해 일어난다. 모든 미국 가정 중의 거의 절반이 총을 소유한다. 그리고 종종 잘 잠가져 보관되는 대신에 그것들은 탄약으로 채워진 채 단지 숨겨지거나 심지어 서랍 안에 놓인다. 우발적 총상은 너무 빈번해서 미국의학협회는 의사들에게 총 소유자들인 환자들에게 그들의 총에 대한 안전한 자물쇠 사용과 탄약을 개별적으로 보관하는 것에 대해서 이야기하는 것을 습관적으로 하라고 충고한다.

[해설] ② load는 '짐을 싣다, (무기에 탄환 등을)장전하다.' 라는 뜻이다. '장전된 총들'이라고 해야 하므로 수동분사 'loaded'를 써야 한다.

06 [해석] 당신은 신선한 채소를 먹는 것이 건강에 이로움을 알고 있다. 당신은 작은 정원을 위한 장소를 가지고 있다. 단지 어디서 시작해야 할지 모른다고? 멀리 보지 마라. 신선하고, 아삭아삭한 채소들을 당신의 식탁에

두기 위해 당신이 알아야 할 필요가 있는 모든 것이 여기 있다.

첫째, 작게 생각하라. 당신이 씹을 수 있는 것보다 더 많이 베어 물지 말아라. 그것은 첫날 5마일을 달림으로써 운동프로그램을 시작하는 것과 같다. 당신은 지치고 몸이 쑤시게 되고 그만둔다. 마찬가지로, 만일 당신이 첫 해에 거대한 정원을 조성한다면, 당신은 영원히 정원 일을 하는 것을 저주하고, 악담하고 당신의 쑤시는 등을 돌릴 것이다. 그래서, 만일 당신이 정원 일이 처음이라면, 8피트×10피트(1피트 : 약 30cm)보다 크지 않은 정원을 가지고 시작해라. 만일 당신이 신선하고, 아삭아삭한 채소들의 충분한 양을 얻지 못한다면 당신은 나중에 언제든지 확장할 수 있다.

하루 종일 가능한 한 많은 햇볕을 받는 위치를 선택해라. 북쪽의 정원사들은 충분한 햇볕을 고집해야 한다. 이제 당신은 흙을 북돋을 준비가 되었다. 당신은 뒤에 빗살 달린 경작기를 세낼 수 있다. 또는 이 임무를 위해 친구나 이웃으로부터 하나를 빌릴 수 있다.

[해설] ① 남의 떡이 더 커 보인다.
② 서로 돕고 살아야 한다.
③ 뿌린대로 거둔다.

07 [해석] 열대우림은 반 이상이 세계 식물들과 동물들의 서식처이다. 열대우림들은 지구의 육지의 14%만큼을 덮었었다. 이제 6%보다 적게 덮고 있다. 문제는 열대우림이 파괴되고 있는 중이라는 것이다. 매분 파괴되고 있는 양은 20개의 축구장들을 채울 수 있다. 그리고 열대우림의 동물들과 식물들 중의 약 5만종이 매년 사라지고 있는 중이다. 이 말은 곧 여러분의 도움으로 우리가 이 열대우림을 구해내지 못한다면, 여러분이 어른이 되었을 때는 그것들이 모두 멸종돼버릴 것임을 뜻하는 것이다.

08 [해석] 21세기 기술의 출현과 함께, 의학 전문가들은 더 이상 효과적으로 기능하지 못하는 하자가 있는 심장들을 위해 인공 대체물들을 만드는 것에 대해 진지하게 생각할 수 있게 되었다. 1957년에, 윌렘 콜프 박사는 최초의 인공심장을 만들어서 그것을 개에게 이식했다. 그 개는 그 실험으로 즉시 죽었다. 여전히, 동물연구는 계속되었다. 그리고, 1969년에 덴톤 쿨리 박사는 최초의 인공 심장을 사람의 몸 안으로 이식했다. 주로 플라스틱으로 만들어진 그 장치는, 그 환자가 이식될 인간의 심장을 기다리는 짧은 시간 동안 기능하기만 하면 됐다. 1979년에, 로버트 자빅 박사는 최초의 인공심장의 특허를 얻었다. 3년 후에, 자빅 심장이라고 불리게 된 그것은, 심장병으로 죽어가고 있던 은퇴한 치과의사 바니 클락의 몸에 이식되었다. 클락은 수술 후에 112일 동안 살았고 그의 생존은 미래의 인공심장의 성공에 대한 기대를 일으켰다.

[해설] 인공심장의 발달 과정을 시기별로 전개하고 있다.
② cause and effect 인과관계
③ classification 분류
④ definition 정의

09 [해석] 질문 : 칭찬받을 때, 한국인들은 종종 그들이 칭찬을 받을만한 일을 하지 않았다고 고집합니다. 당신들은 그 칭찬을 고맙습니다. 라고 받아들이는 대신에 왜 그렇게 행동합니까?
대답 : 이것은 겸손 때문입니다 ; 즉, 바꿔 말하면, 우리는 우리가 그렇게 많은 칭찬을 받을만하다고 느끼지 않습니다. 하지만, 한국인들이 정말로 칭찬받는 것을 싫어한다고 생각하지는 마십시오. 비록 우리가 이런 식으로 행동하지만, 우리는 칭찬을 매우 감사하게 생각합니다.

[해설] out of sth ~에 의해 동기를 받다.
① responsibility 책임
② modesty 겸손
③ condemnation 비난
④ confidence 자신감

10 [해석] 이것은 개인 또는 법인들에 의해 전형적으로 자선의 목적들을 위해 또는 대의에 혜택을 주기 위해 주어지는 선물이다. 이것은 다양한 형태들을 취할 수 있다. 현금, 봉사, 의류, 장난감, 음식, 탈 것들을 포함하지만 그것에 국한되지 않은 신종 또는 중고품, 또한 비상사태, 구호 또는 인도주의적 원조 품목들이나 개발 원조 지원으로 구성될 수 있다. 또한, 이식을 위한 혈액이나 장기와 같은 의료 치료 필요물들을 관련시킬 수 있다. 물품이나 봉사와 같은 자선 선물은 또한 "Gifts In Kind"라고 불린다.

[해설] charitable purposes를 통해 기부(donation)임을 알 수 있다.
operation 운영, 수술, fund 기금, volunteering 자원봉사하기

11 [해석] 로마 사람들은 새로운 건축 기술인 아치를 개발했다. 그것은 벽들과 다리들을 지탱하는 가장 강력한 방법이다. 장인 건축업자는 그 과정을 설명한다. "우선, 몇몇 돌덩어리들을 가져다가 그것들을 쐐기처럼 모양을 만든다. 또 다른 돌 하나를 가져다가 그것을 아치의 정확히 한 가운데에 맞도록 만든다. 이것이 쐐기돌이다. 그 쐐기돌이 정중앙에 위치할 수 있을 때까지 그 쐐기들을 함께 지탱하기 위해서 나무를 사용한다. 마지막으로, 돌들을 쐐기들의 꼭대기에 얹고 전체 벽을 짓는다."

[해설] 주어진 문장의 this는 단수로 ⓛ 뒤에 나오는 another stone을 받을 수 있다. ⓒ 뒤에서 keystone이 언급되었으므로 ⓒ 자리에 늘어가야 한다.

12 [해석] 늘어나는 수의 미국인들이 담배를 끊거나 또는 체중을 줄이기 위해 최면술 쪽으로 선회하고 있다. 비슷하게, 관절염으로 고생하는 사람들은 고통을 완화시키기 위해 고대 중국의 치료법인 침술을 사용하고 있다. 또한, 암환자들은 질병과 싸우는 시각적 이미지를 만들어내는 것 같은 비전통적인 치료법을 사용해왔다. 예를 들면, 어떤 암환자들은 그들 자신을 거대하고 힘센 상어라고 상상한다. 그들은 그들의 암세포들을 더 크고 위험한 상어들에게 쉽게 먹이가 되는 작은 물고기들로 상상한다. 심지어 어떤 사업들은 편두통과 고혈압을 피하기 위해 비전통적인 의학 치료법들을 지지하면서 직원들에게 명상을 이용하도록 격려하고 있다.

[해설] 치료법에 관한 내용으로 최면술 등을 미루어 볼 때 명상과 관련 있다는 것을 알 수 있다.
① mediation 조정, 중재
② meditation 명상
③ mutilation 신체 절단
④ medication 약제

13 [해석] 유아들은 그들의 대부분의 낮 동안을 깊은 잠으로 보낸다. 출생 후 즉시, 신생아들은 하루에 평균 16시간을 잔다. 하지만 그들이 자는 양은 달이 지나면서 꾸준히 줄어든다. 16개월이 되면, 아기들은 하루에 평균 약 13시간에서 14시간 정도 잠을 잔다. 24개월이 되면, 그들은 단지 하루에 평균 11시간 또는 12시간 잠을 잔다. 즉, 아기들은 잠을 많이 자지만 그들이 필요로 하는 잠의 양은 시간이 지날수록 줄어든다.

[해설] ① 합리적인 수면 양
② 유아들의 수면 패턴
③ 갓난아이의 습관
④ 유아들의 발달

14 [해석] 예를 들면, 미국 대학생들은 평균보다 더 오래 살고, 더 오래 기혼인 채로 있고, 유럽으로 더 자주 여행하기를 기대한다. 그들이 더 재능 있는 아이를 갖고, 그들 소유의 집을 갖고, 신문에 등장할 것이라고 믿는다. 그리고 심근경색, 성병, 음주문제, 자동차 사고, 골절 또는 잇몸 질환에 덜 걸릴 것이라고 믿는다. 모든 연령대의 미국인들은 그들의 미래가 그들의 현재보다 개선될 것이라고 기대한다. 그리고 이런 미국인들만큼 낙관적이진 않더라도 다른 나라의 시민들도 자신의 미래가 주변의 동료들보다는 훨씬 더 밝을 것이라고 생각하는 경향이 있다. 우리의 개인적인 미래에 관한 이러한 지나치게 낙관적인 기대들은 쉽게 풀리지 않는다. 지진을 겪으면 사람들은 일시적으로 미래의 재난에 죽을 수도 있다는 그들의 위험에 대해 현실적이 된다. 하지만 2주 정도 안에, 심지어 지진에서 살아난 생존자들도 근거 없는 낙관주의의 일반적인 단계로 돌아온다.

15 [해설] ③ 비교대상이 앞의 their futures와 뒤의 their peers이므로 단수형인 that이 아니라 복수형인 those로 받는다.

15 [해석] 축구경기를 보고 있는 두 사람의 경우를 들어보자. 축구에 대해 거의 이해를 하지 못하는 한 사람은 단지 다 자란 한 무리의 남자들이 아무런 이유도 없이 서로를 치고 있는 것을 볼 뿐이다. 축구를 사랑하는 나머지 한 사람은 복잡한 경기 양상들, 대단한 감독의 전략들, 효과적인 저지 그리고 태클 기술들, 그리고 (공을) 받는 사람들이 "나누려고" 노력하는 "경계선들"을 가진 지역방어들을 본다. 두 사람 모두 그들의 눈을 똑같은 행사에 집중시키고 있지만, 그들은 전적으로 다른 두 상황들을 인지하고 있다. 그 인지들은 다르다. 왜냐하면 각각의 사람은 유효한 자극들을 능동적으로 선택하고, 조직하고, 다른 방식들로 해석하기 때문이다.

[해설] 처음에 두 사람의 예를 들었다. 둘 중의 하나는 one, 나머지 하나는 the other로 받는다. 다른 경우들을 살펴보면, 여럿 중에서 하나는 one으로 그 나머지는 the others로 받고, 여럿 중의 몇몇은 some으로 그 나머지는 others로 받는다.

16 [해석] 인생의 가장 잔인한 진실 중에 이것이 있다 : 굉장한 사건들은 그것들이 최초로 일어났을 때에 특별히 굉장하다. 하지만 그들의 굉장함은 되풀이됨에 따라 줄어든다. 당신의 아이가 "엄마"라고 말했던 첫 번째와 마지막 때를, 또는 당신의 배우자가 "당신을 사랑합니다"라고 말했던 첫 번째와 마지막 때를 단지 비교해보라. 그러면 당신은 내가 의미하는 것이 무엇인지 정확히 알 것이다. 당신이 경험을 했을 때—특별한 소타나 한곡을 듣거나, 어떤 특별한 사람과 사랑을 하거나, 어떤 특별한 방의 특별한 창문으로부터 해가 지는 것을 보는 — 연속되는 상황들에, 우리는 그것에 빨리 적응하기 시작하고, 그리고 그 경험은 매번 덜한 즐거움을 가져온다. 심리학자들은 이것을 습관화라고 부르고 경제학자들은 그것을 한계효용체감이라고 부른다. 그리고 나머지 우리들은 그것을 결혼이라고 부른다.

[해설] 콜론 다음의 문장이 이 글의 핵심이다. 아무리 멋진 일도 반복됨에 따라 그 느낌이 줄어든다는 것이다.

17 [해석] 화창하고 부드러운 하얀색이었던 구름은 비오기 직전 어두워진다. 구름이 빛을 더 많이 흡수하기 때문이다. 구름은 구름에 닿은 빛이 (구름을 구성하고 있는) 작은 얼음 조각이나 수분 입자에 의해 산란되면서 하얗게 보이는 것이 보통이다. 하지만 비가 오기 직전에는 이 물방울 입자가 커지면서 빛은 산란하는 대신 이 물방울 속으로 흡수돼버린다. 그 결과 땅 위의 관찰자들에게 훨씬 더 적은 양의 빛이 도착하고 구름이 더 어둡게 보이는 것이다.

해설 ㉠ 첫 문장에서 빛을 흡수하면 구름이 어두워진다고 했으므로 희게 보일 때는 그 빛이 분산되어야 한다.
㉡ 구름이 비를 내리기 시작하려면 포함하고 있는 얼음이나 물의 분자들이 점점 커져야 한다.
㉢ 빛의 분산과 빛의 흡수는 어느 한쪽이 다른 한 쪽을 발달시키는 것이 아니라 대체하는 관계이다.

18 해석 우리가 보는 어느 곳에서건, 되어야 할 일이 있다. 경제 상태는 대담하고 신속한 행동을 요구한다. 그리고 우리는 새로운 일자리들을 만들어낼 뿐만 아니라, 성장을 위한 새로운 기반을 놓기 위해 행동한다. 우리는 우리의 상업을 보강하고 우리를 함께 묶어주는 길과 다리들, 전력망과 디지털 라인들을 지을 것이다. 우리는 과학을 적절한 위치로 회복시키고 의료체계의 질을 향상시키고 비용을 낮추기 위해서 기술의 경이로움을 이용할 것이다. 우리는 우리의 자동차에 연료를 제공하고 우리의 공장들을 가동시키기 위해서 태양과 바람과 흙을 동력화 할 것이다. 그리고 우리는 새로운 시대의 요구에 부응하기 위해서 우리의 학교들과 단과대학, 종합대학들을 변형시킬 것이다. 이 모든 일은 우리가 할 수 있다. 그리고 우리가 해야할 것이다.

해설 ③ 문맥상 여기서는 의료체계의 질을 높인다는 내용이 와야 하므로 erode(침식하다)가 아닌 raise가 적당하다.
① call for 요구하다
② bolster 보강하다
④ run 경영하다, 운영하다

19 해석 당신이 일하기를 멈춘 이후에 잘 살기 위해서, 당신은 은퇴를 위해 일찍 저축을 시작해야 한다. 전문가들은 당신이 은퇴한 이후에, 매달 살아가기 위해서 봉급의 75~80%가 필요로 할 것이라고 한다. 바꿔 말하면, 만일 당신이 일하는 동안 한 달에 3천 달러를 벌면 당신은 은퇴한 동안에 살기 위해 한 달에 2,250에서 2,400 달러 사이를 필요로 한다. 이 계산은 당신이 계속해서 지불해야 할 집을 저당 잡히지 않거나 그 외의 다른 주요 지출들이 없다는 것을 가정한다. 그러나, 많은 은퇴한 사람들이 지금 그들의 집을 임대하고 있어서 시간이 지남에 따라 그들은 더 많은 돈을 주택 비용에 지불할 것이다. 더 나이든 사람들은 지금 또한 더 많은 돈을 건강관리에 들여야만 한다. 왜냐하면 그들은 더 오래 살기 때문이다. 선진국의 많은 사람들이 지금 80대나 또는 90대까지 산다.

해설 빈칸 이후에는 앞에서 말한 것을 상세한 예를 들어 설명하고 있다. 가장 적당한 말은 In other words(바꿔 말하면)이다.
Conversely 거꾸로, 반대로 말하면, Likewise 역시, 마찬가지로, Furthermore 더욱이, 게다가

20 해석 우리는 보통 우리의 얼굴 위에 나타나는 표현은 내면의 상태에 대한 반영이라고 생각한다. 내가 행복하다고 느끼면, 나는 미소 짓는다. 내가 슬프게 느끼면, 나는 찡그린다. 감정은 안에서 밖으로 나간다. 그러나, 감정적 전염은, 그 반대 또한 진실이라는 것을 시사한다. 만일 내가 당신을 미소 짓게 만든다면, 나는 당신을 행복하게 만들 수 있다. 만일 내가 당신을 찡그리게 만들 수 있다면, 나는 당신을 슬프게 만들 수 있다. 이런 면에서, 감정은 바깥에서 안으로 들어간다. 만일 우리가 감정에 대해서 이런 식으로 생각한다면 – 안에서 밖으로 나가는 것이 아니라, 밖에서 안으로 들어가는 것으로 – 어떻게 어떤 사람들이 다른 사람들에게 엄청난 양의 영향력을 가질 수 있는지를 이해하는 것이 가능하다. 결국, 우리들 중의 몇몇은, 감정과 느낌들을 표현하는 것에 매우 능숙한데, 이는 나머지 다른 사람들보다 우리가 훨씬 더 감정적으로 전염성이 있다는 것을 의미한다.

해설 두 번째 문장의 contagion(전염)에서 영향력이라는 단어를 유추할 수 있다. contagious(전염성의)는 시험에 자주 등장하는 중요 단어이므로 꼭 외워두도록 한다.
fluency 유창함

21 해석 다른 종류의 중독들이 많이 있다. 대부분의 사람들이 즉각적으로 생각하는 중독의 유형은 알코올 중독이다. 술에 취할 때까지 마시는 것을 멈출 수 없는 사람들은 보통 심리적인 중독만이 아닌 육체적인 중독도 마찬가지로 가지고 있다. 또 다른 예는 도박에 대한 중독이다. 어떤 사람들은 '횡재한다'는 가능성에 너무나 이끌려서 심지어 그들의 집세나 음식비, 생활비까지 도박에 걸어 행운을 찾다가 무일푼이 된다. 중독성 행동의 또 다른 유형은 과식하는 것이다. 인생에 있어서 심리적인 문제들을 보상하기 위해서, 어떤 사람들은 그들의 배고픔을 채우는 데 필요한 것 이상으로 많이 먹는다. 비록 그들이 조금도 배고프지 않더라도 한 조각 이상의 피자나 케이크에 손을 뻗지 않을 수 없다. 정신과 의사들은 종종 인생을 망치고 있는 중독성 행동들을 보이는 환자들을 치료한다.

해설 ① 알코올 중독은 고치기 어렵다.
② 모든 사람이 일종의 중독을 가지고 있다.
③ 중독은 정말로 위험하다.
④ 많은 다른 종류의 중독들이 있다.

22 해석 우리는 공해를 전부 제거할 수 있을까? 아마도 아닐 것이다. 오늘날 우리는 우리가 행하는 모든 것을 오염시키고 있고, 그래서 공해를 완전히 없애는 데에는 발본책이 요구될 것이다. 모든 발전소는 폐쇄되어야 하고 공장도 문을 닫아야 한다. 우리는 모든 자동차를 차고에 두어야 하며 모든 버스와 트럭과 비행기는 운행

을 멈춰야 한다. 그렇게 되면 도시로 식량을 가져올 방법이 없게 되고 난방이나 불빛도 없어질 것이다. 이런 상황이라면 인류는 곧 사라지고 말 것이다.

이러한 격렬한 해결방법은 불가능하기 때문에 우리는 대중적인 방법을 사용해야만 한다. 우리는 비록 공해를 전부 제거하지는 못한다고 하더라도 줄일 수는 있다. 그러나 우리는 모두 우리의 본분을 다하여야 하는 것이다. 공해 제어장치가 작동하고 있는지 당신의 차를 확인해 보아라. 전기사용을 줄여라. 에어컨이 정말로 필요한가? 쓰레기나 기타 폐기물을 땅 위나 물 속에 함부로 내버리지 마라. 정부가 공해를 일으키는 사람에 대해 단호한 조치를 취하도록 요구하라. 우리는 깨끗한 세계를 가질 수 있거나 아무것도 가질 수 없다. 그 선택은 당신에게 달려있다.

[해설] ① 개인은 발본적인 해결방법을 찾을 수 없기 때문에 우리는 공해를 일으키는 자에 대해 단호한 조치를 취하도록 정부에 요구해야 한다.
② 공해를 완전히 제거할 수 없더라도 줄일 수 있다.
③ 오염된 세상을 깨끗한 세상으로 되돌릴 방법이 없다.
④ 공해에 대해 어떤 발본적인 조치를 찾기 위해 우리는 우리의 본분을 다해야 한다.

23 [해석] 1859년에 Henry Dunant가 Solferino 전투를 목격했을 때, 그는 전쟁의 피해자가 겪는 괴로움에 자극받아 국가적 구조단체를 만들 생각을 했다. 4년 후인 1863년에 제네바 시민 4명은 그 생각을 의논하기 위해 회의를 소집했다. 16개국에서 온 전문가들이 참석해서 적십자를 만들 10개 결의문이 채택되었다. 그리고나서 스위스 정부는 1864년 8월 제네바에서 외교회의를 소집해서 그 곳에서 12개 참가국 사절들은 전쟁터 부대에 있는 부상병의 상태 개선을 목적으로 제네바협정을 채택했다. 그 협정은 의료진 병원과 구급차를 식별하기 위해 모든 부대가 사용할 보호 상징으로 흰 바탕 위에 있는 붉은 십자가를 승인했다.

[해설] ① 전투에서 피해의 정도는 어떠한가
② 적십자가 수년 동안 어떻게 바뀌었는가
③ 전쟁 부상자를 위한 정책은 무엇인가
④ 어떻게 적십자가 만들어졌는가

24 [해석] 가솔린을 이용하는 차가 한 대도 없는 자동차 경주를 상상할 수 있는가? 최근 그런 자동차 25대가 최초의 대륙횡단 태양열 자동차 경주를 위해 호주로 갔다. 그것은 길고 힘든 시합이었다. 태양동력 자동차들은 보통 자동차들만큼 빠르지 않다. 결과적으로, 레이서들은 차량들에 갇혀 꼼짝할 수 없는 경우가 종종 생겼다. 게다가 어두워지면 차는 모든 동력을 잃었다. 그래서 레이서들은 무서운 시간을 가졌다. 승자는 미국에서 출전한 선레이서였는데, 단 5일만에 1,940마일을 달렸다. 여러분들이 다니는 도로에서 곧 이 태양열 특수차량들을 볼 수 있으리라 기대하지는 말라. 태양동력 자동차는 값이 비싸다. 선레이서의 가격은 9백만 달러가 넘는다.

[해설] continent 대륙, 육지, 본토   terrific 굉장한, 빼어난, 지독한
① 태양열 자동차 경주
② 공해를 만들지 않는 차 제작
③ 가솔린 동력 자동차의 이용
④ 최초의 태양열 자동차 경주에서의 승리

25 [해석] 당신은 새로운 음악을 찾아내는 데 열심인가요? 그런데 대부분 당신이 듣는 음악 이름을 잘 모르는 것으로 인해 연기되는가요? 그럼 뮤직올에 방문하세요. 뮤직올은 공유된 음악 취향을 바탕으로 사용자 간에 서로 음악을 추천할 수 있도록 해주는 매력적인 웹사이트입니다. 회원으로서 당신은 당신이 좋아하는 곡들의 재생목록을 올립니다 : 그럼 사이트에서는 이 트랙을 좋아한 다른 사람들이 즐겼던 음악을 기초로 추천목록을 만들게 됩니다. 또한 당신이 듣고 있는 것들에 근거하여 제안합니다 ; 당신은 그것들이 마음에 드는지 알기 위해 추천곡의 일부를 들을 수 있습니다. 만일 마음에 든다면 당신은 그것들을 무료로 내려받을 수 있습니다. 당신이 사이트에 들어갈수록, 그것은 더 많이 유용해집니다.

[해설] ① 음악은 당신의 삶에 기여할 수 있다.
② 변화를 위해 당신이 제안하는 것
③ 웹사이트에서 음악에 대한 의견들을 공유하자.
④ 웹사이트에 어필하는 방법

실전모의고사

주의	올바른 표기 : ●
	잘못된 표기 : ⊘⊗○◐

성　　　명

형별	Ⓐ
	Ⓑ

성별	남
	여

감독위원 확인

지역	수험번호

수검자 유의사항

1. 답안지 작성 필기구는 반드시 흑백 사인펜을 사용하여야 함
2. 문제지 유형을 답안지 형별 표기란에 정확히 표기하지 않은 답안지는 무효 처리됨
3. 수검번호는 상단에 아라비아 숫자로 기재하고 하단에 정확히 표기하여야 함
4. 감독위원 날인이 없는 답안지는 무효 처리됨
5. 답안지는 시험종료 후 일체 공개하지 않음

언어능력

문번	1	2	3	4	5	문번	1	2	3	4	5
01	①	②	③	④	⑤	16	①	②	③	④	⑤
02	①	②	③	④	⑤	17	①	②	③	④	⑤
03	①	②	③	④	⑤	18	①	②	③	④	⑤
04	①	②	③	④	⑤	19	①	②	③	④	⑤
05	①	②	③	④	⑤	20	①	②	③	④	⑤
06	①	②	③	④	⑤	21	①	②	③	④	⑤
07	①	②	③	④	⑤	22	①	②	③	④	⑤
08	①	②	③	④	⑤	23	①	②	③	④	⑤
09	①	②	③	④	⑤	24	①	②	③	④	⑤
10	①	②	③	④	⑤	25	①	②	③	④	⑤
11	①	②	③	④	⑤						
12	①	②	③	④	⑤						
13	①	②	③	④	⑤						
14	①	②	③	④	⑤						
15	①	②	③	④	⑤						

자료해석

문번	1	2	3	4	문번	1	2	3	4
01	①	②	③	④	16	①	②	③	④
02	①	②	③	④	17	①	②	③	④
03	①	②	③	④	18	①	②	③	④
04	①	②	③	④	19	①	②	③	④
05	①	②	③	④	20	①	②	③	④
06	①	②	③	④	21				
07	①	②	③	④	22				
08	①	②	③	④	23				
09	①	②	③	④	24				
10	①	②	③	④	25				
11	①	②	③	④	26				
12	①	②	③	④	27				
13	①	②	③	④	28				
14	①	②	③	④	29				
15	①	②	③	④	30				

※ 본 답안지는 모의답안지로 실제와 다를 수 있습니다.

실전모의고사

공간능력						공간능력				
문번	1	2	3	4		문번	1	2	3	4
01	①	②	③	④		16	①	②	③	④
02	①	②	③	④		17	①	②	③	④
03	①	②	③	④		18	①	②	③	④
04	①	②	③	④						
05	①	②	③	④						
06	①	②	③	④						
07	①	②	③	④						
08	①	②	③	④						
09	①	②	③	④						
10	①	②	③	④						
11	①	②	③	④						
12	①	②	③	④						
13	①	②	③	④						
14	①	②	③	④						
15	①	②	③	④						

지각속도							지각속도					
문번	1	2	3	4	5		문번	1	2	3	4	5
01	①	②	③	④	⑤		16	①	②	③	④	⑤
02	①	②	③	④	⑤		17	①	②	③	④	⑤
03	①	②	③	④	⑤		18	①	②	③	④	⑤
04	①	②	③	④	⑤		19	①	②	③	④	⑤
05	①	②	③	④	⑤		20	①	②	③	④	⑤
06	①	②	③	④	⑤		21	①	②	③	④	⑤
07	①	②	③	④	⑤		22	①	②	③	④	⑤
08	①	②	③	④	⑤		23	①	②	③	④	⑤
09	①	②	③	④	⑤		24	①	②	③	④	⑤
10	①	②	③	④	⑤		25	①	②	③	④	⑤
11	①	②	③	④	⑤		26	①	②	③	④	⑤
12	①	②	③	④	⑤		27	①	②	③	④	⑤
13	①	②	③	④	⑤		28	①	②	③	④	⑤
14	①	②	③	④	⑤		29	①	②	③	④	⑤
15	①	②	③	④	⑤		30	①	②	③	④	⑤

국사						국사				
문번	1	2	3	4		문번	1	2	3	4
01	①	②	③	④		16	①	②	③	④
02	①	②	③	④		17	①	②	③	④
03	①	②	③	④		18	①	②	③	④
04	①	②	③	④		19	①	②	③	④
05	①	②	③	④		20	①	②	③	④
06	①	②	③	④		21	①	②	③	④
07	①	②	③	④		22	①	②	③	④
08	①	②	③	④		23	①	②	③	④
09	①	②	③	④		24	①	②	③	④
10	①	②	③	④		25	①	②	③	④
11	①	②	③	④						
12	①	②	③	④						
13	①	②	③	④						
14	①	②	③	④						
15	①	②	③	④						

영어						영어				
문번	1	2	3	4		문번	1	2	3	4
01	①	②	③	④		16	①	②	③	④
02	①	②	③	④		17	①	②	③	④
03	①	②	③	④		18	①	②	③	④
04	①	②	③	④		19	①	②	③	④
05	①	②	③	④		20	①	②	③	④
06	①	②	③	④		21	①	②	③	④
07	①	②	③	④		22	①	②	③	④
08	①	②	③	④		23	①	②	③	④
09	①	②	③	④		24	①	②	③	④
10	①	②	③	④		25	①	②	③	④
11	①	②	③	④						
12	①	②	③	④						
13	①	②	③	④						
14	①	②	③	④						
15	①	②	③	④						

※ 본 답안지는 모의답안지로 실제와 다를 수 있습니다.

실전모의고사

주의

올바른 표기 : ●
잘못된 표기 : ⊘ ⊗ ○ ◉

성 명

형별	Ⓐ
	Ⓑ

성별	남
	여

감독위원 확인

언어능력

문번	1	2	3	4	5	문번	1	2	3	4	5
01	①	②	③	④	⑤	16	①	②	③	④	⑤
02	①	②	③	④	⑤	17	①	②	③	④	⑤
03	①	②	③	④	⑤	18	①	②	③	④	⑤
04	①	②	③	④	⑤	19	①	②	③	④	⑤
05	①	②	③	④	⑤	20	①	②	③	④	⑤
06	①	②	③	④	⑤	21	①	②	③	④	⑤
07	①	②	③	④	⑤	22	①	②	③	④	⑤
08	①	②	③	④	⑤	23	①	②	③	④	⑤
09	①	②	③	④	⑤	24	①	②	③	④	⑤
10	①	②	③	④	⑤	25	①	②	③	④	⑤
11	①	②	③	④	⑤						
12	①	②	③	④	⑤						
13	①	②	③	④	⑤						
14	①	②	③	④	⑤						
15	①	②	③	④	⑤						

자료해석

문번	1	2	3	4	문번	1	2	3	4
01	①	②	③	④	16	①	②	③	④
02	①	②	③	④	17	①	②	③	④
03	①	②	③	④	18	①	②	③	④
04	①	②	③	④	19	①	②	③	④
05	①	②	③	④	20	①	②	③	④
06	①	②	③	④	21				
07	①	②	③	④	22				
08	①	②	③	④	23				
09	①	②	③	④	24				
10	①	②	③	④	25				
11	①	②	③	④	26				
12	①	②	③	④	27				
13	①	②	③	④	28				
14	①	②	③	④	29				
15	①	②	③	④	30				

실전모의고사

공간능력						공간능력					
문번	1	2	3	4		문번	1	2	3	4	
01	①	②	③	④		16	①	②	③	④	
02	①	②	③	④		17	①	②	③	④	
03	①	②	③	④		18	①	②	③	④	
04	①	②	③	④							
05	①	②	③	④							
06	①	②	③	④							
07	①	②	③	④							
08	①	②	③	④							
09	①	②	③	④							
10	①	②	③	④							
11	①	②	③	④							
12	①	②	③	④							
13	①	②	③	④							
14	①	②	③	④							
15	①	②	③	④							

지각속도							지각속도						
문번	1	2	3	4	5		문번	1	2	3	4	5	
01	①	②	③	④	⑤		16	①	②	③	④	⑤	
02	①	②	③	④	⑤		17	①	②	③	④	⑤	
03	①	②	③	④	⑤		18	①	②	③	④	⑤	
04	①	②	③	④	⑤		19	①	②	③	④	⑤	
05	①	②	③	④	⑤		20	①	②	③	④	⑤	
06	①	②	③	④	⑤		21	①	②	③	④	⑤	
07	①	②	③	④	⑤		22	①	②	③	④	⑤	
08	①	②	③	④	⑤		23	①	②	③	④	⑤	
09	①	②	③	④	⑤		24	①	②	③	④	⑤	
10	①	②	③	④	⑤		25	①	②	③	④	⑤	
11	①	②	③	④	⑤		26	①	②	③	④	⑤	
12	①	②	③	④	⑤		27	①	②	③	④	⑤	
13	①	②	③	④	⑤		28	①	②	③	④	⑤	
14	①	②	③	④	⑤		29	①	②	③	④	⑤	
15	①	②	③	④	⑤		30	①	②	③	④	⑤	

국사						국사					
문번	1	2	3	4		문번	1	2	3	4	
01	①	②	③	④		16	①	②	③	④	
02	①	②	③	④		17	①	②	③	④	
03	①	②	③	④		18	①	②	③	④	
04	①	②	③	④		19	①	②	③	④	
05	①	②	③	④		20	①	②	③	④	
06	①	②	③	④		21	①	②	③	④	
07	①	②	③	④		22	①	②	③	④	
08	①	②	③	④		23	①	②	③	④	
09	①	②	③	④		24	①	②	③	④	
10	①	②	③	④		25	①	②	③	④	
11	①	②	③	④							
12	①	②	③	④							
13	①	②	③	④							
14	①	②	③	④							
15	①	②	③	④							

영어						영어					
문번	1	2	3	4		문번	1	2	3	4	
01	①	②	③	④		16	①	②	③	④	
02	①	②	③	④		17	①	②	③	④	
03	①	②	③	④		18	①	②	③	④	
04	①	②	③	④		19	①	②	③	④	
05	①	②	③	④		20	①	②	③	④	
06	①	②	③	④		21	①	②	③	④	
07	①	②	③	④		22	①	②	③	④	
08	①	②	③	④		23	①	②	③	④	
09	①	②	③	④		24	①	②	③	④	
10	①	②	③	④		25	①	②	③	④	
11	①	②	③	④							
12	①	②	③	④							
13	①	②	③	④							
14	①	②	③	④							
15	①	②	③	④							

※ 본 답안지는 모의답안지로 실제와 다를 수 있습니다.

실전모의고사

주의

올바른 표기 : ●
잘못된 표기 : ⊘ ⊗ ○ ◓

성	명

형별	
	Ⓐ
	Ⓑ

성별	
	남
	여

* 감독위원 확인

인 / 인

지역	수험번호

① ① ① ① ① ① ① ①
② ② ② ② ② ② ② ②
③ ③ ③ ③ ③ ③ ③ ③
④ ④ ④ ④ ④ ④ ④ ④
⑤ ⑤ ⑤ ⑤ ⑤ ⑤ ⑤ ⑤
⑥ ⑥ ⑥ ⑥ ⑥ ⑥ ⑥ ⑥
⑦ ⑦ ⑦ ⑦ ⑦ ⑦ ⑦ ⑦
⑧ ⑧ ⑧ ⑧ ⑧ ⑧ ⑧ ⑧
⑨ ⑨ ⑨ ⑨ ⑨ ⑨ ⑨ ⑨
⓪ ⓪ ⓪ ⓪ ⓪ ⓪ ⓪ ⓪

수검자 유의사항

1. 답안지 작성 필기구는 반드시 흑백 사인펜을 사용하여야 함
2. 문제지 유형을 답안지 형별 표기란에 정확히 표기하지 않은 답안지는 무효 처리됨
3. 수검번호는 상단에 아라비아 숫자로 기재하고 하단에 정확히 표기하여야 함
4. 감독위원 날인이 없는 답안지는 무효 처리됨
5. 답안지는 시험종료 후 일체 공개하지 않음

언어능력

문번	1	2	3	4	5	문번	1	2	3	4	5
01	①	②	③	④	⑤	16	①	②	③	④	⑤
02	①	②	③	④	⑤	17	①	②	③	④	⑤
03	①	②	③	④	⑤	18	①	②	③	④	⑤
04	①	②	③	④	⑤	19	①	②	③	④	⑤
05	①	②	③	④	⑤	20	①	②	③	④	⑤
06	①	②	③	④	⑤	21	①	②	③	④	⑤
07	①	②	③	④	⑤	22	①	②	③	④	⑤
08	①	②	③	④	⑤	23	①	②	③	④	⑤
09	①	②	③	④	⑤	24	①	②	③	④	⑤
10	①	②	③	④	⑤	25	①	②	③	④	⑤
11	①	②	③	④	⑤						
12	①	②	③	④	⑤						
13	①	②	③	④	⑤						
14	①	②	③	④	⑤						
15	①	②	③	④	⑤						

자료해석

문번	1	2	3	4	문번	1	2	3	4
01	①	②	③	④	16	①	②	③	④
02	①	②	③	④	17	①	②	③	④
03	①	②	③	④	18	①	②	③	④
04	①	②	③	④	19	①	②	③	④
05	①	②	③	④	20	①	②	③	④
06	①	②	③	④	21				
07	①	②	③	④	22				
08	①	②	③	④	23				
09	①	②	③	④	24				
10	①	②	③	④	25				
11	①	②	③	④	26				
12	①	②	③	④	27				
13	①	②	③	④	28				
14	①	②	③	④	29				
15	①	②	③	④	30				

※ 본 답안지는 모의답안지로 실제와 다를 수 있습니다.

실전모의고사

영어

국사

지각속도

공간능력

해군부사관 시험문제
한권으로 합격하기

발 행 일 2018년 7월 10일 개정2판 1쇄 발행
        2020년 1월 10일 개정2판 3쇄 발행

저　　자 미래인재연구소

발 행 처  
        http://www.crownbook.com

발 행 인 이상원
신고번호 제 300-2007-143호
주　　소 서울시 종로구 율곡로13길 21
대표전화 02)745-0311~3
팩　　스 02)743-2688
홈페이지 www.crownbook.com
I S B N 978-89-406-3599-5 / 13390

특별판매정가 24,000원